上海交大·全球人文学术前沿丛书

王 宁／总主编　祁志祥／执行主编

中国美学的史论建构
及思想史转向

祁志祥学术历程文选

祁志祥　著

商务印书馆
The Commercial Press

商务印书馆（上海）有限公司 出品
The Commercial Press (Shanghai) Co. Ltd.

祁志祥，1958年生，江苏大丰人。复旦大学文学博士。曾在上海大学、上海财经大学、上海政法学院任教，现为上海交通大学人文艺术研究院教授、副院长，上海市美学学会会长。主持并独立完成国家社会科学基金项目5项、教育部规划教材1部。出版个人专著30余部，发表论文500余篇，内容横跨文论、美学、哲学、佛学、中国思想史等。作品曾获全国高等学校科学研究优秀成果奖、上海市哲学社会科学优秀成果奖、上海市高校优秀教材奖。主持"十一五"国家级规划教材《中国古代文学理论》；出版《乐感美学》，创"乐感美学"学说，提出"美是有价值的乐感对象"；独立完成《中国美学通史》及《中国美学全史》；提出"重写中国思想史"，出版《先秦思想史：从"神本"到"人本"》。

总序

经过各位作者和编辑人员的努力和在疫情期间的细心打磨，这套"上海交大·全球人文学术前沿丛书"很快就要问世了，我作为这套丛书的总策划和上海交通大学人文学院院长，应出版社要求特写下这些文字，权且充作本丛书的总序。

读者也许已经注意到这套丛书题目中的两个关键词：上海交大、全球人文。这正好涉及这套丛书的两个方面：学术机构的支撑和学术理论的建构。这实际上也正是我在下面将要加以阐释的。我想还是从第二个方面谈起。

"全球人文"（global humanities）是近几年来我在国内外学界提出和建构并且频繁使用的一个理论概念，它也涉及两个关键词："全球（化）"和"人文（学科）"。众所周知，全球化的概念进入中国可以追溯到20世纪90年代，我作为中国语境下这一课题的主要研究者之一对于全球化与中国文化和人文学科的关系也做了极大的推进。全球化这个概念开始时主要用于经济和金融领域，很少有人将其延伸到文化和人文学科。我至今还记得，1998年8月18—20日，时任北京语言大学比较文学研究所所长的我，联合了美国杜克大学、澳大利亚墨朵大学以及中国社会科学院共同在北京举行了"全球化与人文科学的未来"国际研讨会，那应该是在中国举行的首次从人文学科的角度探讨全球化问题的一次国际盛会。出席会议并做主旨发言的中外学者除了我本人外，还有时任美国杜克大学历史系教授、全球化研究的主要学者之一德里克，欧洲科学院院士、国际比较文学协会名誉主席佛克马，中国科学院哲学社会科学学部委员、北京大学教授季羡林，中国社会科学院外国文学研究所所长吴元迈。会议的各位发言人对于全球化用于描述经济上出现的一体化现象并无非议，而对于其用于文化和人文学科则产生了较大的争议，甚至有人认为提出文化全球化这个命题在某种程度上就是为文化的西方化或美国化而推波助澜。但我依然在发言中认为，我们完全可以将文化全球化视作一个共同的平台，既然西方文化可以借此平台进入中国，我们也完全可以借此将中国文化推介到全世界。那时我刚开始在头脑中萌生全球人文这个构想，并没有形成一个理论概念。在后来的二十多年里，全球化问题的研究在国内外方兴未艾，这方面的著述日益增多。我也有幸参加了由英美学者罗伯逊和肖尔特主编的劳特里奇《全球化百科全书》的编辑工作，恰好我的任务就是负责人文学科的词条组织和审稿，从而我对全球化与人文学科的密切关系有了新的认识。特别是近十多年来中国文化以及中国的人文学术加速了国际化的进程，我便在一些国际场合率先提出"全球人文"这一理论构想。当然，我在全球化的语境下提出"全球人文"的概念，主要是基于以下几方面的考虑。

首先，在全球化的进程日益加快的今天，人文学科已经不同程度地受到了影响和波及，在文学界，世界文学这个话题重新焕发出新的活力，并成为21世纪比较文学学者的一个前沿理论话题。在语言学界，针对全球化对全球英语之形成所产生的影响，我本人提出的复数的"全球汉语"（global Chineses）之概念也已初步成形，而且我还指出，在全球化的时代，世界语言体系将得到重新建构，汉语将成为仅次于英语的世界第二大语言。在哲学界，一些有着探讨普世问题并试图建立新的研究范式的抱负的哲学家也效法文学研究者，提出了"世界哲学"（world philosophy）这个话题，并力主中国哲学应在建立这一学科的过程中发挥奠基性作用。而在一向被认为是最为传统的史学界，则早有学者在世界体系分析和全球通史的编撰等领域内做出了卓越的贡献。因此，我认为，我们今天提出"全球人文"这个概念是非常及时的，而且文史哲等人文学科的学者们也确实就这个话题有话可说，并能在这个层面上进行卓有成效的对话。面对近年来美国的特朗普和拜登两届政府高举起反全球化和逆全球化的大旗，我认为中国应该理直气壮地承担起新一波全球化的领军角色。在这方面，中国的人文学者也应该大有作为。

其次，既然"全球人文"这个概念的提出具有一定的合法性，那么人们不禁要问，它的研究对象是什么？难道它是世界各国文史哲等学科简单的相加吗？我认为并非如此简单。就好比世界文学绝非各民族文学的简单相加那样，它必定有一个评价和选取的标准。全球人文也是如此。它所要探讨的主要是一些具有普遍意义的话题，诸如全球文化（global culture）、全球现代性（global modernity）、超民族主义（transnationalism）、世界主义（cosmopolitanism）、全球生态文明（global eco-civilization）、世界图像（world picture）、世界语言体系（world language system）、世界哲学、世界宗教（world religion）、世界艺术（world art）等。总之，从全球的视野来探讨一些具有普适意义的理论课题应该就是全球人文的主旨；也即作为中国的人文学者，我们不仅要对中国的问题发言，同时也应对全世界、全人类普遍存在并备受关注的问题发出自己的声音。这就是我们中国人文学者的抱负和使命。可以说，本丛书的策划和编辑就是基于这一目的。

当然，任何一个理念概念的提出和建构都需要有几十部专著和上百篇论文来支撑，并且需要有组织地编辑出版这些著作。因而这个历史的重任就落到了上海交通大学人文学院各位教授的肩上。当然，对于上海交通大学在自然科学和工程技术领域的领军角色和影响力，国内外学界早已有了公认的评价。而对于其人文学科的成就和广泛影响则知道的人不多。我在这里不妨做一简略的介绍。实际上，上海交通大学历来注重人文教育。早在1908年，学校便开设国文科，时任校长唐文治先生亲自主讲国文课，其独创的吟诵诗文之唐调已成为宝贵的文化遗产。在这所蜚声海内外的学府，先后有辜鸿铭、蔡元培、张元济、傅雷、李叔同、黄炎培、邵力子等人文学术大师在此任教或求学。这里也走出了江泽民、陆定一、丁关根等中国共产党的领导人或高级干部。因此我们说这所大学具有深厚的人文底蕴并不算夸张。

新中国成立后，上海交通大学曾一度成为一所以理工科为主的高校，在改革开放的年代里，学校意识到了重建人文学科的重要性和必要性。经过多次调整与改革，学校于1985年新建社会科学及工程系和文学艺术系，在此基础上于1997年成立了人文社会科学学院。2003年，以文、史、哲、艺为主干学科的人文学院宣告成立，上海交通大学基础文科由此进入新的发展时期，并在近十多年里取得了跨越式的发展。其后，又有两次调整使得人文学院的学科布局和学术实力更加完整：2015年5月12日，人文学院与国际教育学院合并为新的人文学院，开启了学院发展的新篇章；2019年，学校决定将有着国际化特色的高端智库人文艺术研究院并入人文学院，从而更加增添了学院的国际化人文色彩。

21世纪伊始，学校发力建设世界一流大学，在弘扬"人文与理工并重""文理工相辅相成"优秀学统的同时，强化人文学科建设，落实国家"人才兴国""文化强国"和"建设创新型国家"的战略目标。经过近二十年的建设，人文学院现已具备了从大学本科到博士研究生的完整的培养体系，并设有中国语言文学一级学科博士后流动站。学院肩负历史重任，成为学校"双一流"学科建设的重点。

人文学院以传承中华文化为核心，围绕"造就人才、大处着笔"的理念，将国家意志融入科研教学。人为本、学为根，延揽一流师资，培养一流人才，以学术促教学；和为魂、绩为体，营造和谐，团队协作，重成绩，重贡献；制度兴院，创新强院，规范有序，严格纪律，激励创新，对接世界。人文学院将从世界竞争、国家发展、时代要求、学校争创一流的大背景、大格局中不断求发展，努力成为人文学术和文化的传承创新者，一流人文素质教育和国际学生教育的先行者，学科基础厚实、学术人才聚集、人文氛围浓郁的学术重镇，建设"特色鲜明、品质高端、贡献显著、国际知名"的人文学院。

人文学院下设中文系、历史系、哲学系、汉语国际教育中心、艺术教育中心，国家大学生文化素质教育基地挂靠学院。世界反法西斯战争研究中心、中华创世神话研究基地作为省部级学术平台，人文艺术研究院、战争审判与世界和平研究院、神话学研究院、欧洲文化高等研究院、上海交通大学—鲁汶大学"欧洲文化研究中心"和东京审判研究中心等作为校级学术平台，挂靠人文学院管理。学科布局涵盖中国语言文学、中国历史、哲学、艺术等四个一级学科。可以说，今天的人文学科已经萃集了一大批享誉国内外的院士、长江学者、文科资深教授和讲席/特聘教授。为了集中体现我院教授的代表性科研成果，我们组织编辑了这套全球人文学术前沿丛书，其目的就是要做到以全球的视野和比较的方法研究中国的问题，反过来又从中国的人文现象出发对全球性的学术前沿课题做出中国人文学者的贡献。我想这就是我们编辑这套丛书的初衷。至于我们的目标是否得以实现，还有待于国内外同行专家学者的评判。

本丛书第一辑出版五位学者的文集。分别是王宁教授的《全球人文视野下的中外文论研究》、杨庆存教授的《中国古代散文探奥》、陈嘉明教授的《哲学、现代性与知识论》、张中良教授的《中国现代文学的历史还原和视域拓展》和祁志祥教授的《中国美学的史论建构及思想史转向》。通过它们，读者可以了解这五位学者的学术历程、标志性成果、基本主张及主要贡献。欢迎学界批评指正。

是为序。

王　宁

2022年5月于上海

— 目录 —

前言

我的治学历程

如果把1986年6月我发表在当年第3期《文艺研究》上的论文《平淡：中国古代诗苑中的一种风格美》视为我从事学术研究的起点，从那时至今已经走过了35个年头。盘点35年走过的治学历程，我想大概可以分为七个历史坐标性的板块吧。

第一个历史坐标性的板块是中国古代文论民族文化成因的研究。20世纪80年代中期，中国文艺理论界盛行方法论热，用多维的文化学方法分析、挖掘中西文论的民族特色及其文化成因，突破了过去就文论文的线性思路，令人耳目一新。受此影响并为此吸引，我在报考古代文论研究生前后，试图从宗法文化、儒道佛文化、训诂文化等方面剖析中国传统文论的民族特色，并有所收获。发表在1986年第3期《文艺研究》上的论文不仅以文化透视先声夺人，后来在我1993年出版的第一部专著《中国古代文学原理——一个表现主义民族文论体系的建构》中，也有三分之一的篇幅是文化剖析。1996年，我在上海文艺出版社出版《中国美学的文化精神》一书，则是直接从中国传统文化的角度对中国古代文论、美学民族特色成因的诠释。本书以本人1986年发表的第一篇论文为起点，靠船下篙，选取80年代末、90年代初探讨古代文论民族特色文化成因的几篇代表作，如《"言意"说》《"活法"说》《古代文论方法论的文化阐释》，作为我治学历程的第一个学术板块。透过这四篇代表作，可以看出作者的文化积累和思辨追求。或许，古代文论的文化研究，正是我在中国学术园地冲开一片天地的秘器。

第二个历史坐标性的板块是中国古代文论的系统建构。它几乎是与古代文论的文化研究同时并行的。80年代初确定报考古代文论研究生后，鉴于当时通行的文学理论教材将中国文论与西方文论一锅煮的现状，我试图用中国古代文论资料写一部文学原理著作，更为有效地去解读中国古代文学作品的审美特质。1987年9月—1990年7月，我来到华东师大，师从徐中玉、陈谦豫先生读古代文论研究生。鉴于当时所有的古代文论著作都是按纵向的历史顺序讲述历代文论经典，从横向的逻辑范畴角度阐发中国古代文学理论思想尚是空白，撰写中国古代文学原理的想法愈加强烈。阐述中国古代文学原理，不能以古代文论代表人物、代表著作为抓手，必须从富有代表性的古代文论范畴或命题入手，同时能在诸环节之间体现出一种显示民族特色的主导倾向。第一步，要确定合理的叙述中国古代文学原理的框架。1990年，我的这个思考的结果以《中国古代文学原理构思》为题发表在《社会科学》第1期上。它按"文学观念论""创作过程论""批评方法论"三个板块，筛选出30多个古代文论的重要范畴或命题，按照逻辑的顺序，把它们组成一个大系统。第二步，这个系统、框架的各个环节之间必须提炼出一种民族特色，这就是"文以意为主"的"表现主义"。于是，我写了一篇《中国古代表现主义民族文论体系刍议》发表在《东方丛刊》1992年创刊号上。1990年1月，我在硕士论文完成后投入《中国古代文学原理》的写作。毕业后来到上海市宝山区广播电视局总编室工作，利用早晚的空余时间，于1992年初完成书稿。1993年7月，30多万字的《中国古代文学原理——一个表现主义民族文论体系的建构》终于在学林出版社出版。此书开创了中国古代文论横向系统研究的新格局，2006年被教育部组织的专家评审为"普通高等教育'十一五'国家级规划教材"。本书选取《中国古代文学原理构思》《中国古代表现主义民族文论体系刍议》

二文，以见其宏观框架和主导特色。另选取此书中的两个单元，一是发表得比较早的《"文学以文字为准"：中国古代的文学特征论》，一是发表在《文学评论》上的《"定法"说：中国古代的具体创作方法论》，以彰显其具体章节的学术水准。应当说，90年代初出版的《中国古代文学原理——一个表现主义民族文论体系的建构》，奠定了本人在中国古代文论界的地位。①

　　从20世纪80年代中期到21世纪，本人治学的第三个值得一说的板块是文艺学的学理研究。在80年代末、90年代初研究古代文论的同时，文学的本体论、审美论等基本问题一直是我关注、思考的重点。80年代初，文艺理论教材多从形象性角度界定文艺的审美特征。改革开放新时期中国文艺理论取得的一项重要进展，是深入到文艺形象背后的情感性来说明文艺的审美特征。1989年，笔者《文学情感特征的系统透视》刊发于《内蒙古大学学报》第3期，就是这方面的成果之一。2001年，我在第6期的《文艺理论研究》上发表《论文艺是审美的精神形态》一文，系统表达了我对"文艺是什么"问题的思考。艺术的特征是美，但这种传统观点遭到了现代艺术的挑战和反叛。《艺术与美的关系的古今演变》梳理了从古至今艺术与美关系的变化，并提出了自己的反思。文学作为审美的精神形态，作品背后的价值取向实际上是文学发展演变的最终主宰者。《中国现当代文学发展的价值嬗变》从多方面对百年中国文学发展的Z字型走向做出了独特概括。有文艺作品，就有对文艺作品的审美鉴赏。文学作品的美来自题材美与艺术表现美，因而读者作为审美主体对艺术作品就具有双重审美关系，不可混为一谈。《审美主体对艺术的双重美学关系——谈西方文艺理论中"化丑为美"的一个美学原理》写于考研时期，读研后投稿，受到张德林老师激赏，编发于1988年第1期的《文艺理论研究》，被中国人民大学《文

---

① 有关此书的反响及评论，详见祁志祥主编：《佘山学人的美学建树》第四章《〈中国古代文学理论〉的体系建构及其评论》，中国政法大学出版社2022年版，第236—282页。

艺理论》1988年第2期全文转载，并获华东师大研究生优秀成果奖。文学理论研究必须建立在微观研究的扎实基础之上。发表于《文学遗产》2007年第5期的个案研究文章《柳宗元园记创作刍议》，就是这方面的代表作。

　　本人治学的第四个标志性板块是佛教美学研究。它是古代文论文化研究的自然结果和意外收获。最早接触佛教知识，是为了理解古代文论以禅喻诗的需要。硕士研究生在读期间，对佛教义理又进一步涉猎。1990年，我在《百科知识》第11期上发表《佛教文化与民族文论》，从十多个方面分析二者之间的交互联系。在1993年出版的《中国古代文学原理》中，从佛教文化角度分析文论范畴、命题的民族品格是一个显著特点。在1996年出版《中国美学的文化精神》中，有一章《佛教文化与中国美学》，从16个方面条分缕析二者的关系。以此为依托调整角度，1997年出版了21万字的《佛教美学》。全书分"佛教流派美学""佛教义理美学""佛教艺术美学"三编，建构了佛教美学原理的最初框架。导论《佛教美学：在反美学中建构美学》在1998年第3期《复旦学报》发表后引起广泛关注，中国人民大学《美学》第7期、《宗教学》第8期不约而同全文转载。1997年5月，我来到上海大学文学院，任教"佛教与中国文化"全校公选课，近30万字的《佛学与中国文化》一书2000年由学林出版社出版。2003年，我应邀为上海玉佛寺"觉群丛书"写的一种《似花非花：佛教美学观》由宗教文化出版社出版。2002年起，我撰写《中国美学通史》，佛教美学是一条贯穿始终的线。后来把这条线拿出来增改，41万字的《中国佛教美学史》于2010年由北京大学出版社出版。前言以《中国佛教美学的历史巡礼》为题，发表于2011年第1期的《文艺理论研究》。第一部分以《佛教美学观新探》为题发表于《学术月刊》2011年第4期。2017年，增补、改写的37万字的《佛教美学新编》由上海人民出版社出版，佛教美学原理得到进一步充实和丰富。2020年，《佛教美学研究的历史行程与逻辑结构》在《学习与探索》发表，这是对《佛教美学新编》的由来及构架的提纲挈领的综论。到目前为止，《佛教美学新编》对佛教美学原理的阐释是最为直接、丰富的,《中国佛教美学史》也是国内外唯一的一部佛教美学史。从史、论两方面建构佛教美学,或可视为笔者对于学界的一份独特贡献。

本人治学历程中的第五个标志性的重要成果是2016年出版的《乐感美学》一书。这是一部积30年之功,调动古今中外论述"美"的材料,结合审美实践写出的一部新美学原理著作。全书四编十四章60万字,多层次建构了"乐感美学"学说体系。这个原理体系的核心观点,是"美是有价值的乐感对象"。它是对18年前在《学术月刊》上发文提出的"美是普遍愉快的对象"观点的修正与完善。该书前言《"乐感美学"原理的逻辑建构》发表于《文艺理论研究》2016年第3期。为参加日本早稻田大学国际学术会议,提交《乐感美学:中国特色美学学科体系的建构》一文,收于日本2018年出版的《中日共同知识创造》一书,同时发表于国内《中国政法大学学报》2018年第3期,被《社会科学文摘》第6期大篇幅转摘。"乐感美学"关于"美"本质的要义有如下几点:一、愉快性。包括"曾点之乐"与"孔颜乐处"、感性快乐与理性快乐、五官快乐与中枢快乐。二、价值性。美带来的快乐是有益的、健康的、积极的、具有正能量的快乐。三、对象性。事物是否成为"有价值的乐感对象",取决于客体与主体的特定关系,因而美不是绝对不变的实体,具有流动性。作为国家社科基金后期资助项目成果,该书几乎所有的章节都以单篇论文的形式在全国各地名刊发表,造成广泛的社会影响。专著出版后受到学界诸多好评。①

本人治学历程中的第六个标志性的重要成果是中国美学史的独立书写。2008年,本人在人民出版社出版个人独撰的三卷本、156万字的国家社科基金项目成果《中国美学通史》。2018年3月,本人在商务印书馆出版个人独撰的上下两册、70多万字的国家社科基金项目成果《中国现当代美

---

① 这些评论收入祁志祥主编:《佘山学人的美学建树》第一章《"乐感美学"学说的创构及评论》,第18—111页。

学史》。同年8月，本人在上海人民出版社出版个人独撰的五卷本、257万字的上海市高校服务国家重大战略出版工程项目成果《中国美学全史》，成为中国学界一人独写三部中国美学史的唯一学者。其中，《中国美学通史》获得第六届高等学校科学研究优秀成果奖和第十届上海市哲学社会科学优秀成果奖。《中国美学全史》被中国社会科学院学部委员钱中文先生赞誉为"独步神州的重大成就"；被中国文艺评论家协会副主席毛时安先生评价为具有"大胸怀"，出自"大手笔"，经历过"大艰苦"，体现了"大气场"，是"代表当代中国人文学者的学术高度，可以助推实现中华民族伟大复兴的中国梦的一部值得高度关注和充分肯定的新时代标志性成果"。中华美学学会副会长杨春时先生在《中国图书评论》上著文指出，《中国美学全史》以先秦到21世纪初的时间为纵轴，"精心打造出了一个结构宏伟、气象万千的中国美学全史的思想学术宫殿"，"时间上纵横古今"，"空间上笼罩群伦"，是尽显"中国风格""中国气派"的鸿篇巨著。①

　　美学史、论做完后，从2017年起，我开始转入一人重写中国思想史的新的浩大工程。这是文学、美学研究的逻辑延伸。文学界有个经典命题，叫"文学是人学"。美学界有个曾经流行的定义，叫"美是人的本质力量的对象化"。于是，我在研究文学、美学的问题时，同时关注和思考"人性""人的本质"等"人学"课题。为了给人学研究做资料准备，2002年出版《中国人学史》古代部分；2006年出版《中国现当代人学史》；2008年出版《国学人文读本》，发表《中国人文思想史上的六次启蒙》；2012年出版《人学原理》。2017年，在《中国美学全史》完稿后，投身到以"六次启蒙"为指导重写中国思想史的漫漫征程中去。2019年，国家社科基金中国哲学类后期资助项目《先秦思想史：从"神本"到"人本"》立项。

---

① 这些评论收入祁志祥主编：《佘山学人的美学建树》第二章《〈中国美学全史〉的铺写及评论》，第126—220页。

2020年，发表《"重写中国思想史"发凡——中国思想史上若干重大问题的重新反思》，被《新华文摘》全文转载，重点推出。2021年夏，在《先秦思想史：从"神本"到"人本"》通过结项评审的同时，《"人"的觉醒：周代思想的启蒙景观》又作为国家社科基金中国哲学类后期资助获得立项。前者是纵，是史；后者是横，是论。作为中国思想史的第一卷，"先秦思想史论"约有120万字的篇幅。"重写中国思想史"已经开了个好头。这是个征途漫长的马拉松工程。让我们一步一个脚印朝前跋涉，挑战极限。敬请期待。

第一章

民族文论的文化透视

作者插白：虽然文字最早变成铅字是在1981年 [①]，但发表第一篇真正意义上的学术论文是1986年，发表的期刊是《文艺研究》当年第3期，题目叫《平淡：中国古代诗苑中的一种风格美》。80年代中期，中国文艺理论界盛行方法论热，用多维的文化学方法分析、挖掘中西文论的民族特色及其文化成因，突破了过去就文论文的线性思路，令人耳目一新。当时陈伯海先生发表在《文学评论》上的论文《民族文论与传统文化》就是这方面的代表作，给我影响很深。本文就是用文化学方法探讨古代文论获得认可的一个成功案例。当时我尚在中学教书。这篇文章的发表对我后来的人生产生了关键性作用。华东师范大学中文系主任齐森华先生从资料室检阅此文后，来信特意欢迎我报考该系研究生，并向徐中玉先生做了推荐。徐先生因1986年刚招过一届研究生，1987年原计划中停招。后来他接受齐先生的建议，在陈谦豫先生的协助下重新招生，我得以在1987年考到徐先生门下，成为徐先生的最后一届硕士生弟子。[②] 该文的发表推动我走进中国古代文论研究园地。从儒道佛文化及宗法文化、训诂文化的角度研究中国古代文论的民族品格成因，成为我研究古代文论的一大特色。考研前还写了一篇《"但见情性，不睹文字"说》，后来发表于1991年的《古代文学理论研究》丛刊上，并改写为《"言意"说——中国古代文论的内容形式关系论之二》，成为《中国古代文学原理——一个表现主义民族文论体系的建构》（学林出版社1993年版）中的一个章节。后来我写《中国古代文学原理》，都是按照这个路子。这里另选其中的两个章节《"活法"说——中国古代文论的总体创作方法论》（《学术月刊》1992年第4期，中国人民大学《中国古代文学研究》1992年第5期全文转载）、《古代文论方法论的文化阐释》（《文艺理论研究》1992年第2期），以见一斑。1993年，我的第一部学术专著《中国古代文学原理》在学林出版社"青年学者丛书"中出版。当年上海师范大学的文艺理论教师贾明，以及上海艺术研究所的周锡山、徐州师范学院的吴建民、华东师范大学的田兆元都写过学术评论，分别在《社会科学》、《学术月刊》、《读者导报》（1994年6月20日《走出困境》）、《文论报》（1993年11月20日《民族传统文论的新建构》）发表。

---

① 　祁志祥:《一打一跪的得失》,《电影评介》1981年第8期，第18页。

② 　祁志祥:《我与徐先生的师生缘》,祁志祥编《徐中玉先生传略、轶事及研究》,百花洲文艺出版社2020年版，第252—258页。

　　《中国古代文学原理》是我在研究生三年级第二个学期硕士论文完成后开始动笔的。当时硕士论文规定只允许写3万字。我写的题目是《宗法文化与古代文论》，也是用文化学方法研究文学理论的产物。《中国古代文学原理》出版后，我又从训诂文化、儒家文化、道教文化、佛教文化方面研究中国古代文论美学的民族品格，与硕士论文合在一起，以《中国美学的文化精神》为题，1996年在上海文艺出版社出版，成为阐释古代文论、文化的另一部专著。

第一节　"平淡"：中国古代诗苑的一种风格美①

　　在中国古代诗文园地中，有一种风格美风姿绰约，清新脱俗，尤其引人注目，这就是人们喋喋不休、津津乐道的"平淡"。"平淡"美的奥秘何在？它的创作要求是什么？它在内容和形式上有什么特点？它在审美上又呈现出什么特征？中国古代文人为什么对它那么钟情？让我们试做探寻。

一、"平淡"风格美特征的系统把握

　　"会将趋古淡，先可去浮嚣。"②没有"绝俗之特操"，哪有"天然之真境"③！陶渊明之所以能写出"遂与尘事冥"的诗境，正因为他"胸次浩然，吐弃人间一切"④。创造平淡的风格美，首先要求作者能居平味淡，灭弃俗念，"不以躬耕为耻，不以无财为病"⑤，具有"其志高矣美矣"的

---

①　本节原题《平淡：中国古代诗苑中的一种风格美》，载《文艺研究》1986年第3期。后改写至《中国古代文学原理——一个表现主义民族文论体系的建构》第七章第二节中，学林出版社1993年版。

②　苏舜钦:《诗僧则晖求诗》。

③　潘德舆:《养一斋诗话》。

④　叶燮:《原诗·外篇》评陶语。

⑤　萧统:《〈陶渊明集〉序》。

胸怀。

"夫诗，宣志而道和者也，故贵宛不贵险。"①平淡美的创造，其次要求作者保持温柔平和的情感。平和的情感，既有赖于道家的达观精神，又受孕于儒家的中和之气。朱熹说"事理通达，心气和平"，正兼儒道而并融。

淡泊的胸怀，平和的情感，酿造了以朴素为至美的美学趣味，所谓"素朴而天下莫能与之争美"。这恰恰是创造平淡美所必须具备的美学趣味。

在进入创作过程后，平淡美的创造还要求作者保持这样的心理状态：

虚静对待审美。平淡美的出世精神，要求作者用虚静的态度对待审美对象。有道是"冲静得自然"②，只有"审象于静心"③，才能"因定而得境"④。

超脱处理情感。创作构思表现为剧烈的情感活动。平淡美中情感优柔不迫的特征，要求作者在创造平淡美时从剧烈的情感活动中解脱出来，把自我的情感作为异我的情境加以观照。

闲淡处理艺术的表现。平淡美在形式上"法极无迹"的特点，是作者在艺术技巧的驾驭上达到炉火纯青境界的结果，因而要求创作主体在处理艺术表现时具备胸有成竹、神闲意定的心态。恰如宋代郭若虚《图画见闻志》所说："神闲意定，则思不竭而笔不困也。"

考察物化在古代诗文作品中的平淡风格的美学内涵，约略有以下四个特征：

其一，内容上，超脱而不脱。

淡泊的创作胸襟反映在作品内容上的鲜明倾向，是追求对功利世界

---

① 包恢：《答曾子华论诗书》。

② 嵇康：《述志诗》其一。

③ 王维：《〈绣如意轮像赞〉序》。

④ 刘禹锡：《〈秋日过鸿举法师寺院，便送归江陵〉小引》。

的超脱。忘怀人世与追慕自然，是这种超脱追求的统一的两面。表现在主题上，这种风格的作品不愿谄谀政治、粉饰太平，不愿倾诉经营功名的喜悦和苦恼，专爱歌唱与世无争、心与物竞的生活理想和灭绝欲念、与造化同乐的恬然自得之情。表现在题材上，这类作品很少描写花天酒地的金銮宝殿、五光十色的画梁雕栋、惊天动地的金戈铁马、呼天抢地的黎民悲号，而着力描绘山川风物；即使不乏人世的描写，也荡漾着古刹钟声，笼罩着超人世的氛围。"竹喧归浣女，莲动下渔舟。"[①]"荷风送香气，竹露滴清响。"（孟浩然）"细雨湿衣看不见，闲花落地听无声。"[②]"春潮带雨晚来急，野渡无人舟自横。"[③]一种道士释子的虚无超脱精神，不是溢于言表吗？

　　然而，追求超功利，并不是事实上就完全地超脱了功利。在追求超脱的背后，曲折地折射出不离世俗的微光。一方面，诗人超功利的追求是立足于基本功利的占有基础上的。作者只有在衣食等基本功利有了保障之后，才能咏出"东篱采菊"的悠然诗句来；如果衣食不保，便难免"饥者歌其者，劳者歌其事"，顾不得什么超脱了。中国古代诗史上，追求超脱的诗人几乎都属于有闲阶层，所谓"此身闲得易为家，业是吟诗与看花"[④]，不是有力的例证吗？另一方面，作者对政治、名利的淡漠往往历史地积淀着以往对政治、功名的热衷，或变相地表现了对政治、功名的追求。苏轼早年尚"峥嵘"，晚年作《和陶》诗；陶渊明在高蹈遗世的诗风中寓藏着萧骚不平之豪气[⑤]，是典型的说明。

　　其二，表意上，无厚藏有厚。

---

① 王维：《山居秋暝》。

② 刘长卿：《送严士元》。

③ 韦应物：《滁州西涧》。

④ 司空图：《闲夜二首》。

⑤ 朱熹《清邃阁论诗》指出陶诗平淡中藏着"豪气"，只不过"豪放来不觉"。龚自珍《舟中读陶诗》也说："莫信诗人竟平淡，二分《梁甫》一分《骚》。"

出现在平淡风格中的意境，貌似"无厚"（贺贻孙），表面上给人以淡薄的感觉，仿佛"不思而得"，来之甚易。其实，这种"无厚"的意境包含着深厚的意味；只要深入体味，就可获得丰腴之感；它来自精练，凝聚着深厚的艺术功力。

所谓"深"，有两层意思。一是说，作者能于司空见惯的平淡题材中发现别人看不出的诗意。反映在作者对现实的审美方面，就是如同德国大诗人歌德所说，"能从惯见的平凡事物中见出引人入胜的一个侧面"①。范成大《四时田园杂兴》："昼出耘田夜绩麻，村庄儿女各当家，童孙未解供耕织，也傍桑阴学种瓜。"其中完整而优美的意境，即为前人未尝道，他人未尝见。二是由艺术表现言，诗人能够"状难写之景，如在目前"②，"人所难言，我易言之"③，道他人所难道。唐人章八元诗"雪晴山脊见，沙浅浪痕交"，尤袤《全唐诗话》称其"得山水状貌也"，指的正是这种情况。

所谓"厚"，指在淡薄无厚的言内之意中蕴含丰富无限的言外意之，"含不尽之意见于言外"④。这方面，司空图的"景外之景""味外之味"实为先声，苏东坡的"质而实绮，癯而实腴"⑤，王士祯的"古淡闲远，而中实沉着痛快"⑥等论断，则阐述得更加畅达。而古人以此去分析陶渊明、谢灵运、王维、孟浩然、韦应物、柳宗元等人的诗歌，就不胜枚举了。⑦

显然，深厚的诗意只有通过深刻的锤炼才能取得。所以，古人在论述"平淡"的意境时都十分地重视炼意。皎然《诗式·取境》中专门谈取境问题，要求"取境之时，须至难至险"。沈德潜《说诗晬语》认为，炼

---

① 爱克曼辑录，朱光潜译：《歌德谈话录》，人民文学出版社1982年版，第6页。
② 欧阳修：《六一诗话》引梅尧臣语，《历代诗话》（上册），中华书局1981年版，第267页。
③ 姜夔：《白石道人诗说》，《历代诗话》（下册），中华书局1981年版，第680页。
④ 欧阳修：《六一诗话》引梅尧臣语，《历代诗话》（上册），第267页。
⑤ 苏轼：《与子由书》。
⑥ 王士祯：《芝廛集序》。
⑦ 如苏轼《东坡提拔》卷二评渊明、子厚诗"外枯而中高，似淡而实美"，李梦阳《怀麓堂诗话》评谢灵运、韦苏州"寄秾浓于淡泊之中"，朱熹《清阁论诗》评梅圣俞"枯淡中有意思"，等等。

字要"以意胜，而不以字胜"，只有这样才能"平字见奇""朴字见色"。这些都说明，平淡风格中"有似等闲"的诗意，恰恰是来自苦炼的。倘以"气少力弱为容易"（皎然），则与平淡美南辕北辙。

深厚的诗意固然需要苦练，把深厚的诗意炼成无厚的诗意，达到"神情冲淡，趋向幽远"（包恢），则需要更为艰苦的工夫。这种无厚的诗意与浅薄不同，是"元气大化，声臭全无"[1]的表现形态，是"厚之至变而化者也"[2]。元人戴表元曾比喻论证道："酸咸甘苦之于食，各不胜其味也，而善庖者调之，能使之无味。温凉平烈之于药，各不胜其性也，而善医者制之，能使之无性……"平淡风格中的"无厚"的意境，正如善庖者调出的"无味之味"、善医者制出的"无性之性"一样，是善诗者造出的"无厚之厚"境界。自古以来，"能厚者有之，能无厚者未易观也"[3]。为什么？乃由于深入深出、"以险而厚"者易，深入浅出、"以平而厚"者难。可见，"以平而厚"的无厚之厚较之"以险而厚"的深厚之厚，凝聚着更为深厚的艺术功力，具有更高的审美价值。

显然，平淡意境的可贵正在于"外枯而中膏"。若"枯淡之外，别无所有"[4]，则为枯槁浅薄矣。清人毛先舒《诗辩坻》卷一谓学养不够而强为平淡，则"寒瘠之形立见，要与浮华客气厥病等耳"。施补华《岘佣说诗》云："凡作清淡古诗，须有沉至之语，朴实之理，以为之骨，乃可不朽；非然，则山水清音，易流于薄。"

其三，表情上，无情却有情。

情感，是构成诗意的主观元素之一。平淡在表意上无厚藏深厚，反映到表情方面的显著特征即无情却有情。

这个特征，突出地表现为以平淡的情态表现强烈的情感。表面上，

① 钟惺：《与高孩之观察》。
② 贺贻孙：《诗筏》。
③ 贺贻孙：《诗筏》。
④ 李开先：《画品》评沈周画语。

"铺叙平淡，摹绘浅近"，实际上，"万感横集，五中无主"[1]，是诗人"气敛神藏"[2]的结果。施补华《岘佣说诗》云："悼亡诗必极写悲痛，韦公'幼女复何知，时来庭下戏'，亦以淡笔写之，而悲痛更甚。"为什么深情要出之淡语呢？这除了施补华讲的"以淡笔写之，而悲痛更甚"，即情感因反衬而更加强烈的一面外，还有更重要的一面，即表现诗人理想中的崇高人格。何晏不是说"圣人无喜怒哀乐"吗？

然而，更多的平淡风格的作品，表现的是至和至乐之情。它们爱用"闲""静"一类的字眼表现诗人的情感态度。写景，不动声色。写情，则把它当作"人心中之一境界"即客观情境加以冷静描写，亦仿佛无我，作者的情感好像是凝然不动的，真可谓是名副其实的"无情"了。其实不然。近人刘永济《文心雕龙校释》说得好，"无我之境"，"但写物之妙境，而吾心闲静之趣，亦在其中……"闲静的情感，即带有"趣"（乐）的色彩。虽然情感色彩淡薄，但情感程度却极深。古人或以"中和者"为"气之最"（李梦阳），或以灭绝欲念、"不忧不喜"为至乐（葛洪），所谓"至乐无乐"（庄子），不是以闲静之情为至乐之情吗？

其四，形式上，极练如不练。

平淡风格的形式，要求"淡到不见诗"[3]，而只见"诗所指示的东西"[4]，使形式通过对自身的否定成为内容的裸露，"不睹文字，但见情性"（皎然），因而具有高度的"辞达"美；要求在古体诗中音节合度，韵脚相押，在近体诗以及词、散曲中平仄互协，字面、词性相对，从而具有"合律"的形式美。

要获得达意的精当和合律的工巧，必须花一番艰苦的艺术锤炼工夫。

① 周济：《宋四家词选目录序论》，光绪刻本《宋四家词选》。
② 黄子云《野鸿诗的》："理明句顺，气敛神藏，是谓平淡。"王夫之等撰：《清诗话》（下册），上海古籍出版社1978年版。
③ 闻一多：《唐诗杂诗·孟浩然》。
④ 艾略特：《诗的作用和批评的作用》。

然而形式如果仅停留于达意的精当和合律的工巧，还不足以构成平淡美，因为这种精当和工巧还残留着人工痕迹。只有在这个基础上再进一步，使达意精当而又接近天然、合律工巧而又朴素平易，才能构成平淡风格形式的特征。晚清刘熙载《艺概·诗概》精辟指出："常语易，奇语难，此诗之初关也；奇语易，常语难，此诗之重关也。"这种自然朴素的形式显然需要更深的艺术锤炼工夫，正如刘熙载《艺概·词曲概》所谓"极炼如不炼""出色而本色""人籁归天籁"。

所谓"极炼如不炼"，具体说有两种情况。一种是，平淡的形式来自艰苦的琢削，是"法极无迹"（王世贞）、"神功谢锄耘"（韩愈）的表现。这里，"不炼"来自"极炼"是很明显的。明人王圻《稗史》评陶诗："陶诗淡，不是无绳削。但绳削到自然处，故见其淡之妙，不见其淡之迹。"王维"雨中山果落，灯下草虫鸣"，潘德舆《养一斋诗话》以为"其难有十倍于'草枯鹰眼疾，雪尽马蹄轻'者"，正以其造语极工而"琢之使无痕迹耳"。[1]因此，古人总结说："大抵欲造平淡，当自组丽中来，落其华芬，然后可造平淡之境。"[2]"诗文书画，少而工，老而淡，淡胜工，不工亦何能淡？"[3]

另一种情况是，平淡的形式出自作者信口而出、随手而成。在这种情况里，"不炼"来自"极炼"看似不好理解。其实，信口而出而又不类口头语，随手而成而又兼备达意的精工和合律的工巧，恰恰是建立在长期的艺术锤炼基础上的。只有学养深厚，并积累了相当的艺术实践经验，才能达到"从心所欲不逾矩"的出神入化、炉火纯青境界。陆游"剪裁妙处非刀尺"，与他"早年但欲工藻绘"是分不开的。古人总结得好，"大凡为文"，少小时"当使气象峥嵘，五色绚烂，渐老渐熟，乃造平淡"[4]。只有

---

① 王世贞：《艺苑卮言》评陶渊明语。
② 葛立方：《韵语阳秋》，《历代诗话》（下册），第483页。
③ 董其昌语，转引自葛路：《中国古代绘画理论发展史》，上海人民出版社1982年版，第160页。
④ 周紫芝：《竹坡诗话》引苏轼语，《历代诗话》（上册），第348页。

由难求易，才能左右逢源。如果"忽之为易，其难也方来"①。黑格尔指出："既简单而又美这个理想的优点毋宁说是辛勤的结果，要经过多方面的转化作用，把繁芜的、驳杂的、混乱的、过分的、臃肿的因素一齐去掉，还要使这种胜利不露一丝辛苦的痕迹……"②平淡形式的不炼之炼，无迹之迹，正有似于此。

平淡美的内涵特征，决定了它的审美特点。平淡美，由于意蕴深厚，所以能给人丰腴的感觉；由于平易朴素的形式中含有达意的形式美与合律的形式美，所以能给人华美的感受；由于深厚的意蕴暗藏在无厚的诗意中，华丽的形式暗寓在朴素的形式中，所以咀嚼愈多，华美的联想、滋味也就愈烈。宋陈善《扪虱新语》云："乍读渊明诗，颇似枯淡，久久有味……"胡仔《苕溪渔隐丛话》以梅圣俞"人家在何许？云外一声鸡""野凫眠岸有闲意，老树著花无丑枝"等诗句为例指出："似此等句，须细味方见其用意也。"清代杨廷芝把"味之而愈觉其无穷者"称作"真绮丽"③。显而易见，由平淡至浓丽，是平淡美审美活动的方向；浓丽，是平淡美审美活动的终点。平淡与浓丽的统一，构成了平淡美审美活动的显著特点。

当然，这种浓丽的感受，不会像朱熹在批评六朝淫丽诗风时指出的那样，使人"散漫不收拾"。由于平淡美情感平和，并且艺术表现温柔敦厚，所以还能"持人性情"，使人在欢愉之中有所节制，不失中正和平。这可视为平淡风格审美活动的另一特点。

通过以上探讨，我们可以做出如下把握：平淡，是古代作家用淡泊的胸怀、平和的情感、朴素的美学趣味、闲静的心理状态和高超的艺术技巧创造的一种风格美；它洋溢着出世的理想，浸润着温和的情感，包含着

---

① 谢榛：《四溟诗话》。

② 黑格尔著，朱光潜译：《美学》（第三卷），商务印书馆1981年版，第5页。

③ 杨廷芝：《二十四诗品浅解》释"淡者屡深"语。

深厚的内容，形式朴素自然而又符合美的规律；能够普遍有效地引起读者华美的感受，使人在愉悦之中保持镇定自持。

二、"平淡"风格的多重文化成因

接着我们来讨论两个问题：一、古代文论中，肯定"平淡"风格的资料很多，儒家思想占主导地位的人崇尚"平淡"，道、释思想比较浓厚的人更偏爱"平淡"，这是为什么？二、历史地看，在诗歌领域中，平淡的风格是到东晋陶渊明时才正式诞生的，正如胡应麟《诗薮》中指出的那样，是陶渊明"开千古平淡之宗"。陶渊明的平淡诗风是这一时期出现的新的美学趣味的产物，正如宗白华所说，从魏晋南北朝起，"中国人的美感走到了一个新的方面，表现出一种新的美的理想，那就是认为'初发芙蓉'比之于'错彩镂金'是一种更高的美的境界"①。那么，平淡的诗歌风格和美学趣味为什么到魏晋南北朝才出现？由陶渊明开创的平淡诗风，中经谢灵运为代表的南朝诗人的绍续，在唐宋普遍蔓延开来。唐朝王维、孟浩然、储光羲、常建、刘长卿、柳宗元等许多诗人都专心"平淡"诗的创作。殷璠《河岳英灵集》、高仲武《中兴间气集》、姚合《极玄集》、韦庄《又玄集》，从入选的作品到编选者的评语，都表明平淡的风格到唐朝已达到非常兴盛的状况。宋代欧阳修、梅尧臣、苏轼、黄庭坚、朱熹等人都从创作和理论上肯定过"平淡"，"平淡"美的兴盛状况在宋代有增无减，这又是为什么？对此，我们只有站在更广远的角度对平淡美的内涵加以文化透视才行。

首先，我们来看"平淡"与儒、道、释三家思想之间的关系。

从主导思想上看，平淡是道、释思想哺育的结果。它是出世的，表现了与统治者某种孤高不合的姿态，与儒家积极入世的精神和功利主义判然二道。然而道家、释家又主张"不忧不喜"，主张"诗中有虑犹须

---

① 宗白华：《中国美学史中重要问题的初步探索》，《美学散步》，上海人民出版社1981年版，第29页。

戒，莫向诗中着不平"（司空图）。可见它的孤高对统治者并无多大妨碍。所以即便在这最不同的一点上，儒家也是能容纳平淡的。从情感特征上看，平淡美要求冲和平淡，更符合儒家温柔敦厚的旨趣。在创作构思上，平淡美要求"审象于静心"，"疏瀹五脏，澡雪精神"，这与道释的"斋心契道"、儒家的"虚静格物"是完全相通的。儒、道、释均以质美为至美，平淡恰恰也要求底蕴深厚。道家追求"无言之美"，释家追求"象外之义"，平淡追求"近而不浮""淡者屡深""外枯而中膏，似淡而实美"，正打着道、释的印记。"参禅乃知无功之功，学道乃知至道不烦。"道家、释家的这种似玄乎实辩证的方法论又直接凝聚在平淡风格意态的无厚之厚、情貌的无迹之迹、形式的不炼之炼中。儒家强调质美，还重视文饰，希望"文质彬彬"，道家以不雕不饰的"素朴"为美，认为"淡然无极而众美从之"（庄子），在这一点上，平淡恰与道家合而与儒家异。释家重视境象对宣传教义的作用，平淡美主张"羚羊挂角，无迹可求"，以景语作情语，多少受到释家的启发。不难发现，平淡风格的美学内涵，与古代儒、道、释三家思想存在着交叉的地方。它与道、释的关系最亲，与儒家的关系也不疏。因此，道、释思想很浓的人尤尚平淡，儒学气味很浓的人也厚爱平淡。不难看出，平淡的艺术风格是在儒、道、释思想的交叉地带成长的花朵。没有东汉时期佛教的流入，没有魏晋时期玄学的大兴，就不可能有魏晋时期平淡自然的美学理想和诗歌风格的产生；平淡风格在唐宋所以能在整个艺苑风行开来，唐代统治者在思想界三教并立、宋代禅宗深入人心，自是重要的因素。

其次，我们来看平淡与古代哲学尤其是辩证法思想之间的关系。

美学思想本是世界观在审美方面的表现。平淡美的形成与古代哲学的影响存在着不可分割的联系。早在先秦两汉，哲学领域中就积累了辩证法思想的宝贵财富。这种思想体现在对刚柔关系的认识上，即认为纯柔固然是弱，而外强中干、色厉内荏也算不上刚；倘"内外皆坚"，如石，则

"无以为久，是以速亡"①，也算不上至刚，所谓"至刚反摧藏"（陆游）。只有在阴柔的外表中深藏阳刚的本质，这种由"百炼刚"转化而来的"绕指柔"才是至刚。所以古人说"大智知愚""大巧若拙"（老子）。伟大的圣人，应当"温良恭俭让"；盖世的将帅，须能"谈笑静胡尘"；真正的猛士，决不剑拔弩张。譬如水，它看似柔弱，实际上包含着阳刚的本质。《周易》"坎卦"以外阴中阳象征水，宋衷释曰"坎，阳在中，内光明，有似于水"②，反映了对水的阳刚本质的认识。《尚书》说水具有"怀山襄陵""磨铁销铜"的伟大力量。《老子》说"上善若水""守柔曰强"。《论语·子罕》载："子在川上曰：'逝者如斯夫，不舍昼夜。'"孔子取于水的原因何在呢？《孟子·离娄下》解释说："源泉混混，不舍昼夜，盈科而后进，放乎四海。有本者如是，是之取尔。"董仲舒《春秋繁露·山川颂》解释说："水则源泉混混沄沄，昼夜不竭，既似力者……""物皆困于火，而水独胜之。"这种以柔克刚的哲学思想反映到美学趣味上，就是崇尚阴柔之美甚于阳刚之美。如宋张表臣在《珊瑚钩诗话》中说，诗"以平夷自然为上，怪险蹶趋为下"。徐增《而庵诗话》说："作诗如抚琴，必须心和气平，指柔音淡，有雅人深致为上乘。若纯尚气魄，金戈铁马，乘斯下矣。"古代哲学在对浓淡、丽朴关系的认识上也是辩证的。《中庸》上云："衣锦尚絅，恶其文之著者也。"意思是说，穿了锦衣，又罩上外单衣，是嫌锦衣的文采太华丽炫目了。据刘向《说苑》记载，孔子占得贲卦，怏怏不悦。子张问他何故，他说："贲（华采）非正色。"后来司空图在《诗品》中总结为"浓尽必枯"，即浓丽过了头就会转化为枯槁，与此同意。反之，朴素的外表中包含着质美，倒是最浓丽的。《周易》"贲卦"是讲华采的，作者把象征白色的一爻放在卦的最高位置，指出："白贲，

---

① 《晏子春秋·内篇问下》
② 转引自张善文、黄寿祺：《"观物取象"艺术思维的滥觞——读〈周易〉札记》，《古代文学理论研究丛刊》（第四辑），上海古籍出版社1981年版。

无咎。"用意何在呢？荀爽注解说，这是"极饰反素"的意思。①刘勰《文心雕龙·情采》认为这反映了"贵乎反本"的思想。刘熙载《艺概》指出："白贲占于贲之上爻，乃知品居极上之文，只是本色。"这是说《易》以本色的美、素朴的美为最华丽的美。《论语》中有"素以为绚"的观点。老、庄、韩非等人的著作亦普遍有"质有余者不受饰"的思想。这种关于丽、朴关系的辩证思想反映到美学趣味上，就是崇尚素朴美甚于浓丽美，用司空图的话说即"淡者屡深"。清杨廷芝解释此语时指出，此言"能得富贵神髓"，"不以世俗之绮丽为绮丽，木质无华，而天下之至文出焉。有味之而愈觉其无穷者，是乃真绮丽也"。②

由此可见，平淡美虽然偏重于阴柔美，但却包含着阳刚美，是阴柔美与阳刚美、朴素美与浓丽美的统一。平淡美的内涵所具有的一系列对立统一的特征，可以从先秦两汉的辩证法思想中找到渊源。正是由于平淡美是一系列辩证因素的组合体，所以它是较高层次的美。作为阴柔美的高级形态，又是至刚美；作为朴素美的高级形态，又是至丽美。它在平淡中蕴藏着功力，极富审美价值，因而成为艺术中人们广为崇尚的风格。

再次，我们看平淡与诗歌自身发展的联系以及与其他门类艺术之间的相互影响。

中国古代的"平淡"说主要是在诗学领域展开的。从诗歌发展过程的历史来看，诗的艺术形式经历了一个正、反、合的否定之否定过程。"黄、唐淳而质，虞、夏质而辩"，诗歌在草创时期形式是质朴简陋的，它虽然具有一定的美，但由于语言文字表现力的限制，达意还不够充分；由于艺术创作还处在不自觉的阶段，因而它的合律的美与达意的美一样，还处于一种较低级的形态。这是历史发展的"正"的阶段。"商、周丽而雅，楚、汉侈而艳"，从商朝到南朝，这是历史发展的第二阶段，即

① 转引自宗白华：《美学散步》，第38页。

② 杨廷芝：《二十四诗品浅解》，《司空图〈诗品〉解说二种》，齐鲁书社1980年版，第100页。

"反"的阶段，或叫"否定"阶段。在这个阶段，文字的出现和发展、散文的成就，为诗歌取得高度的"辞达"形式美提供了具有表现力的语言；从《诗经》，到楚辞、汉赋、汉魏古诗、"永明体"，诗的四言、五言、七言、古体、近体等形式都获得了空前的发展。从西汉时人们就开始意识到诗的"丽"的特点，到"永明体"诗人那里，则把"丽"的规律加以发明和完善。总之，通过这次否定，诗歌获得了美的形式，诗歌创作日益发展为有意识的审美创作。然而，与此同时，唯美主义偏向也应运而生。为了追求合律的形式美，踵事增华，浓施重抹，因而形式的美溢出了内容的需要，造成了"辞人之赋丽以淫"的流弊。于是历史又展开了否定之否定行程。这个行程从西汉末期的扬雄开始，到盛唐初告完成。扬雄以"诗人之赋丽以则"的口号反对"辞人之赋丽以淫"，为后代诗人批判淫丽的形式美树起了一面旗帜。其后，挟带着"芙蓉出水"的风格来参与这个历史否定的有东晋的陶渊明，南朝的谢灵运，唐朝的李白、王维、孟浩然等。他们对淫丽形式的否定不是全部抛弃，而是吸收了前人在形式美方面取得的成果，使形式既符合美的规律又符合内容表现的需要，朴素自然而又华丽丰缛。这是诗歌形式历史发展的高级阶段，即"合"的阶段，或叫"否定之否定"阶段。可见，平淡的风格美，是较高形态的质朴美，是建立在艺术形式历史发展的否定之否定基础上的。平淡的风格诞生于汉以后而不是汉以前，丰富、完善于王、孟手中而不是"永明体"以前的诗人手中，乃是诗歌历史发展的必然。

　　当然，平淡诗风的产生不只是诗歌自身发展的结果，其他种类的文学对它的影响也不容忽视。先秦时期普遍流行的"绘事后素"论①，汉魏六朝书画理论中早已形成的"传神"理论也在平淡的神韵中留下了印记。而平淡的诗风一旦形成，又会给其他门类的艺术带来影响。唐以后，与诗歌中追求平淡相呼应，小说讲究白描，戏剧提倡本色，绘画偏尚写意，书

---

① 语见《论语》,《周礼·考工记》。

法讲究无色的灿烂，从而形成了"平淡为上"的汉民族艺术趣味，平淡美因而成了人们评价作品美丑得失和风格美层次的一条审美标准。

复次，我们来看平淡美与其他风格美的关系。

平淡，是运用对立统一规律复合其他风格组成的一种特殊风格，它与其他风格无论在内容上还是形式上都存在着包容或交叉关系。它包容着自然、朴素，但又不止于自然、朴素；它蕴藏着精工、华靡，但又不是精工、华靡；它欲说还休，一唱三叹，因而与含蓄、婉约是孪生姐妹；它千锤百炼，底蕴深厚，因而与沉着、雄浑亦非冤家对头；它质实，但质实又抵不上它那么清空；它清空，但清空又比不上它那么实质；它飘逸，但飘逸比它离世更远；它温柔，却没有温柔的顺从；它大巧若拙，因而苍古；它平中见奇，因而奇崛；它风清骨峻，因而清新，但又不能彻底地超脱，因而总是萦绕着凄切的淡愁。如此等等。平淡，正像法国作家法朗士所说的那样，是一种"复合的"风格，它"像一道白光"，"是由七种颜色和谐地组成的"，"但看上去并非如此"。唯其复合着诸多对立统一的风格，故历代各有所尚的作家、评论家对它都能采取兼容的态度。

第二节　"言意"：中国古代文论内容形式关系论 [①]

在以表现主义为特色的中国古代文学作品中，形式表现为"言"，内容表现为"意"。"言意"说从另一侧面反映了中国古代的"文质"论，是中国文论具有民族特色的形式、内容关系论。

一、从皎然、司空图到严羽

古代文论"言意"说的材料芸芸多矣。其中有三个人尤其值得注意。

---

① 本节原题《"但见情性，不睹文字"说》，载《古代文学理论研究》1991年丛刊。后改写至《中国古代文学原理——一个表现主义民族文论体系的建构》第六章第四节中，学林出版社1993年版。

一是中唐时期的僧皎然。他在继承前人成果的基础上对古代的"言意"说做了精辟概括，这就是他在《诗式》中评论谢灵运作品时说的"但见情性，不睹文字"，"真于情性，尚于作用，不顾词彩，而风流自然"。二是晚唐诗僧司空图。他在《二十四诗品》中把皎然的上述说法改造为"不著一字，尽得风流"这个命题。如果说皎然侧重于从读者的角度论及作品的言意关系，司空图则侧重于从创作的角度论及作品的言意典范。此外，他又提出"韵外之致""味外之旨"[①]"象外之象、景外之景"[②]"四外"之说，丰富了"言意"论的内涵。三是南宋"以禅论诗"的严羽，他在《沧浪诗话·诗辨》中提出"别材""别趣"之说："诗有别材，非关书也；诗有别趣，非关理也。而古人未尝不读书、不穷理，所谓不涉理路、不落言筌者，上也。"又说："诗者，吟咏情性也。盛唐诗人惟在兴趣，羚羊挂角，无迹可求，故其妙处莹彻玲珑，不可凑泊，如空中之音，相中之色，水中之月，镜中之象，言有尽而意无穷。"严羽从"旨冥句中""意在象外"的形象思维角度切入作品的言意关系，是对言意理论的又一贡献。这三个人的理论不仅影响深远，而且富有概括性、代表性，最能昭示古代文论"言意"说的精华。

文学作为语言艺术、文字著作，总是诉诸语言文字的，读者阅读文学作品时也必然会接触到语言文字。可按中国文论的看法，只有"不著一字"的文学作品才能"尽得风流"，只有使人"但见情性，不睹文字"的文学作品才是上乘之作。这怎么理解呢？

二、儒、道、佛、玄的"言意之辩"

中国文论的"言意"说有它深厚的文化基础。要全面、准确把握"言意"说的丰富内涵，必须从它的文化渊源——儒、道、佛和玄学的

---

① 司空图:《与李生论诗书》。

② 司空图:《与极浦书》。

"言意之辩"谈起。

儒家在言、意问题上比较简单。它认为"言"是达"意"的手段："彼名辞也者，志义之使也。"①"文以足言，言以足志。"②因此要求作者"名足以指实，辞足以见极，则舍之矣"③，要求读者"不以文害辞，不以辞害志"④。后世古文家、道学家要求"文以载道""文以明理"，都基于这一"言意"观。

道家的"言意"论就复杂些了。"道"是道家"言意"论的逻辑起点，因而道家的"言意"论是安排在"道、意、言"序列中的。在老庄看来，世界万物可分为"物之粗""物之精"和"不期精粗"的"道"这样三个由低到高的层次。"道"作为物的本体，不仅不可言说，所谓"天地有大美而不言"，"万物有成理而不说"⑤，而且不可用逻辑思维（"意"）去认识、体会，所谓"言之所不能论，意之所不能察致者，不期精粗焉"⑥。它只有以通过"心斋"之后获得的"无情""无智"的超验的心理功能才能把握。因此，高明和得道之士是离绝名言的，所谓"夫形色名声果不足以得彼（道）之情（实），则知者不言，言者不知（通智）"⑦。紧挨着"不期精粗"之"道"的层次是"物之精"，它只可意会不可言传。最低一个层次是"物之粗"，只有它可以认识、表达，所谓"可以言论者，物之粗也；可以意致者，物之精也"⑧。"言"与"意"的关系就是在"物之粗"的层次上展开的。"意"即对"物之粗"的认识，"言"只是表达"意"的工具，用完了就可以扔掉，其地位又在"物之粗"之下，正如庄子所说：

① 《荀子·正名》。
② 《左传·襄公二十五年》引孔子语。
③ 《荀子·正名》。
④ 《孟子·万章》。
⑤ 《庄子·知北游》。
⑥ 《庄子·秋水》。
⑦ 《庄子·天道》。
⑧ 《庄子·秋水》。

"语之所贵者，意也。"①"言者所以在意，得意而忘言"，就像"筌者所以在鱼，得鱼而忘筌"一样。②

魏晋玄学大师王弼直承庄子"言意"论，并以此解释儒家经典《易经》中卦爻辞与卦爻象、卦爻象与其所象征的意义之间的关系，对"言意"说做了丰富和发展。他论述的逻辑层次是这样的："夫象者，出意者也；言者，名象者也。尽意莫若象，尽象莫若言。""言生于象，故可寻言以观象；象生于意，故是寻象以观意。""意以象尽，象以言著。故言者所以明象，得象忘言，非得意者也。象生于意，而存象焉，则所存者乃非其象（象，此作动词。其象，指意）也；言生于象，而存言焉，则所存者乃非其言（言，动词。其言，指象）也。"这后面一段话体现了王弼的思辨深度，它深刻揭示了随着创作过程的变化，手段与目的、形式与内容的相互转换和相反相成，不仅是从思想上，而且从语言上直接开启了文艺领域"但见情性，不睹文字""不著一字，尽得风流"理论的产生。

佛教在言、意关系上更呈现出思辨性。佛教认为，佛道超越一切语言的文字："一切法实性……出名字语言道。"③因而语言表达的断非是道，所谓"言语道断"（一开口道就灭），所以主张"不立文字""心心相传""悟心成佛"。④在《维摩诘经·弟子品》中，维摩诘告诫须菩提说："至于智者……悉舍文字，于字为解脱。解脱相者，则诸法也。"在《维摩诘经·入不二法门品》中，文殊师利以"于一切法无言无说"请教维摩诘对"不二法门"是否应该这样理解，维摩诘以"默然无言"的行动回答了他，文殊师利感叹道："善哉！善哉！乃至无有文字语言，是真入不二法门。"⑤维摩诘虽未用语言明确回答，但他内心的意思文殊师利则心领神会

---

① 《庄子·天道》。

② 《庄子·外物》。

③ 龙树：《大智度论》卷一百。

④ 三国支谦译本。

⑤ 鸠摩罗什译本。

了。这是佛家"废言"的著名例子。道不可言，然而为了教化众生，又不得不权行方便，用语言文字为众生说法传道。语言文字虽然不能表达道，但尚可勉强地象征、隐喻道，从而给人以悟道的启示和凭据。所以龙树一方面讲"语言度人皆是有为虚狂法"[1]，另一方面又说，"语言能持义亦如是，若无语言，则义不可得"，"是般若波罗蜜因语言文字章句可得其义，是故佛以般若经卷殷勤嘱累阿难"。[2]中国的佛教义学家们在介绍佛教原典理论的基础上，对言、意问题做了深入发挥。如东晋道安说："圣人有以见因华可以成实，睹末可以达本，乃为布不言之教，陈无辙之轨。"[3]在主张"不言之教"的同时，他又认为语言是"不可相无"的。[4]僧肇说："无名之法（法身、佛道），故非言所能言也。言虽不能言，然非言无以传。是以圣人终日言而未尝言也（因为所言皆道）。"[5]南朝齐、梁的僧祐说："夫神理无声，因言辞写意；言辞无迹，缘文字以图音。故字为言蹄，言为理筌，音义合符，不可偏失。是以文字应用，弥纶宇宙，虽迹系翰墨，而理契乎神。"[6]南朝宋竺道生说："夫象以尽意，得意则象忘；言以诠理，入理则言息……忘筌取鱼，始可与言道矣。"[7]唐宋禅宗兴起以后，更把佛家的"废言"与"立言"推上了两极。初期禅宗讲究"直指人心""见性成佛"，所谓"达磨东来，不立文字，悟心成佛"[8]，其方法是心灵的"体认""参究""领悟"，无须喋喋不休的议论，更无须连篇累牍的著述。故慧能传教四十年，只留下一部由别人记录的一万多字的《坛经》。后来，时移事易，光靠内心"体认""参究"是不够了，于是渐渐有了种种"公

---

① 龙树:《大智度论》卷三十一。

② 龙树:《大智度论》卷七十九。阿难，佛释迦牟尼堂弟。

③ 《道地经序》，《出三藏记集》卷十。

④ 《合放光光赞随略解序》，《出三藏记集》卷七。

⑤ 《般若无知论》，《中国佛教思想资料选编》（第一卷），中华书局1981年版。

⑥ 《胡汉译经音义同异记》，《出三藏记集》卷一。

⑦ 《高僧传》卷七。

⑧ 明禅玄极语。转引自郭朋:《明清佛教》，福建人民出版社1985年版，第43页。

案""机锋"①和挤眉弄眼、动手动脚的"禅语""禅机"。禅，不光靠心"参"，也要靠口"说"了，于是出现了皇皇巨制的"灯录""语录"②，禅宗由"不立文字"的"内证禅"变为"大立文字"的"文字禅"。以宋代著名的"五灯"为例③：道原《景德传灯录》，三十卷；李遵勖《天圣广灯录》，三十卷；惟白《建中靖国续灯录》，三十卷；悟明《联灯会要》，三十卷；正受《嘉泰普灯录》，三十卷。关于这种情况的变化，明禅僧玄极解释说："盖无上妙道，虽不可以语言传，而可以语言见。语言者，指心之准的也。故学者每以语言为证悟浅深之候。是故佛祖虽曰传无可传，至于授受之际，针芥相投，必有机缘语句与夫印证偈颂。苟取之以垂后世，皆足为启悟之资，其是可费而不传乎？"④

三、"言意"说的四层内涵

儒、道、佛、玄尤其是佛教和玄学关于言、意（道）关系这些思想，直接地影响了中国文论的"言意"说。

首先，佛、玄、儒、道都认为，"言"是手段，"意"或"道"是目的，不应该为了手段而忘了目的，必须通过对手段的否定去达到目的。古代文艺理论中的"言意"说也是如此。所谓"但见情性，不睹文字"，"不著一字，尽得风流"，其第一层含义就是：由创作言，作者必须以"意"为目的，调动全部手段来突出"意"而不是突出表情达意的"言"，努力使读者只看到"文字"所表达的"情性"，而不被"文字"牵制，分散了注意力；由欣赏言，读者要"披文入情"，"得意忘言"，唯"意"是

---

① 公案，前辈祖师的言行范例，禅宗用来判断是非迷悟；机锋，指问答迅捷，不落迹象，含有深意的语句。

② 详见郭朋《隋唐佛教》（福建人民出版社1980年版）及《宋元佛教》（福建人民出版社1981年版）第27、29页。

③ 释普济：《五灯会元》卷二十，中华书局1984年版。

④ 转引自郭朋：《明清佛教》，福建人民出版社1985年版，第43页。

求，而不能仅仅停留在文字的声色之美上流连忘返，拘泥于文字而忘记了情性。我们来看皎然、司空图以后的几段言论，都说明了这意思。南宋末年戴复古《论诗十绝》第七云："欲参律诗似参禅，妙趣不由文字传。个里稍关心有悟，发为言语自超然。"金代元好问云："诗家圣处"，"不在文字"，"所谓情性之外，不知有文字耳。"①清代袁枚《随园诗话》云："忘足，履之适；忘韵，诗之适。"古人这样论诗。如清贺贻孙《诗筏》云："盛唐人诗有血痕无墨痕。"刘熙载《艺概·诗概》云："杜诗只'有''无'二字足以评之。'有'者，但见性情气骨；'无'者，不见语言文字也。"林希逸评《离骚》说："盖乾坤之宫商而寓以诗人口喙，其写情寄兴，多出于玄冥罔象之中，而言语血脉，有不可以文字格律求者。"②古人这样论小说。如明代叶昼在评点《水浒》时说："说淫妇便像个淫妇，说烈汉便像个烈汉，说呆子便像个呆子，说马泊六便像个马泊六，说小猴子便像个小猴子，但觉读一过，分明淫妇、烈汉、呆子、马泊六、小猴子光景在眼"，"声音在耳，不知有所谓语言文字也。"③古人甚至这样论书画。如唐张怀瓘《书法要录》云："深识书者，唯观神采，不见字形。"笪重光《画筌》云："无画处均成妙境。"对此，叶朗先生曾深刻概括过："照中国古典美学的看法，真正的艺术形式美，不是在于突出艺术形式本身的美，而在于通过艺术形式把艺术意境、艺术典型突出地表现出来。"④"当艺术的感性形式诸因素把艺术内容恰当地、充分地、完善地表现出来，从而使欣赏者为整个艺术形象的美所吸引，而不再去注意形式美本身时，这才是真正的艺术形式美。在这里，艺术形式美只有否定自己，才能实现自己。"⑤

　　儒、道、佛、玄虽然认为"意""道"只有通过对"言"的否定

---

① 《遗山集》卷三十七。

② 《竹溪鬳斋十一藁续集》卷八。

③ 《容与堂刊批忠义水浒传》第二十四回回末总评。马泊六，指引诱男女搞不正当关系的人。

④ 叶朗：《中国小说美学》，北京大学出版社1982年版，第37页。

⑤ 叶朗：《中国小说美学》，第39页。

才能实现自己，但也并不完全废弃文字，因为文字毕竟是表达或象征"意""道"的必不可少的手段。所以道家一方面讲"智者不言"，另一方面又留下了"五千精言"《道德经》和数以万言的《庄子》；佛家一方面倡言"不立文字"，另一方面又"大立文字"，留下了许多经典灯录；玄学一方面讲"得意忘象，得象忘言"，一方面又讲"尽意莫若象，尽象莫若言"。同理，脱胎于道家"无言"之说、佛家"不立文字"的"但见性情，不睹文字"虽然主张"不著一字"，但并不真的舍弃文字；不仅如此，它比道家、佛家更重视文字。这不仅因为"情性"只有从"文字"中见出，真的"不著一字"，是不可能"得"到"风流"的，而且是因为文学作为语言文学的艺术，舍弃语言文字，文学作品何以存在？所以文论家一方面讲"不著一字"，另一方面又讲"语不惊人死不休"，二者并不矛盾。前者要求人们重视文学的内容和目的，后者告诫人们对于文学的形式与手段也不要轻视，轻视了就无法较好地表情达意，实现作品的内容和目的。宋人刘克庄《题何秀才诗禅方丈》说："诗家以少陵为祖，其说曰'语不惊人死不休'；禅家以达摩为祖，其说曰'不立文字'。……夫至言妙义，固不在于语言文字，然舍真实而求虚幻、厌切近而慕阔远（'真实''切远'指有形可见的文字，'虚幻''阔远'指无形可见的意义），愚恐君之禅进而诗退矣。"就是说，舍弃文字技巧的追求只是禅家的追求，而不是诗家的追求。其实，如上所述，禅家也不完全摒弃文字，虽然在对待文字的态度上与诗家有程度上的差异。宋朝另一位诗人姜夔在《白石道人诗说》中指出，文章虽"不以文而妙，然舍文无妙"。金人元好问讲"诗家圣外"，"不在文字"，又"不离文字"。[①]清人翁方纲《诗法论》说："忘筌忘蹄，非无筌蹄也。"如此等等表明，古人虽然以内容为贵而强调"情性之外不知有文字"[②]，但并不轻视、废弃文字，而是要求在掌握文

---

① 《陶然集诗序》，《遗山先生文集》卷三十七。

② 《陶然集诗序》，《遗山先生文集》卷三十七。

字技巧的基础上为表情达意服务，使语言文字具有高度的透明性，透明到"淡到见不到诗"①的地步，成为内容的裸露。这是古代文论"言意"说的第二层内涵。

文字诚然要为表情达意服务，然而，文学作品中"言"与"意"的关系难道仅仅是有多少文字就有多少情性的一一对应关系吗？不。皎然《诗式》在提出"但见性情，不睹文字"的同时，还指出"两重意以上，皆文外之旨"的情况；后来司空图又提出"韵外之致""味外之旨""景外之景""象外之象"的"四外"之说。这就明确触及一个"文内意""文外意"的问题。追究起来，这个问题早就有人涉及了。如《易传》提出过"书（引者按：指八卦文字之类）不尽言，言不尽意"，司马迁等人评《离骚》时说过"其辞近，其旨远"之类的话，刘勰《文心雕龙·隐秀》分析具有"隐"的特点的文章说"隐之者，文外之重旨也……隐以复意为工"，钟嵘《诗品序》评《诗经》中的"兴"乃"言有尽而意无穷"，为"文之余意"，南朝宋代范晔谈音乐时提出"弦外之音"②，等等。比较而言，皎然、司空图提得更加明确、更加全面。所谓"文内意"，是指"文内意"吸附的"深层意义"，是"有限意义"吸附的"无限意义"。它既不可求诸"字面意义"，又必须借助于"字面意义"的唤发。一方面，语言一般只可表达普遍性的概念，人们从客观物象中获得的精微的、特殊的感觉、知觉、情绪、意念、意象等并不一定都能用语言表达出来，这正像黑格尔所说："语言实质上只表达普遍的东西；但人们所想的却是特殊的东西、个别的东西。因此，不能用语言表达人们所想的（全部——引者）东西。"③古人分明意识到语言在达意上的局限性，这就是"只可意会不可言传"的情况。陆机《文赋》序说他常患"言不逮意"，刘禹锡《视刀环歌》说"常恨言语浅，不如人意深"，苏轼《答谢

① 闻一多：《唐诗杂诗·孟浩然》中评孟诗语。
② 范晔：《狱中与诸甥侄书》。
③ 转引自列宁：《黑格尔〈哲学史讲演录〉一书摘要》。

民师书》说过把"了然于心者""了然于口与手"相当不易，都表现了对"言"的局限性的苦恼。怎样尽可能地表现那"不可言传"的"意"呢？明智的方法，是用"可以言传"的"意"吸附、蕴含"不可言传"的"意"。另一方面，具体的文学样式，其字数总有一定的限制。如一首七言律诗，只许写五十六字，诗人作诗时，心中想表达的意思往往远大于这五十六字所能容纳的意思。怎么办呢？把七律铺衍成排律？这固然不失为一种达意方法，但意思都说尽了，没有一点空白，读者想象的余地就少了，审美愉快也随之减弱，读者并不喜欢，真有些吃力不讨好。高明的方法，是"去词去意"，通过对内容的剪裁、文字的锤炼，把一部分"意"和与之对应的"言"删为"文外意""言外言"，在有限中藏无限，"以少少许胜多多许"。这里值得注意的是，通过上述方法表现的"不可言传"之"意"和"可以言传"，但因说尽则不够美而被删裁了的"意"都存在于作品的文字之外。在这个意义上说，它们是名副其实地"不著一字，尽得风流"。因此，古代文论以"但见情性，不睹文字""不著一字，尽得风流"为代表的"言意"说还有崇尚艺术空白这层含义，凝聚着对"言"与"意"有无相生的辩证认识，这是它的第三层意思。陆时雍《诗境总论》说："人情物态不可言者最多，必尽言之，则俚矣。知能言之为佳，而不知不言之为妙，此张籍、王建所以病也。"欧阳修《六一诗话》引梅圣俞语，"必能状难言之景如在目前，含不尽之意见于言外"，才是佳作。《白石道人诗说》："人所易言，我寡言之；人所难言，我易言之：自不俗。""句中有余味，篇中有余意，善之善者也。"杨万里《颐庵诗稿序》："夫诗何为者也？尚其词而已矣。曰：善诗者去词。然则尚其意而已矣。曰：善诗者去意。然则去词去意，则诗安在乎？曰：去词去意，而诗有在矣。然则诗果焉在？曰：尝食夫饴与荼乎？人孰之不饴之嗜也，初而甘，卒而酸。至于荼也，人病其苦也，然苦未既，而不胜其甘。诗亦如是而已矣。"王士祯《神韵论》释司空图"不著一字，尽得风流"："夫谓不著一字，正是函盖万有也，岂以空寂言耶？"刘熙载《艺概·词曲概》："词之妙，莫妙于以不言言之。非不言也，寄言也。"袁枚《随园诗话》卷三十："严冬友曰：凡诗文妙处，全在于空。譬如一室内，人之所游焉息焉者，皆空处也。若室而塞之，虽金玉满堂，而无安放此心处，又安见富贵之乐耶？钟不空则哑矣，耳不空则聋矣。"他借此说明：文不空则滞矣。这些言论，都论述了追求文外"不睹文字"的无限情意之美。然而，这"无言之美"并非独立自足的存在，它必须以"有言"为根基、为储存器、为激发点。这里，我们来借朱光潜、钱锺书两位先生的话来说明这一点。朱先生在其美学研究处女作《无言之美》一文中指出："无言，不一定指不说话，是注重在含蓄不露。"①他还说："含蓄的秘诀在于繁复情境中精选少数最富暗示性的节目，把它们融化成一完整形相，让读者凭这少数节目做想象的踏脚石，低回玩索，举一反三，着墨愈少，读者想象的范围愈大，意味也就愈深永。"钱先生在《管锥编·全齐文·谢赫〈古画品〉》中指出："画之写景物，不尚工细，诗之道情事，不贵详尽，皆须留有余地，耐人寻味，俾由其所写之景物而冥观未写之景物，据其所道之情事而默识未道之情事。"在《谈艺录》中又指出："若诗自是文字之妙，非言无以寓言外之意；水月镜花，固可见而不可捉。然必有此水而后月可印潭，有此镜而后花能映影。"②元稹五言句《行宫》所蕴含的白头宫女几十年宫中不幸的生活遭遇和辛酸感受，以及诗人对宫女的深切同情和对玄宗皇帝大蓄妃嫔的不满、讽喻等"文外之旨""言外之意"，恰恰是通过这首小诗中的二十个字来表现的，读者"超以象外"的想象必得自绝句文字之"环"中。

　　所谓"但见情性，不睹文字"，其"情性"所以未见诸"文字"，往往还因为它没有直说，而是通过形象透露体现出来的，因而展现在人们面前的直观只是"景语"而非"情语"。如杜甫诗"遣人向市赊香秔，唤

---

① 朱光潜：《朱光潜美学文学论文选集》，湖南人民出版社1980年版，第350页。

② 钱锺书：《谈艺录》（补订本），中华书局1988年版，第100页。

妇出房亲自馈"，杨万里以为"上言其力贫故曰'赊'，下言其无使令故曰'亲'"①，这两层意思都没直说，但读者可以从形象描写中领悟出来，这就形成了"诗有句中无其辞，而句外有其意"②的情况。李白《玉阶怨》诗云："玉阶生白露，夜久侵罗袜。却下水晶帘，玲珑望秋月。"萧士赟评论道："此篇无一字言怨，而隐然幽怨之意，见于言外。"③严羽提出诗歌在"吟咏性情"时要"羚羊挂角，无迹可求"，皎然《诗式》提及"象下之意"的概念，其实都论及形象所包含的"不著一字"、未加明言的作者的主观情意的问题。可见，化"情语"为"景语"，使"旨冥句中""兴在象外"，是古代文论"言意"说的第四层内涵。

要之，古代文论"言意"说的四种规定性中，前两种尤其体现了儒道佛玄思想的熏染，表现了两者之间的同一性；后两种则体现了文学创作对"言意"关系的特殊要求，而这些恰恰是儒道佛玄"言意之辩"所弗及的。

第三节　"活法"：中国古代文论的总体创作方法论④

一、"活法"的提出及其丰富内涵

"活法"的概念是南宋吕本中首先提出来的。他说："学诗当识'活法'。所谓'活法'者，规矩备具，而能出于规矩之外；变化不测，而亦不背于规矩也。是道也，盖有定法而无定法，无定法而有定法。知是者，则可以与语'活法'矣。"⑤吕氏所论，本针对诗歌创作而言，南宋的俞成

---

① 杨万里：《诚斋诗话》。
② 杨万里：《诚斋诗话》。
③ 转引自胡应麟编：《诗人玉屑》。
④ 本节原文发表于《学术月刊》1992年第4期，后收入《中国古代文学原理——一个表现主义民族文论体系的建构》第五章第一节，学林出版社1993年版。
⑤ 吕本中：《夏均父集序》，四部丛刊影旧抄本《后村先生大全集》卷九十五《江西诗派》引。

发现它具有普遍的方法论意义，便把它引入整个文学创作领域："文章一技，要自有'活法'。若胶古人之陈迹，而不能点化其句语，此乃谓之死法。死法专祖蹈袭，则不能生于吾言之外。活法夺胎换骨，则不能毙于吾言之内。毙吾言者故为死法，生吾言者故为活法。"①"活法"提出后，在宋、元、明、清文论界引起了广泛的反响。张孝祥、杨万里、严羽、姜夔、魏庆之、王若虚、郝经、方回、苏伯衡、李东阳、唐顺之、屠隆、陆时雍、李腾芳、邵长蘅、叶燮、王士祯、沈德潜、翁方纲、章学诚、刘大櫆、姚鼐、袁守定等人，或径以"活法"要求于文学创作，或通过对"死法"的批评从反面肯定"活法"的地位。他们从不同角度、不同层面丰富了"活法"理论，为我们全面理解"活法"的内涵提供了充分的依据。

那么，"活法"究竟是什么方法呢？

"活"即"灵活""圆活""活脱"。作为呆板、拘滞、因袭的对立面，其实质即流动、变化、创造。"活法"简单地说即变化多端、"不主故常"的创作方法。清代的邵长蘅指出："文之法，有不变者，有至变者。"②姚鼐指出："古人文有一定之法，有无定之法……无定者，所以为纵横变化也。"③邵氏讲的"至变"之法，姚氏讲的所以为"纵横变化"之法，指的就是"活法"。

"活法"作为灵活万变之法，在不同的创作环节上有着不同的表现形态。在创作过程的起始，"活法"要求"当机煞活"，切忌"预设法式"。反对创作之先就有"一成之法"横亘胸中，主张文思触发的随机性。魏庆之《诗人玉屑》卷六载："仆尝请益曰：'下字之法当如何？'公曰：'正如弈棋，三百六十路都有好着，顾临时如何耳。'"何以如此呢？因为"诗人之工，特在一时情味，固不可预设法式"④，如谢灵运的名句"池塘生

---

① 俞成：《文章活法》，《萤雪丛说》卷一。
② 邵长蘅：《与魏叔子论文书》，《国朝文录》卷三十六。
③ 姚鼐：《与张阮林书》，《惜抱尺牍》卷三。
④ 张戒：《岁寒堂诗话》，无锡丁氏校印本《历代诗话续编》。

春草，园柳变鸣禽"，"此语之工，正在无所用意，猝然与景相遇，借以成章"①。

那么，引发文思的"机缘"是什么呢？就是气象万千、瞬息万变的大自然。以"活法"作诗著称的杨万里在《荆溪集序》中曾这样自述创作体会："每过午……登古城，采撷杞菊，攀翻花竹，万象毕来，献予诗材。盖麾之不去，前者未雠，而后者已迫，涣然未觉作诗之难也。"大自然是"体有万殊，物无一量"的，因而文思的触发也就光景常新、变化无常了，故"当机煞活"联系到"机"的内涵来说即"随物应机"。

这种"随物应机"的方法直接从现实中汲取文思，给审美意象带来极大的鲜活性。这种文思触发的随机性，也给艺术创作带来了"鸢飞鱼跃""飞动驰掷"②的流动美。古人形容这种美，往往以流转的"弹丸"为喻。

在艺术表现的过程中，"活法"要求"随物赋形""因情立格"。这种方法，用今天的话说即给内容赋予合适的形式的方法。内容有内外主客之分。相对于外物而言，"活法"表现为"随物赋形"（苏轼）。用清代叶燮的话说，就叫"准的自然"之法，"当乎理（事理）、确乎事、酌乎情（情状）"之法。相对于主体而言，"活法"表现为"因情立格"（徐祯卿）。由于"向心"文化的作用和表现主义文学观念的渗透，"活法"更多地被描述为"因情立格"，表现主体之法。如吕本中《夏均父集序》界说"活法"，其特征之一是"惟意所出"；王若虚认为文之大法即"词达理顺"；章学诚指出"活法"即"心营意造"之法③，都论述到"法"与主体的连带关系，从另一侧面揭示了"活法"的心灵表现特色。

"活法"根据特定内容赋予相应的形式，因而是"自然之法"（叶燮）。对此，古人曾屡屡论及。如沈德潜《说诗晬语》说，所谓"法"

① 叶梦得：《石林诗话》，《历代诗话》，中华书局1981年版。
② 二语分别为钱锺书、方回评杨万里诗语。
③ 章学诚：《文史通义·文理》。

者，"行所不得不行，止所不得不止，而起伏照应，承接转换，自神明变化于其中"，从内容对形式的决定性方面论证了"法法"的内在必然性。而不问内容表现需要，硬从内容表达需要的外部寻找一种所谓美的模式加以恪守，则是不"自然"的，无必然性的。正如陆时雍《诗镜总论》说的那样："水流自行，云生自行，更有何法可设？"

既然"活法"主要表现为"因情立格"之法，那么，"情无定位"，法随情变，艺术创作自然不能被"一成之法"所束缚。这里有两个要点：一是"情无定位"说，它揭示了"活法"所以为变化无方之法的动力根源。它由明代徐祯卿在《谈艺录》中所提出："夫情既异其形，故辞当因其势。譬如写情绘色，倩盼各以其状，随规逐矩，圆方巧获其则。此乃因情立格，特守围环之大略也。"二是法随情变。既然"情无定位"，所以法无定方，文学创作没有一成不变的法式可循。"活法"所以强调"不主故常"，否定"文有定法"，以此。王若虚《文辨》说："夫文岂有定法哉？意所至则为之题，意适然殊无害也。"又在《滹南诗话》中指出："古之诗人，虽趣尚不同，体制不一，要皆出于自得。至其辞达理顺，皆足以名家，何尝有以句法绳人哉？"章学诚《文史通义·文理》说："文章变化，非一成之法所能限。"又在《文格举隅序》中指出："古人文无定格，意之所至而文以至焉，盖有所以为文者也。文而有格，学者不知所以为文而竞趋于格，于是以格为当然之具而真文丧矣。"

在艺术表现的终端上，"活法"追求"姿态横生，不窘一律"①。既然艺术表现是"随物赋形""因情立格"，其结果自然是"姿态横生""了无定文""莫有常态"。因而在作品面目上，"活法"最忌讳千篇一律，雷同他人，而崇尚"自立其法"②，强调"法当立诸已，不当尼（泥）诸人"③。

衡量"自立其法"的一个重要标准是法在文成之前还是之后。"法在

---

① 吕本中：《与曾吉甫论诗第一帖》，海山仙馆丛书本《苕溪渔隐丛话》前集卷四十九。
② 郝经：《答友人论文法书》，《郝文忠公陵川文集》卷十三。
③ 郝经：《答友人论文法书》，《郝文忠公陵川文集》卷十三。

文成之前，以理从辞，以辞从文，以文从法，一资于人而无我，是以愈工而愈不工"①；"法在文成之后，辞由理出，文自辞生，法以文著"，"不期于工而自工，无意于法而皆自为法"。②所以古人强调："文成法立。""夫文岂有常体，但以有体为常。"③根据"自得"之意赋予相应的表现方法、形态、格式，就是合理的、美的。意象各别，文态万千，美的表现方法、形态、格式也就多种多样，它存在于"因情立格"、创作告成后的各种特定作品中，没有超越特定内容、离开具体作品可以到处套用的美的"常体"；只有根据"自得"之意写出的作品之法式才属于自己，才是"自立之法"。

除此而外，"活法"还表现为"圆活生动"、变通无碍之法。这主要是在"活法"与具体的创作手段、方法、技巧的关系中显示出来的。这里要交代一点，古人讲"文有大法无定法"，"定法"若指一成不变的美的创作方法、模式，那是没有的；但如果指"可以授受的规矩方圆"，指文学创作基本的技巧、具体的手段，它还是存在的，所以古人在肯定文有"无定之法"的同时又肯定文有"一定之法"。那么，"活法"这个"文之大法"与之有什么关系呢？

首先，它表现为从"有法"到"无法"、既不为法所囿又不背于法的"自由之法"。这一点，"活法"说的始作俑者吕本中说得很清楚："所谓'活法'者，规矩备具，而能出于规矩之外，变化不测，而亦不背于规矩也。是道也，盖有定法而无定法，无定法而有定法。"这是一种领悟了"必然"的"自由"，一种"无规律的合规律性"，以古人之言名之即"从心所欲不逾矩"。它表明，"活法"排斥"定法"，只不过是为了提醒人们不要用僵死的观点对待"法"，"泥定此处应如何，彼处应如何"④，帮

---

① 郝经：《答友人论文法书》，《郝文忠公陵川文集》卷十三。
② 郝经：《答友人论文法书》，《郝文忠公陵川文集》卷十三。
③ 张融：《门律自序》。
④ 沈德潜：《说诗晬语》。

助人们破除对"法"的精神执迷，所谓"法既活而不可执矣，又焉得泥于法"①，对于具体的手段、基本的技巧，它并不排斥，恰恰相反，"活法"主张长期地学习、充分地掌握，并把这作为是实现超越、走向自由的关键，正像韩驹《赠赵伯鱼》诗形容的那样："一朝悟罢正法眼，信手拈出皆成章。"

其次，"活法"作为一种注重变化、流动的思维方法，它用因物制宜的态度对待事物，从而使它在驾驭各种具体的方法手段时变得圆融无碍。如"起承转合，不为无法"，但依"活法"之见，"不可泥"，"泥于法而为之，则撑柱对待，四方八角，无圆活生动之意"②。又如"字法""有虚实、深浅、显晦、清浊、轻重"等，但"第一要活，不要死。活则虚能为实、浅能为深、晦能为显、浊能为清、轻能为重"③。屠隆指出："诗道有法，昔人贵在妙悟。""妙悟"之后就活脱无碍、左右逢源了，所谓"新不欲杜撰，旧不欲抄袭，实不欲粘滞，虚不欲空疏，浓不欲脂粉，淡不欲干枯，深不欲艰涩，浅不欲率易，奇不欲谲怪，平不欲凡陋，沈不欲黯惨，响不欲叫啸，华不欲轻艳，质不欲俚野"④。

由于"活法"是"随物应机""当机煞活"，"因情立格""随物赋形"，"姿态横生，不窘一律"，"圆活生动"、变通无碍的创作方法，换句话说，由于"活法"是根据个别的独得意象因宜适变地状物达意的方法，所以它充满了蓬勃的生机和旺盛的创造力，能给人类文化的长卷带来属于作者所有的美的作品和法式，从而与毫无生机的蹈袭模仿形成了鲜明对比。俞成说，"专祖蹈袭"的"死法""不能生于吾言之外"，是"毙吾言者"，只有"夺胎换骨"的"活法"才不会"毙于吾言之内"，是"生吾言者"。因此，"活法"是创新之法，而不是蹈袭之法、拟古之法。

---

① 叶燮:《原诗》。
② 李东阳:《麓堂诗话》。
③ 李腾芳:《文字法三十五则》。
④ 屠隆:《论诗文》,《鸿苞节录》卷六。

以上，我们围绕"活"字，从诸环节、角度考察了"活法"的具体内涵。此外，"活法"还有两大特点。

1.由于"活法"没有示人以具体可循的创作方法门径，因而是"无法之法"①、"虚名之法"②。"虚名"，虚有"法"之名也。

2.由于"活法"是驾驭各种"定法"的主宰，因而是"万法总归一法"③的"一法"，是"执一驭万"之法。

二、"活法"思想的形成和发展历史

在吕本中之前，"活法"的概念虽然尚未出现，但各种与"活法"内涵相通的思想早在积累。孔子说："辞达而已矣。"④这是个形式美命题，也是方法论命题。后来王若虚、郝经以"词达理顺""辞以达志"释文之大法，正本于孔子。扬雄《太玄》卷四云："宏文无范，恣意往也。"这与"活法"的思想更靠近了："宏文无范"就是"文无定格"，"恣意往也"通于"因情立格"。陆机《文赋》追求"意逮物""文称意"，主张"辞达而理举"，并由此提出"因宜适变"。谢赫"六法"论提出"随类赋彩"，催化了变化多端、"随物赋形"方法的诞生。唐代书家张怀瓘《书议》评论王献之书法，肯定其"临事制宜，从意适便"的特征；文章家李德裕在《文章论》中提出"意尽而止""言妙而适情"的主张，并指出由此产生"篇无定曲"的结果；柳宗元《复温杜夫书》自述其创作方法，是"引笔行墨，快意累累，意尽便止"。这些即有"随物赋形""因情立格""不主一格"的意思。到了北宋，这种思想更加丰富，并获得了发展。先是宋初的田锡和欧阳修。田锡《贻宋小著书》主张"援毫之际，属思之时，以情合于性，以性合于道……随其运用而得性，任其方圆而寓理，亦犹微风动

---

① 此语非原文，根据陆时雍《诗镜总论》意思改写。

② 此语非原文，根据叶燮《原诗》意思改写。

③ 陆时雍：《诗镜总论》，《历代诗话续编》本。

④ 《论语·卫灵公》。

水，了无定文；太虚浮云，莫有常态"。欧阳修通过对韩愈的评价，表现了对"纵横驰逐，惟意所之"创作方法的称许。①二人的思想直接影响了苏轼。苏轼论为文，一主"风水相遭""天人凑泊"；二主"辞达而已"②，"意之所到，则笔力曲折无不尽"③，如同"泉源""随物赋形"④；三主"行于所当行""止于不可不止""文理自然"⑤；四主"初无定质""姿态横生"⑥；五主寄妙理于法度之外，也就是后人讲的"有法而无法"。应当说，"活法"的思想到苏轼手中已相当完备。由于苏轼在文坛的领袖地位，他的这些思想被他的弟子广为传播开来。张耒《答李推官书》以"水"为喻，要求为文应像"水"一样"顺道而决之"以求奇观；陈师道《后山诗话》以"水"为喻，要求为文"因事以出奇"。苏轼另一位重要弟子黄庭坚从他的老师那里继承了"自然""求变"的思想，据此他评杜甫诗"平淡而山高水深"，评李白诗"如黄帝张乐于洞庭之野，无首无尾，不主故常"⑦。他所发明的"夺胎换骨""点铁成金"之法，并不是一味地拟古之法，而是在"规摹前人"的基础上根据"陶冶万物"所得有、所变通和创新之法。张戒《岁寒堂诗话》曾透露过此中消息："往在桐庐见吕舍人居仁（即吕本中），余问：'鲁直得子美之髓乎?'居仁曰：'然。''然其佳处焉在?'居仁曰：'禅家所谓死蛇弄得活。'"黄庭坚的这一思想，又传给了弟子范温。从苏轼到黄庭坚、范温，个中一脉传承的关系相当明显。苏轼的影响是深远的。直到南宋，范开仍然拿着苏轼的"文理自然，姿态横生"的思想评论辛弃疾：稼秆"意不在于作词，而其气之所充，蓄之所发，词自不

---

① 欧阳修：《六一诗话》，《历代诗话》（上册），第272页。
② 苏轼：《答王庠书》。
③ 转引自何薳：《春渚纪闻》，中华书局1983年版，第84页。
④ 苏轼：《文说》，文学古籍刊行社版《经进东坡文集事略》卷五十七。
⑤ 苏轼：《答谢民师书》，文学古籍刊行社版《经进东坡文集事略》卷四十六。
⑥ 苏轼：《答谢民师书》，文学古籍刊行社版《经进东坡文集事略》卷四十六。
⑦ 黄庭坚：《题李白诗草后》。

能不尔也"；"其词之为体，如张乐洞庭之野，无首无尾，不主故常；又如春云浮空，卷舒起灭，随所变态，无非可观"。①

"临事制宜""惟意所之""因宜适变""不主故常""姿态横生""莫有常态""有法无法""变通无碍"……一切都具备好了，就等待着一个范畴——"认识之网的网上纽节"——把它们网络、集结起来。这个范畴就是"活法"。

三、"活法"思想的文化透视

接下来我们面临着两个问题需要回答：一、在吕本中之前，文艺创作领域内灵活万变、不主故常的方法论思想何以成其气候？二、"活法"的概念何以在宋代的吕本中手中提出？这看来要从更深沉的文化机制上寻找答案了。

一个明显的事实是，中国古代文人的世界观不外乎儒、道、佛三家。儒、道、佛三家与"活法"的关系怎么样？

儒家的基本思维方法是"折中"。"折中"即"叩其两端"，"允执厥中"，破除拘执，不偏一端，因而是流动变化的思维方法。儒家主"静"，也不废"动"，所谓"仁者乐山，智者乐水"。而且主张以"静"制"动"，以不变应万变。孔子还常常表现出对"动"的神往，所谓"子在川上曰：逝者如斯夫，不舍昼夜"。尤其作为在文学理论领域颇有建树的一个学派，先秦儒家还提出了"辞达而已""言以足志，文以足言"的创作方法论，为"随物赋形"、变化万方的"活法"的诞生提供了源头、启示和庇护。

较之儒家，道家中的庄子学派从另一个侧面走向"不主故常"的方法论。庄子学派首先把老子的"道"改造为"适性""自然"，然后阐明：世界万物尽管各异，但只要"适性"，具有"自然"的品格，就独立

---

① 范开：《稼轩词序》。

自足、完美无缺了。举几个例子。鹤足为长，凫颈为短；泰山为大，芥子为小，但由于符合各自的本性，并为各自的本性所必需，所以"长者不为有余，短者不为不足"①，泰山不为大，芥子不为小。又如人有美丑之分，但无论美人丑人，只要"动以天行"、顺其本性地去生活，都是"至人""神人""真人"。总之，只要"适性"，就可"逍遥"；只要"自然"，就可"自由"。②故其于艺术创作，尤尚"止之于有穷，流之于无止""在谷满谷，在阬满阬""能短能长，能柔能刚，不主故常"的方法；《庄子》自身的创作，"以谬悠之说，荒唐之言，无端崖之辞，时恣纵而傥""独与天地精神往来"③，也是"变化无常"、不拘一体的。这种方法论思想，给"活法"的诞生和壮大更多的影响。活法说的诸多用语都是袭用《庄子》的。

　　如果说中国本有的儒、道思想给"活法"论种下了根基，那么后来的佛教则以更丰富的思想催化了"活法"论的生成。佛教为了教导僧众体认"圆寂"的"佛道"，竭力倡导一种特殊的主体智慧——"圆智"。《文殊师利问菩提经》云："如来智慧如月十五日。"《发菩提心品》第十一、《杂阿含经》卷十一、《增壹阿含经》卷八皆云：菩提心相如"圆满月轮于胸臆上明朗"。《大乘本生心地观经·报恩品》第二讲"四智圆满"，其中之一便为"大圆镜智"。由于崇尚"圆智"，故释典中多"圆月""圆镜""弹丸"之喻。所谓"圆智"，大约注脚有三。一曰"圆转流动"（或"圆活生动"），二曰"圆融无碍"，三曰"圆满无缺"。三者之间具有因果关系：只有思维方法"圆转流动"，认识事物才能"圆融无碍"，最后才能契合"圆满无缺"的真理。所以"圆转流动"，或者叫"圆活"的思维方法是"圆智"的关键。以此观照佛道，它既是"寂灭"的、"本无变

① 《庄子·骈拇》。
② 详见祁志祥：《"适性为美"——庄子美学系统管窥》，《华东师范大学学报》1989年第4期。
③ 《庄子·天运》对黄帝"咸池之乐"的评论。

动"的（德宝），又是"无住"的、流动的，这就叫"法无定相"①。从"色法"方面看，由于各种相状的事物皆由空寂的佛道所幻现，因而无"自性"，永远处在变化流转之中，佛家谓之曰"诸法无我""诸法无常"。色法既然由法身所幻现，故法身不在彼岸，就在眼前，领悟佛道不假外求，而应该"随物应机""当机煞活"，正如钱锺书语《谈艺录》所说："随遇皆道，触处可悟。"同时，理所当然不应执"法"为"有"、迷"色"为"真"，而应破除"法执""我执"，透过色法把握其本体，故破除拘执，反对用僵死简单、形而上学的观点看待色法，成为佛家认识方法上的一大特征。佛道是离言的，所谓"言语道断"；但为众生说法，又不得不权行"方便"，施行"言教"。既然佛道非得言说不可又不可言说，那么言说的方法只能是用似是而非的语言去隐喻、象征法身，也就是以"镜花水月"般的"活句"传达、寄托佛道，切忌用字字执实的"死句"，也就是用日常的逻辑语言传达佛道，这是佛家表达方法的"活"。因此，佛门弟子在参悟这些"言教"文字时也就不能用通常的逻辑方法，即"参死句"的方法去理解它，而应该用"参活句"的方法体会它的"言外之旨""无上妙道"，这是僧众参悟释典方法上的"活"。中国佛教影响深远的宗派禅宗对"圆活生动"的思维方法尤其注重。禅宗"五家"之一的沩仰宗有九十七种圆相②，突出体现了对"圆活"的追求。《坛经》宣称"无住为本"，以变化无居为世界观和方法论。禅师传道，多是即境示人，随机拈取某种事物做象征、启示佛道之具。如《五灯会元》记载，僧问："如何是祖师西来意？"师曰："砖头瓦片。""如何是佛法大意？"师曰："洞庭湖里浪淘天。"禅僧悟道，亦以眼前之物为禅机。正如《五灯会元》所云"解道者，行住坐卧，无非是道；悟法者，纵横自在，无非是法"，充满了"不主故常"的随机性。禅宗祖师为弟子说法的"话头""公案"及答弟子问

---

① 法身会幻化出各种各样的物象，即鸠摩罗什《大乘大义章》所谓"青青翠竹，尽是法身；郁郁黄花，无非般若"。
② 详智昭：《人天眼目》卷四。

时使用的"机锋"，大都文不对题、答非所问、变化莫测，体现了表达方式的"活"。禅宗发展到后来，对不知变通、只会"参死句"的弟子不是刀喝棒打就是拳脚相加，体现了参悟方法的"活"。禅宗把成佛的依据放在主体心性的自觉上，蔑视一切外来权威，反对"头上安头"、"屋下架屋"、因袭模仿，力倡"不主故常"，甚至连佛祖也不在眼下；同时，禅宗又把主体的"觉悟"放在"渐修""熟参"的基础上，强调只有"遍参诸方"，才能"自得""自悟""七横八横，头头是道"。禅宗的这些思想，与"活法"的内涵是相通的。史弥宁说："诗家活法类禅机。"[1]葛天民说："参禅学诗无两法，死蛇解弄活泼泼。"[2]韩驹说："居仁说活法，大抵欲人悟。"[3]此为明证。佛教所说的"法无定相""诸法无常"虽有自身的特殊含义，但无疑给"文无定格"的思想提供了启示。

综上所述，可见，无论儒家、道家，还是佛家，其思想都与"活法"的内涵存有相交相融的关系。它们为"活法"的产生提供了根基，它们为"活法"的成长提供了合适的气候。

宋代是一个士大夫普遍"好佛""习禅"的时代。许多知名文人，如杨亿、王禹偁、王安石、苏轼、苏辙、黄庭坚、陈师道、张耒、李之仪、陆游、姜白石、严羽等，不是交结"禅友"，就是遁入"禅门"，甚至一向以维护儒家正统地位，并以辟佛自居的欧阳修、司马光等人，后来也对佛教表示"好感"。[4]禅宗灯录典籍中虽然绝少见到"活法"术语，但"活"的方法论思想和"法"的用语则随处可见；与"活法"要义相近的"活句"用语亦屡屡可见。如克勤说："须参活句，莫参死句。活句下荐得，

---

① 史弥宁：《诗禅》，《友林乙藁》。
② 葛天民：《寄杨诚斋》，《宋百家诗存·无怀小集》。
③ 韩驹：《读吕居仁旧诗有怀》，《陵阳先生诗》。
④ 详见郭朋：《宋元佛教》，第31—34页；孙昌武：《佛教与中国文学》第二章"佛教与中国文人"，上海人民出版社1988年版；周义敢：《北宋的禅宗与文学》，《文学遗产》1986年第3期。

永劫不忘；死句下荐得，自救不了。"①这就为"活"的思想与"法"的用语结合提供了重要的契机。

如前所述，文学创作领域内有关"活法"的思想发展到北宋已相当充分和成熟，急待有一个更高的范畴把它们网络、集结起来。身当南宋初年的吕本中适应了历史提出的要求。一方面，作为"江西诗派"中人，他经由黄庭坚远绍苏轼，继承了北宋文学创作领域发展得已很充分的"活法"思想；另一方面，作为禅门中人，他又在"活句"这个禅宗活头的启发下将禅门"活"的思想与"法"的术语捏合起来，作为对文学创作领域"随物应机""惟意所之""不主故常""自由活脱"的方法论思想的概括。应当说，"活法"的概念在这个时期由一个同时兼诗人和禅友身份的人提出来，既是历史的必然，也是逻辑的必然。

第四节　古代文论方法论的文化阐释②

古代文论的方法论，其含义有二：一指古代文论中的方法论，即古代文论中关于文学创作方法的理论，如"活法"说、"定法"说、"用事"说、"赋比兴"说，等等；二指古代文论自身的方法论，即古代文学理论批评在思维方式与表达方式方面所形成的总体特色。本节探讨的是后一种含义上的方法论。

阅读中国古代文学理论著作，会感到其方法论与西方文论和我们今天的文学理论有着鲜明的不同。如果稍加推究，便不难发现，这些富有民族个性的方法论是根植于丰沃的中国传统文化土壤之中的。古代文论的方法论自然很丰富，并非本节所论列的六种方法所能囊括，但从主导方面说，本节所着力探讨的六种方法基本上可以昭示中国古代文论方法论

---

① 《大慧普觉禅师语录》卷十四。
② 本节原文发表于《文艺理论研究》1992年第2期，后收入《中国古代文学原理——一个表现主义民族文论体系的建构》第十三章，学林出版社1993年版。

的概貌。这六种方法是："训诂"的方法、"折中"的方法、"类比"的方法、"原始表末"的方法、"以少总多"的方法、"假象见义"的方法。其中，"训诂"主要用于阐释名言概念，"折中"主要用于对矛盾关系的分析，"类比"主要用于对因果关系的推理，"原始表末"主要用于对历史发展的观照，"以少总多"和"假象见义"主要见于思想感受的表达。它们在不同功能上发挥作用，构成了中国古代文论独立自足的方法论整体。

一、"训诂"——名言概念的阐释方法

"训诂"，本为中国古代"小学"的一支。"小学"，即中国古代的语言文字学，包括狭义的文字学、音韵学、训诂学。文字学研究字形构造，音韵学研究字音诵读，训诂学研究字义解释。[①]先秦时期，虽尚无"训诂"之名，但训诂学的基本方法已经具备。[②]汉代以后，伴随着经学的昌盛[③]，出于治经的需要[④]，训诂学充分发展起来。"音训"，便是训诂学的基本方法之一。"音训"，又叫"声训"，即以读音相同、相近的字解释另一字的含义。古代经传都出于口授，到汉代逐渐记之于文字。因记录者方言、知识水平各异，同一读音、含义的词可能记录为多种同音、近音字。于是

---

① "小学"之名，首见于刘向、刘歆父子所编《七略》。明确以"小学"为文字、音韵、训诂之学从宋代始，如晁公武《郡斋读书志》、王应麟《玉海》、欧阳修《崇文总目叙释·小学类》。清代《四库全书总目》、章太炎《论语言文字之学》皆做如是观。

② 详见胡奇光：《中国小学史》，上海人民出版社1987年版，第39页。

③ 古代经学分古文经学与今文经学。从整个情况看，古文经学较今文经学势力影响更为长远广大。古文经学在汉代的代表是许慎、郑玄，代表作是《尔雅》《说文》。六朝、隋、唐皆重郑学。清代，古文经学分为以惠栋为代表的"吴派"（著名学者钱大昕属此麾下）和以戴震为代表的"皖派"（"小学"大师段玉裁、王念孙、王引之皆属此麾下），它注重以实证精神、训诂的方法推究古经本义，又称"汉学""朴学"。著名的"乾嘉学派"就属于古文经学派。今文经学在西汉和东汉前期占主导地位，代表成果是董仲舒的公羊春秋学和章帝时记录整理的《白虎通义》。汉代以后，今文经学影响式微，直到清代才出现复兴。其标志是以庄存与、刘逢禄为首的"常州学派"（又名"公羊学派"）。今文经学习惯主观附会、托经立论、发挥己见，故汉代的谶纬钟情于它，清代的改良主义者魏源、龚自珍、康有为等人也与此结缘。

④ 段玉裁《王怀祖广雅注序》："治经莫重于得义。"

音同、音近通假，因音求义的训诂学方法便此产生。这种现象，东汉初年的郑众首先发现。他在注解《周孔·天官·酒正》中饮料专名时发现它与《礼记·内则》记载的文字有异，探究其原因在于："'糟'音声与'蒩'相似，'医'与'醷'亦相似。文字不同，记之者各异耳，此皆一物。"后来郑玄进一步阐明"同言异字"（一义多字）和"同字异言"（一字多义）现象的来由："其始书之也，仓卒无其字，或以音类比方假借为之，趣于近之而已。受之者非一邦之人，人用其乡，同言异字，同字异言，于兹遂生。"①因此，同音为训，作为解释字义的一种方法，具有一定的合理性、科学性。

早在先秦，音训求义的方法就开始应用。如《周易·象传》"需，须也"，"离，丽也"，"晋，进也"。这是同音相训。《孟子·滕文公上》："设为庠序学校以教之。庠者养也，校者教也，序者射也。夏曰校，殷曰序，周曰庠，学则三代共之，皆所以明人伦也。""庠者，养也。校者，教也。序者，射也。"这是音近为训。汉代以后，经学昌盛。古文经学为了实事求是地弄清经文的本义，特别重视"就其原文字之声类考训诂"（郑玄），所谓"读九经自考文始，考文自知音始"②，"治经莫重于得义，得义莫切于得音"③，"疑于声者，以义正之"④。以《说文》为例，"《说文》列字九千，以声训者十居七八，而义训不过二三"⑤，足见音训为古文经学家探明经义的重要而有效的方法。

不过，汉语同音字甚多，以音为训，也具有较大的主观随意性，易于借阐释字义来发挥己见。季康子向孔子问政，孔子说："政者，正也。

---

①　陆德明：《经典释文·序录》引。

②　顾炎武：《顾亭林诗文集·答李子德书》。

③　段玉裁：《王怀祖广雅注序》。

④　戴震：《转语二十章序》。

⑤　黄焯编：《文字声韵训诂笔记》，上海古籍出版社1983年版，第194页。

子帅以正，孰敢不正？"①孟子反对征战，主张施行仁政，便说："征之为言正也。各欲正已也，焉用战？"②荀子说："君者，善群也。"③都是通过音训贯输、发挥己见的例子，其所释义，未必所释对象的本义。汉代，与谶纬之学结合一起的今文经学将这种音训方法发展为远离本义的主观比附。如《大戴礼记·本命》曰："男者，任也；子者，孳也；男子者，方任天地之道，如长万物之义也，故谓之丈夫。丈者，长也；夫者，扶也，言长万物也。""女者，如也；子者，孳也；女子者，言如男子之教而长其义理者也，故谓之妇人。妇人，伏于人也。是故无专制之义，有三从之道。在家从父，适人从夫，夫死从子，无所敢自遂也。"董仲舒《春秋繁露·深察名号》曰："王者，皇也；王者，方也；王者，匡也；王者，黄也；王者，往也。是故王意不普大而皇，则道不能正直而方；道不能正直而方，则德不能匡运周遍；德不能匡运周遍，则美不能黄；美不能黄，则四放不能往；四方不能往，则不全于王。"《白虎通·辟雍》："辟者，璧也，象璧圆，以法天也；雍者，壅之以水，象教化之流行也。辟之言积也，积天下之道德；雍之言壅也，天下之仪则。"《白虎通·宗庙》："宗者，尊也；庙者，貌也，象先祖之尊貌也。"《白虎通·天地》："天者何也？天之为言镇也，居高理下，为人镇也。地者，'易'也，言养万物怀任，交易变化也。"

中国古代，文学包括学术，文人就是学者。古代学者为了读经，"才能胜衣，甫就小学"，"音训"这种训诂学方法自然浸染到他们对文学的名方概念的认识与阐释中，从而构成古代文论方法论上强烈的民族特色之一。如古人释"风"："风，风（讽）也，教也，风以动之，教以化之。"④释"颂"："颂者，容也，所以美盛德而述形容也。"⑤释"赋"："赋者，铺

---

① 《论语·颜渊》

② 《孟子·尽心下》。

③ 《荀子·王制》。

④ 《毛诗序》。

⑤ 刘勰：《文心雕龙·颂赞》。

也。"①"赋者，敷也，布也。"②释"诗"："诗者，持也。持人情性。《三百》之蔽，义归'无邪'，'持'之为训，有符焉尔。"③他如："盟者，明也。"④"箴者，针也。"⑤"铭者，名也，名其器物以自警也。"⑥"诔者，累也。累其德行，旌之不朽也。""碑者，埤也。上古帝皇，纪号封禅，树石埤岳，故曰碑也。"⑦"谐之言皆了，辞浅会俗，皆悦笑也。""谲者，隐也。遁辞以隐意，谲譬以指事也。"⑧"史者，使也。执笔左右，使之记也。""传者，转也。转受经旨，以授于后。"⑨"论者，伦也。伦理无爽，则圣意不坠。""说者，悦也……故言咨（通资）悦怿。"⑩"移者，易也。移风易俗，令往而民随者也。""檄者，皎也。宣露于外，皎然明白也。"⑪"表者，标也。"⑫《文心雕龙·书记》论述"书记"体裁时涉及二十四个子目，解释亦多用音训："籍者，借也。岁借民力，条之于版。""簿者，圃也。草木区别，文书类聚。""占者，觇也。星辰飞伏，伺候乃见。""术者，路也（引者按：这是叠韵为训）。算历极数，见路乃明。""式者，则也。阴阳盈虚，五行消息，变虽不常，而稽之有则也。""令者，命也。出命申禁，有若自天。""符者，孚也。征召防伪，事资中孚。""契者，结也。""疏者，布也。""牒者，叶也。短简编牒，如叶在枝。"如此等等。

从上述例证中可以看出，运用音训的方法阐释名言概念，有些的确

---

① 刘勰：《文心雕龙·诠赋》。
② 贾岛：《二南密旨》。
③ 刘勰：《文心雕龙·明诗》。
④ 刘勰：《文心雕龙·祝盟》。
⑤ 刘勰：《文心雕龙·铭箴》。
⑥ 吴讷：《文章辨体》。
⑦ 刘勰：《文心雕龙·诔碑》。
⑧ 刘勰：《文心雕龙·谐谲》。
⑨ 刘勰：《文心雕龙·史传》。
⑩ 刘勰：《文心雕龙·论说》。
⑪ 刘勰：《文心雕龙·檄移》。
⑫ 刘勰：《文心雕龙·章表》。

比较合理、科学地揭示了名方概念的本义，且富有创造性；有些则存在着明显的牵强附会，完全是出于发挥其道德说教的需要（典型的如把"诗"训为"持""持人情性"的阐释）。而在这"仁者见仁"、违背本义的训诂学阐释中，确又与西方现代接受美学、阐释学存有某种相通之处。

二、"折中"——矛盾关系的分析方法

"折中"一词，出于儒家经典。"中"的本义是"中间"。如此，则"折中"即"折于中""从中折之"。用孔子的话说即"叩其两端"[①]"允执厥中"[②]的意思。《中庸》云："舜好问而好察迩言，隐恶而扬善，执其两端，用其中于民，其斯以为舜乎！"这"执其两端用其中"，可作"折中"这种意义的注脚。朱熹《中庸章句》："中者，不偏不倚，无过不及之名。""折中"即按照"不偏不倚，无过不及"的原则处理矛盾对立两极关系的方法。"中"作为名词，又可从"中间"引申为"正确"。王逸注《惜诵》："折中，正也。"颜师古注《汉书》："折，断也。非孔子之言，则无以为中也。"均可为证。如此，"折中"即"折于中""按中折之""折而合于中"之意。作为"中"的正确原则是什么呢？在儒家看来，就是孔子学说。《史记·孔子世家》："孔子布衣，传十余世，学者宗之，自天子王侯，中国言六艺者折中于夫子，可谓至圣矣！"《汉书·贡禹传》："孔子，匹夫之人耳，以乐道正身不解之故，四海之内，天下之君，微孔子之言亡所折中。"《盐铁论·相刺》：孔子"退而修王道，作《春秋》，垂之万载之后，天下折中焉"。王充《论衡·自纪》："上自黄、唐，下臻秦、汉以来，折衷以圣道，析理于通材，如衡之平，如鉴之开。"在这个意义上，"折中"，即按孔子学说指导思想、评论是非的方法。

这里所说的"折中"，指按照"不偏不倚，无过不及"的原则处理矛盾对立两极关系的方法。这种"叩其两端，允执厥（其）中"的方法，不

---

① 《论语·子罕》。

② 《论语·尧曰》。

只为儒家所发明，而且为道家所恪守、佛家所重视。

《论语·先进》载："子贡问：'师与商也孰贤？'子曰：'师也过，商也不及。'曰：'然则师愈与？'子曰：'过犹不及。'"又《子路》记载孔子语："不得中行而与之，必也狂狷乎！狂者进取，狷者有所不为也。"又《尧曰》记载孔子对君子修养的要求："惠而不费，劳而不怨，欲而不贪，泰而不骄，威而不猛。"这里集中体现了孔子思想方法的"折中"特点。孔子发明的"折中"方法，子思在《中庸》中做了系统发挥。三国时魏代思想家刘劭以此去分析生活中的各种矛盾关系，深化、丰富了人们对儒家"中庸"思维方法的认识。《人物志·体别》云："夫'中庸'之德，其质无名。故咸而不碱，淡而不醶，质而不缦，文而不绘；能威能怀，能辩能讷，变化无方，以达为节。是以抗（高也，引申为直）者过之，而拘（音勾，曲也）者不逮。夫拘抗违中，故善所章，而理有所失。是故厉直刚毅，材在矫正，失在激讦。柔顺安恕，每（美）在宽容，失在少决。雄悍杰健，任在胆烈，失在多忌。精良畏慎，善在恭谨，失在多疑。强楷坚劲，用在桢干，失在专固。论辨理绎，能在释结，失在流宕。普博周给，弘在覆裕，失在溷浊。清介廉洁，节在俭固，失在拘局。休动磊落，业在攀跻，失在疏越。沉静机密，精在玄征，失在迟缓。朴露径尽，质在中诚，失在不征。多智韬情，权在谲略，失在依违。"总之，任何性格特征，在具有优点的同时，也就同时具备了缺点。事物总是有两面性的。

"折中"一语，虽不见于道家著作，但作为对立统一的辩证思维方法，也鲜明存在于道家著作中。道家认为"道"生"一"，"一生二"，"二生三"，"三生万物"，万事万物都由阴阳二气化合而成，都是阴阳对立元素相互斗争又相互依存的统一体。《老子》提出了很多对立统一的概念，如牝牡、雌雄、刚柔、善恶、美丑、祸福、利害、曲直、盈洼、虚实、强弱、兴废、与夺、厚薄、进退、得亡、贵贱、智愚、生死、大小等，并说明，它们既是对立的，又是互为为条件的，假如一方不存在，另一方也就失去了存在的条件："有无相生，难易相成，长短相形，高下相倾，音声相和，前后相随。"所以道家反对在处理矛盾时走极端。道家思维方式的这个特点，在深受其影响的魏晋玄学中也可以看到。玄学家曾提出了"有无""本末""体用""动静""一多""名实""形神""言意"等一系列相互对待的概念，虽有所侧重，但从未偏于一端，把它们割裂开来。相反，他们始终把它们描述为相反相成的整体。

　　佛教没有"折中"的术语，但有"中观""中道"用语。"中"即不落"两边"（两个极端）、不偏不倚之意。"中观"即不偏不倚的观照、认识方法。"中道"即不偏不倚之道。其要义有"二谛"与"八不"。"二谛"即"真谛""俗谛"。观照、认识万物要同时从"真谛"和"俗谛"两方面看。从真谛看，万法是"空"，故"非有"；从俗谛看，万物是"有"，故"非空"。既不能执迷于"有"，又不能执迷于"空"。诸法"实相"就是"有"与"空"的统一，如龙树《中论》所云："因缘所生法，我说即是空，亦为是假名（有），亦是中道义。"如果说"二谛"说表现了在"色"与"空"、"有"与"无"问题上的辩证统一观，那么"八不"说则表现了在"生"与"灭"、"常"（常住不变）与"断"（断灭不起）、"一"（同）与"异"、"来"与"去"四对矛盾上的辩证统一观："不生亦不灭，不常亦不断，不一亦不异，不来亦不去。"[1]可见，佛教的"中观"方法，与"折中"相通。因而有学者干脆以"折中"指称"中道"。[2]"中道"本为印度大小乘佛教共同信仰[3]，以龙树、提婆为代表的印度大乘空宗"中观派"径以合乎"中道"的观照、认识方法自名，从理论和实践上给"中观"方法以极大的丰富。东晋时期，"中观"学说经鸠摩罗什的系统译介和僧肇的大力倡导，在中土弘扬开来，隋唐以后生灭流传的中国佛教宗派"三论宗""天台宗""华严宗""禅宗"均以此派经典为立宗的重要根据，"中观"的思维方法因而浸淫到中国僧众的脑海中。

---

① 龙树：《中论·观因缘品》，详见任继愈主编《宗教词典》，上海辞书出版社1981年版，第41页。"去"，原文为"出"，不易解。吉藏《中观论疏》、僧肇《物不迁论》皆以"去"与"来"对，今改。

② 吕澂：《中国佛学源流略讲》，中华书局1988年版，第96页。

③ 任继愈主编：《宗教词典》"中道"条。

中国古代文论家，其世界观不出儒、道、佛三家，因而在方法论上，必然打上"折中"的烙印。所以在分析文学创作中一系列对立元素的矛盾关系时，古代文论体现出强烈的"折中"特色。"情信辞巧""美善相乐""文质彬彬""形神相即""心物凑泊""情景交融""参伍因革""错综繁简""迭用奇偶""平仄相间"……无不是"折中"的命题。具体说来，"折中"的思维方法往往表现为这样一些手法：

1. 比较。包含对立面的一方与不包含对立面而落于一偏的一方在表面上往往呈现出相似之处，必须通过比较，透过相似的表象，把握不同的实质，为"折中"地取舍提供基础。如"精者要约，匮者亦鲜；博者该赡，芜者亦繁；辩者昭晰，浅者亦露；奥者复隐，诡者亦曲"①。论者只有"圆鉴区域，大判条例"②，才能分辨茛莠，"制胜文苑"③。

2. 兼顾。"折中"要求平稳妥帖、不偏两端，因而发表意见时为避免过激之论，往往采用两头兼顾的手法。具体又表现为二。一是在肯定某点时告诫人们要防止把肯定推向极端。其句式通常是"既要……而不要……"，或"既要……又要……"。如《左传·襄公二十九年》所载吴公子季札评《颂》的一段："直而不倨，曲而不屈，迩而不逼，远而不携，迁而不淫，复而不厌，哀而不愁，乐而不荒，用而不匮，广而不宣，施而不费，取而不贪，处而不底，行而不流。"《尚书·尧典》要求诗歌："直而温，宽而栗（按：这两句属"既要……又要……"句式），刚而无虐，简而无傲。"刘勰《文心雕龙·宗经》说"情深而不诡"，"文丽而不淫"。《辨骚》说："酌奇而不失其贞，玩华而不坠其实。"皎然《诗式》要求"气高而不怒，力劲而不露，情多而不暗，才赡而不疏"；"至险而不僻，至奇而不差，至丽而自然，至苦而无迹，至近而意远，至放而不迂"；"虽欲废巧尚直，而思致不得置；虽欲废言尚意，而典丽不得遗"；

———————————

① 刘勰：《文心雕龙·总术》。"曲"，原作"典"，现据刘永济《文心雕龙校释》改。

② 刘勰：《文心雕龙·总术》。

③ 刘勰：《文心雕龙·总术》。

"虽有道情，而离深僻；虽用经史，而离书生；虽尚高逸，而离迂远；虽欲飞动，而离轻浮"。刘熙载《艺概·诗概》："凡诗迷离者要不间，切实者要不尽，广大者要不廓，精微者要不僻。"二是在否定某点的同时告诫人们要防止把这种否定推向极端。其句式通常是"非……非非……"。如《白石道人诗说》："文以文而工，不以文而妙。"这是"非文"。但接着又说："然舍文无妙。"这是"非'非文'"。严羽《沧浪诗话》："诗有别材，非关书也；诗有别趣，非关理也。"这是"非书""非理"。"然非多读书、多穷理则不能极其至。"这是"非'非书'""非'非理'"。刘熙载《艺概》："常语易，奇语难，此诗之初关也。"这是"非'常'"。又说："奇语易，常语难，此诗之重关也。"这是"非'非常'"。这种表达方式，尤其可能看出佛家的"非有、非非有""非无、非非无"的"中观"方法的影响。

3. 交融。即矛盾双方你中有我、我中有你，可以有所偏重，不可有所偏废。如刘熙载《艺概》分析庄子文："寓真于诞，寓实于玄。"称道《左传》："左氏叙事，纷者整之，孤者辅之，板者活之，直者婉之，俗者雅之，枯者腴之。"评论韩愈文："文或结实，或空灵，虽各有所长，皆不免著于一偏。试观韩文，结实处何尝不空灵，空灵处何尝不结实。"论词则崇尚"寄深于浅，寄厚于轻，寄劲于婉，寄直于曲，寄实于虚，寄正于余"，"极炼如不炼，出色而本色，人籁归天籁"。

刘勰《文心雕龙·序志》曾自述此书"擘肌分理，唯务折衷（通中）"。"折中"不仅是贯穿《文心雕龙》全书的方法，也是贯穿于先秦至清末整个中国古代文学批评理论的主要思维方法。古人以此去进行文学的横向研究和纵向研究，分析文学创作中各种矛盾现象，从而避免了过激之论，获得了稳妥之见，使古代文论的许多观点至今仍有巨大的生命力。

三、"类比"——因果关系的推理方法

当代著名文化学者葛兆光在《道教与中国文化》一书中以大量饶有

趣味的实例和富有创造性的论证令人信服地指出，"古代中国的思维方式与古希腊、古印度都不一样"，古希腊是"理性的"，古印度是"冥想的"，古代中国则是"经验的"。"人们在日常直观的感觉、经验基础上，将各种并不相干的事物凭着某种感觉经验上的相似而系连在一起，并以此推论出它们之间有相关性、感应性"，"自然、社会、人的分界"因而消失了，它们"就在这个基础上达到了某种统一与和谐"。①葛氏此论揭示了中国古代的一个重要思维模式，即古人是以"感觉经验上的相似"为原则来推知事物间的联系的。事物之间客观上尽管"并不相干"，但只要给人"感觉经验上的相似"，古人就会认为它们之间具有"相关性""感应性""联系性"。而产生"感觉经验上的相仿"的对象基础是结构相同或相类。所以在古人看来，"异质同构"的事物都可以相互感应："物类相同，本标相应。"②

　　类比，正是这样一种按"感觉经验上的类似"来推断、比附事物间因果关系的思维方式。

　　在中国古代文论中，类比的方法主要用于对论点、命题、结论的论证和推理。其表现形态有二。

　　一种形态是将"天"与"人"进行平行类比，把"天文现象"（自然现象）作为"人文现象"（文学现象）之因，把文学原理作为自然原理（"天理"）之果。如《乐记》论证"乐"之"和"的特点，便以"天地之和"（宇宙是和谐的）为依据："地气上齐，天气下降，阴阳相摩，天地相荡；鼓之以雷霆，奋之以风雨，动之以四时，暖之以日月，而百化兴焉（以上说明宇宙天地以和为特点）。如此，则乐者，天地之和也（由此推导出乐以和为特点）。"阮瑀《文质论》论证"质"比"文"重要，是因为"日月丽天，可瞻而难附；群物著地，可见而易制"；既然"文之观

①　葛兆光：《道教与中国文化》，上海人民出版社1987年版，第122页。
②　《淮南子·天文训》。

也"（日月丽天）"远不可识"，"质之用也"（群物著地）"近而得察"，所以"质"胜于"文"。刘勰肯定文学作品中文饰美的合理性，其推理过程是："夫以无识之物（自然现象），郁然有采，有心之器（文学现象），其无文欤？"①刘勰崇尚文学创作的"自然之道"，"人禀七情，应物斯感，感物吟志，莫非自然"②，其推理过程是：因为自然现象的产生是"自然"的（"道"生"阴阳"二仪，天、地、人"三才"和万物是自然的、不假人为的过程），所以人文现象的产生（文学作品的创作）也应该遵循"自然之道"。③韩愈《送孟东野序》肯定"发愤著书""不平则鸣"的合理性，也是从自然现象谈起的："大凡物不得其平则鸣。草木之无声，风挠之鸣；水之无声，风荡之鸣……金石之无声，或击之鸣。人之于言也亦然。有不得已而后言，其歌也有思，其哭也有怀。"

　　另一种形态是将"人"与"文"进行平行类比，把做人之理作为做文之理之因，把文学原理作为人学原理之果。如做人的理想是"仁"内"礼"外、"文质彬彬"，为文的典范也是"美善相乐""文质相副"；做人方面"女恶容之厚于德，不恶德之厚于容"④，为文也宁以"质胜文"，不以"文灭质"；做人方面"无盐缺容而有德，曷若文王太姒有容而有德乎？"⑤为文也应力求"文质兼备"；论人方面"相形不如论心"⑥，论文也是"形似不如神似"；做人方面"形相虽恶而心术善，无害为君子"⑦，做文也是神似而形不似无害为上品；做人方面"重神理而遗形骸"⑧，为文亦尚"遗形取神""离形得似"。他如"文以意为主，意犹帅也，无帅之兵，谓之乌

---

①　刘勰：《文心雕龙·原道》。

②　刘勰：《文心雕龙·物色》。

③　刘勰：《文心雕龙·原道》。

④　柳开：《上大名府王学士第三书》，《河东先生集》卷五。

⑤　皎然：《诗式》。

⑥　《荀子·非相》。

⑦　《荀子·非相》。

⑧　汤用彤：《魏晋玄学论论稿·言意之辨》，人民出版社1957年版。

合"①；"唐诗有意，而托比兴以杂出之，其词婉而微，如人而衣冠；宋诗亦有意，惟赋而少比兴，其词径以直，如人而赤体"②；"识为目，学为足。有目无足，如老而策杖，不失为明眼人；有足无目，则为瞽者之行道也"③；"美色不同面，皆佳于目……谓文当与前合，是谓舜眉当复八采，禹目当复重瞳"④；文章"起贵明切，如人之有眉目；承贵疏通，如人之有咽喉；铺贵详悉，如人之有心胸；叙贵重实，如人之有腹脏；过贵转折，如人之有腰膂；结贵紧切，如人之有足"⑤，如此等等，其思维历程几乎都是从做人之理推导出文学之理的。

　　这种"以类相从"的因果推理方法并不是建立在对对象自身客观存在的因果联系的科学分析之上的，而是建立在认识主体"感觉经验的相似"之心理基础上的，因而这种类比论证往往缺少科学的说服力。正如阴阳并不能必然地派生"刑德"、五行不能必然地派生"仁义礼智信"，自然之理、做人之理也不能成为做文之理由以成立的逻辑根据。忽视文学内部的必然联系，从文学外部寻找文学生成的依据，往往会使因果论证流于主观比附，在逻辑上出现漏洞。

四、"原始表末"——历史发展的观照方法

　　中国古代是宗法社会。宗法社会盛行祖宗崇拜。祖宗总是生活在古代。"尊祖敬宗"，势必在思维方式上一切以古为据。于是"征古"，或者叫"援古""拟古""法古""托古"作为一种纵向的思维模式便应运而生了。一切朝古看，古往今来的历史发展脉络便彰彰分明地呈现在眼前。古人认为，"古"具有正价值，"今"具有负价值，孰"古"孰"今"不可不辨。"原始表末""由源溯流"的历史主义观照方法就是在"征古"的

---

① 王夫之:《姜斋诗话》卷二。
② 吴乔:《围炉诗话》。
③ 吴乔:《围炉诗话》。
④ 《论衡·自纪》。
⑤ 高琦《文章一贯》引《文筌》。

文化模式下适应分辨古今的需要产生的。

　　这种方法同样存在于中国古代文学批评中。刘勰在《序志》篇中阐述《文心雕龙》的写作方法之一，是"原始以表末"。《文心雕龙》二十一篇文体论在论述每一文体时①，一般在"释名以彰义""敷理以举统"（解释文体概念的含义，说明它基本原理的大体特色）之后，便按照"原始以表末"的方法"选文以定篇"，分析文体的渊源，阐明它的流变，列举、品评历代作家作品，从而使文体论成了分科文学发展史论。在创作论和批评论部分，刘勰总是尽量把每一个问题放在历史的发展中加以考察，使其充满了历史感。创作论中的《通变》篇和批评论中的《时序》篇是两篇专门的文学史论，它集中反映了刘勰"原始表末"的历史主义方法论及其所达到的理论深度。可以说，历史的方法与"折中"的方法是《文心雕龙》使用的两个最主要的方法。

　　由刘勰开辟的"原始表末"的方法论传统在后世的文学批评中产生了深远的影响。以古代几部著名的文学批评论著为例。

　　钟嵘《诗品》由序言和具体诗评组成。序言不仅分析了诗歌的特点、方法、功能，阐明了他的诗学主张，而且按历史的顺序剖析了每个时代的诗歌创作特色，勾勒了先秦到南朝宋的诗歌的发展脉络。具体诗评分上中下三卷，所论共一百二十二人，分为三品。每品中的人物，"略以世代为先后，不以优劣为诠次"②。《诗品》还按《国风》《小雅》《楚辞》三系将历代五言诗人加以归类，溯源及流，集中显示了其"原始以表末"的特色。

　　清人叶燮的论诗名著《原诗》以"原始以表末"的历史方法分析诗歌发展的"源""流""正""变"，并揭示了它们之间的辩证关系："诗始于《三百篇》，而规模体具于汉，自是而魏，而六朝三唐，历宋、元、明以至昭代，上下三千余年间，诗之质文、体裁、格律、声调、辞句，递相

---

① 《辨骚》既然是总论，也是文体论。

② 钟嵘:《诗品序》。

升降不同。而要之，诗有源必有流，有本必有末，又有因流而溯源，循末以返本……乃知诗之为道，未有一日不相续相禅而或息者也。但就一时而论，有盛必有衰。综千古而论，则盛而必至于衰，又必自衰而复盛。非在前者之必居于盛，后者之必居于衰也。""历考汉、魏以来之诗，循其源流升降，不得谓正为源而长盛，变为流而始衰。惟正有渐衰，故变能启盛。"是知"诗之原流本末正变盛衰，互为循环"。①

晚清刘熙载的论艺名著《艺概》分《文概》《诗概》《赋概》《词曲概》《书概》《经艺概》。《书概》《经艺概》这里可以不去管它，就与文学有关的《文概》《诗概》《赋概》《词曲概》来看，作者除了解释"诗""文""词""赋"概念，阐明其写作特色之外，大量篇幅就是用来评论作品。而作者评论作品的逻辑顺序，便是历史顺序。所以《文概》《赋概》《诗概》《词曲概》，我们均可作散文史、赋史、诗史、词曲史来读。

五、"以少总多"——思想感受的表述方法之一

中国古代文论中，像《文心雕龙》《原诗》这样"体大思精"、富于系统性的理论著作并不多，更多的是像《诗品》《诗式》《白石诗说》《沧浪诗话》《艺概》一类短小精悍、一语破的的札记性著作。即使像《文心雕龙》这样"弥纶群言"的著作，也不过5万字左右。不爱作系统的鸿篇巨制，是中国古代文学批评形式的一大特点。

为什么会形成这种情况呢？古代文论著名研究者徐中玉先生曾屡次指出："我国古代文论大家对系统繁文非都不能为，乃不愿为，或以为不必为，甚至不屑为。"②

古人认为，"形而上者谓之道，形而下者谓之器。神道难摹，精言不能追其极；形器易写，壮辞可得喻其真"③。文学批评、理论是讲"文心"

---

① 叶燮：《原诗·内篇上》。
② 徐中玉：《读近代文论札记》第四《刘熙载的〈游艺约言〉》，《文艺理论研究》1990年第6期。
③ 刘勰：《文心雕龙·夸饰》。

（文理）"文道"的，"文心""文道"属于"形而上者"，实际上是不可名言的，所以"明者弗授，智者弗师"①。如果非言不可，绝不能奢望"言其详"（因为"精言不能追其极"），而只能"言其大概"，留待人从中体会、领悟"为文之道""作文用心"。因此在表述方式上，古人强调"以少总多"②"以一毕万"，所谓"片言可以明百意"③，"以数言而统万形"④，"举此以概乎彼，举少以概乎多"⑤，"略小存大，举重明轻，一言而巨细咸该，片语而洪纤靡漏"⑥。刘熙载还阐发道："文家会用字者，一字能抵无数字；不会用字者，一字抵不到一字。"⑦"古人所知者多，所言者少，是以其文纯而厚；后人所知者少，所言者多，是以其文杂而薄。"⑧结合他在《艺概·自叙》中所申明的，我们不仅可以理解《艺概》札记体的产生，而且可以理解中国古代文学批评形式的产生。古代文论家不愿意作"系统繁文"，而喜欢作短小精悍的"札记""约言""概说"，乃出于对"以少总多"表达方法的自觉追求。

"以少总多"的批评方法凝聚着明显的民族文化特色。

道家、佛家认为，"道"不可言，"言不尽意"，因而，"言者不智"，"辩不若默"。无论道家还是佛家，得道之士都以"无言""离言"为其特征，所谓"智者不言"。儒家之"道"虽然可言，但道德之士亦以"少言"为特征，所谓"吉人之辞寡"⑨，"辞尚体要"⑩。道家、佛家的"智者不

① 刘勰：《文心雕龙·风骨》。
② 刘勰：《文心雕龙·物色》。
③ 刘禹锡：《董氏武陵集纪》。
④ 谢榛：《四溟诗话》。
⑤ 刘熙载：《艺概》，上海古籍出版社1978年版。
⑥ 刘知几：《史通·叙事》。
⑦ 刘熙载：《游艺约言》，《古桐书屋续刻三种》，清光绪十三年（1887）刻本。
⑧ 刘熙载：《游艺约言》，《古桐书屋续刻三种》，清光绪十三年（1887）刻本。
⑨ 《易·系辞下》。
⑩ 《尚书·毕命》。

言"与儒家的"吉人之辞寡"之人格理想无疑促使古代文论家在"不言而不可以已"时不愿多言。

"大音希声，大象希形。"（老子）"通道必简。"[1]"至道不烦"，"易简而天下之理得矣"。[2]真理总是单纯的。古人对真理的这一认识，也是驱使阐述"为文之道"的文学批评著作采取"以少概多"方式的一个重要因素。

采取"以少总多"的批评方法固然使古代文论著作缺少系统性，这是它的不足，但它少而精，在有限的文字中包含深刻丰富的思想，耐人寻味，发人深思，这是它的长处，不可一笔抹杀。

六、"假象见义"——思想感受的表述方法之二

中国古代文论在表述方式上的另一特点是大量使用形象比喻性的描述语言，"假象见义"[3]。如钟嵘《诗品》："潘诗烂若舒锦，无处不佳，陆文披沙简金，往往见宝。"司空图《二十四诗品》通体用形象比喻写成，如《纤秾》："采采流水，蓬蓬远春。窈窕深谷，时见美人。碧桃满树，风日水滨。柳阴路曲，流莺比邻。乘之愈往，识之愈真。如将不尽，与古为新。"朱权《太和正音谱·古今群英乐府格势》："马东篱之词，如朝阳鸣凤……有振鬣长鸣，万马皆瘖之意。"马荣祖《文颂·风骨》："溟鹏天飞，六月乃息。荡日垂云，山川失色。问何能然，中挟神力。骨重风高，翻疑境仄。下视文禽，恣弄颜色。载好其音，兰苕啾唧。"魏庆之《诗人玉屑》卷二《臞翁诗评》一段，将古代文学批评的形象比喻特色展示得淋漓尽致："因暇日与弟侄辈评古今诸名人诗：魏武帝如幽燕老将，气韵沉

---

① 《大戴礼记》。

② 《易·系辞上》。

③ 皎然：《诗式》卷一"团扇二篇"条，《全唐五代诗格校考》，陕西人民教育出版社1996年版，第222页。

雄；曹子建如三河少年，风流自赏；鲍明远如饥鹰独出，奇矫无前；谢康
乐如东海扬帆，风日流丽；陶彭泽如绛云在霄，舒卷自如；王右丞如秋水
芙蕖，倚风自笑；韦苏州如园客独茧，暗合音徽；孟浩然如洞庭始波，木
叶微脱；杜牧之如铜丸走坂，骏马注坡；白乐天如山东父老课农桑，言言
皆实；元微之如李龟年说天宝遗事，貌悴而神不伤；刘梦得如镂冰雕琼，
流光自照；李太白如刘安鸡犬，遗响白云，核其归存，恍无定处；韩退之
如囊沙背水，唯韩信独能；李长吉如武帝食露盘，无补多欲；孟东野如埋
泉断剑，卧壑寒松；张籍如优工行乡饮，酬献秩如，时有诙气；柳子厚如
高秋独眺，霁晚孤吹；李义山如百宝流苏，千丝铁网，绮密瑰妍，要非适
用。本朝苏东坡如屈注天潢，倒连沧海，变眩百怪，终归雄浑；欧公如四
瑚八琏，止可施之宗庙；荆公如邓艾缒兵入蜀，要以险绝为功；山谷如陶
弘景祇（音之，恭敬）诏入宫，析理谈玄，而松风水梦故在；梅圣俞如关
河放溜，瞬息无声；秦少游如时女步春，终伤婉弱；陈后山如九皋独唳，
深林孤芳，冲寂自妍，不求识赏；韩子苍如梨园按乐，排比得伦；吕居仁
如散圣安禅，自能奇逸。"如此等等。

　　形象比喻的心理实质是感觉、知觉表象。形象比喻的批评从深层机
制上说乃是感觉型、经验型的批评。道家、佛家是否定理性的。在他们看
来，人类的理性认识和感性认识都不能认识"道"，只有超感性和理性的
虚静心灵才具有认知"道"的功能。否定理性和感性的实际结果，是造成
了整个民族理性思维的薄弱，给人们感性经验的膨胀留下了可乘之机。儒
家虽然崇尚理性，但儒家理性乃是一种"实践理性"，它与人类的现世生
活结合得很紧，并紧密依附于人类的感性经验，对超越人世以外的问题并
不感兴趣，也不愿追问。因此，在理性与感性、经验与思辨的关系上，中
国古代更重感性、重经验。形象比喻式的文艺批评，可视为中国古代重感
性、重经验的思维模式的产物。

　　形象比喻的文艺批评，不喜欢对作品做条分缕析，只愿诉说主体对

对象的整体感受，所以又是"整体把握"的批评方式。这种方式与佛家
"了无分别"的认识方法存有某种渊源关系。佛家的"道"是一个浑圆的
整体，是超越形色、离析名言、"不可阶级"的。因而在认识论上，要求
主体以"了无分别"的方式对待外物、体认佛道，所谓"智者了无分别，
愚者强析名言"。般若学强调的"般若智"就是这种"无分别智"。禅宗
把领悟佛道的根本放在体性圆寂、"了无分别"的"妙明真心"上，认为
"欲达至道，先悟真心"，"真心本无念缘，不见边际；本无变动，不见住
相；本无所依，不见可执；本无名言，性相假立"（德宝）。可见禅宗所
强调的"真心"也是这种"无分别智"。佛家主张以"了无分别"的心灵
去观照外物，是为了泯物我、齐万物、一空色，与"整体把握"并不完全
等同，但不言而喻，二者是相通的。

　　形象批评还是一种审美的批评方法，这与中国古代喜欢文饰的传统
也有关。① 人们对于美先天地具有一种喜好和热情。周代统治者规定的各
种礼仪规范的繁文缛节，奠定了中国古代"好文"传统的基石。所以孔
子说："郁郁乎文哉！吾从周。"以孔子为代表的儒家则进一步发展了这
种倾向。儒家的"礼""乐"都是"好文"的表征。以此看待文学，则是
尚"质"而不废"文"，甚至从"文"能更好地传"质"的角度好"文"
习"文"，所谓"不学《诗》，无以言"，"言之无文，行而不远"。所以
中国古代虽以"文"（文学作品）为一切文字著作，而在文学著作中，一
以"意"为贵，二以"文"（美）为尚。在坚持表现主体的前提下，文章
写得越美，越是受人喜爱。因此，古代批评家在评论作品时使用大量形象
比喻以使批评文字变得美些，就很自然了。

---

① 中国人的"好文"倾向，在佛经翻译过程中明显体现出来。晋道安《摩诃钵罗若波罗蜜经抄
　序》指出"译胡为秦有五失本"，其中之一是"胡经尚质，秦人好文，传可（适合）众心，非
　文不合"。佛经反对"绮语"（郗超《奉法要》），以质朴为尚的"秦人"在翻译时为适应中国
　人"好文"习惯而在文字上做了修饰，造成翻译佛经有失本义的情况。在这种分析中，"好文"
　作为中国人的一大传统，被清楚地揭示出来。

第二章　中国文论的体系建构

作者插白：80年代初确定报考古代文论研究生后，鉴于当时通行的文学理论教材将中国文论与西方文论"一锅煮"的情况，我就在想：能否立足于中国古代文论资料，写一部更为有效地解读中国古代文学作品审美特质的文学原理著作。1987年9月—1990年7月，我来到华东师大，师从徐中玉、陈谦豫先生读古代文论研究生。鉴于当时所有的古代文论著作都是按纵向的历史顺序讲述历代文论经典，从横向的逻辑范畴角度阐发中国古代文学理论思想尚是空白，撰写中国古代文学原理的想法愈加强烈。中国古代文学原理不能从古代文论代表人物、代表著作入手，只能从富有代表性的古代文论范畴、命题入手，同时诸环节之间体现出一种显示民族特色的主导倾向。要之，确定叙述的理论框架及其内在神理至关重要。读研期间，我一直在酝酿这个问题。1990年，我的这个思考的结果以《中国古代文学原理构思》为题发表在《社会科学》第1期上，这是关于这个话题设想的最早论述。1990年1月，我在完成硕士论文后投入《中国古代文学原理》的写作。毕业后来到上海市宝山区广播电视局总编室工作，利用早晚的空余时间，于1992年初完成书稿。几经辗转，1993年7月，终于在学林出版社的"青年学者丛书"中推出。当时，中国文艺理论界方法论热余温未退，"老三论""新三论"是热词。该书的写作方法在"文化学"之外就是"系统论"。它按"文学观念论""创作过程论""批评方法论"三个板块，筛选30多个重要的范畴或命题，按照逻辑的顺序，把它们组成一个大系统，并以"以意为主"的"表现主义"统合之。十多年后，"中国古代文学理论"作为"十一五"高等教育指南类规划教材列入计划，本书参选，击败各路申报者获得唯一立项，2008年7月在联合申报的出版单位山西教育出版社出版。2018年12月又由华东师范大学出版社出版修订本。这里选载绪论及"文学观念论"和"创作过程论"中的各一篇。其中，绪论《中国古代表现主义民族文论体系刍议》发表于《东方丛刊》1992年创刊号，《"文学以文字为准"：中国古代的文学特征论》发表于《内蒙古大学学报》1991年第3期，《"定法"说：中国古代文论的具体创作方法论》发表于《文学评论》2006年第2期。2019年11月17日，华东师范大学出版社、《文艺理论研究》编辑部、北京师范大学文艺学研究中心、上海政法学院文艺美学研究中心联合举行"《中国古代文学理论》（修订本）新书发布会暨建构中国古代文论体系高端论坛",《河北师范大学学报》2020年第4期发表了复旦大学杨乃乔教授、安庆师范大学方锡球教授、中国矿业大学王青教授、中国政法大学张灵教授的评论文章,《古代文学理论研究丛刊》第50辑发表了上海视觉艺术学院潘端伟副教授的评论。复旦大学杨乃乔教授将该书视为从"中国文学批评史"转向"中国古代文论体系"的标志性著作。

第一节　中国古代文学原理构思 [①]

建构具有民族特色的文学理论体系，是20世纪80年代改革开放之初中国文学理论界和中国古代文学理论界学人的共同心愿。中国古代文学理论有自己的一套话语系统与思想系统，可它并没有以严密的逻辑体系和理论形态表现出来。就是说，中国古代文学理论并没有现成的理论体系。因此，按什么框架、模式来全面阐述古代文学理论，就成为建构民族特色文论体系的一个棘手问题。

一、中国古代文学原理的叙述框架

如果按照现代文学理论的科学、逻辑要求去阐述古代文论，势必肢解古代文论的浑融性和原生态，招来"以今格古"之诟；反过来，如果照顾古代文论的原生态和浑融性，又势必肢解文学原理著作所必备的科学性、逻辑性、系统性，给人"以古说古"之嫌。依据古代文论资料梳理和建构现代性的民族文论体系，叙述的框架是一道难以逾越的栅栏。

笔者曾为此费尽思量。反复琢磨，几经斟酌，最终拟定的框架如下。

　　第一章　中国古代文学观念论
　　　　第一节　"文学以文字为准"
　　　　　　——中国古代的文学特征论
　　　　第二节　"文，心学也"
　　　　　　——中国古代的文学表现论
　　第二章　"德学才识"说
　　　　——中国古代的文学创作主体论

---

① 本节原文发表于《社会科学》1990年第1期，后收入《中国古代文学原理——一个表现主义民族文论体系的建构》前言，学林出版社1993年版。

第九章　中国古代文学的鉴赏论

　　第一节　"知音"说

　　　　　——中国古代的批评主体修养论

　　第二节　"以意逆志"说

　　　　　——中国古代的文学鉴赏方法论

　　第三节　"好恶因人""媸妍有定"说

　　　　　——中国古代的审美主客体关系论

第十章　中国古代的文学功用论

　　第一节　"观志知风"说

　　　　　——中国古代文学的认识功用论

　　第二节　"劝惩美刺"说

　　　　　——中国古代文学的教育功用论

　　第三节　"神人以和"说

　　　　　——中国古代文学的宗教功用论

　　第四节　"趣味"说

　　　　　——中国古代文学美感功用论

第十一章　"三不朽"说

　　　　——中国古代文学价值论

第十二章　中国古代文学理论的方法论

　　第一节　"训诂"——名言概念的阐释方法

　　第二节　"折中"——矛盾关系分析方法

　　第三节　"类比"——因果关系的推理方法

　　第四节　"原始表末"——历史发展的观照方法

　　第五节　"以少总多"——思想感受的表述方法之一

　　第六节　"假象见义"——思想感受的表述方法之二

　　这个理论框架分为三块。第一章是一块，它从总体上介绍了中国古代文论"文学是什么和文学应是什么"的文学基本观点；第二章至第十一章是一块，它按照文学创作发生的自然顺序逐一阐述古代文论在创作过程每一环节上的主要思想；最后一章是一块，它探讨了古代文论自身的方法论特征，并借以说明为什么中国古代文论思想上有系统而理论上无系统。这三块之间有着紧密的内在关联：中国古代的"文学"观念规定了古代文学理论作为文章学理论或者叫广义的文学理论的特征，奠定了中国古代文学原理的表现主义基调；而古代文论的方法论又渗透、体现在对文学创作全过程的各种文学现象的理论思考，渗透、体现在表现主义文学观念中。第二块作为全书的主体，它的每一章乃至每一章下属的每一节既环环紧扣、彼此照应，又独立自主、互不重复。为了兼顾理论著作的逻辑性与民族文论的原生态，笔者选取了若干个富有代表性的古代文论命题、范畴，在当代意识的指导下建构了这个逻辑框架，在具体章节篇目的设计上坚持古今相兼，避免"以古说古"和"以今格古"的弊病。所谓"合之则双美，分之则两伤"，其是之谓乎！这个框架是现代的，又是从古代文艺理论的潜浸涵濡中抽象出来的；框架的每一环节的古代命题、范畴的思想是其固有的，但该命题、范畴的固有内涵又不等于本书在该环节中所阐述的含义，如我们将"比兴"说整合在"创作方法论"中述评，其实"比""兴"这两个范畴在古代文论中不仅指"方法"，而且指"内容"（"寄托"）。只是由于逻辑的要求，我们依据"比兴"说的主导含义，把它纳入"创作方法论"的环节中而不得不把它的其他含义给搁置了。上面说的"整合"，就是这个意思。

二、中国古代文学原理的研究方法

阐述中国古代文学原理，系统建构中国古代文学理论，质言之，即把古代文学理论的重要命题、范畴组合成一个大系统。不言而喻，"系统"的方法或者叫"整体"的方法是本书的重要方法之一。

要把几十个古代文论命题、范畴的产生、发展的历史及其不断积淀下来的内涵都搞清楚，一切从零开始是不可想象的。任何学术进步都是建立在对前贤成果的继承之上的。因此，本书的另一方法是"综合"，即综合长期以来特别是新时期以来古代文论乃至古代美学的命题、范畴的研究成果，把它们组成一个大系统。毫无疑问，"综合"是融会贯通，它应当有自己的长期积累、深入思考做基础，才不致被人牵着鼻子跑，从而避免七拼八凑的弊病。用表情达意的"表现主义"作为一根主线去贯穿、统辖诸多古代文论命题、范畴，就是笔者在长期研究的基础上对中国古代文学理论民族特征和文化品格的概括。

为了揭示中国古代文学理论的民族特点，还需要用比较的方法，即与西方文论做比较。由于已有学者用比较的方法在古代文论研究方面取得了相当出色的成果，也由于西方古典文论、古典美学的一些原理、知识已成为常识，所以本书与西方古典文艺美学的比较不想展开，也不想面面俱到，有限的篇幅主要用在与西方现代文艺美学的比较上，这样可以昭示中国古代文学理论的当代意义与世界意义。笔者力图站在当代意识的高度审视古代文论，这个愿望主要是借此显现。

中国古代文学理论与西方古今文艺美学理论相比，既有同，也有异。其同，并非西人影响所致；其异，亦非古人刻意所为。这"同"和"异"，都是由中国文化必然决定的，所谓"同乃不得不同，异乃不得不异"。因此，用文化学的方法来考察中国古代文学理论的文化成因和品格，就成为本书最引人注目的方法。说它引人注目，是由于这种文化考察在书中占了约三分之一的篇幅。本书考察古代文论与中国文化的联系，主要着眼于民族的精神文化，尤其是儒家文化、道家道教文化、佛教文化、宗法文化、训诂文化与中国古代文论的联系。于是，本书不只标志着中国古代文论研究走向系统，也标志着中国古代文论研究走向文化。

作为原理性的中国古代文学理论体系的建构，它阐述的必须是那些成为共识的思想，只有这样，才能取得广泛的认同，才具有普遍性、工具性。这就决定了此类著作不可避免地带有"述而不作"的色彩。同时，由于笔者撰写本书时缺乏可资借鉴的同类著作，因而从理论构架到观点概括都不可避免地带有探索性、创新性的特点。这种探索性、创新性及其带来的新意在文论之后的文化透视中显得更加明显。

在中国古代，诗文被看作文学的正宗。"文以意为主"，古代的诗文以心灵表现其特色。中国古代文学理论，就是对中国古代以表情达意为主的文学作品的理论概括。因此，本书研究阐述的重点是中国古代的诗文理论命题、范畴，并试图建构一套表现主义文学原理体系。

在今天的中小学和大学文理科，中国古代文学作品不断被讲授和学习。用从西方舶来的"形象""典型""反映现实"之类的文学理论来解读这些作品，总显得大而无当、隔靴搔痒。用从民族文论中抽象出来的文学原理来剖析古代文学作品和文学现象，就恰如其分、入木三分了。

中国古代文学理论的功能不仅在于能帮助今人切中肯綮地理解古代文学作品，而且在于它具有一种指向现实的穿透力。中国古代文学理论作为表现主义文学理论体系，它理应较再现性的文学理论更能有效地说明一切表现主义作品，特别是西方现代主义作品。西方文学自19世纪末以来，愈益向主体表现方向发展。这些作品中，现实不再成为生活真实的反映，而蜕变为徒有其形、不反映生活本质规律的"幻相"（朗格语），成为象征"情感"的"形式"（朗格语）、表现主体的媒介。这类作品中，"文字""现实""主体"的关系与中国古代文论中讲的"言""象""意"的关系，或"文字""景物""神情"的关系何其相似！当西方现代文学向中国古代文学靠拢、交叉时，中国古代文学理论就有了能较好说明西方现代主义作品，或至少对解读西方现代作品很富启示的当代价值。

这项工作如果做得好，不仅可以刷新文学理论研究的格局，给古代文论研究开辟一条新路，也可使古代文论走向今天，使中国文论走向世界。只有民族性的东西才能是世界性的。中国文学理论研究要跻身于世界文学理论之林，舍此别无他途。

第二节　中国古代表现主义民族文论体系刍议 ①

系统阐述中国古代文学理论的难处，不仅在于应有一个妥善的理论框架、一种合理的叙述结构，而且在于这个叙述结构的各环节之间须有一种相互联系、一以贯之的系统性和有机性。贯穿在中国古代文学理论中的这种有机联系是什么呢？我认为就是表情达意的"表现主义"。

所谓"表现主义"，是现代西方文论中与"再现主义"相对的一个概念。西方古典文论强调文学是对现实的"摹仿"、是客观外物的"再现"，一般称作"再现主义"。西方现代文论强调文学是直觉的"表现"、主体的"象征"，一般称作"表现主义"。这里借用这一约定俗成的概念，作为对强调"文以意为主"的中国古代文论民族特色的概括。

一、文学观念论中的"心学"说

什么是"文学"或文学之"文"呢？晚清以前，一直没有人做出明确的界说。但历代《文选》一类作品集、《文心雕龙》一类的文论著作不断出现，从入选及所论作品的体裁、范围来看，"文学"的外延是极广的，不仅包括美文学与杂文学，而且包括簿记、算书、处方一类的文字，如果说它们之间有什么共通点而统一叫作"文"，那就是它们都是文字著作。所以晚清章炳麟在《国故论衡·文学总略》中总结说："是故榷论文学，以文字为准，不以彣彰为准。""文"即"著于竹帛"的"文字"。这是符合古代文学创作和评论实际的。然而，这只是古人对"文"的不带价值倾向的认识，或可视为古人关于"文"的哲学观念、知性界定。当价值观念掺杂进来之后，对"文"的认识则出现了新的变化。

这个价值观念是什么呢？就是"内重外轻" ②。这是宗法社会所铸就的

---

① 本节原文发表于《东方丛刊》1992年创刊号，后收入《中国古代文学原理——一个表现主义民族文论体系的建构》绪论，学林出版社1993年版。

② 刘熙载：《古桐书屋札记》，清光绪十三年（1887）刻本。

中国人的特殊的价值取向模式。宗法社会以"国"为"家"、以人为本，故"治国平天下"最终归结为"齐家修身""正心诚意"。所以古人治国，尤重个人道德修养。而道德修养的方式，就是"吾日三省吾身"，"反身而诚，乐莫大焉"；为政向往的"仁政"理想，就是"正心诚意"了的国君以"己所不欲，勿施于人"的方式去对待臣民。一句话，无论上下，均应以治心为本、治心为贵。于是心外物色则成为无足轻重的东西。这就叫"内重外轻"。当它历史地积淀为一种价值取向模式并浸染到文学观念中来时，便出现了"文，心学也"①、"文以意为主"之类的文学表现论。这种把文学界说为心灵表现的文字作品的观念，可以说是关于"文"的价值界定，是文学观念中的价值论。

这种表现主义的文学观念，是中国文学乃至中国艺术之"神"，是统率中国古代文艺理论的一根红线。

二、创作主体论、发生论、构思论、方法论中的表现论

让我们先来看古代文论中的创作主体论。中国古代既然认为文学应当是心灵表现的文字，则作家的心灵素质在创作中的作用和地位自然倍受重视。故古人喋喋不休地强调：作家要有"德"，以保证作品中的"善"；作家要有"记性""作性""悟性"，以练就"学""才""识"，创造出富有"材料""见识"和"辞章之美"的文学作品。

再来看古代文论中的创作发生论。

创作发生关联着两方面。一是创作的对象本源，二是作者观照世界的方式。前者偏重于客体，后者偏重于主体。古代的文源论，其形态有四：一、"人文之元，肇自太极"；二、"感物吟志，莫非自然"；三、"六经之作，本于心性"；四、"六经者，文章之渊薮也"。其实质则一"文本心性"。在中国古代文化中，"太极"即是"吾心"，"天道"即是"人

---

① 刘熙载：《游艺约言》，《古桐书屋续刻三种》，清光绪十三年（1887）刻本。

道"，故"文肇太极"即"文本心性"。"物"是"太极"所生，"经"是
"道沿圣而垂文"的产物，故"源物""渊经"二说亦可归为"文本心性"
一说。这可看作表现主义在文源论中的渗透。

　　古代论作家、艺术家观照现实的方式，不是单向的由物及我，而是
双向的"物我双会""心物交融"。为什么呢？因为在古人看来，事物的
美，不在事物自身的形质，而在事物所蕴含的人化精神。所以许慎《说
文解字》释"玉"之"美"，是"美有五德"。邵雍教导人们"观花不以
形"，因为"花妙在精神"。①这样，对象精神的美，就只能是为人而存在，
就有待于"由物及我"后"由我及物"的能动创造。这种双向交流的审美
观照方式，即"我见青山多妩媚，料青山见我应如是"式的观照方式，是
一种表现主义的审美观照方式。

　　再次，我们来看古代文论中的构思论。

　　古代文论中的构思论大抵由"虚静"说、"兴会"说、"神思"说组
成。由于古人习惯于"返观自身"，所以对文学创作中的构思状况有颇为
清醒的内省认识；由于古人重视创作主体的地位和作用，所以对文学创
作的主体心态有更多的要求。而表现主义的特点也在构思论中显示出来。
"虚静"说是对构思心态的要求。古人认为，文学构思是一种高度专一、
集中的思维活动。为保证这种思维活动顺利进行，构思主体在"运思"之
先，须"虚心""静思"。"虚心"就是使心灵虚空无物；"静思"就是使各
种杂虑停止运动。通过"虚心"，心灵从"有"变成"无"，其目的还是
为了变成"有"；通过"静思"，心灵从"动"变成"止"，其指向还是归
于"动"。这就叫"虚心纳物"（物：构思中的意象）、"绝虑运思"（思：
艺术构思）。这是有无相生、动静相成的辩证心灵运动，是艺术构思的必
经环节，目的是为艺术构思营造所需的心灵状态。

　　当挪出了"虚静"的心理空间后，文学构思就登场了。"神思"说就

---

① 邵雍：《善赏花吟》，《四部丛刊》本《伊川击壤集》卷十一。

是古代文论对文学构思特征的论述。"神思"即精神活动。这个概念本身昭示了表现主义文学构思的特点：它是一种外延广泛的心灵运动，可具象，亦可抽象，未必为"形象思维"。然而按中国古代"温柔敦厚""主文谲谏"的审美传统，表情达意不宜直露，最好托物伸意，即景传情，故"文之思"又经常表现为"神与物游"的意象运动、形象思维。这种思维分"按实肖像"与"凭虚构像"两种。[①]就"凭虚构象"一面讲，它可上天入地，来去古今，大临须弥，细入芥子，在空间上达到无限、时间上达到永恒。同时，它可离开物象，但须臾不可离开语言做孤立运动，所谓"物沿耳目，而辞令管其枢机"。这里，它又时常流露出文学作为广义的语言文字著作这一文学观念的烙印。

"兴会"即兴致之钟会，也就是灵感。"兴会"说对文艺构思中的特殊状态——灵感现象的特征和奥秘做了深入剖析。"文章之道，遭际兴会，抒发性灵，生于临文之顷者也。然须平日餐经馈史，霍然有怀，对景感物，旷然有会，尝有欲吐之言，难遏之意，然后拈题泚笔，忽忽相遭，得之在俄顷，积之在平日，昌黎所谓'有诸中'是也。"[②]灵感是偶然与必然、倏忽与长期、天工与人力、主观与客观、不自觉与有意识的对立统一。

表现主义在古代文学创作方法中有什么表现呢？我们挑出几个主要的方法来看。一是"活法"。古代文论连篇累牍地强调"活法"这种文学创作"大法"。"活法"的本义是灵活万变、不主故常之法。什么是灵活万变之法呢？就是"随物赋形"之法。这个方法表现的对象性的"物"就是心灵意蕴。于是"活法"又被界说为"辞以达志"之法、"惟意所之"之法、"因情立格"之法、"神明变化"之法。意蕴千姿、情感百态，故表情达意的方法也千变万化，不主故常，"活法"之"活"，注脚正在于此。

---

① 刘熙载:《艺概·赋概》。

② 袁守定:《谈文》,《占毕丛谈》,光绪重校刻本。

中国古代崇尚"温柔敦厚"的礼教，故表情达意切忌直露。"用事""比兴"正是含蓄委婉地表情达意的有效方法。"用事"即引用成辞、故事，把自己的意思放在古代的言语、事件中让人品味。"比兴"照郑玄的解释，"比"即"见今之失，不敢斥言，取比类以言之"；"兴"即"见今之美，嫌于媚谀，取善事以喻劝之"。①易言之，"比"是委婉的批评、讽刺方法，"兴"是委婉的表扬、歌颂方法。后来，"比"一般被视为以彼物喻此物的"比喻"方法，"兴"一般被理解为"先言他物以引起所咏之词"的开头方法。"用事""比兴"说到底均为委婉、含蓄的表情达意方法。

三、文学作品论中的表现论

在古代文学作品论中，表现主义烙印何在呢？

古代文论有"文气"说。"气"，西人译为"以太""生命力"。置于古代哲学元气论中看，它不外是一种"元气"。"元气"是生命力的象征。故"文气"实即"文学生命"。文学怎么才能有"生命"呢？就是要在对象性描写中寄寓人的精神。如果就物咏物、即事叙事，不寓情、不寓意、不寓识、不寓气，则"物色只成闲事"，文章只成"纸花""偶人"，必然毫无生机。

古代的"文体"说论述了十几至几十类文体的特点，而论述得最充分、最详尽的文体往往都是与心灵表现相关的文体。如诗歌是"言志咏情"的，散文是"以意为主"的，历史是"寓主意于客位"的，辞赋是"有自家生意在"的，小说是"寓意劝惩"的，戏剧是"不关风化体，纵好也徒然"的。对于书、籍、谱、录之类与心灵表现无关的文体，古代文论论之甚少甚简，古代文选也收之极为有限。这说明，表现主义文体在古代是最受欢迎、重视的。马克思曾指出，一种理论的实现程度取决于大众对这种理论的需要程度。正是在中国古代普遍崇尚表现情达意的文化环境

---

① 郑玄：《周礼注疏》卷二十三，《十三经注疏》本，上海古籍出版社1997年版。

中，表现主义文体才成为文学创作的主流。而诗之所以成为古代文学的正宗，具有凌驾于其他文体之上的最高品位，与诗这种文体与心灵联系得最为紧密不无关系。"诗"照文字学家的解释，本身就是由"言志"二字构成的。

关于文学作品形式与内容的关系，古代文论的"文质"说、"言意"说、"形神"说分别做了论述。"文"即"形式"，"质"即内容。由于古代并不以"形象"为文学必不可少的特征，而以人的心灵意蕴为高品位的文学作品不可或缺的因素，故文学作品的"文质"关系，一般表现为"言意"关系。为含蓄不露地表情达意，古代文论又强调"以形传神"，故"文质"又常常表现为"形神"。这里，"形"是"物之形"，"神"是外化为"物之神"的"我之神"。通过"言"描写"形"从而构成了"文"（形式），以表达作为"质"的主体之"神"，这就是古代文学作品形式内容关系论的总体走向。

古代文论中有大量的"意境""意象"理论。曾有不少学者把"意境""意象"与现今文学理论教科书中作为文学特征的"形象"等同起来。这并不确切。首先，我们必须辨明，"形象"在今天的文学理论教科书中曾经是作为文学必不可少的特征出现的，而"意境"或"意象"并不是古代文学必不可少的特征。古代不少被认可为"文"的作品并不具备"意境"或"意象"，"意境"或"意象"毋宁说只是古代表现主义文学作品的特征。其次必须辨明，"形象"与"意象""意境"的来源、重心各有不同。现在通行的文论教科书承袭的是西方文论的模式。在西方文论模式中，"形象"产生于对客观外物的"摹仿"。"摹仿"愈忠实，"形象"愈真实，主体思想感情的介入就愈少，所以"形象"的重心在"象"不在"意"。"意象""意境"则不同，它诞生于运用含蓄的、审美的手段（即物象）实现表情达意的目的这样一种机制，故重心在"意"不在"象"。

诗歌，是古代表现主义文学作品之最。"诗者，吟咏性情也。"诗歌中的"意"，往往具体化为"情"。诗"以含蓄为上"，以"比兴"为主。诗歌中通过"比兴"温柔含蓄地表达"情"的媒介，又常常落实为"景"。故"情景"实即诗歌中的"意境"，"情景交融"实即"意境浑融"，"情景"说即诗歌"意境"形态论。

从中国古代诗歌创作的内在机制上说，既然"情""意""神"被公认为诗歌所应表现的内容和传达的目的，"景""象""形"被视为诗歌表情、达意、传神的形式和手段，那么，自然之"景"和物之"形""象"就自然会为了表情、达意、传神的需要而发生变形，而这种变形的手段往往是夸张和比喻。"白发三千丈，缘愁似个长"，就是为表情、达意、传神的需要运用夸张和比喻描写物象发生变形的典型例证。这种情况，与中国古代画坛流行的不拘形似的写意画出于同一机杼。这便形成了古代文论艺术真实论中的"真幻"说。在诗歌作品的"意境""情景""形神"中，写"意""情""神"是"真"，写"境""景""形"是"幻"。而在西方再现主义文学作品中，物象的描写必须真实，作家的心灵意蕴必须蕴藏在真实的物象描绘中。正是在这点上，中国古代文论的艺术真实论呈现出不同于西方文论的民族特色。

四、作品风格论、鉴赏论、功用论中的表现论

古代文学作品的风格从总体上分有阴柔与阳刚两大类。阴柔之美表现为"平淡"，阳刚之美表现为"风骨"。"平淡"的特点是似淡实浓、言近旨远，美在意味深长；"风骨"的特点是情怀壮烈、意气刚贞，美在动人心魄。我们不妨把它们看作是表现主义的两种不同风格的表现形态。"风骨"作为一种崇高美，其表现主义特征尤其可以在与西方艺术崇高美的对比中见出。西方人讲的"崇高"，对象体积的巨大、"数学的崇高"是不可或缺的突出因素。这在中国古代的"风骨"美中却可有可无。"风骨"更侧重的是"力学的崇高"，是一种"浩然之气"，是高远的抱负和令人仰慕的精神境界。

古代文论论文学作品的形式美，一个重要组成部分是与内容相联系的形式美，即"合目的"的形式美。用宋人张戒的话说，就叫"中的为工"①。这个形式所要瞄准、击中的"的"是什么呢？主要的不是客观之物，而是主体之神。所谓"辞，达而已矣"②。"达"的对象就是"意"。"辞达而已"即文辞对"意"的表达"无过不及"之谓。辞不及意为质木无文，辞过乎意则为巧言靡辞，均不可取。

作品的表现主义特色，同样规定了审美鉴赏不同于西方文学接受的特点。

西方文论讲文学接受，是"披文入象"，通过文学语言把握它所再现的社会生活。中国古代文论讲文学鉴赏，则是"披文入情"，通过语言文字把握它所表达的作者思想感情。有时，作者的思想感情并非由文字直接表达的，而是在形象描写中含蓄地流露出来的。在这样的作品中，欣赏者的接受步骤就分两步走。首先是"披文入象"，通过文字认识它所描写的物象；紧接着是"披象入情"，通过物象描写认识它所传达的情意。由于古代文学作品多讲究含蓄不露地传达，所以读者对于作品中的"意"往往不是一下子能认识的，而是通过"一唱三叹"、"反复涵泳"、慢慢咀嚼回味才能领略的。"优游涵泳"，是含蓄的表现主义文学作品的特殊鉴赏方法。

不仅如此，"内重外轻"的思维模式还使中国古代文论特别注重发挥读者在文学鉴赏接受中的主观能动性。这种主观能动性表现为读者在阅读中会以自己的经验与想象去丰富作品的内涵，所谓"作者之用心未必然，读者之用心何必不然"③，"诗无达诂"④，"文无定价"⑤。然而古代文论同时又看

① 　张戒：《岁寒堂诗话》，《历代诗话续编》本。
② 　《论语·卫灵公》孔子语，朱熹《四书章句集注》本，中华书局1983年版。
③ 　谭献：《复堂词录序》，光绪刻本《复堂类稿·文一》。
④ 　董仲舒：《春秋繁露·精华》，《二十二子》本，上海古籍出版社1986年版。
⑤ 　苏轼：《答毛滂书》，《经进东坡文集事略》卷四十七。按：原话为"文章如金玉，各有定价"。

到，尽管"好恶因人"，但"妍媸有定"①。"书之本量初不以此加损焉"②，这是作为鉴赏主体的读者与作为审美对象的作品之间的一种"双向交流"。既肯定、鼓励鉴赏主体的能动创造，又不否认审美对象自身固有的美学价值。不妨视为作者作为审美者在观照现实世界时的"物我交流"方式在读者审美环节上的一种复现。

表现主义同样在文学功用论上留下了自己的印记。

西方文论讲文学的认识功用，是对现实的认识功用，而作家的面影则在高度忠实于原物的描写中湮没了。中国古代文论也讲文学认识现实的作用，如"观风"云云，但文学对社会时代风貌的这种认识作用是通过人情这个中介间接实现的，所谓"治世之音安以乐，其政和；乱世之音怨以怒，其政乖"③云云即是显例。易言之，古代文学对现实的认识功用是间接的，对作者思想感情的认识功用是直接的。"文者，作者之胸襟也"，通过作品，我们可以更方便、更直截了当地"知人"。

由于古代文学作品重视"善"的道德情感的表现，所以借助文学手段，上可"教化"下、下可"美刺"上，文学的教育功用是自然而然、不言而喻的。

古代文论论文学作品的美感功用，有"趣味"一说。"味"是重经验感受的中国人用以指称"美"的常用术语。古人"趣""味"联言，既可释为偏正结构的复合词，指"趣之味"，也可释为联合结构的复合词，"趣"即"味"，"味"即"趣"。从历史流变来看，是先有偏正结构的"趣味"，才有联合结构的"趣味"的。易言之，即"趣"先被人们认可为"味"，才得以与"味"并列构成一个双音词同指"美"的。而"趣"的本义有什么呢？文字学告诉我们，它本与"旨趋"的"趋"相通，即

---

① 葛洪：《抱朴子·塞难》，《四部丛刊》本。
② 刘熙载：《艺概·文概》。
③ 《毛诗序》，《毛诗正义》卷一，《十三经注疏》本。

"意旨"。在古人看来，一部作品只有意蕴深厚，使人感到意味深长，才有"味"、有"美"。"趣"就这样与"味"走到一起了。可见，"趣味"即"意味"，它是中国特色的艺术美，与西方文学摹仿的逼真美迥异其趣。

　　徐复观在《中国艺术精神》中把庄子精神界说为中国艺术（主指绘画，亦与文学相通）之神。步承此旨，叶朗在《中国美学史大纲》中把中国古典美学的命脉描述为：通过有限走向无限，通过有形走向无形，这"无限""无形"就是老庄式的"道"，即弥漫于宇宙、派生万物的客观实体。尽管这自成一说，也不乏精彩论证，但这却是不合中国古代"凡诗文书画，以精神为主"[①]的表现主义实情的。不错，中国艺术是通过有限走向无限，通过有形走向无形，但这"无限""无形"不一定是客观实体性的"道"，而更多地呈现为主体精神性的"意"。文学艺术是内容与形式统一体，内容有主、客之分。侧重于用形式反映客观内容的形成再现性艺术，侧重于用形式表现主观内容的形成表现性艺术。如果我们既不做绝对化的理解又照顾到主导倾向，对此我们是不难达成共识的。中国古代文学理论，就是对这种表现主体的文学作品的理论概括。

第三节　"文学以文字为准"：中国古代的文学特征论[②]

　　"文学"的内涵、特征是什么？对此，中国古代有自己的独特观念。然而在清代以前，这种观念只是在古代文论家所列举或古代文选一类的著作所搜罗的"文"的外延中体现着，并无明确的界说。直到晚清章炳麟在西方逻辑学的影响下，才对中国古代的这种文学观念做出了明确地界定："文学者，以有文字著于竹帛，故谓之'文'；论其法式，谓之'文学'。

---

① 　方东树：《昭昧詹言》卷一，人民文学出版社1961年版。
② 　本节原文发表于《内蒙古大学学报》1991年第3期，后收入《中国古代文学原理——一个表现主义民族文论体系的建构》第一章第一节，学林出版社1993年版。

凡文理、文字、文辞皆称'文'；言其色发扬，谓之'彣'。……凡'彣'者必皆成'文'；凡成'文'者不皆'彣'。是故榷论文学，以文字为准，不以彣彰为准。"①章氏此论，准确概括了中国古代占主导地位的"文学"概念：文学（简称"文"）是一切文字著作，衡量是不是文学的特征或标准是"文字"，而不是"彣彰"，即"文采"。

一、中国古代"文学"概念的历史行程

先秦时期，"文"或"文学""文章"不仅包括一切文字著作，而且外延比文字著作还大，包括道德礼仪的修养文饰。"文"字的构造是交错的线条、花纹，所以《易·系辞》说："物相杂，故曰'文'。"《国语·郑语》说："物一无'文'。""文章"的本义也是如此。《周礼·考工记》云："画缋（同绘）之事……青与赤谓之'文'，赤与白谓之'章'。"②由交错的线条和具有文饰性的花纹，衍生出文饰的含义。《楚辞·九章·橘颂》："青黄杂糅，文章烂兮。"此处的"文章"即指斑斓的色彩。《左传·隐公五年》："昭文章，明贵贱。"杜预注"文章"为"车服旌旗"③，正由文饰之义转化而来。由自然界的文饰，引申为道德文饰及礼仪修养。孔子说："郁郁乎文哉，吾从周。"④《诗·大雅·荡》毛序："厉王无道，天下荡荡，无纲纪文章。"这里的"文"和"文章"，均指周代的道德文明和礼仪法度。《战国策·秦策》："文章不成者不可以诛罚。"这里"文章"则指法律制度。《论语·公冶长》记子贡语："夫子之文章，可得而闻也。"此处的"文章"，不只指孔子编纂的文辞著作，而且包括孔子的道德风范。朱熹《论语集注》："文章，德之见乎外者，威仪文辞皆是也。"道德礼仪的修养离不开后天的学习，所以道德的文饰修养又叫"文学"。《论语·公冶长》

---

① 章太炎：《国故论衡·文学总略》，《章氏丛书》（中卷），浙江图书馆刊本。

② 郑玄注，贾公彦疏：《周礼注疏》卷四十，《十三经注疏》本。

③ 孔颖达疏：《春秋左传正义》卷三，《十三经注疏》本。

④ 《论语·八佾》，朱熹《四书章句集注》本。

记载："子贡问曰：'孔文子何以谓之"文"也?'子曰：'敏而好学，不耻下问，是以谓之文也。'"《论语·先进》述及孔门四科，即"德行""言语""政事""文学"。北宋经学家刑昺将"文学"解释为"文章博学"，郭绍虞先生将"文章博学"解释为"一切书籍、一切学问"，即"最广义的文学观念"。①其实此处的"文学"并不等于我们今天所谓的"广义的文学"，在此之外，还包括礼仪道德的学习修饰。因此，《荀子·大略》说："人之于文学也，犹玉之于琢磨也。……子赣、季路，故鄙人也，被文学，服礼义，为天下列士。"正因为此时的"文学"是道德的形式载体和外在规范，所以它并不以"文采"为特质，而以"质信"为特征。《韩非子·难言》指出，当时人们把"繁于文采"的文字著作叫作"史"②，把"以质信言"、形式鄙陋的文字著作称为"文学"。于是"文"必须以原道为旨归。《论语·学而》："行有馀力，则以学文。"《墨子·非命中》："凡出言谈、由（为也）文学之为道也，则不可而不先立义法。"所以"文学"又常被用来指"儒学"。如《韩非子·五蠹》："儒以文乱法，而侠以武犯禁。""故行仁义者非所誉，誉之则害功；文学者非所用，用之则乱法。"当然，"文"也可单指文字著作。《论语·述而》："子以四教：文、行、忠、信。"刑昺疏："文，谓先王之遗文。"③朱熹《论语集注》："程子曰：'教人以学文修行而存忠信也。'"罗根泽先生指出："周秦诸子……所谓'文'与'文学'是最广义的，几乎等于现在所谓学术学问或文物制度。"④从"学术学问"一端而言，"在孔、墨、孟、荀的时代，只有文献之文和学术之文，所以他们的批评也便只限于文献与学术"⑤。

① 郭绍虞：《文学观念及其含义之变迁》，《照隅室古典文学论集》（上编），上海古籍出版社1983年版，第90页。
② 《仪礼·聘礼》："辞多则史，少则不达。"可参证。
③ 何晏注，刑昺疏：《论语注疏》卷七，《十三经注疏》本。
④ 罗根泽：《中国文学批评史》（第一册），上海古籍出版社1984年版，第46页。
⑤ 罗根泽：《中国文学批评史》（第一册），第81页。

两汉时期，情况出现了变化。一方面，"文学"一词仍保留着古义，指儒学或一切学术。如《史记·孝武本纪》："上乡（向也）儒术，招贤良，赵绾、王臧等以文学为公卿。"《史记·儒林传》："延文学儒者数百人，而公孙弘以《春秋》白衣为天子三公。""治礼，次治掌故，以文学礼义为官。"这是以"文学"为"儒学"的例子。西汉桓宽《盐铁论》记载的与御史大夫桑弘羊对话的"文学"，即指儒学之士。《史记·太史公自序》云："汉兴，萧何次律令，韩信申军法，张苍为章程，叔孙通定礼仪，则文学彬彬稍进。"又《史记·袁盎晁错列传》："晁错……以文学为太常掌故。"这是把"文学"当作包含律令、军法、章程、礼仪、历史在内的一切学术了。另一方面，此时人们把有文采的文字著作如诗赋、奏议、传记称作"文章"。于是"文章"一词取得了相对固定的新的含义，而与"文学"区别开来。《汉书·公孙弘传·赞》中云："文章则司马迁、相如。"与"文章"相近的概念还有"文辞"。如《史记·三王世家》："文辞烂然，甚可观也。"《史记·曹相国世家》："择郡国吏木讷于文辞、厚重长者，则召除为丞相史。"这里的"文辞"即文采之辞。不过"文章"在出现新义的同时，其泛指一切文化著作的古义仍然保留着。如《汉书·艺文志》："至秦患之，乃燔灭文章，以愚黔首。"作为包络"文学""文章"在内的"文"，仍然指一切文字著作。因此，《汉书·艺文志》所收"文"之目录包括"六艺"（即"六经"）"诸子""兵书""术数""方技"的所有文化典籍，共六略三十八种、五百九十六家。

魏晋南北朝继承汉代"文章"与"文学"的分别，以"文章"指美文，以"文学"指学术。如《魏志·刘劭传》："文学之士，嘉其推步详密；文章之士，爱其著论属辞。"刘劭《人物志·流业》："能属文注疏，是谓'文章'，司马迁、班固是也；能传圣人之业，而不能干事施政，是谓'儒学'，毛公、贯公是也。"所以刘勰《文心雕龙·序志》说："古来文章，以雕缛成体。"《情采》篇说："圣贤书辞，总称'文章'，非采而何？……若乃综述性灵，敷写器象……其为彪炳，缛采名矣。""夫铅黛所以饰容……文采所以饰言……"同时，"文学"一词也出现了狭义的走向，而与唯美的"文章"几乎相同。宋文帝立"四学"，"文学"成为与"经学""史学""玄学"对峙的辞章之学，亦即汉人所称的狭义的"文章"。其后宋明帝立总明观，分为"儒""道""文""史""阴阳"五部，其"文"即与上述"文学"相当。与此同时，南朝人又进一步分出"文""笔"概念。"文"是有韵的、情感的文学，"笔"是无韵的、说理的文学。这种与"笔"相对举的"文"，萧绎说它"惟须绮縠纷披，宫徵靡曼，唇吻遒会，情灵摇荡"①，与今天所讲的以"美"为特点的"文学"是相通的。陆机《文赋》说："诗缘情而绮靡。"其实，魏晋南北朝时期不仅"诗"重视"绮靡"的形式美，而且整个文学都体现出唯美的倾向。以刘勰为例，刘勰《文心雕龙》所论之"文"范围虽然很广，但大多以形式美相要求。如《征圣》论"圣人之文章"："圣文之雅丽，固衔华而佩实者也。"《宗经》说："扬子比雕玉以作器，谓《五经》之含文也。夫文以行立，行以文传，四教所先，符采相济。"《辨骚》说楚辞："金相玉式，艳溢锱毫。""观其骨鲠所树，肌肤所附，虽取熔经义，亦自铸伟辞。故《骚经》《九章》，朗丽以哀志；《九歌》《九辩》，绮靡以伤情；《远游》《天问》，瑰诡而惠巧；《招魂》《招隐》，耀艳而深华……气往轹古，辞来切今，惊采绝艳，难与并能矣。"《诠赋》说赋"铺采摛文""蔚似雕画"。《颂赞》论颂、赞："镂彩摛文，声理有烂。"《祝盟》论祝辞和盟书："立诚在肃，修辞必甘。"《诔碑》论诔文和碑文："铭德慕行，文采允集。"《杂文》论对问、七、连珠乃至典、诰、誓、问、览、略、篇、章、曲、操、弄、引、吟、讽、谣、咏："渊岳其心，麟凤其采""负文余力，飞靡弄巧""甘意摇骨体，艳词动魂魄""体奥而文炳""情见而采蔚"。《诸子》论诸子之文："研夫孔、荀所述，理懿而辞雅；管、晏属篇，事核而言练；列御寇之书，气伟而采奇；邹子之说，心奢而辞壮……《淮南》泛

---

① 萧绎：《金楼子·立言》，知不足斋本《金楼子》卷四。

采而文丽。斯则得百氏华采……"《论说》说:"论也者,弥纶群言,而研精一理者也。""飞文敏以济辞,此说之本也。"《封禅》说封、禅之文:"鸿律蟠采,如龙如虹。"《章表》说章表:"章式炳贲""骨采宜耀"。《议对》说议与对策之文"不以繁缛为巧",而"以辨洁为能"。《书记》论包含"簿""录""方""术"等二十四种文体在内的"书记":"或全任质素,或杂用文绮","既驰金相,亦运木讷","文藻条流,托在笔札"。因此《总术》总结说:"凡精虑造文,各竞新丽。"文采美几乎成了所有文体的创作要求。所有这些,都标志着文学观念的演进与深化。

　　然而,这并不是说,这个时期人们对"文学""文章"内涵、特征的认识就与今人的"文学"概念完全一样了。上述萧绎对"文"的界定与要求,只代表古人对广义的"文"中一种门类的作品特质的认识,它是一种文体概念,而不是一般意义上的"文学"概念。它与"笔"一样都统属于广义的"文"这一属概念之下。就一般意义而言,广义的文学概念并没有改变。曹丕《典论·论文》:"盖文章,经国之大业,不朽之盛事。"挚虞《文章流别论》:"文章者,所以宣上下之象,明人伦之叙,穷理尽性,以究万物之宜(仪)者也。"《文心雕龙·时序》谓:"唯齐楚两国,颇有文学。""自献帝播迁,文学蓬转。"这里的"文章""文学"外延远比我们今天的美文学大得多。这种泛文学观念,古人虽未明确界说,却无可置疑地体现在这一时期的文体论中。曹丕《典论·论文》列举的"文"有奏、议、书、论、铭、诔、诗、赋八体,陆机《文赋》论及的文体有诗、赋、碑、诔、铭、箴、颂、论、奏、说十类。挚虞《文章流别论》所存佚文论述的文体有颂、赋、诗、七、箴、铭、诔、哀辞、哀策、对问、碑、图谶。萧统《文选序》明确声称他的《文选》是按"事出于沉思,义归乎翰藻"的标准编选作品的,《文选》不录经、史、子,可见其对文学的审美特点的重视。然而即使在他这样的比较严格的"文"的概念中,仍然包含了大量的应用文、论说文。《文选》分目有赋、诗、骚、七、诏、册、令、教、文、表、上书、启、弹事、笺、奏记、书、檄、对问、设论、辞、序、颂、赞、符命、史论、史述赞、论、连珠、箴、铭、诔、哀、碑文、墓志、行状、吊文、祭文等三十多类，足见其"文"的外延之宽泛。刘勰《文心雕龙》之"文"，较之《文选》之"文"，外延更加广泛。《文心》所论，仅篇目提到的就有包括子、史在内的三十六类文体。在《书记》篇中，作者又论及谱、籍、簿、录、方、术、占、式、律、令、法、制、符、契、券、疏、关、刺、解、牒、状、列、辞、谚二十四体，其中有不少文体不仅超出了美文学范围，甚至还超出了应用文、论说文范围，如"方"指药方，"术"指算书，"券"指证券，"簿"指文书。这与班固的《汉书·艺文志》的收文范围及其体现的文学概念如出一辙。曹丕讲："夫文，本同而末异。"①在六朝人论及的各种文体中，它们是建立在一个什么样的共同的根本（"本同"）之上而被统一叫作"文"的呢？只能找到一个共同点，即是它们都是文字著作。正如后来章炳麟指出的那样："凡云'文'者，包络一切箸于竹帛者而为言。"②

　　唐朝韩愈、柳宗元掀起古文运动，南宋真德秀步趋理学家之旨编《文章正宗》与《文选》抗衡，取消了两汉时期"文学"与"文章"的分别和六朝的"文""笔"之分，文学观念进入复古期，"文学""文章""文辞"或"文"泛指各种体制的文化典籍，嗣后成为定论，一直延迄清末。晚清刘熙载《文概》论"文"，包括"儒学""史学""玄学""文学"："大抵儒学本《礼》，荀子是也；史学本《书》与《春秋》，马迁是也；玄学本《易》，庄子是也；文学本《诗》，屈原是也。"③他还概括说"六经，文之范围也"④，正中经六朝而远绍先秦的文学观念。因而，章炳麟在《文学总略》中对"文"或"文学"的界说，乃是对中国古代通行的文学观念的一次理论总结。即以以下一段最受人诟病的言论为例：

---

① 曹丕：《典论·论文》，《四部丛刊》引宋六臣注《文选》卷五十二。
② 章炳麟：《国故论衡·文学总略》，《章氏丛书》（中卷），浙江图书馆刊本。
③ 刘熙载：《艺概》，第36页。
④ 刘熙载：《艺概》，第1页。

"……有成句读文，有不成句读文，兼此二事，通谓之'文'。局就有句读者，谓之'文辞'。诸不成句读者，表谱之体，旁行邪上，条件相分：会计则有簿录，算术则有演草，地图则有名字，不足以启人思，亦又无增感。此不得言'文辞'，非不得言'文'也。"①请不要把此言论视为一个文字学家的文学观念。若与刘勰《文心雕龙·书记》中体现的文学观念做一比较，就会发现二者并没有什么两样。

二、中国古代"文学"概念的文化渊源

中国古代以"文学"为文字著作，以"文字"为"文"的特征，有着特殊的文化渊源。"文"，甲骨文②、金文③都写作交错的图纹笔画。所以《国语》说："物一无'文'。"《易·系辞》说："物相杂故曰'文'。"许慎在《说文解字》中解释为："文，错画也，象交文。"许慎的这个解释很绝妙。一方面，它成功解释了"文"这个字本身的构造特征。甲骨文、金文中的"文"是"错画也，象交文"，在后世高度抽象了的"文"的写法，如篆文"文"的写法中，也具有"错画也，象交文"的特点，正如徐锴《说文通论》所阐释："……故于'文'，'人''乂'曰'文'。"另一方面，"文"若指文字，"错画也，象交文"也符合所有汉文字的构造特征。先看八卦文字。《易·系辞》说，八卦是圣人"见天下之赜，而拟诸其形容，象其物宜（通仪）"而做出的，因而有"卦象""卦画"之称。再看成熟的汉字。汉字分独体字、合体字。独体字是象形字、指事字，它"依类象形"④，是典型的"错画""交文"之"象"。合体字是形声字、会意字，它由独体字复合而成，亦为"错画"之"象"。由于汉文字都符合"错画也，象交文"这一"文"字的训诂学解释，因而中国古代把文字著

---

① 刘熙载：《国故论衡·文学总略》，《章氏丛书》（中卷），浙江图书馆刊本。
② 甲骨文"文"的写法，详见《殷墟书契前编》卷一第十八叶、《殷墟书契前编》卷四第三十八叶。
③ 金文"文"的写法，参高亨：《周易古经今译》，中华书局1984年版，第224页。
④ 许慎：《说文解字序》，中华书局1983年版。

作称作"文"，就是很自然的事了。古代学者"才能胜衣，甫就小学"，而章炳麟本身就是文字学家，他们的文学观念受到训诂学对"文"的诠释的影响，乃势所必然。

然而，文字著作可称"文"，而"文"未必仅指文字著作。符合"错画也，象交文"特征的现象有很多。天上的云彩是"文"——"天文"，地上的河流是"文"——"地文"，人间的礼仪是"文"——"人文"，色彩的交织是"文"——"形文"（即绘画），声音的交错是"文"——"声文"（即音乐），文字的参差组合也是"文"——"文章""文学"或者叫"辞章"。刘勰《文心雕龙·情采》指出："立文之道，其理有三：一曰形文，五色是也；二曰声文，五音是也；三曰情文，五性是也。五色杂而成黼黻，五音比而成韶夏，五情发而为辞章：神理之教也。"只有作为"文学""文章""辞章"二语省称的"文"，其外延才与文字著作、文化典籍相等，才表示一种文学概念，从而与"天文""地文""人文""形文""声文"区别开来。

三、中西"文学"概念异同之比较

将中国古代的文学观念与西方古今的文学观念进行一番对比，对于更准确地认识中国古代的文学特征观是很有必要的。

西方的"文学"，拉丁文写作litteratura，英文写作literature，其词根分别是littera和liter，原初含义来自"字母"或"学识"，有"文献资料"或"文字著作"的内涵。[①]比如英语中有mathematical literature的说法，意思是"数学文献"。又可用literature指称关于某学科的writing，即书写著述。这一点与中国古代颇为相似。但大约从古希腊起，西方古典文学理论中出现了一种新的文学概念，即以"文学"为"艺术"的一种形态，称之为"语言的艺术"，又叫"诗"。于是，"文学"被局限在艺术的、审美的

---

① 详见陶东风主编：《文学理论基本问题》，北京大学出版社2004年版，第43页。

文字著作范围内，literature不同于article、easay、writting，从而与中国古代包含literature、article、easay、wirtting在内的"文学"概念形成了差别。

西方古典文艺理论的一个经典性观点，是以怡人的"美"为艺术必不可少的特征。文学作为艺术的一种，自然也不例外。所谓"学说以启人思，文辞以增人感"。在这个意义上，西方的"文学"又叫作"美文学"。中国古代不乏对文学的审美特点的强调，如孔子说："言之无文，行而不远。"①扬雄说："诗人之赋丽以则，辞人之赋丽以淫。"②曹丕说："诗赋欲丽。"③陆机讲文学创作："其遣言也贵妍。"刘勰讲："夫以无识之物，郁然有彩；有心之器，其无文欤？"萧统讲各类文体："譬陶匏异器，并为入耳之娱；黼黻不同，俱为悦目之玩。"④屠隆说："文章止要有妙趣……"⑤袁宏道说："夫诗以趣为主。"⑥清黄周星说，曲"自当专以趣胜"。⑦刘大櫆说："文至味永，则无以加。"⑧如此等等。但是就一般情况而言，"美"（古人往往称"文""丽""趣""味"等）对于文学来说只不过是种奢侈，文学有它则更好，没有它也行。就是说，"美"并不构成文学的必不可少的特征，仅仅构成部分文体的特征，如诗、赋、曲、小说、部分散文。而为萧统《文选》所不选的经、史、子，刘勰《文心雕龙·书记》论及的谱、籍、簿、录，古代文体论中开列的大量应用文等文体，它们并不以"美"为指归，但都被古人普遍认可为"文"。这表明，中国古代的"文学"包括"美文学"，但并不等于"美文学"。诚如章炳麟所概括："凡'彣'者（引者按：有文饰性的文字）必皆成'文'，凡成'文'者不皆'彣'。"

---

① 《左传·襄公二十五年》。

② 杨雄：《法言·吾子》，《四部丛刊》影宋本《扬子法言》。

③ 曹丕：《典论·论文》，《四部丛刊》影宋本六臣注《文选》卷五十二。

④ 萧统：《文选序》，《四部丛刊》影宋本六臣注《文选》卷首。

⑤ 屠隆：《论诗文》，《鸿苞节录》卷六，清咸丰本。

⑥ 袁宏道：《西京稿序》，《袁中郎全集·文钞》，世界书局本。

⑦ 黄周星：《制曲枝语》，《中国古典戏曲论著集成》（第七集），中国戏剧出版社1956年版。

⑧ 刘大櫆：《论文偶记》，《刘海峰文集》卷首，桐城大有堂书局光绪戊子本。

　　西方以"美"为文学的特征，而"美"的特点之一是形象性，所以西方古典文艺理论又以"形象性"为文学的特征，并以此去区分文学与非文学的学术著作。改革开放初期，曾有为数甚多的文学研究者受此驱使，尽力寻找中国古代文论中关于文学形象性的资料，力图说明，中国古代文论也认识到文学的形象性特征。这实际上不过是用中国文论做西方文学观念的填充而已，并不符合中国古代文学观的实际。中国古代文论诚然不乏与"形象性"有关的论述，如诗学理论中的"赋比兴"说、"形神"说、"情景"说、"境界"说、"诗中有画"说，小说理论中的"性格"说、"逼真"说、"如画"说，等等。然而，我们应当注意到，西方文论所说的文学"形象"作为现实的摹仿或反映，存在形式虽然是主观的，反映内容却是客观的，其重心在"象"不在"意"。中国文论中的"形象"是为含蓄审美地传达主体情意服务的，准确地说是"意象"，其重心在"意"不在"象"。挚虞《文章流别论》指出，诗"以情志为本"。他据此扬古诗贬今诗："古诗之赋，以情义为主，以事类为佐；今之赋，以事形为本，以义正为助。情义为主，则言省而文有例矣；事形为本，则言富而辞无常矣。"张戒《岁寒堂诗话》说得更分明："言志乃诗人之本意，咏物特诗人之余事。古诗、苏、李、曹、刘、陶、阮，本不期于咏物，而咏物之工，卓然天成，不可复及，其情真，其味长，其气胜，视《三百篇》几于无愧，凡以得诗人之本意也；潘、陆以后，专意咏物，雕镌刻镂之功日以增，而诗人之本旨扫地矣。""物象"在中、西文论中的地位及其质的差别，由此可见一斑。此外，如果我们看一看中国古代的"文"或"文学""文章"中包含大量的学术著作、理论文章、应用文体，我们就更难承认中国古代是以"形象"为文学必不可少的特征的。

　　文学的特点是"美"，而"美"的另一特质是"情感性"，于是西方现代文论又从"情感性"方面说明文学的特征。尤其当人们普遍对传统的文学特征论—形象论表示不满后，西方现代文论特别重视从"情感性"

方面说明文学的特征乃至本质。如英国的科林伍德说："通过为自己创造一种想象性经验或想象性活动以表现自己的情感，这就是我们所说的艺术（引者按：包括文学）。"①英国学者金蒂雷说，艺术就是"感情本身"，感情就是"艺术本质"。②苏珊·朗格在《情感与形式》中把艺术（包括文学）界定为通过现实图像这种"形式"去象征"情感"的作品。R.W.赫伯恩认为，情感性质是艺术品本身"现象上的客观性质"③。如果说"形象"是文学摹仿现实的必然产物，那么"情感"则是表现主体的文学的必备特征。西方现代文论的情感特质说，正是对西方近现代以来表现主义文学作品的理论概括。与此相较，中国古代在宗法社会形成的"内重外轻"的思维取向模式与"以心为贵"的价值取向模式的作用下，形成了"诗文书画以精神为主"④的"中国艺术精神"（借用徐复观语）。因此，中国古代的文学理论中充满了关于文学的情感性材料。什么"诗者，吟咏性情也"，什么"以情纬文，以文被质"（沈约），什么"披文入情"（刘勰），什么"但见情性，不睹文字"（皎然），什么"因情立格"（徐祯卿），什么"议论须带情韵以行"（沈德潜），不一而足。然而，这是否意味着，中国古代以"情感性"为文学必不可少的特征呢？不。"情感"，更多地表现为中国古代诗歌的特征。在以说理为主的奏、议、书、论中，恰恰是"理过其辞""乏情寡味"的，所谓"书论宜理"（曹丕），"若乃经国文符，应资博古"（钟嵘）。另有些文体，以写物为全部使命，与心灵、情感无关，但却无法否认它是古人心目中的"文"。如刘熙载在讲到"赋"这种文体必须"有关著自己痛痒处"时指出："赋与谱、录不同。谱、录惟取志物，

①　罗宾·乔治·科林伍德著，王至元、陈华中译：《艺术原理》，中国社会科学出版社1985年版，第156页。
②　转引自李斯托威尔著，蒋孔阳译：《近代美学史评述》，上海译文出版社1980年版，第10页。
③　转引自M.李普曼编，邓鹏译：《当代美学》译者前言，光明日报出版社1986年版，第24页。
④　方东树：《昭昧詹言》卷一，人民文学出版社1961年版。

而无情可言……"①这"惟取志物，无情可言"的"谱、录"，《文心雕龙》曾当作"文"论述过。

"美"不仅在"形象""情感"，而且存在于纯形式中。20世纪上叶西方文论中的俄国形式主义、法国结构主义正是从纯形式方面切入文学的审美特征、说明文学的"文学性"的。使"文学"区别于其他文字著作的特性是什么呢？就是文学语言与日常语言的"差异"。语言具有"能指"（形、音）、"所指"（义）两个层面。日常语言为了彼此间交流思想感情的需要，采取了表情达义的结构方式，形成了一种正常语序。而文学语言则不是为了交流思想感情，而是为了给人以美感享受，因而它不能按照表情达意的需要结构语序，而必须按照语音、字形彼此组合的美学规律来结构自身，这样就形成了与日常语言在结构上的"差异"，形成了"对于正常语言的偏离"②。易言之，文学的全部特征在于为了突出语言"能指"的美学功能而使语言"完全背离'正规'用法"③。中国古代诗歌创作中，并不缺乏为了形式美打破正常语序的例子，如杜甫诗"香稻啄余鹦鹉粒，碧梧栖老凤凰枝"，但这并不占主流。占主流地位的观点恰恰相反，是注重诗的言志述情的"所指"功能，主张"言者所以在意，得意而忘言"，要求读者"披文入情"，最终"但见情性，不睹文字"，这与西方现代形式—结构主义"只见能指，不见所指"文学观念大相径庭。

在西方现代文论中，还有一种观点从文学形象、情感的"虚构性"（又叫"创造性""想象性"）方面说明文学特征。这种观点以韦勒克、沃伦为代表。二人在其合著的《文学理论》中指出："'文学'一词如果指文学艺术，即想象性文学，似乎是最恰当的。"④"'虚构性''创造性'或'想

---

① 刘熙载：《艺概》，第98页。
② 安纳·杰弗森、戴维·罗比等著，陈昭全、樊锦鑫、包华富译：《西方现代文学理论概述与比较》，湖南文艺出版社1986年版，第14页。
③ 特伦斯·霍克斯著，瞿铁鹏译：《结构主义和符号学》，上海译文出版社1987年版，第74页。
④ 韦勒克、沃伦著，刘象愚等译：《文学理论》，生活·读书·新知三联书店1984年版，第9页。

象性'是文学的突出特征。"①的确，如果仅从"形象"或"情感"方面说明文学的特征，的确是不够圆满的，因为解剖图、工程图也有"形象"，但却不能叫作文艺作品；人人都有情感，但未必人人都是艺术家、作家或诗人。文学作为一门艺术，它的"形象"所以与解剖图、工程图不同，它的"情感"所以不等于普通人的情感，就在于文学所描写的形象世界、情感世界都是想象创造、虚构的。因此，从"虚构性"方面说文学的特征，于理有据。中国古代文论的"神思"说、"神韵"说、"意境"说、"真幻"说接触到文学的"虚构性"。如"神思"说曰："寂然凝虑，思接千载；悄然动容，视通万里。"②"神韵"说曰："诗贵真。诗之真趣，又在意似之间。认真，则又死矣。"③"意境"说曰："夫诗贵意象透莹，不喜事实粘著。古谓水中之月，镜中之影，可以目睹，难以实求是也。"④"虚实"说曰："庄子文字善用虚，以其虚而虚天下之实；太史公文字善用实，以其实而实天下之虚。"⑤"按实肖象易，凭虚构象难。能构象，象乃生生不穷矣。"⑥"真幻"说曰：小说虽"幻妄无当"，然"有至理存焉"（谢肇淛），只要符合生活情理，"人不必有其事，事不必丽其人"（冯梦龙），等等。但是，中国古代从未把"虚构性"上升到文学普遍特征的高度。所以，在古代文论中，"虚即虚到底"的野史、小说、戏曲是"文"，"实即实到底"的史书乃至部分剧曲、历史小说也是"文"。在那些"如秀才说家常话"的汉魏古诗中，那些真切、大胆的意绪情愫有何"虚构性"可言？在更多的说理、记事散文中，只有比喻、夸张等修辞手法产生的意象可与"虚构"沾上边，就文章的基质而言，说的是真实思想，记的是真实事

---

① 韦勒克、沃伦著，刘象愚等译：《文学理论》，第14页。
② 刘勰：《文心雕龙·神思》，赵仲邑《文心雕龙译注》，漓江出版社1982年版。
③ 陆时雍：《诗境总论》，《历代诗话续编》本。
④ 王廷相：《与郭价夫学士论诗书》，转引自叶朗《中国美学史大纲》，上海人民出版社1985年版，第333页。
⑤ 李涂：《文章精义》，清刻本。
⑥ 刘熙载：《艺概·赋概》。

件，又何妨为"文"？

通过上面的比较与辨别，可以看出，中国古代文学特征观与西方是迥异其趣的。西方的文学特征观虽然几经更迭，但有个共通点，即它们都是从不同角度说明文学这门艺术的审美特征，按照这种文学特征观认可的"文学"都是"美文学"，它具有"增人感"的审美功能，不同于"启人思"的"学说"。中国古代文论则不赞成这种划分。章炳麟《国故论衡·文学总略》批评将"文辞"与"学说"对立起来的观点："或言学说、文辞所由异者，学说以启人思，文辞以增人感。此亦一往之见也。""以文辞、学说为分者，得其大齐，审察之则不当。""以学说、文辞对立者，其规摹虽少广，然其失也，只以彣彰为文，遂忘文字。故学说不彣者，乃悍然摈诸文辞之外。"显然，中国古代文学特征观所认可的"文"或"文学""文章"是以"文字"为特征的包括"文辞""学说"在内的一切文字著作。"文学"一词有广、狭义之分。是否可以这么说：广义的"文学"概念渊源于中国古代，而狭义的"文学"概念则来自西方的译介？

中国古代的"文"的概念，决定了中国古代文学理论作为广义的文章理论的民族特点。刘勰的《文心雕龙》，译为白话即"文理精论"，这"文""理"若演为双音词即"文学""原理"。不过请注意，这"文学原理"与我们今天常说的"文学原理"不一样，我们今天所说的"文学原理"是"文学这门艺术的原理"，古人所说的"文学原理"则是"文字著作原理"。中国古代广义的文学理论特色，尤其显现在古代的文体论中。

同时，我们也要指出，由于宗法社会"重心"文化的影响使中国文学打上了浓重的表现主体的烙印，由于在如何较好地表现心灵的问题上，审美的文学创作展示了无穷的奥妙和魅力，因而中国古代文论又把更多的兴趣集中在对审美表现主义文学作品的规律、特点的阐述上。这就使得中国古代文学理论更多、更强烈地呈现出审美表现主义文学原理的民族特色。

第四节　"定法"：中国古代的具体创作方法论①

一、"定法"的内涵及其历史轨迹

关于文学创作的方法，古代文论既论述到"活法"，又论述到"定法"。所谓"活法"，即辞以达意、"随物赋形"、"因情立格"、"神明变化"之法。这种"法"只示人以文学创作的大法，并无一成之法可以死守，所以叫"活法"。它徒有"法"之名而无"法"之实，故叶燮《原诗·内篇下》云："法者，虚名也，非所论于有也。""活法为虚名，虚名不可以为有。"所谓"定法"，是状物达意时具体的技法，它可以传授和学习，所以叫"定法"。"定法"积淀了文学创作成功的审美经验，为进入文学堂奥之门径所不可或缺。叶燮《原诗·内篇下》云"又法者，定位也，非所论于无也"，"定位不可以为无"，即是指此。章学诚《文史通义·文理》指出："学文之事，可授受者，规矩方圆；不可授受者，心营意造。"这"可授受"的"规矩方圆"就是"定法"，"不可授受"的"心营意造"即"活法"。尽管"立言之要，在于有物"②，作为"言有物"的"活法"更为重要，但作为"言有序"的"定法"亦不可偏废。姚鼐《与张阮林》指出："古人文有一定之法，有无定之法。有定者，所以为严整也；无定者，所以为纵横变化也。二者相济而不相妨。"③

"活法"本身虽然由内容决定灵活万变，不同于"定法"，但在状物叙事、表情达意时又不得不借助于在创作实践中积累起来的一定的章法、句法、字法。这样，"活法"实际上离不开"定法"，并包含"定法"。正如宋代吕本中在《夏均父集序》分析的那样："所谓'活法'者，规矩备具，而能出于规矩之外；变化不测，而亦不背于规矩也。是道也，盖有定法而无定法，无定法而有定法。"而一定的章法、句法、字法如果离开了

---

① 本节原文发表于《文学评论》2006年第2期，后收入《中国古代文学原理——一个表现主义民族文论体系的建构》第五章第二节，学林出版社1993年版。

② 章学诚：《文史通义·文理》，嘉业堂本《章氏遗书·文史通义》内篇二。

③ 姚鼐：《惜抱尺牍》卷五，宣统元年（1909）小万柳堂刻本。

"当乎理、确乎事、酌乎情"的"活法"①，就会沦为令人不齿的"死法"。方回《景疏庵记》将这种"死法"喻为毫无生机的"枯桩"。②沈德潜《说诗晬语》指出："所谓法者……若泥定此处应如何，彼处应如何，不以意运法，转以意从法，则死法矣。试看天地间水流云在，月到风来，何处著得死法？"

由此看来，在古代文学创作方法理论中，"定法"与"活法"并行不悖、相辅相成，并为"活法"所统辖、为"神明变化"所服务。这便决定了"定法"与"死法"的最终分野。不同于"活法"又不离"活法"，有一定之法可以恪守而又不落入死守成法的僵化窠臼，这就是"定法"的基本内涵。

"文以意为主"。先秦时期，文章道德不分，立言从属于立德，文学创作无"定法"可循，《论语·卫灵公》中孔子的一句"辞达而已"，揭示了这一时期文学创作的根本大法，亦为后世"活法"说所本。汉代，令人赏心悦目的诗赋逐渐从广义的文学中脱颖而出，以其美丽的风姿引起了理论家的关注。扬雄《法言》中揭示的"诗人之赋丽以则，辞人之赋丽以淫"，标志着汉人对诗赋"丽"的形式美特征的最初自觉。魏晋南北朝时期，美文学的创作取得空前发展，文论家们在"诗赋欲丽""绮靡浏亮""绮縠纷披""宫徵靡曼"等文学自身形式规律的审美自觉的指导下，对文学创作的具体技法做出了丰富、深入的理论总结，标志着"定法"论的正式登场。尤其值得注意的是刘勰的巨著《文心雕龙》。这部"体大思精"的文学理论专著在《总术》《附会》《熔裁》《章句》《丽辞》《声律》《练字》《比兴》《事类》《夸饰》《隐秀》《指瑕》等篇目中论述、概括了谋篇布局、遣字造句的一系列审美规则，实开后世"篇法""句法""字法"理论的先河。唐代是一个律诗辉煌的时代。诗人们既不忘风雅美刺的

① 叶燮:《原诗·内篇下》，二弃草堂本。
② 方回:《桐江集》卷二，《宛委别藏》本。

道德承当，也以前所未有的热情打造诗律之美。"为人性僻眈佳句，语不惊人死不休。"（杜甫）"吟安一个字，捻断数茎须。"（卢延让）"两句三年得，一吟泪双流。"（贾岛）与此相应，唐代涌现了许多探讨诗律的诗论著作。如元兢的《诗髓脑》、崔融的《唐朝新定诗格》、齐己的《风骚旨格》，等等。宋代，佛教禅宗话头的影响，使得谈"文法""诗法"的用语多了起来，"定法"作为与"活法"相对的术语诞生。[①]人们不只抽象地谈论"定法"，而且具体地落实到"章法""句法""字法"层面。[②]尤其是江西诗派，"开口便说句法"，不仅掀起了一股"活法"热，也掀起了一股"定法"热。明代是一个拟古的时代。在前后七子"诗必盛唐，文必秦汉"口号的倡导下，宋人提出的诗文"章法""句法""字法"问题得到进一步探讨和强调，如王世贞《艺苑卮言》卷一指出："首尾开阖，繁简奇正，各极其度，篇法也。抑扬顿挫，长短节奏，各极其致，句法也。点掇关键，金石绮彩，各极其造，字法也。""篇法，有起，有束，有放，有敛，有唤，有应。大抵一开则一阖，一扬则一抑，一象则一意，无偏用者。句法，有直下者，有倒插者……篇法之妙，有不见句法者，句法之妙，有不见字法者：此是法极无迹。"清代是一个善于综合、总结的集大成时期。叶燮、邵长蘅、徐增、王士祯、方苞、刘大櫆、姚鼐、沈德潜、翁方纲、章学诚、包世臣、刘熙载、金圣叹、毛宗岗、脂砚斋等人对诗文小说的创作法则都发表过很有价值的意见，古代文论的"定法"说达到了空前的丰富和深入。

古代"定法"说所总结的"定法"主要有哪些呢？

二、字法

按古人的看法，积字而成句，积句而成章，因而"定法"就表现为

---

① "活法""定法"之名始见于南宋吕本中《夏均父集序》，《四部丛刊》影旧抄本《后村先生大全集》卷九十五《江西诗派》引。

② 谢枋得：《文章轨范》卷五，清光绪刊本。

"字法""句法""章法"。让我们先从字法谈起。

汉语文字由形、音、义组成，字法因而就呈现为字形、字音、字义的运用法则。

1. 字形的运用法则

汉字不同于拼音文字，其象形特点非常明显。由于汉字首先以字形诉诸读者的视觉直观，它的组合和安排必须符合视觉的审美要求。刘勰《文心雕龙·练字》总结指出"缀字属篇""必须练择"的四项法则"一避诡异，二省联边，三权重出，四调单复"，基本都是出于视觉审美的考虑。

"诡异"即字形怪僻的字。由于字形怪僻，读者多不能识，用到文章中，就像"字妖"："今一字诡异，则群句震惊"，"两字诡异，大疵美篇"，"况乃过此（超过两字），其可观乎？"用字必须"避诡异"，尽量回避冷僻的怪字、异字。当时沈约强调文章当从"三易"，其中之一是"易识字"，亦是此意。

"联边"指"半字同文"，即偏旁相同的字。秦汉以来，文章多用毛笔竖行书写。同一偏旁的字排列在一起，会给人强烈的雷同感受。所以刘勰主张缀字属篇"省联边"："如获不免，可至三接"，"三接之外"，就像"字林"了。①就是说，同一偏旁的字最多连用三个，三个之外就如同字典的部首排列了，断不宜用。

"重出"指"同字相犯"。一般说来，同首诗中不宜使用两个或更多相同的字，因为这会给人雷同感。但如果因表意需要非用不可，则"宁在相犯"。这就叫"权（权衡）重出"，即根据具体情况灵活决定是否使用同字。先秦诗赋以叠沓往复、反复歌唱为特点，故使用同字的现象屡见篇什。"永明体"出现后，人们发现使用同字不仅使人视觉上感到雷同，而且听觉上感到单调，故忌用同字。刘勰《练字》篇指出这种变化："《诗》

---

① 《字林》，晋吕忱字书，按偏旁部首排列。

《骚》适会，而近世忌同。"但"忌同"的结果，又带来以文害意的弊端，故刘勰提出了同字"相避"的一般法则和"若两字俱要，则宁在相犯"的特殊法则。

"单复"即"字形肥瘠者"。笔画多的叫"复字""肥字"，笔画少的叫"单字""瘠字"。"瘠字累句，则纤疏而行劣；肥字积文，则黯黕而篇暗。"就是说，笔画少的字连在一起用，看上去则一片稀疏，笔画多的字连在一起用，看上去则黑压压一片，都妨碍视觉的美观。所以，"善酌字者，参伍单复"，笔画少的字与笔画多的字应当交错开来使用。

我们发现，关于字形运用的视觉审美法则，刘勰之前无人论述，刘勰之后也无继响，刘勰之论实可谓空前绝后。而他论述得如此全面深入和切中实际，足见刘勰具有过人之明。今天，当文学作品都由毛笔书写改为印刷体后，刘勰此论显得已无实际意义，但在书法作品的创作中，它仍有很强的指导意义。

2. 字音的运用法则

汉字不只是视觉符号，也是音节单元。字音是供人诵读、诉诸听觉的，因而字音的组合必须服从"易诵读"（沈约）的"唇吻"美（钟嵘）、听觉美要求。就单个的音节来看，响亮的音节比低沉的音节更动听，所谓"铿锵美听"[1]"清亮悦耳"[2]。所以，古人屡屡强调"下字贵响"。[3]就文句各个音节之间的关系来看，把不同声、韵、调的音节有规律地交错组合起来，比杂乱无章的自然音节和过分整齐协调的音节组合要动听悦耳得多。因此，古人强调，遣词造句要讲究音节飞沉、清浊、抑扬、顿挫的相间。对于诗赋而言，这一音律要求更高。司马相如主张"一宫一徵"交互使用。陆机《文赋》指出，"音声之迭代"，应如"五色之相宣"。沈约《谢灵运

---

① 王骥德：《曲律·论宾白》。

② 李渔：《闲情偶记·声务铿锵》。

③ 宋代至清，潘大临、吕本中、严羽、姜夔、朱熹、张炎、陆辅之、王骥德、李渔、黄子云、施补华等人都这样强调过。

传论》则说："宫羽相变，低昂互节。若前有浮声，则后须切响。一简之内，音韵尽殊；两句之中，轻重悉异。"齐"永明体"则把这种音节错综的法则总结为"四声八病"。

汉字的音节由声、韵、调组成，字音的审美运用法则又分别表现为字声、字韵、字调的特殊运用之法。字调的用法即"平仄相间"；字声、字韵的法则主要体现在双声、叠韵字的处理上。汉语中的音节，有许多声母相同，有许多韵母相同。声母相同的字，为双声字；韵母相同的字，为叠韵字。使用双声、叠韵字，可以使语言获得一种协调的音乐美。《诗经》《楚辞》使用了许多双声、叠韵字，增加了诗的音乐美。但如果双声、叠韵字连用过多，便会像拗口令一样读来佶屈聱牙，同时在听觉上也有单调之嫌。所以刘勰《声律》篇指出："双声隔字而每舛，叠韵杂句而必睽。"意即，一句中如果双声字、叠韵字用得过多，念起来就不顺口，听起来就不入耳。"永明体"提出"清浊""飞沉"相间，自然也应当包括音节的声、韵相间而言。正如清代音韵学家钱大昕《潜研堂文集·音韵问答》所说："汉代词赋家好用双声叠韵，如'泙浡滭汨，滈测泌瀄''蜚纤垂髾''翁呷萃蔡''纡徐委蛇'之等，连篇累牍，读者聱牙，故沈周矫其失，欲一句之中平侧相间耳。"然而，"永明体"要求交错使用双声、叠韵字的审美匠心，掩藏在整个音节"低昂互节""宫徵相间"的表述中，一般人容易误以为仅仅讲的是"平仄相间"。故就在"永明法"中诞生的南朝，五言诗中一句尽用双声、叠韵字的情况也很多。如王融双声诗云："园蘅眩红蘤，湖荇烨黄华。回鹤横淮翰，远越合云霞。"南朝之后也是代不乏人，如晚唐温飞卿《题贺知章故居叠韵作》云："废砌翳薜荔，枯湖无菰蒲。"高季迪《姑苏杂咏·叠韵吴宫词》："筵前怜婵娟，醉媚睡翠被。精兵惊升城，弃避愧坠泪。"一句而连用双声字、叠韵字四、五，令人难以卒读，不忍竟听。其实，"宫羽相变，低昂互节"的法则何尝仅仅局限于音调？何尝不适用于双声、叠韵的使用？双声、叠韵字连用过多固然不美，但连用两个双声、叠韵字，与非双声、叠韵的文字交错地组合一起，就会在变化中获得一种协调美。杜甫是深得此中三昧的杰出代表。《秋兴》云："信宿渔人还泛泛，清秋燕子故飞飞。"信宿、清秋，双声对双声；泛泛、飞飞，双声叠韵对双声叠韵。《咏怀古迹》云："怅望千秋一洒泪，萧条异代不同时。"怅望、萧条，叠韵对叠韵。《咏怀古迹》又云："支离东北风尘际，漂泊西南天地间。"支离叠韵、漂泊双声，这是叠韵对双声。赵翼《陔余丛考·双声叠韵》指出："杜诗于此等处最严。"在这种成功的诗歌创作审美实践的基础上，晚清精通音韵和诗艺的批评家刘熙载在《艺概·词曲概》中说道："词句中用双声、叠韵之字，自两字之外，不可多用。"道理很明白：多用了就拗口单调，不用的话又缺少声韵的协调，"自两字之外，不可多用"最恰到好处。他还指出："惟犯叠韵者少，犯双声者多，盖同一双声，而开口、齐齿、合口、撮口呼法不同，便易忘其为双声也。解人正须于不同而同者，去其隐疾。且不惟双声也，凡喉、舌、齿、牙、唇五音，俱忌单从一音连下多字。""俱忌单从一音连下多字"，是为了避免听觉雷同。"于不同而同"，即在错综变化中追求听觉的协调美。

3. 字义的择用法则

汉字的形、音是意义的载体。遣字造句不仅要考虑字形组合的视觉美、音节组合的听觉美，而且要考虑字义使用的恰当美。字义有虚有实。意义虚化的字是"虚字"；意义实在的字是"实字"。"实字"可使句意饱满，故遣字贵实。但一味使用实字，易使句意质实而乏空灵之气，使句法板结而少顾盼之姿。在意义充实的前提下适当运用虚字，可使文章摇曳生姿。关于"虚字"的作用，《文心雕龙·章句》析之甚妙："至于'夫''惟''盖''故'者，发端之首唱；'之''而''于''以'者，乃札句之旧体；'乎''哉''矣''也'，亦送末之常科。据事似闲，在用实切。巧者回运，弥缝文体，将令数句之外，得一字之助矣。"但如果使用虚字过多，或把虚字当作意义不足之处的填充，就会使句意萎弱。故"虚实"之字宜根据情况斟酌使用，所谓"虚句用实字铺衬，实句用虚字点缀"①；精于字法者，"虚能为实"，反之，"实字反虚"。②而无论用虚用实，都必须以精要恰当为美，所谓"句有可削，足见其疏；字不得减，乃知其密"③，"随事立体，贵乎精要，意少一字则义阙，句长一言则辞妨"④。精要恰当，句不可削，字不得减，就是字义择用的最高的美。

三、句法

"句法"相对于句而言，约略相当于今天讲的"修辞方法"。古代文论讲到的句法主要有：

1. 起兴。东汉郑众说："兴者，起也，取譬引类，起发己心。诗文诸举草木鸟兽以见意者，皆兴辞也。"⑤朱熹说："兴者，先言他物以引起所咏之辞也。"⑥如《关雎》诗："关关雎鸠，在河之洲；窈窕淑女，君子好逑。"这里是用"在河之洲""关关"鸣叫、有一定配偶而不乱交的雎鸠鸟来兴起对具有贞洁品德的"窈窕淑女"的歌咏。

2. 比喻。"比者，比方于物也。"⑦如言愁，"有以山喻愁者，杜少陵云'忧端如山来，澒洞不可掇'、赵嘏云'夕阳楼上山重叠，未抵闲愁一倍多'是也。有以水喻愁者，李颀云'请量东海水，看取浅深愁'、李后主云'问君能有几多愁，恰似一江春水向东流'、秦少游云'落红万点愁如海'是也。贺方回云：'试问闲愁都几许，一川烟草，满城风絮，梅子黄时雨。'盖以三者比愁之多也，尤为新奇"。宋代陈骙《文则》对比喻的

---

① 王骥德：《曲律·论字法》。
② 李腾芳：《文字法三十五则》，《李文庄公全集》卷九《山居杂著》。
③ 刘勰：《文心雕龙·熔裁》。
④ 刘勰：《文心雕龙·书记》。
⑤ 转引自孔颖达：《毛诗序正义》，《毛诗正义》卷一。
⑥ 朱熹：《诗集传》卷一。
⑦ 郑玄：《周礼·大师》注，《周礼郑注》卷二十三。

研究尤为精细。他指出，"取喻之法，大概有十"，分别是"直喻""隐喻""类喻""诘喻""对喻""博喻""简喻""详喻""引喻""虚喻"。每类分析，都有理论概括，有实例说明，标志着古代比喻研究的高峰。

3. 通感。它其实是比喻中的一类，即作者根据共通的感受，把不同感觉对象联系起来做喻。如《礼记·乐记》云："……故歌者上如抗，下如队（坠），曲如折，止如槁木；倨中矩，勾中钩，累累乎端如贯珠。"孔颖达疏："'上如抗'者，言歌声上响，感动人意，使之如似抗举也。'下如坠'者，言声音下响，感动人意，如似坠落之意也。'曲如折'者，言音声回曲，感动人心，如似方折也。'止如槁木'者，言音声止静，感动人心，如似枯槁之木止而不动也。'倨中矩'者……言音声雅曲，感动人心，如中当于矩也。'勾中钩'者……言音声大屈曲，感动人心，如中当于钩也。'累累乎端如贯珠'者，言声之状累累乎感动人心，端正其状，如贯于珠……令人心想形状如此。"这是对通感手法所造成的美感效果的表述。

4. 夸张。古人叫"增"（王充）、"夸饰"（刘勰）、"激昂之语"（范温、胡仔）。它是用夸大的言辞来形容事物的一种修辞方法。当这夸大的言辞是对比喻中喻体的描绘时，夸张同时就是比喻，如李白《秋浦歌》"白发三千丈，缘愁似个长"、杜甫《古柏行》"霜皮溜雨四十围，黛色参天二千尺"。当然，夸张也有不与比喻交叉的情况，如《诗·大雅·云汉》中的诗句"周余黎民，靡有孑遗"。中国古代，孟子最早论及夸张问题。他指出夸张所用的喻体并非事实，读者不可望文生义，以文害意。只有"以意逆志"，方能领会夸张所指。[1]继孟子后，东汉王充对夸张手法的认识又深入了一步。他指出《诗·大雅·云汉》中的那两句诗"是谓周宣王之时遭大旱之灾也……夫旱甚，则有之矣；言无孑遗一人，增之也"[2]，

---

[1]　《孟子·万章》。

[2]　王充：《论衡·艺增》。

这是颇有见地的。不过，他只肯定经书中的夸张，而否定书传俗语中的夸张①，这就自相矛盾了。宗经的偏见使他最终未能对夸张手法得出客观的认识。刘勰《文心雕龙·夸饰》则超越了这个不足。他指出，夸饰之辞"辞虽已甚，其义无害也"；使用夸饰方法时应防止"夸过其理""名实两乖"，要遵循"夸而有节，饰而不诬"的原则。刘勰之后，常有人用胶柱鼓瑟的态度执实地理解夸张之辞。如对于上述杜甫《古柏行》的那两句诗，沈括《梦溪笔谈》批评说："无乃太细长！"当然也有人提出中肯的意见：这不是"形似之语"，而是"激昂之言"，"初不可形迹考"②；"不如此，则不见柏之大也"③。这是把握到夸张手法的精髓的。

5. 用事。用事也与比喻存在交叉情况。当喻体是古代人事、言辞时，比喻就成了用事。所以古人有"呼比为用事"的情况。④用故事表达己意、论证观点，可使达意委婉、立论有力。然而文中用事，没有异议；诗中用事，却有争论。从南朝梁钟嵘开始，到清末刘熙载结束，围绕着诗能否用事，怎样用事，争论绵延不绝。争论中形成的共识是：从美感要求出发，诗可以用事，但要如"水中著盐"，"用得来不觉"；对于"僻事"要"实用"，"对于隐事"要"明使"，防止读者不理解，不理解就无从实现用事的美感效果；对于"熟事"应"虚用"，对于"明事"应"隐使"，防止过于直白地使用"熟事""明事"而略无余韵，不能给人留下想象的余地。

6. 对偶。即行文中句与句的字数相当，结构相同，词性一致，平仄相对。运用这种方法，可使文章获得一种起伏、对称的节奏美。汉代产生的骈体文，以句法的骈偶为特征。到南朝，骈偶方法扩展到诗歌领域，演变为新体诗中的对仗。"对仗"与"对偶"本来有别。"对偶"是一个

---

① 王充：《论衡·语增》。

② 范温：《潜溪诗眼》。

③ 胡仔：《苕溪渔隐丛话》前集卷八。

④ 皎然：《诗式》。

对一个，"对仗"是多数对偶的排列，是"扩大了的对偶"①。后来人们于二者遂不分，"对偶"即指"对仗"。对于律诗中的对偶规律，唐初曾掀起了一股讨论热，如上官仪有"六种对""八种对"之说，等等。日人遍照金刚《文镜秘府论·东卷》列之为"二十九种对"，对对偶的探讨可谓细矣，但也有相互重复、可以合并的情况。其中的"借对""侧对"，或借用、侧取某字的音为对②，或借用、侧取某字的形为对③，或借用、侧取某字的义为对④，实际上是在读者对诗的直觉联想中探讨对偶的审美规律。在使用对偶方法时，必须防止"合掌"的毛病。"合掌"即两句词意重复。如刘琨《重赠卢谌》诗："宣尼悲获麟，西狩涕孔丘。"鲁国人在西边打猎得到一只麒麟，孔子知道了为此流泪，感叹他的"道"行不通了。这里"宣尼"与"孔丘"、"悲"与"涕"、"获麟"与"西狩"都是一意，此为"合掌"，应当避免。

7. 互文。两个词本来要合在一起说，由于音节和字数的限制，不得不省去一个词，而其文义却可通过错开的文辞互相映照显示出来，这种方法就叫"互文"。王昌龄《出塞》："秦时明月汉时关，万里长征人未还。"第一句便是"互文"，意即秦汉的明月秦汉的关。全句的意思是，秦汉以来，边地的战争一直未停。故沈德潜《说诗晬语》云："边防筑城，起于秦汉。'明月'属秦，'关'属汉，诗中互文。"

8. 重复。为了强调某种效果，常常使用重复的句式。《孟子·离娄下》文："齐人有一妻一妾而处室者。其良人出，则必餍酒肉而后反。其妻问所与饮食者，则尽富贵也。其妻告其妾曰：'良人出，则必餍酒肉而

① 席金友：《诗辞基本常识》，内蒙古人民出版社1980年版，第78页。
② 如孟浩然："故人具鸡黍，稚子摘扬梅。""杨"与"鸡"本不相对，这里借"杨"的同音字"羊"与"鸡"对。
③ 如"冯翊"与"龙首"，取"冯"的"马"与"龙"为对。
④ 如"千年铁锁沉江底，一片降幡出石头"，"石头"此指石头城，与"江底"本不相对，这里借用"石""头"的字面义与"江""底"为对。

后反。问所与饮食者，尽富贵也，而未尝有显者来；吾将瞷良人之所之也。'"顾炎武曾指出："此必重叠而情事乃尽。此《孟子》文章之妙。"如杜甫《草堂》诗："旧犬喜我归，低徊入衣裾。邻舍喜我归，沽酒携胡芦。大官喜我来，遣骑问所须。城郭喜我来，宾客隘村墟。"

9. 倒插。所谓"倒插"，指为了符合审美的要求，打乱正常的语序，把后说的放在前面说。王世贞《艺苑卮言》云："句法……有倒插者，倒插最难，非老杜不能也。"如杜甫《秋兴八首》之八，有"香稻啄余鹦鹉粒，碧梧栖老凤凰枝"二句，它是"鹦鹉啄余香稻粒，凤凰栖老碧梧枝"的倒置。把"鹦鹉啄余""凤凰栖老"这样的主谓结构倒置为"啄余鹦鹉""栖老凤凰"这样的谓主结构，是为了适应音节的平仄关系。如果不倒装，则为"香稻（仄）鹦鹉（仄）啄余（平）粒（仄），碧梧（平）凤凰（平）栖老（仄）枝（平）"，就成了两个仄声音节与两个平声音节连用，不合律诗的审美要求。

10. 反语。如杜甫《奉陪郑驸马韦曲》之一："韦曲花无赖，家家恼煞人。绿樽须尽日，白发好禁春。石角钩衣破，藤梢刺眼新。何时占丛竹，头戴小乌巾。"王嗣奭指出："此诗全是反言以形容其佳胜。曰'无赖'，正见其有趣；曰'恼煞人'，正见其爱煞人；曰'好禁春'，正是无奈春何；曰'钩衣刺眼'，本可憎而转觉可喜。"[①]

11. 化用。或叫"点铁成金""脱胎换骨"，由江西诗派提出。即化用前人语句为表达己意服务、如同自出机杼的一种造句方法。如李白诗："白发三千丈，缘愁似个长。"王安石点化用之，则云："缲成白发三千丈。"刘禹锡诗："遥望洞庭湖水面，白银盘里一青螺。"黄山谷化用之，则云："可惜不当湖水面，银山堆里看青山。"

12. 衬托。王夫之引唐人《少年行》（按：当作《青楼曲》）云："白马金鞍从武皇，旌旗十万猎长杨。楼头少妇鸣筝坐，遥见飞尘入建章。"全

---

① 江浩然：《杜诗集说》引。

诗写"少年"，却没有一字提到"少年"，而是写"少妇遥望之情，以自矜得意"。所以王夫之说："此善于取影者也。"①不直接描写形体，而是描写它的影子，通过影子显示形体，叫"取影"，亦即衬托。衬托有陪衬，有反衬。杜甫《登高》："无边落木萧萧下，不尽长江滚滚来。万里悲秋常作客，百年多病独登台。"以哀景写哀，是陪衬的名句。《诗经》名句"昔我往矣，杨柳依依；今我来思，雨雪霏霏。"王夫之说它"以乐景写哀，以哀景写乐"，是反衬的名句。

13. 含蓄。就是"以少少许胜多多许"。古人讲"以少总多""以简制繁""小中出大，短内生长"②"称名也小，取类也大""用意十分，下语三分""长言可以明百意""言有尽而意无穷"，都是对这种方法的表述。

四、章法

"章法"是谋篇布局、结构全篇的写作方法。相对一篇而言，又叫"篇法"。古代文论论及的"章法"主要有：

1. "立主脑"。"主脑非他，即作者立言之本意也。"③也就是主题。"主脑既得，则制动以静，治烦以简，一线到底，百变而不离其宗。"④因此，"作诗必先命意"，"附辞会义，务总纲领，驱万涂于同归，贞百虑于一致"。⑤反之，如果主题不明，全文结构就会像断绳之线、散线之珠，散漫紊乱，不可收拾。

2. "起承转合"。王士禛《师友诗传续录》载："问：'律诗论起承转合之法否？'答：'勿论古文今文，古今体诗，皆离此四字不可。'""起

---

① 王夫之：《姜斋诗话》卷上。按：王引此诗不仅诗题有误，而且文字也与今本有误。如"猎"作"宿"、"少"作"小"。
② 旧题魏文帝：《诗格》。
③ 李渔：《闲情偶记·立主脑》。
④ 刘熙载：《艺概·经义概》。
⑤ 刘勰：《文心雕龙·附会》。

承转合"是一切文体的结构方法。在论说文中，"起"相当于提出论点，"承""转"相当于论证论点，"合"相当于做出结论。在叙事文中，"起"相当于开端，"承"相当于发展，"转"相当于高潮，"合"相当于结局。譬之于人，"起""合"好比"头""尾"，"承""转"好比身段。关于文章结构的"首""中""尾"，"起""承""还"，古代文论还要求：一、开头要吸引人，中间要饱满，结尾要有力，所谓"起要美丽，中要浩荡，尾要响亮"[①]；"起：贵明切，如人之有眉目；承：贵疏通，如人之有咽喉；铺：贵详悉，如人之有心胸；叙：贵重实，如人之有腹脏；过：贵转折，如人之有腰膂；结：贵紧切，如人之有足"[②]；"其发也，如千钧之弩，一举透革"；其转也，"如天骥下坂，明珠走盘"；其收也，如"橐声一击，万骑忽敛"[③]。古代又有"凤头、猪肚，豹尾"之喻，亦是此意。二、在"起""承""还"（转、合）或"首""中"（承、转）"尾"各部分之间，要有合适的比例，不可头重脚步轻、虎头蛇尾。如姜夔《白石道人诗说》云："作大篇尤当……首尾匀停，腰腹肥满"，切忌"前面有余，后面不足；前面极工，后面草草"。三、在"起""承""转""合"之间，要讲究彼此照应，使之成为血脉贯通的有机体。刘勰《文心雕龙·章句》告诉作者："启行之辞，逆萌中篇之意；绝笔之言，追媵前句之旨。故能外文绮交，内义脉注；跗萼相衔，首尾一体。"刘氏之后，要求开合照应、首尾一贯的言论很多，如南宋陈善《扪虱新话》要求文章结构如"常山蛇势"，"击其首则尾应，击其尾则首应，击其中则首尾俱应"。清末刘熙载《艺概·经义概》所论最为详切："起承转合四字，起者，起下也，连合亦起在内；合者，合上也，连起亦合在内；中间用承用转，皆兼顾起合也。"

---

① 陶宗仪:《南村辍耕录》卷八。

② 高琦:《文章一贯》。

③ 王世贞:《艺苑卮言》卷一。

3."文贵参差"①。古人的"章法""篇法"论，主要表现为结构方法论，而结构方法的根本，则是表现为"起"与"束"、"开"与"阖"、"放"与"敛"、"唤"与"应"、"扬"与"抑"、"象"与"意"的对立统一。古人把这种对立统一叫作"参差"。文学作品的结构，如果单讲严整划一或错落变化，都会使人感到缺憾。只有坚持整饬写的调与错落变化的辩证统一，才能给人以圆满的美感。所以，"古人之作，其法虽多端，大抵前疏者后必密，半阔者半必细，一实者必一虚，叠景者意必二"②。古代文论家每每强调："篇法，有起，有束，有放，有敛，有唤，有应。大抵一开则一合，一扬则一抑，一象则一意，无偏用者。"③"词之章法，不外相摩相荡，如奇正、空实、抑扬、开合、工易、宽紧之类是已。"④"大起大落，大开大合，用之长篇，此如黄河之百里一曲，千里之一曲一直也。然即短至绝句，亦未尝无尺水兴波之法。"⑤

4.象征。也就是借物寓意、借事寓情的写作手法。古代文论的"比"不仅是一种"句法"，也是一种"章法"。作为章法，"比"就是象征。如屈原的《橘颂》、白居易的《有木》、周敦颐的《爱莲说》都是用象征方法写成的诗文名篇。

5.叙述。这是叙事散文中常用的方法。明代高琦《文章一贯》总结"叙事有十一法"："正叙：叙事得文质详略之中。总叙：总事之繁者，略言之。间叙：以叙事为经，而纬以他辞，相间成文。引叙：首篇或篇中因叙事以引起他辞。铺叙：详叙事语，极意铺陈。别叙：排别事物，因而备陈之。直叙：依事直叙，不施曲折。婉叙：设辞深婉，事寓于情理之中。意叙：略睹事迹，度必其然，以意叙之。平叙：在直婉之间。"刘熙

---

① 刘大櫆：《论文偶记》。
② 李梦阳：《再与何氏书》。
③ 王世贞：《艺苑卮言》。
④ 刘熙载：《艺概·词曲概》。
⑤ 刘熙载：《艺概·诗概》。

载《艺概·文概》分析更为深入："叙事有特叙、有类叙、有正叙，有带叙、有实叙、有借叙、有详叙、有约叙、有顺叙、有倒叙、有连叙、有截叙、有豫（预也）叙、有补叙，有跨叙、有插叙、有推叙种种不同。唯能线索在手，则错综变化，唯吾所施。""叙事有寓理、有寓情、有寓气、有寓识。无寓，则如偶人耳矣。"

五、人物塑造与情节处理

明清时期，伴随小说、戏曲创作的繁荣，小说、戏曲评点达到了高峰。理论批评家们通过对《三国》《水浒》《红楼梦》《西厢记》等名著的评点，就小说、戏曲的人物塑造、情节处理、结构布局、艺术真实等创作方法做了深入丰富乃至近乎烦琐的理论剖析。这里择其大要，略述数端。

关于人物塑造的方法，主要有：

1. 代人立心。李渔《闲情偶记·词曲部·宾白第四·语求肖似》提出"代人立心"说："言者，心之声也。欲代此一人立言，先宜代此一人立心。若非梦往神游，何谓设身处地。无论立心端正者，我当设身处地，代生端正之想。即遇立心邪辟者，我亦当舍经从权，暂为邪辟之思。"金圣叹在《水浒传》第五十五回总批中提出"动心"说："非淫妇定不知淫妇，非偷儿定不知偷儿也。谓耐庵非淫妇偷儿者，此自是未临文之耐庵也。……若夫既动心而为淫妇，既动心而为偷儿，则岂唯淫妇偷儿而已。惟耐庵于三寸之笔、一幅之纸之间，实亲动心而为淫妇，亲动心而为偷儿。既已动心，则均矣，又安辨泚笔点墨之非入马通奸，泚笔点墨之非飞檐走壁耶？"所谓"动心"，即作家运用虚构性的想象把自己化为各种艺术形象来展开构思、塑造形象。对于作者构思中的这种情状，金圣叹在《西厢记》的批注中也有所发明。《酬韵》折描写张生在花园外窥视莺莺月夜焚香、两人隔墙酬唱，以及莺莺红娘倏然回房等情节都非常生动，特别是把张生初恋时的热切、焦躁的心理刻画得淋漓尽致。金圣叹分析道，这些栩栩如生的描写与作者创作时"设身处地"为人物设想是分不开的，它是作者"心存妙境，身代妙人"的"妙想"的产物。[①]李渔的"立心"说和金圣叹的"妙想"说要求作者在塑造人物时在人物形象特定的性格、思想逻辑中进行"设身处地"的"梦往神游"，是对中国古代小说戏剧人物塑造方法的重要贡献。

2. 个性描写。代人立心，心存妙想，无非是为了把人物形象塑造出来。而人物塑造的最高成就是写出个性。金圣叹《读第五才子书法》指出："别一部书，看过一遍即休。独有《水浒传》，只是看不厌，无非为他把一百八人性格都写出来。""《水浒传》只是写人粗鲁处，便有许多写法。如鲁达粗鲁是性急，史进粗鲁是少年任气，李逵粗鲁是蛮，武松粗鲁是豪杰不受羁勒，阮小七粗鲁是悲愤无说处，焦挺粗鲁是气质不好。"人物塑造的最高成就是将同类人物的不同个性刻画出来。

3. "烘云托月"与"背面敷粉"。"烘云托月"即正衬。如金圣叹《增订金批西厢》卷一《惊艳》批语说，《西厢记》"将写双文，而写之不得，因置双文勿写，而先写张生者，所谓画家烘云托月之秘法"。"背面敷粉"即反衬。金圣叹《读第五才子书法》分析道："如要衬宋江奸诈，不觉写作李逵真率；要衬石秀尖利，不觉写作杨雄糊涂是也。"

4. 相反相成。金圣叹《水浒传》第五十六回总评："但要写李逵朴至，便倒写其奸猾，便愈朴至。"毛宗岗《三国演义》第五十一回总评："忠厚人乖觉，极乖觉处正是极忠厚处；老实人使心，极使心处正是极老实处。"通过性格不同侧面甚至对立侧面的描写，展示人物性格的丰富性、真实性。

关于情节处理的方法，主要有：

1. "犯中有避"。所谓"犯"就是敢于设计同样的情节。所谓"避"，就是在同样的情节中写出不同细节来。如《水浒传》"武松打虎后，又写李逵杀虎，又写二解争虎；潘金莲偷汉后，又写潘巧云偷汉；江州城劫法

---

① 金圣叹：《增订金批西厢》卷一《酬韵》批语，北宜阁藏版。

场后，又写大名府劫法场；何涛捕盗后，又写黄安捕盗；林冲起解后，又写卢俊义起解；朱仝雷横放晁盖后，又写朱仝雷横放宋江等。正是要故意把题目犯了，却有本事出落得无一点一画相借"①。这种方法，金圣叹叫"先犯后避"，毛宗岗叫"善犯善避"，脂砚斋叫"特犯不犯"，蔡元放叫"犯而不犯"。它于险处见才，体现了高超的驾驭情节的技巧。

2."草蛇灰线"。蔡元放《水浒后传读法》分析说："如李俊在金鳌岛救起安道全，为后引两寨诸人入海之线；闻小姐患病求安道全医治，诊太素脉，说他大贵，为后嫁李俊为妃之线……皆是远远生根，闲闲下着，到后来忽然照应，何等自然。"可知即埋藏伏笔之法。

关于结构布局的方法，主要有：

1."横云断岭"。即结构安排的断续相生。金圣叹《读第五才子书法》剖析《水浒传》的"横云断山法"："如两打祝家庄后，忽插出解珍解宝争虎越狱事；又正打大名城时，忽插出截江鬼油里鳅谋财倾命事等是也。只为文字太长了，便恐累坠，故从半腰中暂时闪出，以间隔之。"毛宗岗《读三国志法》指出："《三国》一书，有横云断岭、横桥锁溪之妙。有宜于连者，有宜于断者。如五关斩将、三顾茅庐、七擒孟获，此文之妙于连者也。如三气周瑜、六出祁山、九伐中原，此文之妙于断者也。盖文之短者不连叙则不贯串，文之长者连叙则惧其累附，故必叙别事以间之，而后文势乃错综尽变。"

2."忙里偷闲"。蔡元放《水浒后传读法》分析："于百忙叙事中，忽写景物时序。"即张弛相间、造成小说情感节奏的方法。

关于艺术真实的处理方法，即真幻相即、虚实相生。明清文学批评家认识到小说戏剧的真实不同于生活事实。如谢肇淛《五杂俎》指出："凡为小说及杂剧戏文，须是虚实相半，方为游戏三昧之笔。亦要情景造

---

① 金圣叹：《第五才子书施耐庵水浒传》卷一《读第五才子书法》。

极而止，不必问其有无也。"他们强调小说戏剧的虚构特点。如叶昼说："天下文章当以趣为第一。既然趣了，何必实有其事，并实有其人？"①袁于令说："传奇者贵幻。"②冯梦龙说："人不必有其事，事不必丽其人。"③金圣叹《读第五才子书法》指出：《水浒传》是"因文生事"，而历史著作是"以文运事"。然而，他们所强调的"幻"是揭示了生活真理、符合生活逻辑的"幻"。正如谢肇淛《五杂俎》所说："小说野俚诸书……虽极幻妄无当，然亦有至理存焉。"袁于令《西游记题辞》说："……天下极幻之事，乃极真之事；极幻之理，乃极真之理。"冯梦龙《〈警世通言〉叙》说："事赝而理亦真。"叶昼容与堂百回本《水浒传》第十四回末总评说："《水浒传》文字原是假的，只为他描写得真情出，所以便可与天地相终始。"脂砚斋甲戌本《石头记》第二回批语说："事之所无，理之必有。"艺术描写的"逼真"，是人情物理的真实。明清人在小说戏剧中追求的真实是"真幻相即"的艺术真实，它与生活真实保持着"不脱不系""不即不离"的关系。因此，在明清小说戏剧批评理论中，占主流的艺术真实创造法则是"虚实相半"（谢肇淛）、"事赝而理亦真"（冯梦龙）、"事之所无，理之必有"（脂砚斋）、"实者虚之，虚者实之"（李日华）、"无者造之而使有，有者化之而使无"。④

古代文论中的"定法"说所探讨、总结的文学创作的技巧、方法丰富多彩。如果说"活法"论体现了中国古代文艺美学以意为美、以道为美的主导追求⑤，那么，在"定法"说身上，则凝聚了中国古代文艺美学

① 明容与堂刊一百回本《李卓吾先生批评忠义水浒传》第五十回回末总评。按：该书评点实出自叶昼的假托。
② 袁于令：《〈隋史遗文〉序》。
③ 冯梦龙：《〈警世通言〉序》。
④ 黄越：《〈第九才子书平鬼传〉序》。
⑤ 详见祁志祥：《以"心"为美——中国古代美学的表现主义精神》，《复旦学报》（社会科学版）2003年第1期；《以"道"为美——中国古代美学的道德精神》，《文艺理论研究》2003年第3期。

以文饰为美的形式美思想。[1]若说中国古代的美本质观是一个由"以'心'为美""以'道'为美"与"以'文'为美"构成的复合系统[2]，那么，"定法"说与"活法"说则构成了中国古代文论创作方法论互补的两翼。

[1] 详见祁志祥:《以文为美》,《文艺研究》2003年第3期;《以"文"为美：中国古代美学的形式美论》,《长江学术》2005年第7期。

[2] 详见祁志祥:《中国古代美学思想系统整体观》,《文学评论》2003年第3期。

第三章

文学基本问题研究

　　作者插白：笔者虽然以中国古代文学原理的研究成果进入中国学界，然而这是建立在一般的文艺学学理研究基础上的。在研究古代文论的同时，文学本体论、审美论等基本问题一直是我关注、思考的重点。20世纪80年代初，文艺理论教材多从形象性角度界定文艺的审美特征。改革开放以后中国文艺理论取得的一项重要进展，是深入到文艺形象背后的情感性来说明文艺的审美特征。1989年，笔者《文学情感特征的系统透视》一文刊发于《内蒙古大学学报》第3期，就是这方面的研究成果之一。在长期思考的基础上，2001年，我写成《文艺是审美的精神形态》一文，系统表达了我对"文艺是什么"问题的思考，发表在当年第6期的《文艺理论研究》上，后入选《上海作家作品双年选（理论卷）》（上海文艺出版社2003年版）。艺术的特征是美，但这种传统观点遭到了现代艺术的挑战和反叛。《艺术与美的关系的古今演变》根据发表在《人文杂志》2014年第10期、2016年第7期上的《艺术美的构成分析》《现代艺术对传统艺术双重美学属性的反叛》加以改写，简要梳理了从古至今艺术与美关系的变化，并提出了自己的反思。文学作为审美的精神形态，作品背后的价值取向实际上是文学发展演变的最终主宰者。《中国现当代文学发展的价值嬗变》原以《从"文学革命"到"革命文学"——论"五四"新文学运动的价值转向》为题发表于《云南大学学报》2009年第2期，从多方面对百年中国文学发展的Z字型走向做出了独特概括。有文艺作品，就有对文艺作品的审美鉴赏。文学作品的美来自题材美与艺术美，因而读者作为审美主体对艺术作品就具有双重审美关系，不可混为一谈。《审美主体对艺术的双重美学关系——谈西方文艺理论中"化丑为美"的一个美学原理》写于考研时期，读研后投稿，受到张德林老师激赏，编发于1988年第1期的《文艺理论研究》，被中国人民大学《文艺理论》1988年第2期全文转载，并获华东师大研究生优秀成果奖。本书选文多是宏观问题研究论文，它们是建立在微观研究基础之上的。这里选取一篇发表于《文学遗产》2007年第5期的个案研究文章《柳宗元园记创作刍议》，以见大概。

第一节　文艺是审美的精神形态 ①

一、非本质主义给文艺本质思考的启示

艺术的生命源于创新。创新推动着艺术创作的不断发展和艺术形态的不断更新。不断更新而又被社会承认的艺术创作实践不断打破原来关于艺术统一性的定义，要求对艺术本质做出新的概括，而新的艺术本质定义又将被新的艺术创作实践所打破。艺术实践的开放性和艺术定义的封闭性始终处于难于协调的矛盾状态，只要我们承认艺术创新的开放性，就势必得否认艺术概括的可能性。而艺术的创新不容否认，因而艺术的本质注定了解构主义、取消主义的命运。20世纪以来，蓬勃发展的艺术创作、日新月异的艺术形态启发艺术理论家开始思考艺术定义的解构性问题，20世纪初意大利的克罗齐，20、30年代英国的瑞恰慈，50、60年代美国的肯尼克和韦兹，70年代末美国的布洛克，80年代初出版《艺术的故事》的英国艺术史家贡布里希等人，都相继对艺术本质的解构性做过论述。如韦兹说，关于"艺术"，"一切美学理论试图建立一个正确的理论，便在原则上犯了错误……它们以为'艺术'能够有一个真正的或任何真实的定义，这是错误的"②。贡布里希在其艺术史论著《艺术的故事》导论中开宗明义："实际上没有艺术这种东西，只有艺术家而已。……我们要牢牢记住，艺术这个名称用于不同时期和不同地方，所指的事物会大不相同。只要我们心中明白根本没有大写的艺术其物，那么把上述（艺术家的——引者）工作统统叫作艺术倒也无妨。事实上，大写的艺术已经成为叫人害怕的怪物和为人膜拜的偶像了。"③瑞恰慈甚至指出："许多聪明人事实上……对艺术性质或对象的讨论不再感兴趣，因为他们觉得，几乎不存在达到任何明确结论

---

① 本节原文发表于《文艺理论研究》2001年第6期。

② 转引自朱立元主编：《西方现代美学史》，上海文艺出版社1996年版，第24页。

③ 贡布里希著，范景中译：《艺术的故事》，生活·读书·新知三联书店1999年版，第15页。

的可能性。"①这种艺术本质不可界定的思想，可称之为"非本质主义"的
艺术观。

　　如何看待"非本质主义"艺术观？显然，它注意到艺术本质理论概
括的局限性，揭示了任何既有的艺术定义都不能涵盖新的艺术创造这一事
实，无疑是其明智之处；但它否定在艺术创新诞生之前人们对既有的艺术
作品的统一性进行概括的可能性和合理性，用一种完美主义、求全主义、
绝对化的观点要求艺术定义，进而否定乃至嘲笑关于艺术本质的理论思考
以及艺术理论对艺术现象统一性从事归纳概括的使命和权利，却是失察
的、不可取的。正如创新是艺术创作的天然权利一样，概括是艺术理论的
天赋权利。只要我们不用绝对化的观点看待自己的理论概括，那么，对已
有的艺术现象存在的本质、特征做些尽可能周详的思考抽象，有什么值得
诟病的呢？它不正是一门严格意义上的艺术学赖以立足的逻辑起点吗？

二、精神形态：文艺的基本属性

　　面对古今中外林林总总、形形色色的艺术作品实际，如果对它们之
间最基本的共通属性做一抽象，这一抽象是什么呢？

　　这就是，无论什么样的艺术品，都是人的精神产品，是一门精神
形态。

　　西方古典艺术作品产生于对自然的逼真摹仿和对现实的忠实再现，
其理论上的反映是亚里士多德为代表的艺术摹仿论和别林斯基、车尔尼雪
夫斯基为代表的艺术反映论。这种艺术作品无论对自然、社会的再现多么
客观，它在形式上仍然是主观的，它的自然本质上属于"第二自然"，是
人的精神创造的作品。

　　西方现代艺术作品沿着情欲表现和形式主义两条岔道与古典艺术理
性再现现实的路子分道扬镳。在情欲表现作品的理论概括中，克罗齐、科

---

① 转引自朱立元主编：《西方现代美学史》，第411页。

林伍德、鲍桑葵、开瑞特、朗格等人指出艺术即情感表现，叔本华、尼采、柏格森、弗洛伊德等人揭示说艺术的本质在欲望象征，而克莱夫·贝尔、罗杰·弗莱等人则为形式主义艺术创作的理论代表，他们认为艺术的本质既不在再现了什么现实，也不在表现了什么情欲，而在创造了"有意味的形式"。这是一种纯粹的与真善内容无关的形式，它仅仅具有使人愉快的审美意味。尽管上述诸说及其作品大相径庭，但在同为人的精神产品、形态这一点上却是共同的。

中国古代文艺作品分两种情况。一方面，"文，心学也"[1]，"诗，原乎心也"[2]，"书，心画也"[3]，"画者，从于心者也"[4]，"琴者心也，琴者吟也，所以吟者心也"[5]，要之，"诗文书画，俱精神为主"[6]，文艺作品是主体心灵精神的表现；另一方面，"凡云'文'者，包络一切著于竹帛者而为言"[7]，由于汉文字均为"错画也，象交文"[8]，具有文饰性特点，"是故榷论文学，以文字为准，不以彣彰（文采——引者）为准"[9]，文学即文字作品，书画即色彩、线条、用墨、运笔等技艺形式的创造，而这一切均可归之为艺术家精神的造物。

中国现代文艺作品在西方艺术摹仿论尤其是马克思主义反映论的影响、指导下，强调文艺描写人生，是社会生活的形象反映，是一门特殊的社会意识形态。这种情况一直延续到新中国成立以后直至"文革"结束。由于强调文艺的意识形态本质，文艺发展到"文革"中完全沦为政治观念

---

① 刘熙载：《游艺约言》，《古桐书屋续刻三种》，清光绪十三年（1897）刻本。
② 欧阳修语，转引自魏庆之：《诗人玉屑》卷一，上海古籍出版社1982年版。
③ 扬雄：《法言·问神》，中华书局1987年版。
④ 石涛：《苦瓜和尚语录·一画章》。
⑤ 李贽：《焚书》卷三《读史·琴赋》，中华书局1975年版。
⑥ 方东树：《昭昧詹言》卷一，人民文学出版社1961年版。
⑦ 章炳麟：《国故论衡·文学总略》，上海古籍出版社2006年版。
⑧ 许慎：《说文解字》"文"字条注释。
⑨ 章炳麟：《国故论衡·文学总略》。

的传声筒，但我们却无法否认它是"文艺"，从事文艺本质研究的理论家不应把这些作品排除在外，因为作为"文艺作品"，它们的文艺属性是被那个时代的广大读者认可了的。改革开放以来，文艺在忠实再现社会生活中的人性真实的同时，又逐渐走向主体心灵的表现和纯形式美的实验。由于过去我们对人的心灵的欲望层面压抑过甚，而大量译介进来的西方哲学论著又一再揭示无意识的欲望是支配意识的本源，所以新时期的文艺无论再现现实人性还是表现主体心灵，都更侧重向人性的深层部分——无意识层的欲望活动开掘。这时，文艺成了"欲望手枪""无意识形态"，它与以往理性指导下反映现实的"意识形态"已不可同日而语。若在两者之间寻找什么共同性，那就是，它们都是人的精神形态。

　　这里，请允许我对当下流行的"审美意识形态"说提出某种商榷。此说不满意以前"社会意识形态"说文艺本体论的庸俗社会学和机械唯物论弊端，提出文艺的本质是"审美的意识形态"加以纠偏，自有积极意义。同时，它以审美中主体向客体的倾斜、理性向感性的开放界说自身的丰富性，也显示出见识的融通。但它以"意识形态"界定文艺的基本属性，按照约定俗成的对"意识形态"概念的理解，这仍然是不能令人信服地解释"欲望形态"的文艺作品实际的。有一种说法辩解说：尽管文艺描写了欲望活动，但艺术家在创作时却是清醒的、自觉的、有意识的，因而仍不能否认文艺是意识形态。这种说法诚然有理。创作过程的自觉与否，确是决定艺术品是不是意识形态的根本因素。然而，我们看到，古今中外好多艺术作品，其创作过程恰恰是无意识的。中国古代文论一再揭示：成功的艺术作品诞生于"天人凑泊""天机自动"，是"不以力构""不以思得之"的，正如沈约分析谢灵运诗句时所说："至于高言妙句，音韵天成，皆暗与理合，匪由思至。"① 如果说中国古代文艺作品由于表现对象的非欲望化而遮蔽了它作为无意识产物的非意识形态性，那么西方现代艺术则由

————————
① 《宋书·谢灵运传论》。

于从表现对象到创作手段的无意识化，而将其自身的非意识形态性展现得淋漓尽致。20世纪20、30年代兴盛于西方的超现实主义艺术派别以解放潜意识相标榜，认为人世间唯一靠得住的是本能、潜意识，而不是理性、意识。人的本能、潜意识是生命中最本质的力量，平时它被理性的岩石压在心灵深处，只有当意识松懈或疏忽时，才能像火山一样喷发出来。为了获得欲望的本然状态，超现实主义主张打碎理性枷锁，提倡无意识、自发性创作。超现实主义给西方艺术带来的变革和影响是巨大深远的。此后出现的抽象艺术、非定型主义画派等，无不与此有关。抽象艺术以画笔为工具，听任画笔的提按疾徐、翻转扭动，在画布上留下龙飞凤舞的笔迹和信手涂洒的颜料。美国著名的画家波洛克是这一派的代表。他在作画时把大块画布铺在地上，一手拿着笔，一手提着颜料桶，在画布内外回旋进退，同时把颜料泼洒在画布上，因此获得"行动绘画""行动画家"之名。[1]《一体》是其用这种方法创作出来的代表作。[2]20世纪40、50年代，在抽象艺术的中心巴黎，出现了一批挥洒自如的画家，人称"非定型主义"，以区别于定形的立体主义和几何抽象主义。非定型，正是无意识创造的必然结果。[3]中国当代作家中，热衷于"无意识、自发性写作"的也大有人在。著名作家残雪是典型的例子。她在接受采访时坦陈，她"不能允许"在"理性状态"支配下"写出来的东西"，她的作品是"不知不觉"地写出来的。她说："我一般是拿起一支笔把纸铺在桌子上，自己觉得可以就开始写，在那之前脑子里什么也没有。我平常从不想到创作的事……而且平常我也是早上写了一个钟头，就再也不想，作作其他的事，摸摸弄弄，随处走走看看。""我的世界是坐在书桌前用那种'野蛮的力'重新创造一个世界，可以说是他们所说的妄想狂的世界。""我一般很少修改我的稿

---

① 详见张延风：《西方文化艺术巡礼》，中国青年出版社1998年版，第306—307页。
② 《一体》画图片，详见贡布里希著，范景中译：《艺术的故事》，第603页。
③ 详见张延风：《西方文化艺术巡礼》，第308—309页。

子，就直接在稿纸上写。"①这些实例向我们表明，把文艺定性为"意识形态"是欠准确的。文艺从本质上说仍然是人的精神形态，无论它是意识形态还是非意识形态。

由此可见，我们所说的作为文艺基本属性的人的"精神"，不是与物欲、本能对立的概念，而是指包含着物欲、本能在内的完整的心灵世界。文艺作为人类特有的精神现象，必须展示人的精神世界的完整性、丰富性、真实性和深刻性。文艺的精神形态本性决定了文艺创作必须恪守以下一些人学原则：

意识与本能的统一。在人的精神世界中，意识只是浮出水面的冰山一角，本能是深藏水底的大片冰山。不仅人的意识机能是在实现生命本能欲望的物质活动中产生的，而且人的意识形态也是为实现个体本能服务的。意识与本能在人的精神世界中密不可分，艺术创作既不能仅仅是意识的载体，也不能仅仅是本能的象征，否则必然导致艺术作为人的精神状态的残缺。

自觉与直觉的统一。人的意识活动是清醒的、自觉的，人的本能活动是迷糊的、直觉的。自觉与直觉，是意识与本能活动方式呈现的相应特征。文艺写出人的精神世界中意识与本能的统一，也就要求相应写出人的精神活动的自觉与直觉的统一。同时必须承认，创作作为人的精神活动方式，它也不可能仅是自觉的或直觉的，自觉与自发的写作可以并行不悖。

受动与自动的统一。意识认知外物，接受外界信息指令，具有受动性、他动性、被动性；本能自发产生各种愿望，驱使人们行动，具有自动性、主动性、能动性。受动与自动，是意识与本能活动方式的另一特点。文艺要展示人的精神形态的完整性，势必得兼顾人的自动性与受动性的统一，而不能将人仅仅写成受动的"工具"或只受本能驱动、不受理性及外在规范制约的"两脚动物"。

---

① 《文学创作与女性主义意识——残雪女士访谈录》，《天火——〈书屋〉佳作精选》（上），岳麓书社2000年版，第189、191页。

个体欲求与社会欲求的统一。本能追求维持个体生命的存在，滋生个体欲求，意识接受群体的社会规范，产生社会欲求，这是人的精神活动的另外一对矛盾。个体欲求的实现离不开社会欲求的满足，尊重社会欲求是为了更好地实现个体欲求，二者同样不能割裂。

善性与恶性的统一。善是社会公意，是约定俗成的行为规范。恶是对此的突破。合乎社会公意、规范的意识、本能是善，反之为恶。因此，笼统地说意识是善、本能是恶是错误的。同时，意识具有认知社会公意的潜在可能，本能具有突破社会公意的潜在可能，因而人的意识与本能中又藏着善性与恶性的因子。文艺作为人的精神形态，应当顾及善性与恶性的统一，而不能将艺术仅仅写成善的或恶的容器。

人的精神世界的二元对立统一，是我们理解文艺的精神形态本质的指南。迄今为止，中外艺术作品不外乎三类情形：（一）现实的再现；（二）主体的表现；（三）纯形式的构造。在再现现实的艺术中，要注重通过对象的人展示人的精神的二重性、丰富性。在表现主体的艺术中，要注意以"不虚美，不隐恶"的真诚和勇气，展现作为主体的人的精神二重性、真实性。追求纯形式创造的艺术既不再现什么，也不表现什么，似乎与人的精神二重性距离甚远，其实不然。趋乐避苦，是人的本能、天性。艺术追求纯形式的美，体现了人求乐的本能。而认识纯形式美的规律并创造美的艺术形式，则是人的意识体现。

把文艺定性为"精神形态"，较之定义为"意识形态"更有助于在基本属性层面凸现文艺与其他"意识形态"的不同。哲学、经济学等社会科学乃至自然科学，是人类运用理性对社会和自然规律的认识，属于标准的"意识形态"，文艺作为包含本能的"精神形态"，与它们迥然有别，彼此不可互易其名。

三、审美特征：文艺的特殊属性

然而，仅仅认识文艺的"精神形态"属性还远远不够，人类的精神形态不止一种，这就需要对文艺这一精神形态的特殊属性做出进一步限定。

文艺这一精神形态的特殊属性是什么呢？就是它的审美属性。就是说，文艺是能够给人带来美感享受或情感愉悦的精神形态。过去人们认为，文艺与科学的区别只在于形象，形象是文艺的根本特征，科学用三段论证明观点，文艺用形象描绘、显示观点，因而，文艺是用形象方式反映社会生活的意识形态。后来艺术实践的发展打破了艺术的形象特征定义，许多现代艺术并无形象，但却给人以美感，你无法否定它是"艺术"。于是，人们用涵盖面更广的"审美性"说明文艺的特征便有了理论深化意义。这方面的代表是钱中文先生。1984年，他在《文艺理论的发展和方法更新的迫切性》一文中提出文学是"一种审美的意识形态"，创作过程是一种"审美反映"。1986年，他发表《最具体的和最主观的是最丰富的》一文，重申"文学是一种审美的意识形态，其重要的特性就在于它的审美性和意识形态性"。1987年，他再次发表了以"文学是审美意识形态"为题的论文。①尽管对"审美性"有不同的理解，但提出"审美性"取代"形象性"作为文艺特性，这是有相当积极的理论建设意义的。

文艺的审美特性有哪些？我以为可以从形象性、情感性、形式性三方面去理解。

1. 形象性

美诉诸感觉愉快。为感觉把握的美必须具备可感性、形象性。一个不具备形象性、不可感知的物体是不可能具有审美功能的。因此，美的特点之一是形象性。通过形象方式使文艺具有美，是文艺实现其审美本质的有效途径之一。过去，我们把形象性视为审美创作的唯一途径，固然不确，但是，矫枉过正，认为形象手段与审美创造无关，从而排斥形象

---

① 详见钱中文:《新理性精神文学论》自序及"文学是审美意识形态"，华中师范大学出版社2000年版。

审美创造，也属失当。晚清夏曾佑对形象的审美性有过一段精彩的评论。他在《小说原理》中指出："人所乐者，肉身之实事。"人天性喜欢"肉身之实事"这样的生动具体的形象世界。由于文艺大量描写了"肉身之实事"，所以能给人带来审美快乐。"肉身之实事"的详尽、鲜明、直接与否，决定着不同形态艺术门类审美快乐的强弱高低。在文艺作品中，"看画最乐，看小说其次"。何以如此呢？因为"如在目前之事，以画为最，去亲历一等耳。其次莫如小说"。尽管小说的审美快乐略逊绘画一筹，但由于小说"以详尽之笔写已知之理"，不像"以简略之笔写已知之理"的"史"，"以简略之笔写未知之理"的"经文"那样索然无味，因而在诸文字之书中"最逸"。中国古代文论屡屡要求"假象见义""借景言情""即物寓意""即事明理"，除了出于"温柔敦厚""主文谲谏"的礼教传统，也有审美的考虑。艺术形象美的规律主要在于逼真。经验告诉我们，事物本身虽然丑陋，但惟妙惟肖的摹仿却能引起我们的美感。当然，艺术形象并不是原物的简单复制，它可能出于艺术的虚构，但在情理上又更加真实，对于这样栩栩如生的艺术形象，我们总是感到美不可言。

2. 情感性

美的另一特征是情感性。一种艺术形象如果毫无情感，肯定不会打动人、感染人。工程图、解剖图与艺术形象的本质区别，就在前者无情感，后者有情感。情感也是艺术家与手艺匠的根本分野。"手艺匠可以成为极伟大的艺术家，如果他把感情贯注进去。艺术家也可以成为手艺匠，如果他光是涂抹而没有把感情贯注进去。"[1]情感可以产生动人的美，中外理论家早有所述。德谟克利特说："一位诗人以热情并在神圣的灵感之下所作成的一切诗句当然是美的。"[2]狄德罗说："凡有情感的地方就有美。"[3]

---

[1]　加里宁著，草婴译：《加里宁论文学和艺术》，人民文学出版社1962年版。

[2]　北京大学哲学系美学教研研究室编：《西方美学家论美和美感》，商务印书馆1982年版，第17页。

[3]　《文艺理论译丛》1958年第1期，第38页。

车尔尼雪夫斯基说，情感会使在它影响下产生的事物具有特殊的美。[①]加里宁指出："我发现写作时如果没有情感，写出来的东西一定很坏。"[②]英国近代美学家卡里特指出，美就是感情的表现，凡是这样的表现没有例外都是美的。[③]克罗齐指出，美即直觉、情感表现。中国古代，这样的言论也不少。陆机《文赋》指出，"诗缘情而绮靡"，"言寡情而鲜爱"。刘勰《文心雕龙》认为："物以情观，故词必巧丽。""辩丽本于情性。"袁宏道说："情至之语，自能感人。"[④]焦竑说："情不深，则无以惊心动魄。"[⑤]章学诚说："文……所以入人者，情也。"[⑥]由于情能生美，所以人们把情感视为艺术的审美特性之一。近代英人金蒂雷认为，艺术即"感情本身"，感情即"艺术本质"。[⑦]赫伯恩认为，情感是艺术"现象上客观的性质"[⑧]。科林伍德给艺术的定义是："通过……想象性活动以表现自己的情感，这就是我们所说的艺术。"[⑨]中国古代讲"情至文至"（黄宗羲）、"情至诗至"（王夫之）、"文者情之华"[⑩]，胡适讲"情感者，文学之灵魂"[⑪]，无不如此。情感生美的规律在于真诚。"不精不诚，不能动人。故强哭者虽悲不哀，强怒者虽严不威，强亲者虽笑不和。"[⑫]"精诚由中，故其文语感动人深。"[⑬]这就叫"情挚文至"。文学不是不可以言理，但由于"理过其辞"则"淡乎寡味"（钟嵘），所以说理"须带情韵以行"（沈德潜）。文学自然可以咏物，

---

① 车尔尼雪夫斯基著，周扬译：《生活与美学》，人民文学出版社1957年版，第72页。

② 加里宁著，草婴译：《加里宁论文学和艺术》。

③ 转引自李斯托威尔著，蒋孔阳译：《近代美学史述评》，上海译文出版社1980年版，第7页。

④ 袁宏道：《袁中郎全集》卷三《叙小修诗》。

⑤ 焦竑：《澹园集》卷十五《雅娱阁集序》。

⑥ 章学诚：《文史通义·史德》。

⑦ 转引自李斯托威尔著，蒋孔阳译：《近代美学史述评》，第10页。

⑧ 转引自M.李普曼编，邓鹏译：《当代美学》译者前言，第24页。

⑨ 罗宾·乔治·科林伍德著，王至元、陈华中译：《艺术原理》，第156页。

⑩ 郑文焯：《鹤道人论词书》。华，通花。

⑪ 胡适：《文学改良刍议》。

⑫ 《庄子·渔父》。

⑬ 王充：《论衡·超奇》。

但"专意琢物"便无"意味",故"善咏物者,妙在即景生情"①。

3. 形式性

当形式的创造符合普遍令人愉快的心理规律,便可给人审美愉快。艺术不仅可以通过忠实地刻画形象、真实地表现情感获得美,而且可以通过符合审美规律的形式创造获得美。中国古代文论强调"格律声色"等"文饰"之美,所谓"诗赋欲丽""义归翰藻";20世纪上叶,以贝尔为代表的英国形式主义美学强调绘画的"形式意味",以雅各布森为代表的俄国形式主义文论强调文学作品的"文学性",以罗兰·巴特为代表的法国结构主义文论强调文学的"能指",后来的韦勒克在《文学理论》中强调"文学是语言结构的审美创造",贡布里希在《艺术的故事》中强调绘画作品的"绘画性",等等,都是从形式方面说明文艺的审美性。艺术形式审美创造的基本规律是寓杂多于整一,是对立统一,是和谐对称。由于形式美仅诉诸感觉层,感官对形式美的感觉会随审美频率的增多而弱化,所以形式美的另一创造规律是创新。"新也者,天下事物之美称也。"(李渔)新的艺术形式打破传统规范,一方面使人不适应,另一方面又给人耳目一新的新鲜感和震撼刺激,久而久之会逐渐被人认同和接受。审美的形式就处在这种生生不息的永恒创造中。

形象性、情感性、形式性是艺术审美特性的三个来源。它们可同时共存于一部作品中,也可单独存在于一部作品中。

文艺是审美的精神形态。精神形态和审美特性,构成文艺的双重本质。

第二节 艺术与美的关系的古今演变 ②

艺术与美有着天然的联系。艺术是人类创造的一种美,它必须具有

---

① 李渔:《闲情偶寄》。
② 本节根据《艺术美的构成分析》(《人文杂志》2014年第10期)、《现代艺术对传统艺术双重美学属性的反叛》(《人文杂志》2016年第7期)加以改写。

美，给在功利世界中辛勤奔忙的芸芸众生送去美的享受，缓解他们在现实生活中遭受的苦痛。

尽管艺术实践是如此，但真正对艺术与美的不解之缘做出理论阐述的大概当推黑格尔。在黑格尔之前，鲍姆嘉通创立了"美学"这门学科。他认为美学是研究美的哲学，美是感性知识的完善，所以，美学即感性学。黑格尔沿着美学是美之哲学的思路，提出美学是艺术哲学。为什么呢？因为按照他对"美"是"理念的感性显现"的理解，自然当中不存在美，美只存在于艺术中。所以研究美的美学就只能是艺术哲学。然而，黑格尔关于"美是理念的感性显现"这个说法并不准确，他的美学是艺术哲学的观点并不能成立。事实上，美并不只存在于艺术作品中，自然及社会生活中也存在着大量的美。美学不仅研究艺术美，也研究自然美、现实美。当然，艺术是人类创造出来的最集中、最强烈的美的形态，美学显然应当以艺术美为主要研究对象。正是基于这道理，胡经之在20世纪80年代创立了文艺美学学科，"文艺美学"作为研究艺术美的二级学科，一直沿用至今。[①]

一、艺术的定义：艺术与美具有天然联系

让我们首先来看看艺术是什么，它与美到底有什么联系。

关于艺术是什么，实际上是给艺术下定义，涉及如何界定艺术的本质问题。最近百年以来，这个问题遭到了非本质主义的否定。美国的韦兹说："一切理论以为'艺术'能够有一个真正的或任何真实的定义，这是错误的。"英国的瑞恰慈认为："对艺术的性质几乎不存在达到任何明确结论的可能性。"[②]贡布里希在《艺术的故事》导论中指出："实际上没有艺术这种东西……艺术所指的事物大不相同。根本没有大写的艺术其物。"[③]如

[①]　详见祁志祥：《胡经之"文艺美学"的思想建树及其学科创设》，《西北师范大学学报》2019年第2期。

[②]　转引自朱立元主编：《西方现代美学史》，第24页。

[③]　贡布里希著，范景中译：《艺术的故事》，第15页。

此等等。这种艺术本质否定论，在当下的中国学界是占主导地位的观点。但是，这种甚嚣尘上的观点并不能令人信服。只要肯定"艺术"这个概念的存在，就必须承认它与非艺术的区别。因此，"艺术"是有区别于非艺术的边界的。那么，"艺术"含义的边界是什么呢？

笔者的思考结果是：艺术是审美的精神形态。这个定义有两层含义。

1. 艺术是人类的"精神形态"，而不是传统所说的"意识形态"。艺术作品既可以是"意识形态"，也可以是"无意识形态"。比如谢灵运"池塘生春草，园柳变鸣禽"等诗句就是"天人凑泊""天机自动"，"不以思得之"的产物，沈约评论说："至于高言妙句，音韵天成，皆暗与理合，匪由思至。"当代女作家残雪在谈自己的小说创作经验时指出，她的作品是"不知不觉"地写出来的。"我一般是拿起一支笔把纸铺在桌子上，自己觉得可以就开始写，在那之前脑子里什么也没有。我平常从不想到创作的事，而且平常我也是早上写了一个钟头，就再也不想，作作其他的事，摸摸弄弄，随处走走看看。"显然，这样的作品归结为"意识形态"是不合适的。如何把"意识形态"与"无意识形态"都包括进来呢？只有用"精神形态"这个概念了。因为"精神"既包含自觉的意识，也包括不自觉的无意识。

2. 艺术具有审美特征，能够给读者送去有价值的愉快。艺术这种精神形态与其他的精神形态有一个根本的不同，即具有美的特征或审美功能。美的最大特点是令人愉快，这一点为西方美学家一再强调。康德说："不管是自然美或艺术美，美的事物就是那在单纯的评判中而令人愉快的。"[1]桑塔亚纳揭示："艺术的价值在于使人愉快，最初在艺术实践中，然后在获得艺术的产品时，都是为了使人愉快。"[2]卡希尔指出："无人能否认，艺术作品给予我们最大的愉悦，也许是人类本性能够感受的最为持久

① 康德著，宗白华译：《判断力批判》（上卷），商务印书馆1996年版，第152页。
② 蒋孔阳主编：《二十世纪西方美学名著选》（上），复旦大学出版社1987年版，第273页。

的和最为强烈的愉悦。""在我们进行选择时，我们所关心的仅仅是这种快感有多大，持续有多久，是否容易获得和怎样经常重复。""如果我们以这种观点来考虑我们的审美经验，那么，关于美和艺术的特征就不再存在任何的不确定性了。"①美的显性特点是愉快，隐性特点是价值。就是说，美给人送去的不只是快乐，而是有价值的快乐，是对审美者的主体生命存在积极的、健康的快乐。②艺术的审美特征，在于用特殊的艺术媒介虚构了真实的富有情感、包含价值的艺术形象。它有如下特点。

（1）形象性。美是感人的，诉诸感官的，因而是具象的。艺术作为美的形态，它所创造的美必须具有形象性。黑格尔指出，"艺术的使命在于用感性的艺术形象的形式去显现真实"，"以供直接观照"。别林斯基说："诗人用形象来思考，他不论证真理，却显示真理。"普列汉诺夫重申："艺术既表现人们的感情，也表现人们的思想，但是并非抽象的表现，而是用生动的形象来表现。"美国当代艺术理论家帕克强调："在科学中有很多自由的表现，但还没有美。任何抽象的表现，如欧几里得的《几何学原理》……不管多么精确和完备，都不是艺术作品。"仅仅说"秋天游子思乡"是不能感人的，当马致远把这种情绪形象化为"枯藤老树昏鸦，小桥流水人家，古道西风瘦马……断肠人在天涯"时，就具有了一种感动人的美。

（2）情感性。艺术具有形象性，但光有形象并不一定就是艺术。建筑工程图、人体解剖图也有形象，但不是艺术。美的艺术形象与建筑工程图、人体解剖图的区别在哪里呢？在前者有情感，后者没有情感。所以艺术的美不仅在形象，而且在情感，这情感是包含在形象中的。艺术形象是凝聚着情感的形象。这个情感既包括对象本身的情感，如作为艺术描写对象的人物情感，也包括作家主体的情感，如艺术作品中描写的自然景物所

---

① 卡西尔：《艺术》，蒋孔阳主编《二十世纪西方美学名著选》（下），复旦大学出版社1987年版，第20页。
② 详见祁志祥：《论美是有价值的乐感对象》，《学习与探索》2017年第2期。

附着的作者情感。只有饱蘸情感的形象才是怡人的形象。近代英国美学家卡里特指出，美就是感情的表现，凡是这样的表现没有例外都是美的。中国古代的陆机也说过，"诗缘情而绮靡"，"言寡情而鲜爱"。刘勰在《文心雕龙》中指出："物以情观，故词必巧丽。""辩丽本于情性。"明末袁宏道指出："情至之语，自能感人。"这些是对审美经验中美的艺术形象的情感特征的有力揭示。

（3）价值性。艺术形象所包含的情感、所给予读者的快乐有有价值与无价值之分。美的艺术形象所包含的情感、所给予读者的快乐是有价值的。所谓价值，是客观事物相对于主体生命存在所显示出来的意义。客观事物有利于主体的生命存在，就是有价值的，或者说是积极的、健康的、有正能量的。美的艺术形象所包含的情感就必须具有积极的价值取向，从而给读者送去健康的快乐。如果相反，虽然能够给人带来快乐，但品质是无价值、反价值的，手段是恶俗不堪的，那么这样的艺术作品不是美的作品，只能叫"精神鸦片"。

（4）媒介性。有情感、有价值的艺术形象是存在于各种特定的艺术媒介中的。艺术家在塑造美的艺术形象时，总是伴随着特定的艺术媒介进行的，所谓"倾群言之沥液，漱六艺之芳润"，因而创造出来的艺术形象就表现为语言形象、书画形象、雕塑形象、音乐形象、舞蹈形象、戏剧形象、影视形象、网络形象。

（5）虚构性。这是由艺术形象的媒介性决定的。由于艺术形象存在于特定的艺术媒介中，无论出于想象还是出于写实，都具有虚构性，不同于现实形象，没有实用性，不能当真。影视形象、网络形象再逼真，也属于镜花水月，不能望梅止渴。单身读者可以对艺术中的某个异性人物形象倾注爱恋，一往情深，但最终还是应当回到现实中来，解决个人的婚姻大事。

（6）真实性。艺术形象虽然是艺术家通过艺术媒介虚构出来的，但必须符合生活逻辑，具备人情物理，从而达到惟妙惟肖的逼真艺术效果，只有这样才能产生感人的审美效果。这实际上涉及艺术真实问题。贺拉斯早已指出，在艺术中，只有真才可爱。换句话说，在艺术中，美与逼真是统一的。虚假的形象总是令人不快，真实的形象总是能打动读者、感动读者。

　　曾任英国美学学会主席的科林伍德曾经给艺术下过一个定义："通过……想象性活动以表现自己的情感，这就是我们所说的艺术。"[①]综上所述，笔者可以在"艺术是审美的精神形态"之外，化用一下科林伍德的定义，将"艺术"具体表述为：通过想象性活动，创造真实的形象，表现自己的情感，寄托价值取向，给人健康的愉快，这就是通常所说的"艺术"。这是我们对"艺术是审美的精神形态"定义更为具体的、具有可操作性的解释。

二、西方传统艺术以创造美为追求

　　基于艺术必须具有美或审美功能、给人超实用的愉快这一基本艺术观，从古希腊到19世纪中叶，西方传统艺术以创造美为追求，艺术作品以美为特征。那么，艺术作品的美从哪里来呢？主要有两个来源。一是从艺术描写、反映的现实题材那里来。二是从艺术描写的逼真效果那里来。车尔尼雪夫斯基曾经指出，"描绘一幅美丽的脸孔"与"美丽地描写一副面孔""是两件完全不同的事"。前者指现实题材给艺术作品带来的美，后者指成功的艺术描写给艺术作品带来的美。

1. 艺术的题材只能局限于美

　　艺术所摹仿、反映的现实题材有美也有丑，美的题材会给读者送去愉快，丑的题材则会给读者带来憎恶。为了确保艺术具有给人带来快乐的美的品质，艺术只应描写美的题材，而应避免描写丑的题材。古希腊艺术家就是这么做的。莱辛指出，古希腊艺术只摹仿美的物体，所描绘的对

---

① 罗宾·乔治·科林伍德著，王至元、陈华中译：《艺术原理》，第156页。

象或现实题材只限于美。在古希腊艺术作品里，引人入胜的东西是题材本身的完美，比如维纳斯的美丽、大卫的英俊。当然，现实中美丽、英俊的人是很少的。如果现实对象不够完美，就用典型的方法，杂取种种合成一个，成就美的描摹原型。从中世纪到文艺复兴时期，西方教堂的壁画中出现了许多天堂题材的绘画。天堂虽然出自画家的想象和虚构，但无论圣母、圣子，还是他们生活的环境，都是运用典型的方法，杂取现实中各种美人、美物创造而成。到了17世纪，英国诗人弥尔顿既描写过天堂，也描写过地狱。就读者的阅读感受而言，正如艾迪生所指出："地狱中硫磺烟熏总不及天堂里遍地花圃和芳馨来得赏心悦目。""大多数读者感到弥尔顿把天堂描写得比地狱更加令人神往。"①19世纪欧洲浪漫主义文学潮流中，法国作家雨果大胆向丑陋的题材开掘。描写敲钟人卡西莫多的《巴黎圣母院》是这方面的代表作。但这让歌德在阅读时感到很不舒服。歌德说，"我最近读了他的《巴黎圣母院》，真要有很大的耐心才忍受得住我在阅读中所感到的恐怖"，雨果"完全陷入当时邪恶的浪漫派倾向，因而除美的事物之外，他还描绘了一些最丑恶不堪的事物"，"没有什么书能比这部小说更可恶的了"。②与浪漫派的这种创作倾向几乎同时并存的是批判现实主义小说对资本主义社会这种丑恶现实的真实写照和揭露批判。车尔尼雪夫斯基指出："一件艺术作品，虽然以它的艺术成就引起美的快感，却可以因为那被描写的事物的本质而唤起痛苦甚至憎恶。"③这种表述，同样适用于阅读19世纪批判现实主义小说的感受评价。正由于被描写的事物的丑会唤起痛苦甚至憎恶，所以鲁迅认为，并非所有的丑陋事物都可进入艺术题材："譬如画家，他画蛇，画鳄鱼，画龟，画果子壳，画字纸篓，画垃圾堆，但没有谁画毛毛虫，画癞头疮，画鼻涕，画大便，就是一样的道理。"要之，为了保证给读者带去愉快的美的享受，艺术作品只能描写令

---

① 艾迪生语，伍蠡甫、蒋孔阳主编：《西方文论选》（上卷），上海译文出版社1979年版，第572页。
② 爱克曼辑录，朱光潜译：《歌德谈话录》，第247页。
③ 车尔尼雪夫斯基著，周扬译：《生活与美学》，第6页。

人愉快的美，不能描写令人痛苦的丑。易言之，艺术的题材只能局限在美的领域范围内。

2. 逼真的摹仿会产生美，美的艺术题材并不局限于美

在西方传统艺术从艺术必须承担的审美功能出发强调艺术只能描写美的题材的同时，西方的艺术本体论及艺术审美论又从两个方面提出了相反的意见。摹仿论、镜子说是西方经典的艺术本体论。从柏拉图、亚里士多德，到达·芬奇，再到恩格斯、别林斯基，这种艺术本体论一直强调，艺术是现实的摹仿，是社会生活的反映或再现。同时，这种艺术本体论与艺术审美论又是高度契合、融为一体的。艺术在承担摹仿现实的天职、使命的同时，还能产生打动人心的美。艺术形象的美产生于对现实题材的忠实摹仿。题材本身的美丑与艺术家无关，艺术家创造艺术美的根本途径是逼真再现。亚里士多德早已揭示："事物本身看上去尽管引起痛感，但惟妙惟肖的图像看上去却能引起我们的快感，例如尸首或可鄙的动物形象。"①无论美的题材还是丑陋的题材，只要艺术描写高度逼真，就可以使作品具有令人愉快的美的属性。因此，美的艺术作品毋须局限于美的题材，一切题材都可以进入美的艺术的描写范围。

车尔尼雪夫斯基告诫人们，不要把"美丽地描写一副面孔"简单等同于"描绘一幅美丽的脸孔"；"以为艺术的内容是美"，"艺术的对象是美"，这是"把艺术的范围限制得太狭窄了"。英国绘画史家贡布里希指出，一幅画的美丽与否，并不取决于它所描绘的题材。

由此可见，艺术无论描写什么样的现实题材，只要高度真实，都可以带来令人愉快的美，也就是艺术形象的逼真之美。

3. 对于丑的现实题材，语言艺术可以描写，造型艺术必须淡化处理

于是两种意见发生尖锐对立和冲撞：一方面，对于丑陋题材的逼真描写可以产生愉快的美，美的艺术不排斥丑的现实题材；另一方面，丑的

---

① 亚里士多德著，罗念生译：《诗学》第四章，人民文学出版社1963年版。

题材在逼真的艺术摹仿中还散发着令人不快、痛苦、憎恶的效果，减损、抵消着艺术描写的逼真所带来的愉快反应。两种观点都得到审美经验的支撑，都有道理，何去何从？

西方古典艺术美学争论的结果，是采取了某种折中的态度，得出了调和的意见。这种意见是：在文学、音乐这样的时间艺术、想象艺术中，由于题材的反映是由文字、音符组成的，必须依赖读者、听众在前后相续的想象中才能转换出来，题材丑的不快反应被冲淡了，小于艺术模仿的逼真美产生的愉快效应，艺术作品给人的整体效果还是愉快的，是具有美的，所以文学、音乐艺术可以对丑的现实题材适度加以表现，当然也不能过分。在绘画、雕塑、戏剧表演这类诉诸直观的空间艺术、造型艺术中，题材的形象以空间并列的形式在某一时间截点同时作用于观众的视觉直观，题材丑的冲击力和不快效应特别强烈，远远大于逼真的艺术摹仿产生的愉快效应，所以这类艺术门类要尽量避免丑的题材；如果实在回避不了，就应设法加以淡化处理。

对此，公元前1世纪古罗马诗人、艺术理论家贺拉斯早有涉及。他认为戏剧艺术作为直观的舞台艺术，在表现丑陋、恐怖的题材时，应借助文学的叙述手段加以缓解："不该在舞台上演出的，就不要在舞台上演出，有许多情节不必呈现在观众眼前，只消让讲得流利的演员在观众面前叙述一遍就够了。例如，不必让美狄亚当着观众屠杀自己的孩子，不必让罪恶的阿特鲁斯公开地煮人肉吃，不必把普洛克涅当众变成一只鸟，也不必把卡德摩斯当众变成一条蛇。你若把这些都表演给我看，我也不会相信，反而使我厌恶。"[①]

稍后的普罗塔克明确指出，画与诗"在题材和摹仿方式上都有区别"。这种区别何在，他没有留下具体的论述。

1766年，德国艺术理论家莱辛以"拉奥孔"雕像为个案，写成《拉

---

① 贺拉斯著，杨周翰译：《诗艺》，人民文学出版社1962年版，第146—147页。

奥孔》一书，对普罗塔克提出的"画与诗的界限"做出具体解释。"拉奥孔"是公元前1世纪希腊化时期创作的大理石群雕，1506年在罗马出土，被誉为世上最完美的雕像。该群雕刻画的题材是希腊祭司拉奥孔和他的两个儿子在巨蟒缠身时痛苦万状的情景。古罗马诗人维吉尔曾描写过这个题材。在维吉尔的史诗中，拉奥孔"痛得要发狂"，"放声号哭"，姿态扭曲，形体很丑。但在雕像中，拉奥孔的嘴巴只是微微张开了一点，面部和形体并未严重扭曲变形、显得丑陋。造成这种诗与雕塑在处理同一题材时的差别的原因是什么呢？1755年，德国艺术史家温克尔曼著《论希腊绘画和雕刻作品的摹仿》，认为希腊雕刻家所以有不同于维吉尔史诗的艺术处理方式，是为了表现拉奥孔与不幸和痛苦做斗争时心灵"高贵的单纯，静穆的伟大"。莱辛则不以为然。他认为造成这种差别的真正原因是雕像与诗歌作为两种不同媒介的艺术形态——空间艺术与时间艺术、直观艺术与想象艺术，在处理丑的题材时有不同的方式。他指出，由于丑的艺术题材会妨碍艺术必须给人的美的享受，所以丑"不能成为诗的题材"。然而，由于诗是诉诸读者想象的时间艺术，会把一切题材分解成一个个时间上前后相承的动态元素，即便描写空间中同时陈列的"物体"，也会把它转化为在时间中流动的语义符号组成的间接的、想象状态的形象。因而，"丑的效果""受到削减"，"就效果来说，丑仿佛已失其为丑了"，因此，"丑才可以成为诗人所利用的题材"。维吉尔描写拉奥孔被巨蟒缠身时"向天空发出可怕的哀号"，"读者谁会想到号哭就要张开大口，而张开大口就会显得丑呢"？所以，维吉尔诗歌对拉奥孔被巨蟒缠身时痛苦万状丑陋形容的描写，并未妨碍逼真的艺术描写产生的愉快反应。全诗在整体的审美效果上不失其美。

群雕作为造型艺术则不同。它是空间艺术，会把一切题材处理成空间各部分同时陈列的"物体"，构成诉诸视觉的直观形象，由此引起的"不快感"就非常强烈。由于绘画或雕刻的媒体可以把题材丑"固定下来"，丑所引起的不快感具有"持久性"，即使逼真的艺术摹仿能够产生美的快感，也显得"空洞而冷淡"，难以抵消题材丑产生的经久不息的、强烈的不快感。所以，作为美的艺术，造型艺术只能"把自己局限于能引起快感的那一类可以眼见的事物"。不过，作为"摹仿物体的艺术"，绘画和雕刻反映的题材又应当不受限制，"无限宽广"，所以造型艺术无法回避丑的题材。既然如此，它就应当避免描绘"激情顶点的顷刻"的那种过分丑陋变形的形象，来"冲淡"丑的不快反应。在拉奥孔雕像中，雕刻家选择的不是拉奥孔极度痛苦、放声大哭的"激情顶点"的那个"顷刻"的丑陋形象，而是选择激情趋向平复、哀号走向叹息过程的某一顷刻的形象加以刻画。"这并非因为哀号就显出心灵不高贵，而是因为哀号会使面孔扭曲，令人呕心"，"只就张开大口这一点来说，除掉面孔其他部分会因此现出令人不愉快的激烈的扭曲以外，它在画里还会成为一个大黑点，在雕刻里就会成为一个大窟窿，这就会产生最坏的效果"。①

　　莱辛的这种分析别开生面，赢得了许多艺术理论家的认同，比如康德。他也认为："雕塑艺术……必须把丑恶的对象从它们的表现范围内屏除出去，因而把死亡、战争通过一个寓意或属性来表达，以便使人乐于接受。"②再如黑格尔。他指出："每种艺术须服从它自己的特性。""诗在表现内在情况时可以达到极端绝望的痛苦，在表现外在情况时可以走到单纯的丑，造型艺术却不然。""在绘画雕刻里，如果在丑的东西还没有得到克服时就把它固定下来，那就会是一种错误。"③丹纳也要求在舞台上尽量回避表演极度的题材丑："诗人从来不忘记冲淡事实，因为事实的本质往往不雅；凶杀的事决不能搬上舞台，凡是兽性都加以掩饰；强暴、打架、杀戮、号叫、痰厥，一切使人难堪的景象应当一律回避。"

　　于是，在西方传统艺术中，我们发现这样的有趣对比：从荷马、莎士比亚，到雨果、巴尔扎克、果戈理、契诃夫、托尔斯泰，文学描写题材

---

① 均见莱辛著，朱光潜译：《拉奥孔》，第15页。

② 康德著，宗白华译：《判断力批判》（上卷），第158页。

③ 黑格尔著，朱光潜译：《美学》（第一卷），第261页。

广泛，美丑并存，甚至出现"滑稽丑怪在文学中比崇高优美更占优势"的情况。而在造型艺术如绘画、雕刻乃至舞台表演中，反映的题材还是以美，尤其是以形体美为主导。造成这种差别的原因说到底，是由丑的题材在不同媒介的艺术中产生的效果的程度差别决定、支配的。

4. 题材的美丑与艺术描写的美丑双重组合的四种形态

由上述分析可知，在诉诸读者的艺术作品的美丑反应中，有来自艺术题材的美丑，有来自艺术描写逼真与否的美丑。这双重来源的美丑叠加在同部艺术作品中，就呈现出四种组合形态。

（1）写美成丑。什么意思呢？即艺术描写的对象、题材是美的，但艺术水平低，艺术描写失真，将美的题材写成了丑的艺术形象，令人感到不适。在这种艺术作品中，只有艺术题材的美，而没有艺术创造的美，或者说艺术形象的美。罗丹指出："在艺术中所谓丑的，就是那些虚假的、做作的东西，不重表现，但求浮华、纤柔的矫饰，无故的笑脸，装模作样，傲慢自负——一切没有灵魂、没有道理，只是为了炫耀的东西。"[1] "文革"时期的文艺作品塑造了许多高、大、全的英雄形象，描写的题材十全十美，无懈可击。不过，其中有些人物不食人间烟火，违反生活常理，这些形象严重虚假失实，令人不适，艺术塑造上恰恰是丑的、不成功的。

（2）化丑为美。这恰与上述的写美成丑形成鲜明的对照。这里的丑指艺术题材，这里的美指艺术描写。题材虽丑，但艺术描写如果惟妙惟肖，不仅反映了外部真实，而且反映了内在真实，就能将丑的题材转化成美的艺术形象。罗丹指出："自然中认为丑的，往往要比那认为美的更显露出它的'性格'，因为内在真实在愁苦的病容上，在皱蹙秽恶的瘦脸上，在各种畸形与残缺上，比在正常健全的相貌上更加明显地呈现出来。""所以常有这样的事：在自然中越是丑的，在艺术中越是美。"[2] 伟大

---

① 罗丹著，沈琪译：《罗丹艺术论》，人民美术出版社1978年版，第24页。

② 罗丹著，沈琪译：《罗丹艺术论》，第24页。

的艺术家只要用高度的艺术技巧将丑的对象真实刻画出来，就"能当时为它变形"，好比"用魔杖触一下，'丑'就化成美了"。艺术在这里施展了"点金术"，这是"仙法"。①他的青铜雕塑作品《老妓》就是化丑为美的代表作。他的秘书葛赛尔在看到这尊雕塑时惊叹："丑得如此精美！"这尊雕塑因而获得了"丑之美"的别名。卢那察尔斯基在评价契诃夫小说之美时深刻指出："有个古老的传说，说是一位伟大的美术家得了麻风。他在最初几次病症大发作以后，终于下决心照照镜子，一照，他害怕极了。可是后来他拿起画笔，描下他自己那副患麻风的丑陋的面容。他的技艺十分高超，明暗又配得十分美妙，他原先由于本身有病而撇下的未婚妻一看这幅画像，第一句话便是惊呼：'这多美！'契诃夫也做了类似的事情。他热忱地写出社会的祸害，把它们描叙得非常美妙而真实，在这真实性中显出和谐与美。"②

（3）美上加美。这是指题材本身是美的，艺术描写也逼真完美。艾迪生指出："在这种情况下，我们的快感发自一个双重的本源：既由于外界事物的悦目，也由于艺术作品中的事物与其他事物之间的形似。"在这种状态中，艺术作品给人的快感是双重的，最为强烈，所以被视为艺术的"理想美"。席勒指出："理想美是一个美的事物的美的形象显现或表现。"

因此，古往今来，艺术家总是偏爱"用题材的固有的美加强后天的表情的美"（丹纳）。艾迪生在谈到真实描绘美丽风景的艺术作品的审美反应时说："艺术作品由于肖似自然而更加美好，因为，不但这种形似予人快感，而且式型（指自然题材的原型——引者）也较完美。"③他还通过与化丑为美的比较，指出美上加美更加可贵："如果关于渺小、平凡或畸形的事物的描写，能为想象所接受的话，那么，关于伟大、惊人或美丽的事物的描写，就更能为想象所接受了；因为，我们在这里不仅从艺术表现

①　罗丹著，沈琪译：《罗丹艺术论》，第21页。

②　卢那察尔斯基著，蒋路译：《论文学》，人民文学出版社1978年版，第243—244页。

③　伍蠡甫、蒋孔阳主编：《西方文论选》（上卷），第568页。

同原物的比较之中得到乐趣，而且对原物本身也极为满意。"①

（4）平淡见美。与丑的或美的题材相比，现实生活中常见的现象是美、丑特征不那么明显的平淡题材。比如耕种、打猎、捕鱼、畜牧、屠宰、制陶、冶铁、纺织、养蚕、商旅、婚嫁、盖房、推磨、做饭等日常生活场景。由于平淡的生活题材司空见惯，没有什么显著特征，艺术将它们真实地展现出来相当不易，如果真实地表现出来，就会产生令人震撼的愉快效果。对此，艺术家和理论家屡有感叹。歌德说："诗人的本领，正在于他有足够的智慧，能从惯见的平凡事物中见出引人入胜的一个侧面。"②罗丹说："所谓大师，就是这样的人，他们用自己的眼睛去看别人见过的东西，在别人司空见惯的东西上能够发现出美来。"克罗齐指出："画家之所以成为画家。是由于他见到旁人只能隐约感觉或依稀瞥望而不能见到的东西。"③17世纪的荷兰绘画所以受到丹纳的称赞，是因为逼真描绘了"布尔乔亚、农民、牲口、工场、客店、房间、街道、风景"。19世纪法国画家米勒所以引人注目，是因为他在《拾穗》《晚钟》这类农民的平常生活中"发现了人类的崇高戏剧"。果戈理的杰出，是由于他以"鹰隼一样的眼力"，写出了当时俄国生活中"几乎无事的悲剧"（鲁迅语），从而获得了鲁迅的高度称赞。

三、西方现代艺术：与美渐行渐远

19世纪中叶，西方艺术告别传统，走向现代。现代西方艺术的特点是与传统艺术追求的美渐行渐远，而与"丑"结下不解之缘，并以"丑"为突出特征，从而宣布了以"美"为特征的艺术的死刑。

这种反叛是从两方面展开的。

---

① 伍蠡甫、蒋孔阳主编：《西方文论选》（上卷），第572页。

② 爱克曼辑录，朱光潜译：《歌德谈话录》，第6页。

③ 罗丹著，沈琪译：《罗丹艺术论》，第4页。

1. 艺术题材上，取消一切禁忌，大胆向丑挺进，走向极端

原来，传统艺术理论认为，造型艺术不适合刻画丑，应当尽量规避丑，或者在表现丑的现实题材时努力加以淡化处理。现代造型艺术则打破了这种禁忌，大胆地向丑的题材挺进，而且走向极端。1885年，罗丹创作了青铜雕塑《老妓》。这尊雕塑既代表了西方传统写实主义造型艺术成就的高峰，也开创了西方现代造型艺术表现极丑题材的先河。后印象派画家塞尚有一幅画作，画的题材就是三个骷髅。19世纪末、20世纪初，挪威画家蒙克先后以《尖叫》为题，创作了四个版本的画作。画中发出尖叫的人物形象如同蝌蚪、骷髅，第四个版本的人物甚至没有眼珠，脸上空洞而巨大的眼窝形同鬼魅。1917年，达达主义代表杜尚在小便器上签了个字，就作为艺术品送去参展。他还有一件作品，把一本几何教科书用绳子绑到阳台栏杆上，任其在风吹日晒下慢慢变坏腐烂。20世纪50年代流行的波普艺术将生活中被抛弃的物品甚至垃圾重新取用置入艺术园地，破布、破鞋、破包装箱、破汽车、褪色的照片、旧轮胎、旧发动机、竹棍、木桶澡盆、废弃的海报漫画易拉罐，都可以作为"现成物"拼贴进入艺术作品。波普艺术理论家奥尔登堡宣言："我所追求的艺术，要像香烟一样会冒烟，像穿过的鞋子一样会散发气味……像旗子一样追风摆动，像手帕一样可以用来擦鼻子……像裤子一样穿上和脱下……像馅饼一样被吃掉，或像粪便一样被厌恶或抛弃。"①

原来，传统艺术理论认为，语言艺术虽然可以描写丑，但也应当有所克制，不能肆无忌惮，更不能只写丑、不写美。但19世纪法国诗人波德莱尔的诗集《恶之花》却只聚焦巴黎社会阴暗的丑，成为现代派诗歌的开端。诗集津津乐道的是穷人、盲人、妓女，甚至横陈街头、正在腐烂的尸体。如一首题为《腐尸》的诗写道：

---

① 克拉斯•奥尔登堡：《我追求一种艺术……》，转引自拉塞尔著，常宁生等译《现代艺术的意义》，江苏美术出版社1992年版，第417页。

苍蝇嗡嗡地聚在腐败的肚皮上，

黑压压的一大群蛆虫

从肚子里钻出来，沿着臭皮囊，

像粘稠的脓一样流动。

这些像潮水般汹涌起伏的蛆子

哗啦啦地乱撞乱爬……

　　中国现代诗歌史上，闻一多的《死水》是受波德莱尔影响的典型诗作：

这是一沟绝望的死水，

清风吹不起半点漪沦。

不如多扔些破铜烂铁，

爽性泼你的剩菜残羹。

也许铜的要绿成翡翠，

铁罐上锈出几瓣桃花；

再让油腻织一层罗绮，

霉菌给他蒸出些云霞。

让死水酵成一沟绿酒，

漂满了珍珠似的白沫；

小珠们笑声变成大珠，

又被偷酒的花蚊咬破。

那么一沟绝望的死水，

也就夸得上几分鲜明。

如果青蛙耐不住寂寞，

又算死水叫出了歌声。

这是一沟绝望的死水，

这里断不是美的所在，

不如让给丑恶来开垦，

看它造出个什么世界。

波德莱尔在诗中描写的题材的丑陋也扩展、蔓延到西方现代小说、戏剧创作中。在卡夫卡的《变形记》《判决》里，在海勒的《第二十二条军规》里，在尤奈斯库的《秃头歌女》里，在贝克特的《等待戈多》里，天空是尸布（狄兰·托马斯）、大地是荒原（艾略特），世界是阴森、黑暗、混乱、畸形、怪诞、肮脏、血腥、空虚、无聊以及无奈。

中国当代不少作家的创作受此影响，其中莫言是典型的代表。莫言小说的题材描写也明显带有西方现代主义文学的特征，对丑的描写无所顾忌，尖刻到惨不忍睹、令人毛骨悚然的地步。比如《红高粱》开头："高密东北乡无疑是地球上最美丽最丑陋，最超脱最世俗，最圣洁最龌龊，最英雄好汉最王八蛋，最能喝酒最能爱的地方。"《红高粱》描写"奶奶"的花轿："花轿里破破烂烂，肮脏污浊；它像具棺材，不知装过多少个必定成为死尸的新娘，轿壁上衬里的黄缎子脏得流油，五尺苍蝇有三只在奶奶头上方嗡嗡地飞翔，有两只伏在轿帘上，用棒状的墨腿擦着明亮的眼睛。""奶奶"的父亲贪财而把她嫁给了酿酒的单老板有麻风病的儿子单扁郎，"单扁郎是个流白脓淌黄水的麻风病人，他们说站在单家院子里，就能闻到一股烂肉臭味，飞舞着成群结队的绿头苍蝇"。《神道嫖》描写毒疮："左腿膝盖下三寸处有个铜钱大的毒疮正在化脓，苍蝇在疮上爬，它从毒疮鲜红的底盘爬上毒疮雪白的顶尖，在顶尖上它停顿两秒钟，叮几口，我的毒疮发痒，毒疮很想迸裂，苍蝇从疮尖上又爬到疮底。"《狗道》写人们故地重游时见到当年日本兵杀人留下的千人坑："各种头盖骨都是一个形象，密密地挤在一个坑里，完全平等地被雨水浇泡着……仰着的骷髅都盛满了雨水，清冽、冰冷，像窖藏经年的高粱酒浆。"如此等等。因此有人说，莫言的作品不适合选入中小学课本，怕把孩子吓着。

2. 艺术反映方式上，告别逼真美，最终抛弃逼真美

传统艺术描写丑的题材，追求艺术形象的逼真，所以整个艺术作品还是有一种令人愉快的艺术美存在的。但现代艺术则逐步告别了逼真美，最终抛弃了逼真美。这大概分三个阶段。

第一个阶段是19世纪中叶的印象派绘画，代表人物是马奈、莫奈、雷诺阿。他们吸收当时最新的光学理论研究成果，将画面上题材的逼真转化为视觉效果的逼真，一方面保留了传统绘画艺术表现的真实美，另一方面又为了追求视觉效果的逼真而放弃甚至歪曲了原物色彩的逼真。

当时的光学理论成果发现，色彩并不是物体固有的，而是在光的照射下在观赏者的特殊视觉认识中形成的。根据这一发现，印象派画家将色彩分解成七种原色，描绘题材色彩时纯用原色小点排列，称为"点彩"。尽管在观赏者的视觉中仍然可获得艺术表现的逼真美，但画面上描绘物体的点彩本身已迥然不同于物体本身的色彩，传统绘画的逼真美已开始受到冲击和销蚀。

第二阶段是后印象派、抽象派、立体派绘画。这时艺术创作的逼真美已经荡然无存，艺术家探寻着一种新的艺术形式的美，如绘画中的几何图形的美、色彩组合的美，以图在逼真美消失之后寻求另外的艺术形式美打动、吸引观众。英国绘画理论家罗杰·弗莱将这种区别于艺术形象逼真美的艺术形式美称为"有意味的形式"。

先说后印象派。后印象派绘画的代表是塞尚、梵高。塞尚和梵高脱胎于印象派，最终告别了印象派追求的视觉效果的逼真美，而将印象派作品中画面色彩与题材本色的不似特点做了进一步发展。其中，塞尚主要颠覆了传统绘画的透视学原理。塞尚认为，"画画并不意味着盲目地去复制现实"，而应按照画家的思想和精神重新认识外界事物。于是，酷似原物的透视学原理被打破了，绘画从真实地描画自然物象开始转向表现自我影像甚至幻象，不再受到题材本身的制约。比如作于1904—1906年之间的

《圣维克图瓦山》系列，塞尚曾几十次从各种角度来画这座山和周围的风景。画中，景物的轮廓线被松弛而破碎的块状笔触所取代，色彩飘浮在物体上，似乎游离于对象之外，物象的几何形状和色彩特征得到强调，近景和远景具有同样的清晰程度，其明暗过渡等细节处理被有意淡化，原本自然而杂乱的物象变成了有序的构图和色块的组合。梵高的新变则集中体现彻底反叛传统绘画的色彩学原理，将绘画的色彩从自然题材的实际色彩中解放出来。梵高的绘画，不是实物的摹仿，而是心灵的表现。"作画我并不谋求准确，我要更有力地表现我自己。""颜色不是要达到局部的真实，而是要启示某种激情。"过去，传统绘画利用三原色的不同比例，调制出各种各样的中间色和过渡色，以接近现实世界的真实面目，"今天我们所要求的，是一种在色彩上特别有生气、特别强烈和紧张的艺术"。[1]在他的画中，强烈的情感溶化在色彩与笔触的旋转、跃动中，浓重强烈的色彩对比往往达到极限，笔下的麦田、柏树、星空等有如火焰般升腾、颤动。《向日葵》系列就是他实践这种新的色彩主张的代表作。

抽象派绘画的代表是俄国的康定斯基。康定斯基不仅创作了一系列迥异于写实传统的具有构图美和色彩美的抽象绘画，而且在理论上做了大量总结，如1911年的《论艺术的精神》，1912年的《关于形式问题》，1913的《作为纯艺术的绘画》，1923年的《形的基本元素》《色彩课程与研究课》，1923年的《点、线到面》，1926年的《绘画理论课程的价值》，1928年的《绘画基本元素分析》。这些都是论述抽象艺术的经典著作，是现代抽象艺术的理论展示。其基本主张是：艺术不是客观自然的摹仿，而是内在精神的表现；艺术表现应是抽象的，具象的图像有碍于主观精神的表现；抽象绘画语言的特点是非描述性，画面上没有可辨认的自然物象，如果有，也无须辨认；抽象绘画不借助物象，而是借助图形与色彩来传递作者的思想，这些图形与色彩无需构成某个逼真的生活场景，而仅以其自身

_____

① 《中国大百科全书》(第一卷)，中国大百科全书出版社1990年版，第213页。

形式的特殊组合来传达某种思想情怀。

　　立体派绘画的代表是西班牙的毕加索。他继承塞尚、康定斯基多视点构图组合的技法并加以发展，1907年创作出第一幅具有立体主义倾向的画作《亚威农少女》，画中五个裸女和一组静物，组成了富于形式意味的构图。毕加索一生共创作近37000件作品，其中包括油画1885幅，素描7089幅，版画20000幅，平版画6121幅，代表作有《卖艺人一家》《理头发的妇女》《哭泣的女人》《亚威农少女》《三个乐师》《格尔尼卡》等。他声称："我是依我所想来画对象，而不是依我所见来画的。"作品中，毕加索不再以现实物象为起点，而是将物象分解为许多个小块面作为基本元素，并以此为绘画语言的基本单位，在画中组建物象的新形态和空间的新秩序。由于绘画的基本单位被分解为块面，这就为借助报纸、墙纸、木纹纸以及其他类似材料加以剪裁、拼贴提供了可能。1912年起，毕加索转向"综合立体主义"风格的绘画实验。他尝试以拼贴的手法进行创作。《瓶子、玻璃杯和小提琴》就是这种实验的代表作。在这幅画上，我们可分辨出几个基于普通现实物象的图形：一个瓶子、一只玻璃杯和一把小提琴。它们都是以剪贴的报纸来表现的。这种拼贴的艺术语言，可谓立体派绘画的主要标志。毕加索曾说："即使从美学角度来说人们也可以偏爱立体主义。但纸粘贴才是我们发现的真正核心。""使用纸粘贴的目的是在于指出，不同的物质都可以引入构图，并且在画面上成为和自然相匹敌的现实。我们试图摆脱透视法，并且找到迷魂术。"①毕加索的画作并不关心外在世界，他所致力的是形、色的特殊组合构成的独立世界。

　　塞尚、梵高、康定斯基、毕加索所代表的后印象派、抽象派、立体派绘画，标志着取消逼真美的现代派绘画的正式诞生，由此带来了整个艺术领域的"历史性转型"。比如雕塑反叛三维立体中的真实物体，戏剧反

---

① 弗朗索瓦·吉洛卡尔顿·莱克著，邹义光、张延凤、谢昌好译：《情侣笔下的毕加索》，天津人民出版社1988年版，第60页。

叛现实生活中的真实时空关系，小说反叛在社会历史领域中存在的人物和故事，音乐反叛符合自然法则的节奏和旋律。要之，反叛艺术对外物的摹仿以及由忠实摹仿产生的逼真美，成为印象派之后现代主义艺术的基本特色。

后印象派、抽象派和立体派绘画尽管尚有"有意味的形式"之美可寻，但同时也埋下了任意涂抹的丑的隐患。他们取消逼真的艺术标准，追求色彩和构图的特殊组合、排列的某种美的"意味"，但究竟怎样组合、排列才可以保证艺术获得美的"意味"，却无法统一，也没能概括。贝尔尽管将那些"令人心动的种种排列与组合称为'有意味的形式'"，但他同时指出，这些形式是艺术家"根据某些未知的、神秘的规律组合起来的"，每一个现代派艺术家都有自己的"独特的方式"，无法从客观方面加以明确的归纳。比如毕加索，他曾经给一个漂亮的美国女人画过几十张肖像画，第一幅画得与周围人看见的还没有什么不同，但是第二幅、第三幅……渐渐不同了，毕加索开始分解她的面部，说是发现了这个女人的一些性格特征，待到第十幅肖像，一位观赏者说："这是一头立方体的猪。"俄罗斯作家爱伦堡是毕加索的朋友，他毫不掩饰自己的困惑说：我不能理解他何以竟如此憎恶一个漂亮女人的面孔。20世纪40、50年代，英国艺术科学院举行过一次便宴，丘吉尔曾与院长调侃说："要是咱们现在碰见毕加索，您能帮忙朝他的屁股踢一脚吗？"院长回答："那还用说！"

第三个阶段是现代艺术中的激进派，如象征主义、表现主义、观念艺术、未来主义、达达主义、超现实主义、非定型主义、野兽主义、波普艺术等，不仅取消艺术形象的逼真美，而且取消一切艺术表现形式的美，连形式的"审美意味"或"有意味的形式"也置之不顾。于是，艺术彻底告别了"美"，而与信手涂鸦结下不解之缘，沦为"什么都行"的反艺术、伪艺术。

比如达达主义宣称：破坏一切就是他们的行动准则。1919年，达达主义奠定人杜尚在《蒙娜丽莎》的复制品上用铅笔在蒙娜丽莎嘴唇上方画了小胡子，并加上标题"L.H.O.O.Q"，意为"她的屁股热烘烘"。1967年，波普艺术家安迪·沃霍尔创作了《玛丽莲·梦露》，以梦露的头像作为创作的基本素材，将其一排排地重复排列，仅色彩稍有简单变化。20世纪40、50年代，在抽象艺术的中心巴黎，出现了一批随心所欲自由挥洒颜料、勾画图案的画家，人称"非定型主义"。现代派一些号称"艺术作品"的艺术根本就没有艺术构思与创作，它们只是把生活中的日用品直接拿来，起个名字，就叫"艺术作品"。如杜尚拿来一件瓷质小便器，命名为《泉》，"创作"就算完成了。1964年，安迪·沃霍尔将布里洛牌的肥皂盒拿到美术馆里展出，命名为《布里洛盒子》。波普艺术直接将现实生活中丢弃的"现成物"拿来当作艺术素材拼贴、组合一下，泼洒些颜料，创作便算大功告成。1958年，波普艺术家伊夫·克莱因办了一个展览，他把伊丽斯·克莱尔特的画廊展厅中的东西全部腾空，将展厅的墙刷成白色，在门口设了警卫岗，让观众来参观，但展厅里面却空无一物。1952年，美国作曲家兼演奏家约翰·凯奇举行钢琴独奏音乐会，作品名为《4分33秒》。这是一部为任何乐器、任何演奏员、任何乐团而写的作品。三个乐章，没有一个音符。唯一的标识只有两个字："沉默"。由于生活中的任何人工制品只要赋予了主题就成了"艺术品"，于是，生活用品与艺术品之间的鸿沟被填平了，"观念艺术"概念应运而生。在观念艺术中，一切可以传递观念的东西，从文字、方案、照片，到地图、行为、实物，都可以是艺术。于是"艺术"被理解为一件被人"授予供欣赏的候选者地位"的"人工制品"。[①]

　　既然艺术创作不需要构思、不需要规则，也就不需要专业训练，因此，艺术与非艺术、艺术家与非艺术家之间的区别也就消失了。当代以色列艺术理论家齐安·亚菲塔对此伤心欲绝，他尖锐批判说："不仅是任何东西都被认为是艺术品，而且任何人，不管他才具怎样，训练如何——

---

① 迪基语，蒋孔阳主编：《二十世纪西方美学名著选》（下），第135页。

是人，是兽，包括大象、鸡、猴子，甚至机器——都可以封为艺术家。因此，西方现代艺术成了一个门户大开、四面漏风的领域。"①

　　一方面是艺术刻画的题材丑愈演愈烈，走向极端，另一方面是艺术形象的逼真美逐渐弱化并被最终抛弃，艺术形式的美不再被关心，荡然无存，于是，从艺术反映的题材到题材的艺术表现，都显示出触目惊心的丑，以"美"为特征的艺术已经"死亡"。对此，尼采早有揭示："现代艺术乃是制造残暴的艺术——粗糙的和鲜明的勾画逻辑学；动机化为公式，公式乃是折磨人的东西。这些线条出现了漫无秩序的一团，惊心动魄，感官为之迷离；色彩、质料、渴望，都显出凶残之相。"阿诺·里德指出，面对丑陋不堪的现代艺术，寻找"艺术"与"审美"之间的共同点是"错误的"，并且会"造成混乱"。②英国绘画理论家赫伯特·里德甚至说："艺术与美之间并无必然的联系。"③桑塔亚纳的弟子、美国学者杜卡斯指出，当今时代，"我们看到许多名副其实的艺术作品非但不美，而是异常之丑"，因此，"艺术是一项旨在创造美的事物的人类活动"这种传统观点并不符合现代艺术的实际，"美并非是艺术存在的一个条件"。④上述理论家揭示了西方现代艺术的丑学特征，这是正确的、可取的，但他们把西方现代派艺术家恶搞的"非艺术""反艺术""伪艺术"当作"艺术"，进而否定传统的艺术以美为特征的经典定义，是向"非艺术""反艺术""伪艺术"的妥协与投降。而且，将虔诚的"艺术"与恶作剧式的"非艺术""反艺术""伪艺术"合在一起作为"艺术"，再试图找寻"艺术"的统一定义，本身就是逻辑混乱、自相矛盾的。因此，笔者并不认

---

① 齐安·亚菲塔：《西方现代艺术：失去范式的文化误区》，《学术月刊》2009年第9期。

② 阿诺·里德：《艺术作品》，《美学译文》（第一辑），中国社会科学出版社1981年版，第88页。

③ H.里德著，王柯平译：《艺术的真谛》，辽宁人民出版社1987年版，第3页。

④ 杜卡斯著，王柯平译：《艺术哲学新论》，光明日报出版社1983年版，第13页。杜卡斯还说："事实表明，艺术的特征就是旨在创造美这种说法是荒谬的，因为，有些堪称艺术品的东西往往是丑的。"（同书第15页）

同。在艺术变为生活与生活就是艺术的拆解过程中，不仅传统艺术被否定了，而且艺术本身也被解构了。现代派艺术不仅走到了传统艺术的反面，也走到了艺术的反面。正如原美国美学学会主席和哲学学会主席丹托指出的那样，"当任何东西都可以成为艺术品"的时候，当"美的艺术"被现代主义艺术终结的时候，"艺术"也就"终结"了。

3. 如何评价当代西方艺术

当代西方艺术的产生，首先有它的社会原因。西方现代艺术诞生在西方民主社会中。在民主社会的政治氛围中，只要不触犯法律，任何个人的怪癖——包括现代派古怪的艺术追求——都会作为独特的人权受到政治保护。20世纪末，因为纽约布鲁克林博物馆展出了一幅极为粗鄙的绘画《圣贞女玛丽》，纽约市市长圭里亚尼削减了对该博物馆的财政支持以表明态度，但博物馆却把他告上了法庭。最终的审判结果却是：联邦法院裁判市长对博物馆全额拨款。这则案例说明："在艺术失去了美学标准却获得了人权价值的情况下，陷入混乱是不可避免的。"[①]

其次是哲学原因。从哲学根源来看，传统艺术的逼真美是建立在唯物论的世界观和反映论的认识论之上的。19世纪以来，随着世界观由唯物论向存在论、认识论从反映论向生成论的转变，艺术反映现实的逼真美逐步解体。齐安·亚菲塔指出："现代科学发展到19世纪，'进化'这个概念被发现了出来。在所有层面上，从人类命运，一直到整个宇宙，'进化'这个概念建立起了一个动态的变化观和发展观，这与古典的静态观是对立的。不仅如此，从20世纪开始，作为量子力学、相对论、混沌论的一个结果，时间和动态，作为现实所固有的东西，被呈现出来；这些观点剧烈地改变了我们对现实、对有序和无序的想法。""相对论，还有量子力学，特别是它的哥本哈根解释，都在不同程度上设想，观察者参与进了对被观察现象的概括甚至发生之中……从此以后，十分清楚的是，科学家是不

---

① 王祖哲：《失去了灵魂的西方现代艺术》，《学术月刊》2009年第9期。

'客观的'，不在现象之外，而是参与进了现象的产生。""到了这么个地步，要把心灵和现实两相分开就难了。"与原有的世界观和认识论相比，"前者把整个世界看作现成的，后者多少把世界看作心灵的一个构造，因此结论就是：在具有决定意义的程度上，我们所看到的一切，决定于来自我们用来描述世界的那些先天组织模式、理论和符号体系的特点"。[①]因此，西方从19世纪末开始，"艺术不再关心对现象世界的再现"，艺术形象的逼真美逐渐被消解。

　　再次是市场原因。齐安·亚菲塔以其切身的观察体验指出："由于在西方社会中艺术还是涉及天文数字资金的巨大市场，因此，不难料想，骗子和贼会混进来。现在把持西方现代艺术领域的，就是由跟金钱有关的三股势力形成的一个圆圈儿体系。第一股势力，是艺术经纪人，后面有艺术结构撑腰，把一些古怪玩意儿当艺术品，卖给那些金钱比知识和灵性多的人。第二股是批评家和把同样的古怪玩意儿当艺术品向观众展览的博物馆；观众呢，热爱艺术，但缺乏判断工具，拿不准那些展览着的物件究竟是不是艺术品。第三股是些产品，它们逃过了艺术市场、展览会和批评家组成的粉碎机，给记录在书里，学院里研究这些书，训练那些继续从事这种活动的人，以及这圈子里的所有的人。"因此，"西方现代艺术""不过是一场骗局"。[②]比如蒙克创作于1895年的粉彩画《尖叫》，2012年5月2日，美国纽约苏富比印象派和现代艺术夜场拍卖会上，这幅作品拍出1.2亿美元的天价。这幅作品不仅所画的题材——发出尖叫的人物——形同骷髅，而且在艺术表现上也极为简单粗糙，画中天空的涂鸦令专家怀疑是疯子所作，整幅画令人感到恐怖，被称为"现代艺术史上最令人不适的作品"。苏富比专家菲利普·胡克甚至说："《尖叫》是一幅引发无数人去看心理医生的画。"它所以以天价落槌，是收藏家、拍卖行和参与分肥的绘画鉴赏

---

① 齐安·亚菲塔：《西方现代艺术：失去范式的文化误区》，《学术月刊》2009年第9期。

② 齐安·亚菲塔：《西方现代艺术：失去范式的文化误区》。

家、艺术评论家合谋的结果。

西方现代艺术的历史并不长，一切还在探索中。在我看来，其存在的问题远比它的成绩和贡献要大。关于它的存在问题，当代学者王祖哲指出："在典型的现代艺术作品当中，比方说，一个小便器或者一幅看起来并无多少章法的涂鸦之作究竟是不是一件艺术品，这本身就成了问题。"[①] 就是说：那些号称"艺术"的现代派作品其实是不是名副其实的"艺术"，本身就是最值得讨论的问题。它们推翻了以"美"为特征的传统艺术，但并没有拿出一套成熟的令人信服的新的艺术规范供人遵循，于是艺术创作异化成了肆无忌惮、无所不用其极的恶搞。正如齐安·亚菲塔所反思和批判的那样："从19世纪末开始，艺术家们抛弃了形象范式，而希望建立一种更抽象类型的艺术。这种艺术不再关心对形象世界的再现，而是关心人类思想和经验的深层的、普遍的本体层次。""但是，20世纪现代艺术家们的美好展望仅仅停留在直觉的水平上。艺术家们抛弃了形象范式，但是不曾建立一个可资替代的新范式。""现代主义就成了一连串的解构主义；每一代的解构主义都一如既往地把前面的解构主义还没有来得及肢解的东西拆个七零八碎，直到再也没的可拆了才罢手；到末了，就到了虚无主义，完全闯进了死胡同。""在'现代主义'和'后现代主义'这样的名号之下……艺术已成了'什么都行'的'艺术'，因此我们就看到有人把小便器送到了艺术博物馆，有人把大卸八块的牛泡在福尔马林中，或者把一匹会喘气的活马送到了艺术博物馆，如此等等。既然'什么都行'，那就不需要强调任何想象力和创造力，需要的仅仅是肆无忌惮的破坏。"沃兰德早已指出："随着现代艺术愈来愈激进（其目的就是要推翻艺术家所完成的那些美的作品，并且最后要推翻艺术作品本身——原注），它也就变得更加难以理解了。……在目前的混乱中，美学必须确定艺术到

---

① 王祖哲：《失去了灵魂的西方现代艺术》，《学术月刊》2009年第9期。

底能够是什么和应该是些什么东西。"①诚哉斯言，我对此深表赞同。

如果剔开那些以丑为特征的现代艺术的不成功的尝试和不严肃的恶搞，我仍然宁愿重申：艺术是艺术家创造的以美为特征的特殊精神形态。

第三节　中国现当代文学发展的价值嬗变②

五四新文学运动标志着中国现代文学的诞生。中华人民共和国的成立标志着中国当代文学的开端。中国现当代文学的发展演变与人文价值理念的变化相生相伴。认识中国现当代文学的发展演变，必须紧扣文学作品内在的价值理念的变化，才能抓住问题的根本。

1928年，创造社成员成仿吾在"文学革命"论争爆发时期曾发表过一篇名文《从文学革命到革命文学》。③在这篇文章中，作者肯定了五四"文学革命"的实绩和意义，同时反思了活动主体和意识形态阶级属性的严重问题，结合当时的社会革命现实，提出了告别五四"文学革命"的"小资产阶级的恶劣的根性"，与工农大众阶级结合，掌握"辩证法的唯物论"，向"革命文学"转化的发展方向。诚如有研究者指出的那样，"从文学革命到革命文学"是一个"杰出的概括"④，不过，他"多少辜负了这个好题目"⑤，受制于特定的时代环境，分析未必准确与周全，文章并没有做好。今天，当我们分析把握中国现代文艺思想史发展演变的时代特征的时候，借用这篇文章的题目倒十分合适。

"文学革命"是五四时期新文学运动的一面旗帜，我这里用来指1915

---

① 转引自朱狄：《当代西方艺术哲学》，人民出版社1994年版，第443页。
② 本节原题《从"文学革命"到"革命文学"——论"五四"新文学运动的价值转向》，发表于《云南大学学报》2009年第2期。
③ 该文发表于1928年2月1日《创造月刊》第1卷第9期。
④ 许道明：《中国现代文学批评史新编》，复旦大学出版社2002年版，第73页。
⑤ 许道明：《中国现代文学批评史新编》，第73页。

年至1922之间，即1919年"五四"前后的新文学运动。"革命文学"是1928至1929年之间文学论争中树立的一面大旗，而这个概念早在1922至1927年期间就逐渐酝酿，1930至1936年"左联"活动时期进一步巩固了"无产阶级革命文学"的领导地位。狭义的"革命文学"，指1922到1936年"左联"结束期间共产党人和革命作家倡导的"无产阶级革命文学"。

1937年，抗日战争全面爆发。为适应全国抗日民族统一战线的建立，文艺界也形成了民族革命战争的统一战线，由此形成的文化，就是"抗日统一战线的文化"。然而，这种文化仍然是"无产阶级领导的人民大众的反帝反封建的文化"，"只能由无产阶级的文化思想即共产主义思想去领导"。[1] 尽管这时"城市小资产阶级"被视为与工、农、兵一样的参加革命的"人民大众"[2]，但革命文艺在为这四种革命阶级服务时决不能站在"小资产阶级的立场上"，而"必须站在无产阶级的立场上"。[3] 这就是说，先前"无产阶级革命文学"的性质和内涵这时并没有发生改变。正是在这个意义上，毛泽东在1942年《在延安文艺座谈会上的讲话》中继续肯定1927至1936年十年内战时期的"革命文艺"："革命的文学艺术运动，在十年内战时期有了大的发展。这个运动和当时的革命战争在总的方向上是一致的。"[4] 他进一步重申，"革命文艺"是"无产阶级整个革命事业的一部分"[5]。第三次国内革命战争直至新中国成立到"文化大革命"结束的社会主义革命时期，尽管"革命"的内涵有所变化，但"无产阶级革命"的内核没有变，文学的"革命"特色没有变。广义上说，从1922年无产阶级革命文学理论开始酝酿起，到1978年12月中国共产党十一届三中全会之间的

① 均见毛泽东：《新民主主义论》，《毛泽东选集》（第二卷），人民出版社1991年版，第698页。
② 毛泽东：《在延安文艺座谈会上的讲话》，《毛泽东选集》（第三卷），人民出版社1991年版，第855页。
③ 毛泽东：《在延安文艺座谈会上的讲话》，《毛泽东选集》（第三卷），第856页。
④ 毛泽东：《在延安文艺座谈会上的讲话》，《毛泽东选集》（第三卷），第848页。
⑤ 毛泽东：《在延安文艺座谈会上的讲话》，《毛泽东选集》（第三卷），第866页。

文学的根本特征，都可用"革命文学"来概括。

值得回味的是，"革命文学"脱胎于五四"文学革命"，延续了五四"文学革命"，但又告别了五四"文学革命"，其价值取向与五四"文学革命"渐行渐远，分道扬镳，直到1978年改革开放的新时期到来后才展开了回归五四"人的文学"的新的历程。如此，整个中国现当代文学史呈现出"之"字走向，分为三块。第一块为1915至1922年的五四"文学革命"时期，倡导的是"人道主义"和"人的文学"，其价值取向包括人性、博爱、自我、个性、民主、自由、艺术自律等。第二块是1922至1978年的"革命文学"时期，倡导的是"马克思主义"和"无产文学"，其价值取向是阶级性、唯物论、集体、人民、遵命、政治工具等。第三块是1978年12月以后的改革开放时期，这是"人的文学"的复归时期，既是对五四"文学革命"的回归，又是对五四"文学革命"的超越。人性、人道、博爱、自我、个性、民主、自由、艺术自律等五四"文学革命"用以反抗封建①旧思想、旧文学的价值理念，在中国签署的一系列世界人权公约的开放眼光中，向普适价值谱系方面改造和弘扬。

一、五四时期的"文学革命"

"革命"一词，源出《尚书》。《尚书》收录的《周书》中有一篇《多士》，当中提到"殷革夏命"，这是我们看到的"革命"一词的最早出处。《易经》"革"卦中的《彖》传谓："汤、武革命，顺乎天而应乎人。""革命"联言，自此始也。《尚书》《易传》所说的"革命"，"革"指废除、推翻；"命"指国命，即天下、国家的生命、命运。而革除国命的合法理由，即以"有道"伐"无道"，以"有德"伐"暴政"。"革命"的法理在此，"革命"的号召力、吸引力、凝聚力亦在此。

---

① 封建：这是按照当时约定俗成的说法，其实这个说法与其注入的专制含义不但不合，而且矛盾。详见李慎之、冯天瑜有关著述。

　　《尚书》《易传》中的"革命"思想，在秦始皇统一六国以后建立的两千多年的皇权专制主义时代一直讳莫如深。到了19世纪末，资产阶级改良派配合政治改良运动的需要，"革命"一词开始在文学变革中频频亮相。如梁启超、夏曾佑、谭嗣同在戊戌变法前一二年提出"诗界革命"的口号，并试作新诗；戊戌变法失败后，梁启超在日本著《饮冰室诗话》，继续鼓吹"诗界革命"，此外还提出"文界革命"[①]与"小说界革命"[②]。19世纪末至20世纪初，以孙中山为首的资产阶级革命党人开始了推翻封建帝制的资产阶级民主革命，"革命"一词在他们的著作中作为一种政治主张屡屡提及。如仅在题目中提到"革命"的文章，孙中山就有1905年的《中国民主革命之重要》，1911年的《民生主义与社会革命》《社会革命之正道》等，章炳麟就有1903年的《驳康有为论革命书》《〈革命军〉序》，1906年的《革命之道德》等。这些"革命"的文学主张和政治口号，为五四"文学革命"的倡导提供了思想基础。

　　鲁迅曾指出："《新青年》是提倡'文学改良'、后来更进一步而号召'文学革命'的发难者。"[③]而胡适、陈独秀则是五四"文学革命"首倡者。1915年9月15日，《新青年》（第一卷原名《青年杂志》）在上海创刊（1917年1月迁往北京），主编陈独秀为倡导"民主"与"科学"，改变中国的愚昧落后状况，赶上欧洲发达国家，发起了"提倡新文学，反对旧文学"的文学运动。1916年10月，远在美国留学的胡适在《寄陈独秀》一信中，向陈独秀遥致敬意，并首次提出了"文学革命"的概念："文学坠落之因，盖可以'文胜质'一语包之。""今日欲言文学革命，须从八事入手。"1917年1月，他在《新青年》第二卷第五号上发表《文学改良刍

① 《夏威夷游记》，1899年著。又名《汗漫录》。
② 详见1902年11月发表的《论小说与群治之关系》。
③ 鲁迅：《中国新文学大系·小说二集序》，《鲁迅全集》（第6卷），人民文学出版社1981年版，第238页。

议》，将"文学革命"的"八事"称作"文学改良"。1918年4月，在《建设的文学革命论》中，他将"文学改良"的"八事"改称"八不主义"，又把"国语（白话）的文学"作为"文学革命"的"唯一宗旨"。在这当中，也就是胡适发表《文学改良刍议》之后的第二个月，陈独秀在1917年2月《新青年》第二卷第六号发表《文学革命论》，提出"文学革命"的"三大主义"："曰：推倒雕琢的、阿谀的贵族文学，建设平易的、抒情的国民文学；曰：推倒陈腐的、铺张的古典文学，建设新鲜的、立诚的写实文学；曰：推倒迂晦的、艰涩的山林文学，建设明了的、通俗的社会文学。"并表示"愿拖四十二生之大炮"为新文学的"革命军""前驱"。陈独秀的这篇文章，明确以"文学革命"为题，是五四"文学革命"运动的标志。在胡适、陈独秀之外，周作人是五四"文学革命"的另一员主将。1918年底，他在《新青年》上发表《人的文学》；次年3月，又写下了《思想革命》，为新文学运动的内容革命注入了特定内涵。

在胡适、陈独秀、周作人等人的理论倡导下，1920年前后，中国文坛掀起了声势浩大的以新文学取代旧文学的文学革命运动。而鲁迅等人则以鲜明的创作实绩印证了五四"文学革命"的主张。这场"文学革命"，大抵以陈独秀主编《新青年》休刊的1922年为下限。

二、"无产阶级革命文学"的倡导

五四"文学革命"的主要阵地是《新青年》。1922年7月，《新青年》休刊。1923年6月，《新青年》由月刊改为季刊复刊，原先独立自由的文化刊物自此改变为中国共产党中央委员会的机关刊物，主编也由陈独秀改为瞿秋白。改版的《新青年》出版4期后又休刊。1925年4月再复刊，改为不定期刊物，最终于1926年7月停刊。

陈独秀主编《新青年》的休刊，是对五四新文学运动的沉重打击。鲁迅曾自述当时的感受：《新青年》团体散掉后，自己"成了游勇，布不成阵了，所以技术虽然比先前好一些，思路似较无拘束，而战斗的意气却少得不少"①。鲁迅的小说集《彷徨》正写于1924至1925年间，它表现了鲁迅这个时期苦闷、彷徨、探索的心路历程。

五四运动促进了知识分子与工人阶级相结合，催生了中国共产党。从1921年起，中国共产党开始登上中国现代民主革命的历史舞台。在五四新文化运动告一段落之后，1924年至1927年，第一次国内革命战争如火如荼地展开。1924年，孙中山召集有共产党人参加的国民党第一次全国代表大会，确定联俄、联共、扶助农工三大政策，改组了国民党，实现了国共合作，组织了革命军队。1925年在共产党人领导下先后爆发五卅运动和省港大罢工，全国掀起了群众性的民主革命高潮。在工农群众的支持下，国民革命军东征南讨，肃清了广东境内的军阀势力，统一和巩固了广东革命根据地。1926年2月，中共提出了北伐推翻北洋军阀政府的主张。7月1日，广东革命政府发出《北伐宣言》，开始了北伐战争。尽管这场战争最后以蒋介石、汪精卫1927年4月12日和7月15日发动的反革命政变告终，但它沉重打击了帝国主义、封建主义和北洋军阀政府，具有积极的革命意义。

蒋介石发动军事政变后，背叛了孙中山的联共政策，于1930年11月至1933年9月发动了针对共产党的五次"围剿"。中国共产党率领全国人民开展了十年的反对帝国主义、封建主义及其代理人蒋介石政府的第二次国内革命战争。1927年8月1日，中共举行南昌起义，打响了武装反抗国民党反动派的第一枪。8月7日，中共中央召开紧急会议，结束了陈独秀的右倾机会主义，确定了土地革命和武装起义的方针。随后，中共领导了秋收起义、广州起义和其他许多地方的起义。同年10月，毛泽东率领秋收起义的余部到达井冈山，创立了第一个农村革命根据地。1928年4月，朱德、陈毅等领导的部队也到达井冈山，与毛泽东会师，此后逐渐扩大了革命根据地。1930年11月至1936年10月，中共领导的工农红军粉碎了蒋介石军队的五次军事"围剿"，完成了二万五千里长征，建立了陕北革命根据地。

① 鲁迅：《自选集自序》，《鲁迅全集》（第4卷），人民文学出版社1981年版，第456页。

1935年，面对日本帝国主义侵略华北、民族危机日益深重的局面，中共中央发表《八一宣言》，号召停止内战，一致抗日。1936年12月，西安事变爆发，蒋介石被迫停止内战，联共抗日。1937年7月卢沟桥事变后，国共两党重新合作，全国抗日民族统一战线形成，中国掀起了全民族抗战的高潮。

从1922年至1937年第一次、第二次国内革命战争时期，适应反帝、反封建民主革命斗争的需要，"革命文学"走过了酝酿提出，到主流话语，再到巩固成熟的历程。

关于"革命文学"的倡导经过，1928年2月，李初梨发表《怎样地建设革命文学》指出："1926年4月，郭沫若氏曾在创造月刊上发表了一篇《革命与文学》的论文。据我所知道，这是在中国文坛上首先倡导革命文学的第一声。自此以后，革命与文学几成为文坛上议论的中心题目……到了一年后的今天，革命文学已完全地成了一个固定的熟语。"李初梨的这个说法并不准确。在郭沫若之前的1924年，恽代英就曾发表过《文学与革命》。"革命文学"是"无产阶级革命文学"的省称，也是"无产阶级文学"的异称。从相关的思想理论来看，"革命文学"思想的提出最早要上推到1922年。

1922至1927年是"革命文学"逐渐提出的形成期。这时，"革命文学"只是当时文坛众声喧哗中的一种声音。中国共产党的诞生给中国革命和中国文学带来新气象。早在1922年2月，党所领导的社会主义青年团的机关刊物《先驱》就增辟了"革命文艺"栏，陆续发表了若干具有革命鼓动内容的诗歌。同年召开的社会主义青年团第一次全国大会号召团员："使有技术有学问的人才不为资产阶级服务而为无产阶级服务，并使学术文艺成为无产阶级化。"①1923年6月中国共产党重新恢复的《新青年》季刊在其发表的《新宣言》中，着重分析了当时的社会思潮和文学思潮，指出"现时

---

① 《中国社会主义青年团与中国各团体的关系之议决案》，1922年5月《先驱》第8期。

中国文学思想——资产阶级的'诗思'，往往有颓废派的倾向"，中国革命运动和文学运动"非劳动阶级为之指导，不能成就"。这些可以说是早期共产党人提倡"革命文学"的先声。1923年起，早期中国共产党人在马克思主义阶级斗争和无产阶级革命学说指导之下，呼吁作家投身革命，用文学为革命事业服务。邓中夏1923年12月在《中国青年》第10期发表《贡献于新诗人之前》，要求"新诗人"必须"以文学为工具""从事革命活动"。1924年5月恽代英在《中国青年》第31期发表《文学与革命》，要求青年人"投身于革命事业"，"培养""革命的感情"，"产生""革命的文学"，"做一个革命文学家"。1924年11月6日沈泽民在上海《国民日报》发表《文学与革命的文学》，从唯物论的反映论出发指出，创造"革命的文学"，光有"革命思想"还不行，重要的是必须有革命的生活，"现代的革命的泉源是在无产阶级里面，不走到这个阶级里面去，决不能交通他们的情绪生活，决不能产生革命的文学"，"革命的文学家若不曾亲身参加过工人罢工的运动，若不曾亲自尝过牢狱的滋味，亲自受过官厅的迫逐，不曾和满身泥污的工人火农人同睡过一间小屋子，同做过吃力的工作，同受过雇主和工头的鞭打斥骂，他决不能了解无产阶级的每一种潜在的情绪，决不配创造革命的文学"。1925年1月1日，蒋光慈在《民国日报》发表《现代中国社会与革命文学》（署名"光赤"），将五四"文学革命"以来除郭沫若以外的所有作家，如叶绍钧、冰心、郁达夫等都做了批判，呼唤"伟大的、反抗的、革命的文学家"的诞生。与此同时，第一次国内革命战争推动了许多作家从五四资产阶级文学革命向无产阶级文学革命的转化。如以"绝端的自由"姿态投身五四文学运动的郭沫若从1923年5月在《创造周报》第3号发表《我们的文学新运动》起，便开始了告别"五四"的一百八十度的大转弯。在这篇宣言中，他批判说："四五年前的白话文革命，在破了的絮袄上虽打上了几个补绽，在污了的粉壁上虽然涂上了一层白垩，但是里面的内容依然是败絮，依然是粪土。Bourgeois（资产阶级——引者）的根性，在那些提倡者与附和者之中是植根太深了，我们要把恶根性和盘推翻，要把那败絮烧成灰烬，把那粪土消灭于无形。""我们的运动要在文学之中爆发出无产阶级的精神。"1926年5月1日，郭沫若在《洪水》半月刊第2卷第16期发表《文艺家的觉悟》，强调"我们现在所需要的文艺……在形式上是现实主义的，在内容上是社会主义的"。又在1926年5月16日《创造月刊》第1卷第3期发表《革命与文学》，提出"我们所要求的文学是表同情于无产阶级的社会主义的写实主义的文学"。以无政府主义和唯艺术论加入"五四"的郁达夫也不能不受影响地发出了"文学上的阶级斗争"[①]的声音，呼吁世界上"无产阶级"团结起来，开展对"有产阶级"的斗争。五四时期以历史进化论和"为人生"的主张领导文学研究会的沈雁冰在1925年"五卅"运动爆发的第二天，就在《文学周报》连载《论无产阶级艺术》长文，提出"无产阶级艺术"这一概念，并对其内涵做了详细阐述。这标志着他思想立场的转变。以"个体精神独立"参加五四运动并在创作上取得重要实绩的鲁迅也从1927年起向无产阶级文学革命转变。1927年4月8日，鲁迅在黄埔军官学校做了《革命时代的文学》的演讲，指出："为革命起见，要有'革命人'，'革命文学'倒无须急急，革命人做出东西来，才是革命文学。所以，我想：革命，倒是与文章有关系的。"[②]1927年10月21日在《民众旬刊》发表的《革命文学》一文中，鲁迅又一次重申了同样的思想："我以为根本问题是在作者可是一个'革命人'，倘是的，则无论写的是什么事件，用的是什么材料，即都是'革命文学'。"

　　1928至1929年，是"革命文学"论争爆发期。仅1928年一年，在130种报刊上发表的讨论文章就达300余篇。这场文学论争，是适应大革命失败，无产阶级及其先锋队中国共产党领导工农大众反抗国民党专制政府的新的革命形势需要产生的。它体现了无产阶级领导的民主革命对文学

---

① 郁达夫：《文学上的阶级斗争》，1923年5月27日《创造周报》第3号。

② 鲁迅：《革命时代的文学》，1927年6月12日《黄埔生活》周刊第4期。

艺术提出的新的要求。论争主要集中在"革命文学"队伍内部。倡导"革命文学"的主体是创造社、太阳社成员。郭沫若、成仿吾、冯乃超、李初梨和蒋光慈、钱杏邨是其中的主要代表。郭沫若的《英雄树》①《桌子的跳舞》②，成仿吾的《从文学革命到革命文学》③，冯乃超的《艺术与社会生活》④，蒋光慈的《关于革命文学》⑤，李初梨的《怎样建设革命文学》⑥，钱杏邨《死去了的阿Q时代》⑦是他们的代表作。他们对同样认同"革命文学"，但观点、倾向有异的鲁迅、茅盾、叶圣陶、郁达夫等人发起攻击。⑧如鲁迅被批判为"封建余孽""对于社会主义是二重的反革命"⑨，茅盾被批判为"小资产阶级文艺理论"的代表⑩。而鲁迅、茅盾等人也撰文参与论争，发表了《"醉眼"中的朦胧》（1928年3月12日《语丝》第4卷第11期）、《文艺与革命》（1928年4月16日《语丝》第4卷第16期）、《我们的态度气量和年纪》（1928年5月《语丝》第4卷第19期）、《文学的阶级性》（1928年8月20日《语丝》第4卷第34期）和《读〈倪焕之〉》（1929年5月《文学周报》第8卷第20期）。与此同时，"革命文学"论者还与外部主张文学表现人性的"新月派"展开了论争。"新月派"代表梁实秋依据五四时期周作人"人的文学"的观念，发表《文学与革命》（1928年6月10日《新月》

---

① 麦克昂（郭沫若）：《英雄树》，1928年1月《创造月刊》第1卷第8期。

② 麦克昂（郭沫若）：《桌子的跳舞》，1928年5月1日《创造月刊》第1卷第11期。

③ 成仿吾：《从文学革命到革命文学》，1928年2月1日《创造月刊》第1卷第9期。1923年11月16日写。

④ 冯乃超：《艺术与社会生活》，1928年1月15日《文化批判》创刊号。

⑤ 蒋光慈：《关于革命文学》，1928年2月《太阳》月刊第2期。

⑥ 李初梨：《怎样建设革命文学》，1928年2月《文化批判》第2号。

⑦ 钱杏邨：《死去了的阿Q时代》，1928年3月《太阳》月刊3月号、1928年5月《我们》月刊创刊号。

⑧ 冯乃超发表于1928年1月15日《文化批判》创刊号上的《艺术与社会生活》首先点名批评叶圣陶、鲁迅、郁达夫；3月，钱杏邨发表《死去了的阿Q时代》；8月，郭沫若化名"杜荃"发表《文艺战线上的封建余孽》，批判鲁迅。

⑨ 杜荃（郭沫若）：《文艺战线上的封建余孽》，1928年8月10日《创造月刊》第2卷第1期。

⑩ 克兴：《小资产阶级文艺理论之谬误——评茅盾君底〈从牯岭到东京〉》，1928年12月10日《创造月刊》第2卷第5期。

第1卷第4号）、《文学是有阶级性的吗?》（1929年9月10日《新月》第2卷第6、7号合刊），否认"革命文学"和"无产阶级文学"的提法。冯乃超发表《冷静的头脑——评驳梁实秋的〈文学与革命〉》（1928年8月10日《创造月刊》第2卷第1期）、《阶级社会的艺术》（1930年2月10日《拓荒者》第1卷第2期），鲁迅发表《新月社批评家的任务》（1930年1月1日《萌芽月刊》第1卷第1期）、《"硬译"与"文学的阶级性"》（1930年3月1日《萌芽月刊》第1卷第3期）、《"丧家的""资本家的乏走狗"》（写于1930年4月9日）等加以批驳。在坚持文学的阶级性和无产文学、革命文学这些关键点上，鲁迅和创造社的文学革命论者表现出高度的一致性。

　　1930至1936年"左联"活动时期是"革命文学"论争的继续和"革命文学"思想深入人心、成为共识的时期。正因为持续了一年多的"革命文学"内部论争究其实乃属大同小异，1929年秋，中国共产党指示原创造社、太阳社成员与鲁迅及在鲁迅影响下的作家联合起来，成立革命作家的统一组织，并指定创造社的冯乃超、与太阳社关系较好的沈端先（夏衍），以及与鲁迅关系密切的冯雪峰筹备这一工作。1930年2月16日，鲁迅、蒋光慈、冯乃超、冯雪峰、沈端先、钱杏邨等十二人成立筹备委员会。1930年3月2日，中国左翼作家联盟在上海成立，鲁迅、冯乃超、沈端先、钱杏邨等七人被选为常务委员。稍后，茅盾也回国参加"左联"工作。1936年初，为了建立文艺界抗日民族统一战线，"左联"自动解散。"左联"是"中国无产阶级的文学运动的全国性的统一机关"。它自觉以"文学领域上的革命斗争"配合"无产阶级解放斗争运动"[1]，明确宣称"左联"的文学活动就是"中国无产阶级革命文学"活动。[2]于是，"无产阶级革命文学"成为这个时期中国文艺界的基本命题。鲁迅曾在1931年指出："现在，在中国，无产阶级的革命的文艺运动，其实就是惟一的文

---

① 　冯乃超：《中国无产阶级文学运动及左联产生之历史的意义》。
② 　鲁迅：《中国无产阶级革命文学和前驱的血》，1931年4月25日《前哨》第1卷第1期。

艺运动。"①在此期间，"自由人""第三种人"以及政府文人"民族主义文学"论者曾从不同方面对"革命文学"提出责难，"左联"的革命文学家在论争中继续捍卫着"革命文学"的理念，进一步巩固了它在文坛的强势地位。

从1922年到1936年期间"革命文学"的提出、爆发和巩固，奠定了后世很长时期内中国文学的特征。抗日战争、解放战争和新中国成立后毛泽东领导的社会主义建设时期，尽管民族民主革命的内容、对象、任务发生了变化，但文学是无产阶级革命事业一部分，必须为革命事业服务这一基本定位不变。从广义上说，从1922年中国共产党所领导的社会主义青年团的机关刊物《先驱》增辟"革命文艺"栏开始到1978年12月中共十一届三中全会以前的这段时期的文学，都可称之为"革命文学"。

三、从"文学革命"与"革命文学"的价值转向

无论五四"文学革命"，还是后来的"革命文学"，都是政治革命在文学领域的反映。要分析二者的异同，首先必须联系它们所服务的政治革命的异同来看。

五四运动开始是一场反封建的思想启蒙运动，后来演变为一场反帝爱国运动。从政治性质上看，五四新文化运动"不过是中国反帝反封建的资产阶级民主革命的一种表现形式"②。五四运动用以反帝反封建的思想武器，是西方资本主义社会资产阶级以"民主"与"科学"为核心的价值理念。不过，这场资产阶级民主革命不同于孙中山领导的辛亥革命。按毛泽东的说法，那属旧民主主义革命范畴。五四运动由于促进了学生运动与工人运动、知识分子与工人阶级的结合，催生了中国共产党，中国无产阶级作为独立的政治力量登上历史舞台，中国资产阶级民主革命从此出现了新

① 鲁迅：《黑暗中国的文艺界的现状——为美国〈新群众〉作》，1931年4、5月间美国《新群众》。
② 毛泽东：《五四运动》(1939年5月)，《毛泽东选集》(第二卷)，第558页。

气象，因而"五四"以后的中国资产阶级革命，属于新民主主义革命范畴。五四运动，就成为中国新民主主义革命的开端。五四"文学革命"作为新民主主义革命的重要一翼，自然属于资产阶级民主革命。

　　"在五四运动以后……中国资产阶级民主革命的政治指导者，已经不是属于中国资产阶级，而是属于中国无产阶级了。这时，中国无产阶级，由于自己的长成和俄国革命的影响，已经迅速地变成了一个觉悟了的独立的政治力量了。"①中国无产阶级及其组织代表中国共产党不仅参与了第一次国内革命战争，而且从第二次国内革命战争开始，承担起领导资产阶级新民主主义革命的使命。"五四"以后的资产阶级民主革命与五四民主革命是属反帝反封建的资产阶级革命范畴，依附于其上的"革命文学"运动亦当如斯。因此，无产阶级领导的新民主主义革命及无产阶级革命文学运动理当对五四运动及其文学革命有更多的肯定。在这个意义上，毛泽东在《新民主主义论》中肯定五四运动："五四运动的杰出的历史意义，在于它带着辛亥革命还不曾有的姿态，这就是彻底地不妥协地反帝国主义和彻底地不妥协地反封建主义。""五四运动所进行的文化革命则是彻底地反对封建文化的运动，自有中国历史以来，还没有过这样伟大而彻底的文化革命。当时以反对旧道德提倡新道德、反对旧文学提倡新文学为文化革命的两大旗帜，立下了伟大的功劳。"出于同一机杼，李希凡在五四运动八十周年之际发表文章肯定五四"文学革命"的历史意义："从'五四'的文学革命，到三十年代的左翼文学运动，到40年代的文艺为工农兵服务，到今天的文艺的'二为'方向，尽管时代已经不同，文学的审美追求也有了很大的改变，但是，与人民同呼吸共命运，却始终是中国现代文学继承和发展'五四'的优秀传统。"②无产阶级"革命文学"的倡导者往往是五四"文学革命"的参加者，后来虽然"革命"的外延有所变化，但"革命"

---

① 毛泽东：《新民主主义论》（1940年1月），《毛泽东选集》（第二卷），第672页。
② 李希凡：《"五四"文学革命的伟大历史意义》，《人民日报》1999年4月24日。

的方式、手段没变；"文学革命"倡导"平民文学"[1]，"革命文学"也倡导"大众文学"；"文学革命"倡导白话文，"革命文学"也保留了白话文体，并强调通俗易懂、群众喜闻乐见的文学形式。在这些方面，二者确实显示了某种相似性。

然而，我要特别强调指出的是，"文学革命"与"革命文学"这种表面的相似其实掩盖了实质的巨大不同。这实质的巨大不同根本就在于把"无产阶级领导的资产阶级民主革命"当成了"无产阶级革命"，进而把资产阶级和小资产阶级这些革命的同盟者当作革命对象，由此产生了以"社会主义"反对"资本主义"、以"马克思主义"反对"人道主义"、以"阶级论"反对"人性论"、以"无产文学"取代"人的文学"、以唯物论批判唯心论、以集体主义批判个人主义、以人民文学取代个性文学、以遵命文学取代自由文学、以政治工具论取消艺术自律论等一系列的差异。而这些差异，早在狭义的"革命文学"对五四"文学革命"的批判中就有明确表现。

四、从"资产阶级革命"到"无产阶级革命"

毫无疑问，五四运动是一场资产阶级民主革命运动。毛泽东1939年所作的《五四运动》中对此做过定性。作为反抗几千年中国封建专制社会"奴隶道德"的资产阶级民主革命，它自有其进步的历史意义。不只五四运动是如此，此后直至1949年新中国成立前的中国民主革命都是如此。1939年5月4日，毛泽东在《青年运动的方向》中指出："我们现在干的是什么革命呢？我们现在干的是资产阶级性的民主主义革命，我们所做的一切，不超过资产阶级民主革命的范围。现在还不应该破坏一般资产阶级私有财产制，要破坏的是帝国主义和封建主义，这就叫作资产阶级性的

---

[1] 周作人：《平民文学》，《艺术与生活》1918年12月20日。

民主革命。"①这是由中国历史没有经历过资本主义社会的事实决定的。不过，到了"革命文学"倡导时期，由于对社会形势和革命性质的误判，即将无产阶级参加或领导的资产阶级民主革命当作无产阶级性质的革命，将当时的民主革命视为十月革命后世界无产阶级社会主义革命的一部分②，"革命文学"也被等同于"无产阶级文学"③，于是五四文学革命的"资产阶级""小资产阶级""资本主义"的属性被当作罪状受到猛烈攻击。"赛先生"（科学）、"德先生"（民主）本是《新青年》树立的两面激动人心的旗帜，这时被指责为"资本主义意识的代表"④。创造社在五四时期以狂飙突进的姿态登上历史舞台，这时连他们自己也反省说："创造社是代表着小资产阶级的革命的'印贴利更追亚'（Intelligentsia，知识阶级——引者）。浪漫主义与感伤主义都是小资产阶级特有的根性。"⑤"其实他们所演的角色在《创造》季刊时代或《创造周报》时代，百分之八十以上仍然是在替资产阶级做喉舌。"⑥他们甚至宣称："我们的目的是要消灭布尔乔亚阶级（资产阶级），乃至消灭阶级的，这点便是普罗列塔利亚（无产阶级）文艺的精神。"⑦"左联"成立时在理论纲领中明确声明："我们的艺术是反封建阶级的，反资产阶级的。"⑧正是从"无产阶级革命文学"对五四文学革命"资产阶级""小资产阶级"属性的否定出发，"革命文学"运动开

---

① 《毛泽东选集》（第二卷），第563页。

② 如成仿吾《从文学革命到革命文学》："资本主义已经发展到了最后的阶段（帝国主义），全人类社会的改革已经来到目前。在整个资本主义与封建势力二重压迫下的我们，也已曳着跛脚开始了我们的国民革命。""要明白我们的社会发展的现阶段，必须从事近代资产阶级社会全部合理的批判。"

③ 李初梨《怎样地建设革命文学》："现在的革命文学必然的是无产阶级文学。"1928年2月15日《文化批判》第2号。

④ 李初梨：《怎样地建设革命文学》。

⑤ 成仿吾：《从文学革命到革命文学》。

⑥ 麦克昂（郭沫若）：《文学革命之回顾》，1930年2月《萌芽月刊》第1卷第2期。

⑦ 麦克昂（郭沫若）：《桌子的跳舞》。

⑧ 《中国左翼作家联盟的成立》，1930年3月10日《拓荒者》第1卷第3期。

展了对"人道""博爱""自我""个性""自由""为艺术而艺术"等五四文学追求的全面批判，因为这些思想据说都是"资产阶级"或"小资产阶级"的。1942年，毛泽东《在延安文艺座谈会上的讲话》中说的一段话颇能点明"革命文学"的这一关捩："对于无产阶级文艺家"，"要破坏那些封建的、资产阶级的、小资产阶级的、自由主义的、个人主义的、虚无主义的、为艺术而艺术的、贵族式的、颓废的、悲观的以及其他种种非人民大众非无产阶级的创作情绪。"[①]"资产阶级"是如此可怕，以至于当时的文学作品一涉及"小资产阶级"的情绪和生活，"便罪同反革命"[②]。

五、从"人道主义"到"马克思主义"

作为反封建的资产阶级民主革命，五四运动所运用的主要思想武器是"人道主义"。新文化运动的代表蔡元培指出，"人道主义"又称"博爱主义"[③]，是"人性所固有"，"人心所自然"，"夫人类共同之鹄的，为今日所堪公认者，不外乎人道主义"。[④]以此观照文学，周作人提出了"人的文学"概念。"人的文学"实质上"希望从文学上起首，提倡一点人道主义思想"，"用这人道主义为本，对于人生诸问题，加以记录研究的文字，便谓之人的文学"[⑤]。1935年，朱自清在《〈新中国文学大系·诗集〉导言》中评价"周氏提倡人道主义的文学"说，这是"时代的声音"，"至今还为新诗特色之一"。

---

① 《毛泽东选集》（第三卷），第874页。

② 茅盾《从牯岭到东京》："现在差不多有这样一种倾向：你做一篇小说为劳苦群众的工农诉苦，那就不问如何，大家齐声称你是革命作家；假如你为小资产阶级诉苦，便罪同反革命……几乎全国十分之六是属于小资产阶级的中国，然而它的文坛上没有表现小资产阶级的作品，这不能不说是怪现象吧。"

③ 蔡元培：《华法教育会之意趣》（1916年3月29日），《蔡元培全集》（第2卷），中华书局1984年版，第130页。

④ 蔡元培：《哲学大纲·美学观念》（1915年1月），《蔡元培全集》（第2卷），第379页。

⑤ 周作人：《人的文学》，1918年12月15日《新青年》第5卷第6号。

不过，五四"文学革命"给文学注入的"人道主义"，在后来的"无产阶级革命文学"运动中则遭到扬弃。周扬将"对于被压迫者"的"同情"指责为"浅薄的人道主义"。①洪深把"人道主义"作为与"封建道德"等并列的东西加以批判。②冯雪峰在一篇为"反顾人道主义"的鲁迅辩护的文章《革命与智识阶级》中指出，当时的文学革命"抛弃了人道主义"。③代之而起的是什么呢？是"马克思主义"。马克思主义的世界观和方法论是辩证唯物论，社会理想是建立社会主义。李初梨在《怎样地建设革命文学》中以马克思主义关于社会存在决定社会意识的原理考察中国文学革命的发展历程，认为时代发展到1928年，社会状况发生了很大变化，"中国一般大众的激增"，"中国阶级的贫困化"推动了作家的革命要求，促进了"无产阶级文学"的诞生和"革命文学"的倡导。作家只有"牢牢地把握着无产阶级的世界观……即战斗的唯物论，唯物的辩证法"，才可以创造出无产阶级"革命文学"来。郭沫若认为，"资本主义对于社会主义是反革命"④，因此，"我们现在所需要的文艺……在形式上是现实主义的，在内容上是社会主义的。除此以外的文艺都已经是过去的了"⑤，"我们所要求的文学是表同情与无产阶级的社会主义的写实主义的文学"⑥，"无产阶级的文艺是倾向社会主义的文艺。我说'倾向'！——因为社会主义还没有实现，所以才有阶级；因为要求社会主义的实现，所以才巩固无产阶级的大本营以鼓动革命"⑦。"左联"的共同特点是："马克思主义唯物史观，尤其是其中的阶级论观点在他们是最活跃的思想。"⑧鉴于马克思主义对革

① 起应（周扬）：《关于文学大众化》，1932年7月《北斗》第2卷第3、4期合刊。
② 洪深：《电影戏剧编剧的方法·为什么写剧》。
③ 1928年9月25日《无轨列车》第2期。
④ 杜荃（郭沫若）：《文艺战线上的封建余孽》。
⑤ 郭沫若：《文艺家的觉悟》，1926年5月《洪水半月刊》第2卷第16期。
⑥ 郭沫若：《革命与文学》，1926年5月16日《创造月刊》第1卷第3期。
⑦ 麦克昂（郭沫若）：《英雄树》。
⑧ 许道明：《中国现代文学批评史新编》，第122页。

命文学的指导作用，"左联"在理论纲领中强调"确立马克思主义的艺术
理论及批评理论"，成立了"马克思主义文艺理论研究会"，后来相继出
版了马克思主义文艺理论丛书。1932年9月"左联"改组后，又把"指导
翻译国际普洛（无产——引者）文学作品及文艺理论书籍论文"作为其下
属"国际联络委员会"的重要工作之一①，要求其机关杂志《文学》"负起
建立中国马克思列宁主义的文艺理论的任务"②。在这种理论的指导下，"社
会主义现实主义"的创作方法观念也被提出来。③

六、从"人性论"到"阶级论"，从"人的文学"到"无产文学"

鲁迅在回忆五四"文学革命"的指导思想时指出："最初，文学革命
者的要求是人性的解放。"④

1918年底，周作人在《新青年》发表《人的文学》一文，提出"人
的文学"口号。这个"人"，不是阶级的"人"，而是普遍的"人"、类
的"人"。他说："我们要说人的文学，须得先将这个人字，略加说明。我
们所说的人……乃是说，'从动物进化的人类'。其中有两个要点，（一）
'从动物'进化的，（二）从动物'进化'的。"由于人是"从动物"进化
的，所以，即便是"人"，他身上仍然保留着"动物性"，或者说，"兽
性"是"人性"的一部分，有权利得到满足："我们承认人是一种生物。
他的生活现象，与别的动物并无不同，所以我们相信人的一切生活本能，
都是美的善的，应得完全满足。凡有违反人性不自然的习惯制度，都应该
排斥改正。"但是同时，我们又要看到，人是从动物"进化"的，他应当

---

① 《关于左联改组的决议》，《秘书处消息》第1期。

② 《关于左联理论指导机关杂志（文学）的决议》，《秘书处消息》第1期。

③ 周起应（周扬）：《关于"社会主义的现实主义与革命的浪漫主义"》，1936年1月1日《文学》第6卷第1号。

④ 鲁迅：《且介亭杂文·〈草鞋脚〉小引》。

有高于动物、比动物进步的地方："人是一种从动物进化的生物。他的内面生活，比别的动物更为复杂高深，而且逐渐向上，有能够改造生活的力量。所以我们相信人类以动物的生活为生存的基础，而其内面生活，却渐与动物相远，终能达到高上和平的境地。"人高于动物的地方是什么呢？就是人的"灵性""神性"。于是，"人的灵肉二重的生活"，才是人的完整生活；"兽性与神性，合起来便只是人性"；"人类正当生活，便是这灵肉一致的生活"。由此看来，单独满足人的"兽性"欲求而置人的"灵性"法则于不顾，或仅从"神性"出发扼杀人的"兽性"欲望，都是对"人性"的肢解。所以说："凡兽性的余留，与古代礼法可以阻碍人性向上的发展者，也都应该排斥改正。"在周作人看来，中国古代的"人性观"恰好是处于分裂状态的："古人的思想，以为人性有灵肉二元，同时并存，永相冲突。肉的一面，是兽性的遗传；灵的一面，是神性的发端。人生的目的，便偏重在发展这神性；其手段，便在灭了体质以救灵魂。所以古来宗教，大都厉行禁欲主义，有种种苦行，抵制人类的本能。一方面却别有不顾灵魂的快乐派，只愿'死便埋我'。其实两者都是趋于极端，不能说是人的正当生活。""人性"不则是"兽性"与"神性"的合一，而且是"利己"与"利他"的合一。在1920年1月《新文学的要求》的演讲中，周作人将"人的文学"表述为："这文学是人性的，不是兽性的，也不是神性的。"周作人提出"人的文学"，旨在批判和取代替封建专制社会中"非人的文学"。在他看来，"中国文学中，人的文学本极少"。首先，"从儒教道教出来的文章，几乎都不合格"。其次，"单从纯文学上"来看，中国古代文学不出"色情狂的淫书类""迷信的鬼神书类""神仙书类""妖怪书类""奴隶书类""强盗书类""才子佳人书类""下等谐谑书类""黑幕类"十类。"这几类全是妨碍人性的生长，破坏人类的平和的东西，统应该排斥。"[1]

---

[1]　以上引文均见周作人:《人的文学》。

　　用解放人性的观点创作"人的文学"，对过去"非人的文学"实行思想内容的"革命"，是五四新文学运动的另一特色。鲁迅在1918年发表的《狂人日记》中曾痛斥中国历史的"吃人"本质。胡适1922年为《申报》五十周年纪念刊撰写的《五十年来之中国文学》考察五四新文学以来的创作，指出"大凡文学有两个主要分子"，其中之一便是"要有人"。1935年，胡适在《〈中国新文学大系·建设理论集〉导言》中指出，"新文学运动只有两个主要的理论"，其中之一是"要做'人的'文学"。1928年，在大力倡导"无产阶级革命文学"的时候，梁实秋等人创立《新月》月刊，进一步宣扬周作人"人的文学"观。在1928年出版的评论集《文学的纪律》中，他指出文学"发于人性，基于人性，亦止于人性"，文学的作用在于"表示出普遍固定之人性"。在《文学与革命》一文中，他指出："'革命的文学'这个名词根本的就不能成立。""伟大的文学乃是基于固定的普遍的人性，从人心深处流出来的情思才是好的文学，文学难得的是忠实——忠于人性，至于与当时的时代潮流发生怎样的关系，是受时代的影响，还是影响到时代，是与革命理论结合，还是为传统思想所拘束，满不相干，对于文学的价值不发生关系。因为人性是测量文学的唯一标准。"[1]

　　马克思主义是以唯物史观观照社会的。以唯物史观观照社会的结果，是经济基础决定上层建筑和意识形态，人划分为阶级，具有阶级属性。以此为指导的"革命文学"自然对"五四"倡导的超阶级的人性论和"人的文学"持否定态度。他们指出："文艺是有阶级性的。"[2]"艺术是阶级对立的强有力的工具。"[3]"阶级社会里底艺术，都是阶级艺术"，把艺术视为"超然于社会斗争、社会意识之上"，是"有闲阶级的艺术论"。[4]"所谓为

---

① 　胡适：《文学与革命》，1928年6月《新月》第1卷第4号。

② 　钱杏邨：《批评与建设》，1928年3月《太阳》月刊第5期。

③ 　李初梨：《普罗列塔利亚文艺批评底标准》，1928年6月《我们》月刊第2期。

④ 　忻启介：《无产阶级艺术论》，1928年5月1日《流沙》第4期。

全人类的文艺就是不革命甚至反革命的文艺。"①"'五四'是中国资产阶级争取政权时对于封建势力的一种意识形态的斗争……无产阶级的崛起，时代走上了新的机遇，'五四'埋葬在坟墓里了。"②"五四时期的反对封建礼教斗争只限于知识分子，这是一个资产阶级的自由主义启蒙主义的文艺运动。我们要有一个'无产阶级的五四'。"③在"革命文学"者看来，"人性论""人的文学"不过是五四"资产阶级启蒙主义文艺运动"的口号，"革命文学"运动就是要把"资产阶级"的"五四"变为"无产阶级的五四"，其中，将"人的文学"改变为"无产文学"是一项重要标志。李初梨《怎样地建设革命文学》集中表述了他"关于无产文艺的意见"。所谓"无产文学"，即"无产阶级文学"的略称。他总结了各国无产阶级文学的历史和样式，呼唤"讽刺的无产文学""暴露的无产文学""鼓动的无产文学""教导的无产文学"。在"革命文学"论争关于文艺"阶级性"的论争中，鲁迅发表了大量文章，影响很大，值得特别关注。鲁迅早期是一个进化论者，以进化论的观点看人性，他更多地看到人区别于动物的类的属性，即普遍人性、共同人性。经历了1928年前后的"革命文学"论争，他逐渐转化为一个阶级论者。在与梁实秋的论争中，他指出："文学不借人，也无以表示性。一用人，而且还在阶级社会里，断不能免掉所属的阶级性，无须加以束缚，实乃出于必然。自然，喜怒哀乐人之情也。然而穷人决无开交易所折本的懊恼，煤油大王那会知道北京拣煤渣老婆子身受的酸辛，饥区的灾民，大约总不去种兰花，像阔人的老太爷一样，贾府上的焦大，也不爱林妹妹的。""倘说，因为我们是人，所以以表现人性为限，那么，无产者就因为是无产阶级，所以要做无产文学。"④在与"第三种人"苏汶的论争中，鲁迅指出："生在有阶级的社会里而要做超阶级

---

① 麦克昂（郭沫若）:《桌子的跳舞》。
② 丙申（茅盾）:《"五四"运动的检讨》，1931年8月《前哨》第1卷第2期。
③ 瞿秋白:《普洛大众文艺的现实问题》，1932年4月《文学》第1卷第1期。
④ 鲁迅:《"硬译"与"文学的阶级性"》，1930年《萌芽》第1卷第3期。

的作家……恰如用自己的手拔着头发，要离开地球一样。"①在《对于左翼作家联盟的意见》中，他更是明确地宣称："无产阶级文学，是无产阶级解放斗争的一翼，它跟着无产阶级的社会的势力的成长而成长。"②不过，鲁迅不赞成主张普遍人性的梁实秋，也不赞成把阶级性推向极端的"革命文学"论者。在《文学的阶级性》一文中，鲁迅指出："若据性格情感等，都受'支配于经济'之说，则这些就一定都带着阶级性。但是'都带'，而非'只有'。所以不相信有一切超乎阶级、文章如日月的永久的大文豪，也不相信住洋房、喝咖啡，却道'唯我把握了无产阶级意识，所以我是真的无产者'的革命文学者。"③鲁迅的文学"都带"阶级性，后来变成"只有"阶级性被毛泽东加以继承发展。1942年，毛泽东《在延安文艺座谈会上的讲话》中明确将"人性论"和"人类之爱"作为"糊涂观念"加以批判："有没有人性这种东西？当然有的。但是只有具体的人性，没有抽象的人性。在阶级社会里就是只有带着阶级性的人性，而没有什么超阶级的人性。"④"就说爱吧，在阶级社会里，也只有阶级的爱。"⑤"世上绝没有无缘无故的爱，也没有无缘无故的恨。至于所谓'人类之爱'，自从人类分化成为阶级以后，就没有过这种统一的爱。"⑥在批判超阶级的"人性论"的基础上，毛泽东提出了"无产阶级文艺"的主张："文艺是为地主阶级的，这是封建主义的文艺。中国封建时代统治阶级的文学艺术，就是这种东西。直到今天，这种文艺在中国还有颇大的势力。文艺是为资产阶级的，这是资产阶级的文艺。像鲁迅所批评的梁实秋一类人，他们虽然在口头上提出什么文艺是超阶级的，但是他们在实际上是主张资产阶级的文

① 鲁迅：《论"第三种人"》，1923年11月《现代》第2卷第1期。
② 鲁迅：《二心集》，《鲁迅全集》（第4卷），第236页。
③ 鲁迅：《文学的阶级性》，1928年8月20日《语丝》第4卷第34期。
④ 《毛泽东选集》（第三卷），第870页。
⑤ 《毛泽东选集》（第三卷），第852页。
⑥ 《毛泽东选集》（第三卷），第871页。

艺，反对无产阶级的文艺的。"①"我们的文学艺术，首先是为工农兵的，为工农兵而创作，为工农兵所利用的。"②毛泽东的这一主张，后来被贯彻到抗日战争、解放战争和社会主义时期的"革命文学"创作中。

七、从"唯心论"到"唯物论"，从"浪漫主义"到"现实主义"

五四"文学革命"为了冲决封建罗网，强调文学表现"自我"，从而带有浓重的主观唯心主义倾向和浪漫主义色彩。创造社是重要代表。"他们当时文学上的标语，是'内心的要求'，'自我的表现'。"③郭沫若在《创造者》一诗中甚至称诗人是开天辟地的盘古："本体就是他，上帝就是他，／他在无极之先，／他在感官之外，／他在他的自身，／创造个光明的世界。"主体自我不仅是文学创作的来源，也是世界宇宙的本体。他不赞成文学是现实反映的"再现论"，认为文学模仿自然无异于做"自然的儿子"，认为文学应重在"自我表现"，重在能动"创造"，做"自然的老子"。④田汉认为，"自己表现的冲动才是艺术的真正起源"，"诗人是自己的情感之音乐的表现者"。⑤成仿吾在《新文学的使命》中说："文学上的创作，本来是出自内心的要求，原不必有什么预定的目的。""我们最是把内心的自然的要求作它的原动力。"⑥与推崇主体心灵在文学创作中的能动创造作用相应，"浪漫主义"创作方法也受到崇尚。"创造社批评家的趋赴浪漫主义正是体现了这种特征。"⑦不仅创造社成员如此，整个"五四"，"说它是一个浪漫主义的时代也不为过。《新青年》批评家几乎没有

① 《毛泽东选集》（第三卷），第855页。
② 《毛泽东选集》（第三卷），第863页。
③ 李初梨：《怎样地建设革命文学》。
④ 郭沫若：《自然与艺术》，《创造周报》第16号。
⑤ 田汉：《三叶集》，上海东亚图书局1920年版。
⑥ 成仿吾：《新文学的使命》，1923年5月《创造周报》第2号。
⑦ 许道明：《中国现代文学批评史新编》，第57页。

一个人对浪漫主义不抱好感的，特别当他们年轻的时候。联系个性解放的思潮，清末民初的鲁迅和新文学运动时期的陈独秀的言论，都有相当浓重的浪漫主义倾向。连笃实沉厚的李大钊在《〈晨钟〉之使命》中也明确表示誓为浪漫主义文学'执鞭以从'。文学研究会人生写实派批评家开的虽是写实主义的店铺，内中也不乏浪漫主义的货色。"①

然而，这种崇尚自我心灵创造的文学观和方法论在"革命文学"时代则遭到了马克思主义唯物论的批判。成仿吾指出，从"文学革命"转向"革命文学"的根本是"获得辩证法的唯物论"，"把握唯物的辩证法"。②李初梨指出，"革命文学"是"为革命而文学"，所以应当将资产阶级意识形态克服干净，"牢牢地把握着无产阶级的世界观……即战斗的唯物论，唯物的辩证法"。③蒋光慈认为，"文学是表现社会生活的"，当时"中国社会革命的潮流已经到了极高涨的时代"，"革命文学"就应将这种激烈的社会斗争"表现"出来。④瞿秋白的《马克思恩格斯和文学上的现实主义》一文以马克思与拉萨尔关于文艺问题的讨论和恩格斯致哈克纳斯的信为据，"反对浅薄的浪漫主义"，反对"理想化"的"主观主义唯心论的文学"，"鼓励现实主义"，提倡"客观现实主义的文学"。⑤30年代初期，"左联"曾开展了关于"文艺大众化运动"和马克思主义文艺创作方法的讨论。文艺的大众化不仅指形式的通俗易懂、思想感情的大众化，而且包括"号召左联全体盟员到工厂到农村到战线到社会的地下层中去"⑥，深入大众生活，"写工人民众和一切题材"，"反映现实的人生，社会关系，社会斗争"。⑦与此相应，忠于生活的"现实主义"创作方法受到褒扬，而且

---

① 许道明：《中国现代文学批评史新编》，第57页。
② 成仿吾：《从文学革命到革命文学》。
③ 李初梨：《怎样地建设革命文学》。
④ 蒋光慈：《关于革命文学》。
⑤ 谢华（瞿秋白）：《马克思恩格斯和文学上的现实主义》，1933年4月《现代》第2卷第6期。
⑥ 《无产阶级文学运动新的情势及我们的任务》（1930年8月4日"左联"执行委员会通过），1930年8月15日《文化斗争》第1卷第1期。
⑦ 史铁儿（瞿秋白）：《普洛大众文艺的现实问题》。

对传统的"现实主义"方法加入了"社会主义"改造，周扬阐释为"社会主义现实主义"。①在《文学的真实性》中，他指出："只有站在革命阶级的立场，把握住唯物辩证法的方法，从万花缭乱的现象中，找出必然的、本质的东西，即运动的根本法则，才是到现实的最正确的认识之路，到文学的真实性的最高峰之路。"②"革命文学"论者中坚持的唯物论的文学观和包含主观能动性、积极性的现实主义创作方法，后来在毛泽东《在延安文艺座谈会上的讲话》得到了进一步概括："我们要用辩证唯物论和历史唯物论的观点去观察世界、观察社会、观察文学艺术。"③"作为观念形态的文艺作品，都是一定的社会生活在人类头脑中的反映的产物。人们生活中本来存在着文学艺术原料的矿藏……它们是一切文学艺术的取之不尽、用之不竭的唯一源泉。"④"中国的革命的文学家艺术家，有出息的文学家艺术家，必须到群众中去，必须长期地无条件地全心全意地到工农兵群众中去，到火热的斗争中去，到唯一的最广大最丰富的源泉中去，观察、体验、研究、分析一切人，一切阶级，一切群众，一切生动的生活形式和斗争形式，一切文学和艺术的原始材料，然后才有可能进入创作过程。"⑤"人们生活中的文学艺术的材料，经过革命作家的创造性的劳动而形成观念形态上的为人民大众的文学艺术。"⑥

八、从"个人主义"到"集体主义"，从"个性文学"到"人民文学"

早在黄遵宪提倡的"诗界革命"中，就高扬过"我"的地位，所谓

---

① 周起应（周扬）:《关于"社会主义的现实主义与革命的浪漫主义"》。
② 周起应（周扬）:《文学的真实性》，1933年5月《现代》第3卷第1期。
③ 《毛泽东选集》（第三卷），第874页。
④ 《毛泽东选集》（第三卷），第860页。
⑤ 《毛泽东选集》（第三卷），第861页。
⑥ 《毛泽东选集》（第三卷），第863页。

"我手写我口""诗之中有人""要不失为我之诗"。五四"文学革命"作为反对扼杀人性的封建专制主义的民主革命，中心是"个性"的解放。陈独秀用来反抗、取代"三纲""忠、孝、节"之类"旧道德"的"新道德"是"个人本位主义"。在1915年9月发表的《敬告青年》中，他呼吁："盖自认为独立自主之人格以上，一切操行、一切权利、一切信仰，唯有听命各自固有之智能，绝无盲从隶属他人之理。""'解放'云者，脱离乎奴隶之羁绊，以完其自主自由之人格之谓也。"在1915年12月发表的《东西民族根本思想之差异》一文中，他表明了对西方个人主义道德的向往："西洋民族，自古迄今，彻头彻尾，个人主义之民族也……举凡一切伦理、道德、政治、法律、社会之所向往，国家之所祈求，拥有个人之自由权利与幸福而已。"陈独秀此论，对周作人很有影响。他所提倡的"人道主义"，即是一种"个人主义的人间本位主义"①。在周作人看来，个人才是世界的中心，社会则是个人的派生，而国家、种族更在其次。"人类或社会本来是个人的总体，抽去了个人便空洞无物。"②"中国所缺少的，是彻底的个人主义。"③以此去观照文学创作，个人成了文学价值的崇高标准："我想现在讲文艺，第一重要的是'个人的解放'，其余的主义可以随便。"④1918年，胡适在《新青年》"易卜生专号"发表《易卜生主义》指出："社会最大的罪恶莫过于摧折个人的个性，不使他自由发展。""社会国家没有自由独立的人格，如同酒里少了酒曲，面包里少了酵，人身上少了筋：那种社会国家绝没有改良进步的希望。"他认为，文学有两个"主要分子"，其一是"要有我"。⑤李大钊认为人与世界的关系说到底是"我"与世界的关系。所以他发表《我与世界》一文说："我们现在所要

---

① 周作人：《人的文学》。
② 周作人：《文艺的统一》，《周作人文类编》（卷三），湖南文艺出版社1998年版，第77页。
③ 周作人：《〈潮州畲歌集〉序》，《周作人文类编》（卷六），第568页。
④ 周作人：《文艺的讨论》，《周作人文类编》（卷一），第65—66页。
⑤ 胡适：《五十年来之中国文学》，1922年3月《申报》五十周年纪念特刊。

求的，是个解放自由的我，和一个人人相爱的世界。"鲁迅早在1907年的《文化偏至论》中就提出"重个人""尊个性"的主张。在《新青年》随感录里，鲁迅提倡有几分天才、几分狂气的"个人的自大"。在早期杂文《坟》中，鲁迅指出："惟发挥个性，为至高之道德。""张大个人之人格，又人生之第一义也。"郭沫若宣称："我们反抗不以个性为根底的既成道德。"①如此等等。正如茅盾总结概括的那样："人的发现，即发展个性，即个人主义，成为'五四'时期新文学运动的主要目标。"②郁达夫也说："五四运动的最大的成功，第一个要算'个人'的发见。"③"五四运动，在文学上促生的新意义，是自我的发见……自我发见之后，文学的范围就扩大，文学的内容和思想，自然也就丰富起来了。"④

　　然而，这种在反抗封建奴隶道德时很受褒誉的"个人主义"新道德，却在"革命文学"运动中因为与无产阶级集体革命事业发生矛盾，而遭到"集体主义""人民文学"的打压。1925年，沈雁冰发表《论无产阶级艺术》，就将"个人主义"作为与"无产阶级艺术"对立的思想加以批判。1928年1月，郭沫若发表《英雄树》，将"个人主义"当作"最丑恶"的东西加以诅咒。1930年，郭沫若回忆创造社在五四时期的追求颇有悔意："他们主张个性，要有内在的要求；他们蔑视传统，要有自由的组织。……这用一句话归总，便是极端的个人主义的表现。"而"个人主义""是资本主义社会中的根本精神"。⑤1928年2月，蒋光慈发表《关于革命文学》，"个人主义"成了"旧思想"的代表、声讨的靶子："革命文学应当是反个人主义的文学，它的主人翁应当是群众，而不是个人。它的倾向应当是集体主义，而不是个人主义。""革命文学的任务，是要在此斗

---

① 鲁迅:《我们的文学新运动》，1923年5月《创造周报》第3号。
② 茅盾:《关于"创作"》，1931年9月《北斗》创刊号。
③ 郁达夫:《现代散文导论》(下)，《中国新文学大系·导论集》，上海良友图书公司1935年版。
④ 郁达夫:《五四文学运动之历史的意义》，1933年7月《文学》月刊第1卷第1期。
⑤ 麦克昂（郭沫若）:《文学革命之回顾》。

争生活中，表现出群众的力量，暗示人们以集体主义的倾向。在革命的作品中，当然也有英雄，也有很可贵的个性，但他们只是为群众的服务者。而不是社会生活的中心。""旧式的作家因为受了旧思想的支配，成为了个人主义者，因之他们写出来的作品，也就充分地表现出个人主义倾向。他们以个人主义为创作的中心，以个人生活为描写的目标，而忽视了群众的生活。他们心目中只知道有英雄，而不知道有群众，只知道有个人，而不知道有集体。不错，在社会生活中，所谓个人生活，所谓英雄，当然占有相当的地位，但是现代革命的潮流，很显然地指示了我们，就是群众已登了政治的舞台，集体的生活已经将个人的生活送到不重要的地位了。无论什么个人或英雄，倘若他违背革命的倾向，反对集体的利益，那只是旧势力的遗物，而不能长此地维持其生命。"①于是，"小我"服从"大我"，"个人"听命于"革命"的"集体"，成为文学创作至高无上的律令。五四时期的"个性文学"这时让位于"人民文学"。郁达夫指出，文学不能局限于表现"小我"，而应扩大为"代表全世界的大多数民众的大我"。②40年代，郭沫若大力宣传"人民文艺"和"以人民为本"的文艺观，文艺应当"歌人民大众的功，颂人民大众的德"③，文艺必须"始于人民，终于人民"，文艺家应是"以文艺服务于人民的忠实的仆役"④。他进而提出了"人民至上主义的文艺"口号。⑤郭沫若的转变代表着一个时代文艺观的转变。如郑振铎1946年为《文艺复兴》撰写的《发刊词》要求："人民之友、人民的最亲切的代言人的文艺作者，你必须为人民而歌唱、而写作；你必须在黑暗中为人民执着火炬，作先驱者。""应该配合着整个新的中国的动

---

① 蒋光慈：《关于革命文学》。

② 郁达夫：《断残集自序》，上海北新书局1933年版。

③ 郭沫若：《新缪司九神礼赞》，《文萃》1947年第14期。

④ 郭沫若：《纪念第二届"五四"文艺节告全国文艺工作者》，《天地玄黄》，上海大孚出版公司1947年版。

⑤ 郭沫若：《人民至上主义的文艺》，1947年3月3日上海《文汇报》。

向，为民主，为绝大多数的民众而写作。"在"人民文学"这个动听的口号背后，"五四"提倡的个人主义文学或者说个性的文学遁身不见了。

九、从"自由"到"遵命"，从"艺术自律"论到"革命工具"论

"自由"是五四"文学革命"的另一价值坐标。"自由"不仅指内容上反抗奴性的、非人的旧文学，形式上挣脱文言文、格律诗的束缚，还包括尊重艺术自律，反对将文学当作革命手段或政治工具。胡适在阐述"文学革命"的"自由"特点时指出："新文学的语言是白话的，新文学的文体是自由的，是不拘格律的。形式上的束缚，使精神不能自由发展，使良好的内容不能充分表现。若想有一种新内容和新精神，不能不先打破那些束缚精神的枷锁镣铐。"于是"自由吐出心里的东西"[1]，实现思想和诗体的"大解放"，就成为胡适倡导的"新诗运动"的基本主张。"五四"诗坛，郭沫若奉行的诗歌创作纲领是"绝端的自由，绝端的自主"。他说："诗的本职专在抒情。抒情的文字不采诗形，也不失其诗。例如近代的自由诗、散文诗，都是抒情的散文。自由诗散文诗的建设也正是近代诗人不愿受一切的束缚，破除一切已成的形式，而专捉诗的神髓以便于其自然流露的一种表示。"创造社成立之初，以"为艺术而艺术"为创作法则。郁达夫在《创造日宣言》中声称："我们想以纯粹的学理和严正的言论来批评文艺政治家，我们更想以唯真唯美的精神来创造文学和介绍文学。"[2]他还指出："艺术所追求的是形式和精神的美……美的追求是艺术的核心。"[3]"小说在艺术上的价值，可以以真和美的两条件来决定……至于社会价值，及伦理的价值，作者在创作的时候，尽可以不管。"[4]五四时期"是一个美的

---

① 胡适：《谈新诗》，1919年10月10日《星期评论》"双十节纪念专号"。
② 1923年7月21日《中华新报·创造日》。
③ 郁达夫：《艺术与国家》，1923年6月《创造周报》第7号。
④ 郁达夫：《小说论》，光华书局1926年版。

价值普遍认同的时期，蔡元培讲'纯美'，文坛以'纯美'或'唯美'相标榜，人生写实派批评家同样无意简单化地拒斥美的创造"①。如王统照《何为文学的"创作者"?》把"美"放在"善"和"知"之前，认为文学"因美的文字，以情绪作基本"。瞿世英《小说的研究》从"美"的角度论证文学特质和文学家的职责。这种思想在30年代的代表是胡秋原、苏汶。"左联"倡导"革命文学"初期，胡秋原、苏汶以"自由人""第三种人"的身份强调文艺不依附于政治的独立性。胡秋原在1931年底《文化评论》创刊号上发表《阿狗文艺论》，批评"将艺术堕落到一种政治的留声机，那是艺术的叛徒"，强调"文学与艺术至死也是自由的"。翌年，他又在《文化评论》第4期发表《勿侵略文艺》一文，反对政治功利对文艺的"侵略"。苏汶虽然与胡秋原的观点有异，但在反对政治对艺术的"干涉"，要求给文艺创作"自由"和独立这点上是一致的。他从艺术自律出发批评"左联"革命文学暴露的公式化、口号化弊病："文学不再是文学了，变为连环图画之类；而作者也不再是作者了，变为煽动家之类。"②

　　五四"文学革命"所标举的"创作自由"和"艺术自律"论到"革命文学"时期遭到全盘清算与彻底瓦解。道理很简单："革命文学"既然"是整个革命事业的一部分，是齿轮和螺丝钉"③，就应当"从属于政治"④，充当政治的工具，为宣传革命、鼓动革命服务。这时如果坚持什么"创作自由""艺术自律"，无异于是不革命甚至反革命。早在1924年，萧楚女就在《艺术与生活》中批评了"为艺术而艺术"的"艺术至上主义"⑤。这种价值取向，集中体现在对胡秋原、苏汶为代表的"自由人""第三种

---

① 许道明：《中国现代文学批评史新编》，第40页。
② 胡秋原：《关于〈文新〉与胡秋原的文艺论辩》，1932年《现代》第1卷3号。
③ 《毛泽东选集》(第三卷)，第866页。
④ 《毛泽东选集》(第三卷)，第866页。
⑤ 萧楚女：《艺术与生活》，1924年7月5日《中国青年》周刊第38期。

人"的批判上。胡秋原本是马克思主义唯物史观的拥护者，并不否认文艺的阶级性，在尊重"艺术尊严"的同时并不反对"生活之表现"，所谓"伟大的文艺"，"就是为了艺术，同时也为了人生"①。苏汶曾翻译过苏联革命文艺作品和理论。只是因为他们同时兼顾艺术自律和创作自由，便遭到"左联"革命文学家的猛烈痛击。瞿秋白发表《文艺的自由和文学家的不自由》，批判胡秋原："最重要的是他要文学脱离无产阶级而自由，脱离广大的群众而自由。""在阶级的社会里，没有真正的实在的自由。当无产阶级公开的要求文艺的斗争工具的时候，谁要出来大叫'勿侵略文艺'，谁就无意之中做了伪善的资产阶级的艺术至上派的'留声机'。"②批评苏汶："在这天罗地网的阶级社会里，你逃不到什么地方，也就做不成什么'第三种人'。""苏汶先生还嫌胡秋原的自由主义不彻底，他主张把一切群众的新兴阶级的文艺运动，一概归到'非文学'之中去，让文学脱离新兴阶级和群众而自由。"③钱杏邨为革命文学的口号化倾向辩护："宣传文艺当然不能说一定要全篇充满了宣传的标语或口号，然而绝对的避免口号标语……那也未免太不了解文艺的社会使命了。所以在革命的现阶段，标语口号文学在事实上还不是没有作用的，这种文学对于革命的前途是比任何种类的文艺更具有力量的……总之，宣传文艺的重要条件是煽动，在煽动力量丰富的程度上规定文章的作用的多寡。我们不必绝对的去避免标语口号化，我们也不必在作品里专门堆砌口号标语，然而，我们必定要做到有丰富的煽动力量的一点。"④在这场斗争中，鲁迅发表了一系列文章，矛头集中对准"第三种人"。文艺自由论者声称坚守不偏不倚、不左不右的价值中立，"左联"的批评家"甚至于将中立者认为非中立，而一

---

① 　胡秋原：《阿狗文艺论》，1931年12月《文化评论》创刊号。
② 　易嘉（瞿秋白）：《文艺的自由和文学家的不自由》，1932年7月《现代》第1卷6号。
③ 　易嘉（瞿秋白）：《文艺的自由和文学家的不自由》，1932年7月《现代》第1卷6号。
④ 　钱杏邨：《幻灭动摇的时代推动论》，1929年4月《海风周报》第14、15期合刊。

非中立，便有认为'资产阶级的走狗'的可能"①。鲁迅从阶级论出发，仍
然坚持这种观点："生在有阶级的社会而要做超阶级的作家，生在战斗的
时代而要离开战斗而独立……在现实世界上是没有人要做这样的人，恰如
用自己的手拔着头发，要离开地球一样，他离不开。""所以虽是'第三
种人'，却还是一定超不出阶级的。"②针对文艺与政治宣传的关系，鲁迅早
在1928年3月写的《文艺与革命》一文中就指出："我以为一切文艺固是宣
传，而一切宣传却并非全是文艺，这正如一切花皆有色（我将白也算作一
种色），而凡颜色未必都是花一样。革命之所以于口号、标语、布告、电
报、教科书……之外，要用文艺者，就因为它是文艺。"③他并不反对文艺
是政治宣传，只不过要求在此之外兼顾艺术性而已。于是，文学在鲁迅那
里变成了听命于"革命"要求的"遵命文学"。30年代初，鲁迅在《南腔
北调集·〈自选集·自序〉》（1932年）中回顾说，他在"五四"时期的作
品，是"遵命文学"，"不过我所遵奉的，是那时革命先驱者的命令，也
是我自己愿意遵奉的命令，决不是皇上的圣旨，也不是金元和真的指挥
刀"。"我做小说，是开始于一九一八年，《新青年》上提倡'文学革命'
的时候的。……我的作品在《新青年》上，步调是和大家大概一致的，所
以我想，这些确可以算作那时的'革命文学'。"鲁迅回忆小说《药》的
创作时也说："我的文学是一种'遵命文学'，既然是遵命文学，当然须得
听将令的了。于是我有时不惜在小说中用了曲笔，比如，在瑜儿的坟上凭
空添上一个花环……"用"遵命文学"指称五四文学只是后话，并不准
确。因为五四新文学的"革命"是包含着个性自由和艺术独立的，用来指
称后来的"革命文学"倒很贴切，因为"革命文学"所说的"无产阶级革
命"，已消解了个性自由和艺术自律。1932年，鲁迅写了七律诗《自嘲》：
"横眉冷对千夫指，俯首甘为孺子牛。"这两句诗受到毛泽东的高度称赞：

---

① 鲁迅：《对"第三种人"和"文艺自由论"的斗争》，1932年10月10日《南腔北调集》。

② 鲁迅：《对"第三种人"和"文艺自由论"的斗争》。

③ 《文艺与革命》（1928年3月），《鲁迅全集》（第4卷），第84页。

"一切共产党员，一切革命家，一切革命的文艺工作者，都应该学鲁迅的榜样，做无产阶级和人民大众的'牛'，鞠躬尽瘁，死而后已。"[1]1927年后的鲁迅堪称无产阶级"遵命文学"的代表。

综上所述，不难看出，1922年开始的"革命文学"历程，其价值取向与五四"文学革命"相较发生了根本的转变。尽管它在反帝反封建的新民主主义革命中曾发挥过积极作用，但受当时国际共产主义运动和中国共产党党内占统治地位的"左"倾路线的掣肘，它无可置疑地带有极"左"色彩。教条式地对待马克思主义，机械地理解唯物论和唯物史观，用想当然的绝对化的思维方式取代辩证法，混淆民主主义革命与社会主义革命的界限，不仅将资产阶级当作革命对象，而且将知识分子当作"小资产阶级"进行革命，从而把人道主义、自我表现、个人主义、自由主义、艺术自律等都当作资产阶级或小资产阶级的思想加以批判，于是将五四新文学视为资产阶级文学予以否定，不适当地开展了对鲁迅等人的思想斗争，乃至对革命队伍之外的不同文艺观点无限上纲上线，实行唯我独革的关门主义，纵容和鼓励标语口号化和公式化，等等。这些问题，在抗战文艺和解放战争时期的革命文艺中都有程度不同的表现，在新中国成立后十七年的社会主义文艺和"文革"文艺中则愈演愈烈，直到总爆发。物极必反。1978年以后改革开放时期"人的文学"的呼唤和"五四文学"的回归，正是对前此五十多年无产阶级革命文学运动中蕴藏的问题的矫正。

第四节　论审美主体对艺术的双重美学关系[2]

审美主体对于艺术作品的审美鉴赏实际上具有双重审美关系。它们可以单独地发生活动：当要评判艺术作品艺术价值的高低亦即形式的美丑

---

① 毛泽东:《在延安文艺座谈会上的讲话》,《毛泽东选集》(第三卷),第877页。

② 本节原文发表于《文艺理论研究》1988年第1期。

得失时，对艺术的艺术美学属性的审美关系就发生作用；当要通过艺术有限的内容认识现实生活的美或丑乃至善或恶时，对艺术的现实美学属性的审美关系就发生作用。作品是内容与形式、生活与艺术、自然性与人工性之和。艺术作品的美学属性不外乎现实的美学属性与艺术的美学属性的相加，对艺术的审美活动自然会调动这两层审美关系。当我们要对整个作品从内容和形式两方面做出总体的美学评价时，也必须调动这双重关系。面对罗丹的雕塑《老妓》，葛赛尔惊叹了一声"丑得如此精美"[1]，就是调动双重审美关系做出的一个审美判断。它在霎那间浓缩了三段式推理过程。第一层前提是对艺术形象的现实丑做出的判断，即《老妓》所刻画的人物（题材）在形式（形体容貌）上是丑的；第二层前提是对艺术形象的表现形式的美做出的判断，即《老妓》对人物的外形特征进而到心灵状态的刻画却是惟妙惟肖的、"精美的"；最后是一个结论:《老妓》"丑得如此精美"。

作为包含着双重美学关系的对艺术作品的审美判断，假定艺术表现都是典型化的、高度真实的、美的，那么这些判断就可分为三种情形。这三种情形是由生活的三种基本的美学形态——美、丑和介乎二者之间的平淡——决定的，它们分别是：艺术（表现）美中包含着现实美、艺术美中包含着现实丑、艺术美中包含着现实的平淡。

一、艺术美中包含现实题材的丑

现实丑通过真实的处理转化为艺术美的问题，从古希腊的亚里士多德、到法国古典主义文学时期的波瓦洛，再到近现代的雕塑大师罗丹，都有过专门的论述。在20世纪初，卢那察尔斯基在分析描写丑恶现象的契诃夫小说的美时又生发到这一点。他说："有个古老的传说，说是一位伟大的美术家得了麻风；他在最初几次病症大发作以后，终于下定决心照

---

① 罗丹著，沈琪译:《罗丹艺术论》，第20页。

照镜子，一照，他害怕极了。可是后来他拿起画笔，描下他自己那副患麻风的丑陋的面容。他的技艺十分高超，明暗又配得十分美妙，他原先由于本身有病而撇下的未婚妻一看这幅画像，第一句话便是惊呼：'这多美！'契诃夫也做了类似的事情。他热诚地写出社会的祸害，把它们描叙得非常美妙而真实，在这真实性中显出和谐与美。"①困难不在于说明对丑的忠实摹仿会产生美，而在于说明，丑的现实经忠实的摹仿转变成美的艺术形象后，这现实的丑是不是消失了？我们说不是的，这丑作为现实的属性，依然保留在真实的艺术形象中，它与艺术真实的美同时并存，对读者发生美、丑效应。这种思想在亚里士多德那段以丑为美论中已露端倪：尽管对丑物的逼真的摹仿（"惟妙惟肖的图像"）会发生"快感"效应，然而摹仿的丑物仍发生"痛感"效应，如可鄙的动物形象，并不因关的摹仿而改变其"可鄙"的属性。到了纪德、别林斯基、卢那察尔斯基手中说得就更加明确了。纪德在出版他的自传小说《如果一粒麦不死》时写信给朋友说："与其用假的面貌来骗取尊敬，不如以真的面貌被人所厌恶而感到舒畅，因此我写了这本书。"②可见对丑的真实描写既使人"感到舒畅"又使人"厌恶"。别林斯基在谈到古希腊史诗《伊利亚特》中赫菲斯托斯跟在特洛伊人的队伍后面"一瘸一拐地走着，费力地拖动着两条残废的腿"之类的描写时写道："这是关于——什么东西的？——不是美的，而是丑的一幅多么超群出众的，奇妙而又美丽的图画啊！"③卢那察尔斯基评价契诃夫："他看到了丑恶现象（例如拿短篇小说《醋栗》来说），可是把它写得那么高妙，以至用他的艺术技巧给您遮盖了题材的悲剧性。"④在他的小说中，现实丑统统变成了美，"畸形的现实被艺术欣赏战胜了——当然

① 《安·巴·契诃夫对我们有什么意义》（1924年），卢那察尔斯基著，蒋路译：《卢那察尔斯基论文学》，人民文学出版社1979年版，第243—244页。
② 转引自依田新主编，杨宗义、张春译：《青年心理学》，知识出版社1981年版，第7页。
③ 别林斯基著，满涛译：《别林斯基选集》（卷二），上海译文出版社1979年版，第398页。
④ 卢那察尔斯基著，蒋路译：《卢那察尔斯基论文学》，第243页。

不是欣赏现实，而是欣赏艺术家的画布上做出的素描"①，"在饱含深沉的哀伤的催眠曲声中他把我们领到一个甜美的哀痛的中心，那里的哀痛是为生活所强加，甜美则由艺术所造成"②。此外，车尔尼雪夫斯基也中肯地分析过描写丑物的艺术作品的双重审美效应："一件艺术作品，虽然以它的艺术成就引起美的快感，却可以因为那被描写的事物的本质而唤起痛苦甚至憎恶。"③已经说得够清楚了：这些言论中的"美"，指的是美的艺术表现，"丑"，指的是艺术所表现的生活；"舒畅""甜美""快感"是由艺术的"美"产生的反应，"厌恶""哀痛""憎恶"是由现实的"丑"产生的反应；如果说对描写现实丑的作品谈得上什么美的欣赏，那只是欣赏现实丑的美的表现，而不是现实丑本身。因此，对这样的艺术作品，我们的审美反应将是快感和痛感交融一起的，在这样的情况下我们说"美中有丑"云云，就是一个包含着双重美学关系的对艺术作品的整体美学评判。这里值得附带说明的是，通常所谓的"现实丑经过典型化后就会转变为艺术美"，这种说法是否严格是可以商榷的。因为"转变"一词意味着起了"质"的变化，如果缺少说明，这话会给人造成这样的理解：好像经过典型化后的现实丑就失其为丑了。事实是，丑作为反映物的本质仍然存在，只不过在丑之上加上了一层艺术表现的美。如果要保留这种说法，必须附加说明；如果不加说明，这个说法则可以改一改："现实丑经典型化后具有艺术美。"

二、艺术美中包含现实题材的美

　　现实美被摹仿到艺术中，构成"艺术作品的美"通常称为"艺术美"，常与"艺术表现的美"的简称"艺术美"混淆起来。自从亚里士多德把题材的丑与艺术的丑分开来以后，1世纪的普罗泰克又把题材的美与

---

① 卢那察尔斯基著，蒋路译：《卢那察尔斯基论文学》，第245页。

② 卢那察尔斯基著，蒋路译：《卢那察尔斯基论文学》，第248页。

③ 车尔尼雪夫斯基著，周扬译：《生活与美学》，第6页。

艺术作品的美做了区分。他指出，美是一件东西，美的摹仿是另一件东西；作为生活中存在的美，不经艺术摹仿它也美；艺术作品之所以使我们喜爱，不是由于它把现实的美绑在自己后面，而是由于酷似原物的摹仿。①这个意见是有见地的。靠现实美来博得美感和声誉不为艺术的本事，离开艺术也能行；艺术所以使人们喜爱和需要，是因为它有自身的美。后来车尔尼雪夫斯基多次强调这一点。他指出，"美丽"的艺术表现是一回事，"被描写的事物"的美又是另外一回事，"'美丽地描绘一副面孔'，和'描绘一幅美丽的面孔'是两件全然不同的事"②。作为艺术作品"必要属性"的美是艺术"形式的美"，而不是"艺术的对象、作为现实世界中我们所喜爱的事物的美"。③据此他批评了当时文坛上把"美"规定为"主要的"甚至是"唯一重要的艺术内容"的偏向，分析了它在当时造成的危害是：一、不管合不合需要都写恋爱；二、写人物对话，总是那么"有条有理"，那么"流利而雄辩""矫揉造作"，极不真实④。指出了这种弊端的原因是"没有把作为艺术对象的美和那确实构成一切艺术作品的必要属性的美的形式明确区别开来"，反而把二者"混淆起来"了。现实美忠实地表现在艺术中，与艺术表现的美同存于艺术形象身上，然而它们自有不同处，这根本的不同就在于二者与读者存在着不同的美学关系。正如现实丑因真实的表现会具有一层美的色彩一样，现实美也会因失真的表现具有一层丑的墨晕。比较一下以美为美的作品与以丑为美的作品的审美效应的不同，在于前者给人是双重的美感，是不包含痛感的纯然快感。17、18世纪之交英国的艾迪生在谈到对描绘美丽的大自然景色的艺术作品的审美活动时曾指出："在这种情况下，我们的快感发自一个双重的本源：既由于

---

① 　汝信、夏森：《西方美学史论丛》，上海人民出版社1982年版，第72页。

② 　车尔尼雪夫斯基，周扬译：《生活与美学》，第5页。

③ 　车尔尼雪夫斯基，周扬译：《生活与美学》，第8页。

④ 　车尔尼雪夫斯基，周扬译：《生活与美学》，第7页。

外界事物的悦目，也由于艺术作品中的事物与其他事物之间的形似。"① "我们在这里不仅从艺术表现同原物的比较之中得到乐趣，而且对原物本身也极为满意。"② 由于这种作品给人的美感比单是美丽地描写"渺小、平凡或畸形的事物"的作品要更强烈、更乐于为读者的想象所接受，因而艾迪生更崇尚前者。丹纳《艺术哲学》中也谈到当时一些艺术家"专门表现心灵的健康与肉体的完美，用题材的固有的美加强后天的表情的美"（译者傅雷注：表情有赖于艺术家的手腕，所以说是后天的美）③ 的情况。在他们看来，具有题材、艺术表现双重美的作品较之摹仿丑或平淡题材的作品给人的美感更为强烈和丰富。

三、艺术美中包含现实题材的"平淡"

通常的说法是：平淡的题材中包含不平淡的艺术美。生活中有许多事物，它既不具有强烈的"美"，也不具有明显的"丑"，我们通常把这种"美""丑"程度都不太强烈的生活形态叫作"平淡"（朱狄《当代西方美学》中讲到西方有些美学家把生活的美学形态划为美物、丑物和不美不丑的事物，其实不美不丑的事物是不存在的，它或则呈现出美的倾向，或则依稀着丑的色彩，叫作"平淡"似乎更妥）。如"在草屋里纺纱的管家妇，在刨凳上推刨子的木匠，替一个粗汉包扎手臂的外科医生，把鸡鸭插上烤钎的厨娘，由仆役服侍梳洗的富家妇，几个人在金漆雕花的屋内打牌，农民在四壁空空的客店里吃喝，一群在结冰的运河上溜冰的人，水槽旁边的几条母牛，浮在海上的小船，还有天上、地上、水上、白昼、黑夜的无穷的变化"④，都属于这种"平淡"的生活图景。正如同"贫穷，愁苦，微光闪耀的阴暗的气氛"或"富庶，快乐，白昼的暖和愉快的阳光""固

---

① 艾迪生：《旁观者》，伍蠡甫、蒋孔阳主编《西方文论选》（上卷），第567—568页。

② 艾迪生：《旁观者》，伍蠡甫、蒋孔阳主编《西方文论选》（上卷），第52页。

③ 丹纳著，傅雷译：《艺术哲学》，人民文学出版社1981年版，第271页。

④ 丹纳著，傅雷译：《艺术哲学》，第232—233页。

然产生了杰作"[1]一样，"平淡"的生活图景经过艺术的真实再现也能产生同样优秀的杰作。由于"平淡"的事物没有鲜明的特征，要真实地把它再现出来很不容易，因而当艺术把它惟妙惟肖地反映出来时，它所显示的美就愈强烈，艺术的价值也就愈高。契诃夫因为生动地表现了一个穷苦儿童给乡下的爷爷写信为自己树立了一块文学的丰碑，果戈理因为传神地写了"几乎无事的悲剧"（鲁迅语）赢得了世界的声誉，画家米勒的伟大正在于他善于从"拾穗""晚钟"这类"平常的生活中发现崇高的戏剧"[2]。这正像果戈理所说，在真正的艺术家看来，"大自然里没有低微的事物。艺术家创造者即使描写低微的事物，也象描写伟大的事物一样伟大"[3]。

四、诗可以描写题材丑，而造型艺术只应模仿题材美

西方关于对艺术的双重美学关系的理论，虽然认为艺术的逼真摹仿会产生美，因而艺术可以摹仿整个社会生活，但也有些人提出一些不同意见。他们虽然承认摹仿的美，但又十分重视对丑的现实的摹仿所带来的题材丑对审美接受主体的不快效应，认为这些不快效应在诗的艺术中尚比较薄弱，在造型艺术中则很为强烈。因此，他们提出，诗的题材可以是包括丑在内的整个生活，而造型艺术的题材却只应该是生活中美的部分。

持这一观点的主要有三个人：普罗泰克、莱辛、黑格尔。普罗泰克早先指出："绘画与诗在题材和摹仿方式上都有区别。"[4]区别何在？他语焉不详。18世纪启蒙文学时期，德国美学家莱辛以普罗泰克此语为理论根据和论述中心，1766年著成《拉奥孔》一书，"论画与诗的界限"。讨论是围绕着古罗马时期的拉奥孔雕像群和古罗马诗人维吉尔关于拉奥孔史诗

---

[1]　丹纳著，傅雷译：《艺术哲学》，第340页。

[2]　详见亨利·托马斯、黛娜·莉·托马斯著，黄鹂译：《世界名画家传》，江苏人民出版社1982年版，第161—172页。

[3]　果戈理：《涅瓦大街》，转引自《文学评论》1982年第5期，第127页。

[4]　普罗泰克语，转引自莱辛《拉奥孔》一书扉页。

对拉奥孔及其两个儿子被巨蟒缠身、痛苦万状的题材的不同艺术表现展开的。在史诗中，拉奥孔等人"痛得要发狂气"，"发出惨痛的哀号"，姿态被痛苦所扭曲，形体显得很丑。可在雕像中，人物身体、面部肌肉并未全部扭蔽，拉奥孔的嘴虽然张开了，但并没有张得很大，未放声哀号。这是什么原因呢？德国的艺术史家温克尔曼在《论希腊绘画和雕刻作品的摹仿》（1755年）中指出，这是希腊雕刻家以"高贵的单纯、静穆的伟大"为艺术理想，要表现人物与痛苦、不幸做斗争时"伟大而沉静的心灵"所致（引者按：温克尔曼认为拉奥孔雕像是属于希腊亚历山大大帝时代的作品，但据近代考证，为罗马时期作品）。莱辛认为这是不确的，造成雕刻与史诗对丑的题材的不同处理的原因根源于由造型艺术与诗的不同方式决定的题材的区别。他指出：画是空间的艺术，它适合摹仿"静态"事物，它会把一切题材处理成空间各部分并列的"物体"，从而构成直接诉诸视觉的直观艺术形象，如果绘画摹仿的是现实丑，这种丑会保留在艺术形象中直接作用于读者的视觉，使人久久不忘，因而由这种丑引起的"不快感"是强烈的、"永久的"。即使如亚里士多德所说，逼真的摹仿会引起人"求知"的"快感"，但这种快感也是"轻微的""短暂的"，远远敌不过题材丑的不快感，所以不能成为美的艺术，因此他说："作为美的艺术，绘画却把自己局限于能引起快感的那一类可以眼见的事物。"①如果造型艺术非表现丑的题材不可，如拉奥孔被巨蟒缠身时痛苦地扭曲之类，那么艺术家必须"避免描绘激情顶点的顷刻"来"冲淡"丑，因为人物达到激情顶点时痛苦万分的那一顷刻，其外形往往是最丑的，艺术家应当选取痛苦趋于平复的过程当中的一个顷刻来描绘，这样人物的可视形象既不太丑，又可由这个顷刻的形象对本身的由来与发展趋向的暗示激起读者广泛的联想。表现的美感大于题材轻度的丑感，造型艺术仍可保持有美。雕像中的拉奥孔只在"叹息"，不在"哀号"，正应当作如是观。诗则是时间的艺

---

① 莱辛著，朱光潜译：《拉奥孔》，第135页。

术，它适合摹仿"动态"事物，它会把一切题材都处理成时间上前后承续的"动作"，即便是空间各部分并列的可视"物体"形象，也会被它分解为由在时间中流动的一个个达意的语音符号组成的不可视的、间接的、观念状态的艺术形象，它是诉诸想象的，这样，"丑在诗人的描绘里，常由形体丑陋所引起的那种反感被冲淡了，就效果说丑仿佛已失其为丑了"，所以，"丑才可以成为诗人所利用的题材"。[①]据此他解释了维吉尔、荷马史诗中对丑陋的现实形体的描写。在稍后的《汉堡剧评》中，他严厉批评了古典主义戏剧只表现狭隘的美的宫廷生活[②]，大概正是基于这个认识吧！莱辛的这些观点，使许多人为之风靡，连大美学家黑格尔也不例外。例如他在《美学》一书中说："每种艺术须服从它自己的特性，例如内在的观念（引者按：指读者一头的观念想象）比起直接的知觉经得起较大程度的分裂。因此，诗在表现外在情况时可以达到极端绝望的痛苦，在表现外在情况时可以走到单纯的丑。造型艺术却不然，在图画里尤其在雕刻里，外在形象是固定不变的，不能取消掉，不能像音乐的曲调刚飞扬起来就消逝掉。在图画雕刻里如果丑的东西还没有得到克服时就把它固定下来，那就会是一种错误。因此，凡是戏剧所能表现得很好的不尽能在造型艺术里表现出来。因为在戏剧里，一种现象可以出现一顷刻马上就溜过去。"[③]这种由诗画区别带来的造型艺术表现丑的题材便不能使艺术作品具有美的理论，由于黑格尔的进一步倡导，影响更大，其影响所被，甚至冲击到诗的领域。如丹纳在《艺术哲学》中指出："诗人从来不忘记冲淡事实，因为事实的本质往往不雅；凶杀的事决不搬上舞台，凡是兽性都加以掩饰；强暴、打架、杀戮、号叫、痰厥，一切使耳目难堪的景象一律回避……"作者在这里注意到艺术中的生活真实的假定性，要求诗人在摹仿生活丑时必须有所"冲淡"，这是可取的，但由此把部分丑从诗的内容范围中剔除

---

① 莱辛著，朱光潜译：《拉奥孔》，第130页。
② 详见阎汝信：《西方美学史论丛续编》，上海人民出版社1983年版，第115页。
③ 伍蠡甫、蒋孔阳主编：《西方文论选》（下卷），第293页。

出去，却是不够妥当的。莎士比亚的剧作描写了"凶杀""强暴""兽性"这类的丑恶现象，照样以其激动人心的魅力拥有了千万读者观众。不仅诗的艺术是如此，造型艺术也是这样。早在文艺复兴时期，提香如实地画下了一副黄鼠狼嘴脸的教皇保罗三世，却并未减低他在保罗三世心目中的声誉；委拉斯凯兹毫不犹豫地画出了国王长垂的下颚，而依然得到国王的恩宠。[①]近代以来，法国雕塑家罗丹在极丑的题材上成就了极美的艺术杰作；比利时的著名雕塑《撒尿的孩子》赢得了全世界人们的珍爱。它们一再证明：美的造型艺术的题材可以是包括丑在内的一切社会生活。莱辛对诗与绘画、雕刻的摹仿方式、审美效果的不同特点的分析是比较深入的，他不只看到艺术摹仿对读者的审美效应，而且看到艺术题材对读者的审美效应，这也是不错的。但是，他过分看重、夸大艺术题材对读者的审美效应，甚至把题材的美学属性当作是决定艺术作品美、丑属性的因素，把人们依据对艺术题材和艺术摹仿的两重美学关系获得的审美感受视为可以相互加减的同一品级的审美感受，并进而提出"绘画不能表现丑"，甚至说"按照丑的本质来说，丑也不能成为诗的题材"[②]，这就不符合实际了。我们欣赏一部绘画或雕塑作品，针对的是它的艺术表现的成就如何，至于它表现的题材是美还是丑，我们何求于艺术呢？

　　艺术作品与审美主体存在的双重审美关系，是建立在摹仿的美与哲学的真相统一的基础上的。摹仿的美，不仅与哲学的真相统一，也与道德的善相统一：当艺术在摹仿客体时真实地写出了真、善、美与假、恶、丑，塑造了典型形象，揭示了生活真理和社会运动规律，便体现了作者泾渭分明的是非观，产生了合目的的、有益于社会进步和历史发展的客观的善；当艺术在描写自我（如西人的自传体小说）时真实地暴露了假、丑、恶，本身就体现了一种不文过饰非、勇于自我批判的美德。

---

① 罗丹著，沈琪译：《罗丹艺术论》，第20、71页。

② 莱辛著，朱光潜译：《拉奥孔》，第130页。

　　重温西方古典文艺美学中审美主体对艺术的双重美学关系的原理，对于我们当前的创作和批评都是有好处的。"文革"时期，我们犯过用题材的美决定艺术作品的美的错误；这以后，出现了"伤痕文学"，又出现了"平淡"题材的文学，这是相当可喜的事，但表现丑，特别是人的兽性的丑、意识深层部位的丑又成了一时的时髦，生活中的美，却较少被人问津了。与此同时，随着当代西方美学思潮的流入，又有相当数量的从事绘画、诗歌、小说等创作的年轻人鄙弃摹仿的美和写实主义艺术，以纯形式的美乃至丑作为艺术的全部追求，甚至连写实的功底都极薄弱，就追求起人体的变形、线条色彩的稚拙、句式的倒错、章法的变幻跳跃等。这是不是科学，会不会走弯路，都是值得冷静思考的。另外在一些文艺评论或文艺随笔中，也常可看到把艺术的现实美丑概念与艺术美丑概念混为一谈的情况。如有篇文章谈《老妓》成为"艺术杰作"的根本原因，在于"通过触目惊心的形象控诉了社会的罪恶和不道德"[1]，其实，"控诉社会的罪恶和不道德"是毋须通过艺术雕塑的，因为生活中的那个欧米哀尔本身就可以"控诉"，"控诉"的美，并非《老妓》的"艺术"美，《老妓》的"艺术"美和"杰出"之处，在于它的高度真实或者说是典型真实的艺术表现，在于聚合、体现在这艺术表现中的艺术家的高超艺术技巧。如此看来，讨论审美主体与艺术的双重美学关系问题，还不无重要的现实意义。

第五节　柳宗元园记创作刍议 [2]

一、唐宋文人园林与堂记、亭记创作的兴盛

　　唐代前期的私家园林袭魏晋南北朝遗风，城市贵族的府邸园林趋于

---

① 杨文虎：《论艺术真实》，《文学评论》1982年第5期。另外，陈烟帆《丑中有美美在丑中》一文也认为《老妓》的"丑中有美"在人物的丑陋外表中藏有灵魂美。详见《新华文摘》1982年第5期。

② 本节原文发表于《文学遗产》2007年第5期。

豪奢绮丽，落魄山林的文人园林偏于清新雅致。唐代中后期，这种分别逐渐融合，文人的审美趣味影响着城市贵族的私家园林，文人园林也逐渐从山林走向城市。"如果说魏晋南北朝的山居不能算作真正的文人园林的话，那么唐朝后期文人园已经正式出现。"①北宋时期文人园林迅速发展，司马光的"独乐园"、苏舜钦的"沧浪亭"都是宋代文人园的著名代表。

　　唐代的文人园不同于六朝文人的山水庭园。六朝文人的山水庭园，在山水之间筑一居室，便可称"园"，人工建筑以居室为主。唐人的"园"将山水之间的建筑改造为"亭""堂"或"亭堂"，既保留了它的栖居功能，又增加了它的观景功能；同时，他们习惯将亭、堂及其所拥有的园林风景称为"亭""堂"，从而，"亭""堂"就成了文人私家园林的别称，"亭记""堂记"实际上就是"园记"。"亭"，原来是置于路边、有门有墙、供行人歇脚留宿的实用建筑。唐人将亭改造为有顶无墙，造型别致，既可观景点景、又可居住栖息，集审美与实用功能于一身的建筑，并把它引入山水园林之中，成为宋代以后向纯审美的建筑小品方向发展的重要过渡。"堂"，本来以居住为主，而在唐时，人们也增加了它的开敞观景功能，在这点上与这时的亭相当，故称"堂亭"。这些都在柳宗元的园记中留下了明确的记载。如关于游观之亭的栖居功能，《永州崔中丞万石亭记》说："乃立游亭，以宅厥中。"《柳州东亭记》记述说："乃取馆之北宇，左辟之以为夕室；取传置之东宇，右辟之以为朝室；又北辟之以为阴室；作屋于北牖下以为阳室；作斯亭于中以为中室。朝室以夕居之，夕室以朝居之，中室日中而居之。"关于居住之堂的游观功能，《永州韦使君新堂记》说："乃作栋宇，以为游观。"而"亭""堂"合称，则见《柳州东亭记》："易（平易处）为堂亭，峭（陡峭处）为杠梁（皆桥也。杠，音江）。"

　　园记是为私园尤其是文人园撰写的以记叙造园经过、揭示造园用心

---

① 陈从周主编：《中国园林鉴赏辞典》，华东师范大学出版社2001年版，第949页。

为主的一种独特的文学体裁。晋宋以来，伴随着玄学风气的盛行和山水文学的兴起，文人园记应运而生，其代表作是陶渊明的《归去来辞》、谢灵运的《山居赋》、庾信的《小园赋》。唐初，贵族造园延请著名文人妙笔生花，留下了王勃的传世美文《滕王阁序》。至中唐散文家柳宗元贬谪永州时，不仅写下了"以为凡是州之山水有异态者皆我有"（《始得西山宴游记》）式的多篇准文人园记，而且为别人建造的亭堂写下了一系列园记。贞元二十一年（805年），因参加王叔文革新集团失败，柳宗元贬为永州（今湖南零陵）司马，十年后转为柳州（今广西柳州）刺史，直至四年后病逝。贬官永州以后，大自然的山水给他受到重创的心灵以极大的安慰。他登山涉水，饱览自然美景，写下了一系列山水游记，即著名的《永州八记》。这些自然山水虽然不属于人工园林，但由于柳宗元精神上自以为是山水的主人，于是便有了假想中的私园意味，这些山水游记也具有了准园记的色彩。在这期间，他造亭筑堂，力图将自然美景揽入怀中，尽情欣赏，不仅为自己，而且为他人建造的亭、堂写下了一系列园记。这些园记主要有《潭州杨中丞作东池戴氏堂记》《邕州柳中丞作马退山茅亭记》《永州韦使君新堂记》《永州崔中丞万石亭记》《零陵三亭记》《永州法华寺西亭记》《永州龙兴寺西轩记》《永州龙兴寺东丘记》《柳州东亭记》等。与陶渊明、谢灵运、庾信、王勃相比，柳宗元的园记数量大大增加，写作手法更加自由，写作技巧更加丰富。他用散句单行改变了过去园记的赋体和骈文写作方式，使园记这种自由的散文文体通过丰富的创作实践得以定型。可以说，作为一种散文文体，园记到柳宗元手中方才成熟。柳宗元以堂记、亭记为名的园记创作对促进唐宋亭堂园记的大量创作起了率先垂范的作用。自柳宗元写出大量亭记、堂记后，唐宋之际不少著名文人有过类似之作。如刘禹锡著《洗心亭记》《武陵北亭记》[①]，白居易著《草堂

---

① 均见《刘禹锡全集》卷九，上海古籍出版社1999年版。

记》《冷泉亭记》《白蘋州五亭记》^①，苏舜钦著《沧浪亭记》《浩然堂记》^②，欧阳修著《有美堂记》《非非堂记》《醉翁亭记》《丰乐亭记》^③《翠竹亭记》《真州东园记》^④，等等。而宋代园主聘请著名文人撰写园记流成风气，柳宗元应邀为杨中丞、柳中丞、韦使君、崔中丞所造亭、堂撰写的园记实开其端也。

柳宗元的堂记、亭记不仅在唐宋文人园记创作上具有承前启后的文体意义，而且总结了造园的基本美学法则，揭示了文人园的审美真谛，在中国园林美学史上具有重要的思想价值。

二、"美不自美，因人而彰"

与皇家苑囿的极尽豪奢、满足声色欲、尽显帝王气派的特点不同，文人山水园林的审美特点不在于它怎样豪奢，而在于它"适获我心"，是文人士子超尘脱俗之心的寄托。经历了王叔文政治革新失败沉重打击之后的柳宗元被贬至永州之后，原来积极进取的儒家理想、济世情怀被忘情世务、寄情山水的道家精神所取代，而永州充满野趣的自然山水恰恰成为抚慰他心灵创伤的审美馈赠。永州山水虽然不是属于他所有的私家园林，却又好比是他拥有的私家园林，正如他在《始得西山宴游记》（809年）中表达的那样："以为凡是州之山水有异态者，皆我有也。"而无论未加人工修葺的自然山水还是略加人工修葺的山水自然，它的美都是以人为转移的。他在《邕州柳中丞作马退山茅亭记》（811年）提出了这样一个深刻命题："夫美不自美，因人而彰。"^⑤"马退山茅亭"，作于"马退山之阳"。它"因

---

① 分别载《白居易集》卷四十三、卷四十三、卷七十一，详见《白居易全集》，上海古籍出版社1999年版。

② 均见《苏舜钦集》卷十三，上海古籍出版社1981年版。

③ 均见《欧阳修文选》，人民文学出版社1982年版。

④ 均见《欧阳修选集》，上海古籍出版社1999年版。

⑤ 《柳宗元集》卷二十七，中华书局1979年版。

高丘之阻以面势，无槾栌节棁之华。不斫椽，不剪茨，不列墙，以白云为藩篱，碧山为屏风"，"其俭"有余。然而在柳宗元看来："兰亭也，不遭右军，则清湍修竹，芜没于空山矣。是亭也，僻介闽岭，佳境罕到，不书所作，使盛迹郁堙，是贻林涧之愧，故志（记）之。"①"兰亭"之美因王羲之而显，"马退山茅亭"之美亦会因柳宗元而彰。为什么王羲之会钟情"兰亭"，柳宗元会钟情"茅亭"呢？因为它们都是审美主体林云之志的寄托。

柳宗元在多篇游记中都表现了类似的思想。《潭州东池戴氏堂记》（805年）描述戴氏堂之美："……堂成而胜益奇，望之若连舻縻舰，与波上下。就之颠倒万物，辽廓眇忽。树之松柏杉槠，被之菱芡芙蕖，郁然而阴，粲然而荣。凡观望浮游之美，专于戴氏矣。"②他同时指出："是非离世乐道者不宜有此。"《钴鉧潭西小丘记》（809年）说钴鉧潭西小丘之美："清冷之状与目谋，潆潆虚者与耳谋，悠然而之声与神谋，渊然而静者与心谋。"③"虚静"而"与神谋""与心谋"，才是此丘美的真谛。《永州韦使君新堂记》（812年）记韦使君"乃作栋宇，以为观游"，客人赞且贺曰："见公之作，知公之志。公之因土而得胜，岂不欲因俗以成化？公之择恶而取美，岂不欲除残而佑仁？公之蠲浊而流清，岂不欲废贪而立廉？公之居高以望远，岂不欲家抚而户晓？夫然，则是堂也，岂独草木土石水泉之适欤？山原林麓之观欤？"④堂宇之美，不只在"草木土石水泉之适""山原林麓之观"，而且在于它是主人志趣的体现。《愚溪诗序》（810年）说明将自己居住的"冉溪"改名为"愚溪"的缘由，进一步彰显了自然山水的适志之美：

---

① 《柳宗元集》卷二十七。
② 《柳宗元集》卷二十七。
③ 《柳宗元集》卷二十九。
④ 《柳宗元集》卷二十七。

　　"愚溪"之上，买小丘，为"愚丘"。自愚丘东北行六十步得泉焉，又买居之，为"愚泉"。

　　"愚泉"凡六穴，皆出山下平地……合流屈曲而南，为"愚沟"。遂负土累石，塞其隘，为"愚池"。"愚池"之东为"愚堂"，其南为"愚亭"，池之中为"愚岛"。嘉木异石错置，皆山水之奇者。以余故，咸以"愚"辱焉。

　　夫水，智者乐也。今是溪独见辱于愚，何哉？盖其流甚下，不可以溉灌；又峻急，多坻石，大舟不可入也；幽邃浅狭，蛟龙不屑，不能兴云雨。无以利世，而适类于予余。①

　　要之，这地处偏僻的冉溪"不可以溉灌""大舟不可入""不能兴云雨""无以利世"，"适类于""违于理、悖于事"的"我"，而"凡为愚者莫若我也"。所以以"愚"名溪，乃至此溪周围的丘、泉、沟、池、堂、亭、岛均以"愚"名之，正得其所。可见"愚溪"恰恰是柳宗元自我的化身。"我"以"愚"遭辱贬官，"溪"以"愚"见辱得名。然而"我"之"愚"是"邦无道则愚"式的"智而为愚"之愚，是颜回"终日不违如愚"式的"睿而为愚"之愚。愚溪亦然："溪虽莫利于世"，而"清莹秀澈""善鉴万类"。因此，它"能使愚者喜笑眷慕，乐而不能去也"，是很自然的。

三、"游之适，旷如也，奥如也"

　　从主体一端而言，山水之美，不只是"草木土石水泉之适""山原林麓之观"，而在于适志见志，与心神相谋。从客体一端而言，山水的不同形式特征引起的审美情感是不同的，所以柳宗元说："游之适，大率有二：

---

① 《柳宗元集》卷二十四。

旷如也，奥如也。""丘之幽幽，可以处休；丘之窅窅，可以观妙。"①"窅窅"，深广，通"旷如"；"幽幽"，通"奥如"。柳宗元将自然山水的形式审美特征归纳为"旷如""奥如"两类，指出它们可以唤起不同的情感愉悦。

这里先说旷可观妙。

"妙"是出于道家的美学术语，其义在于有无相生，以有限的形迹唤起无限的想象。②一望无际的空旷景象可以调动人极目远视，沉浸于一种无限的想象、神游之中，所以说"旷如""窅窅"，"可以观妙"。《永州龙兴寺东丘记》（作于永州，具体时间不详）说龙兴寺之"旷"："登高殿可以望南极，辟大门可以瞰湘流。"《桂州裴中丞作訾家洲亭记》（818年）指出，訾家洲之美，在"非是洲之旷，不足以极视"；它"南为燕亭，延宇垂阿"，"北有崇轩，以临千里"，"左浮飞阁，右列闲馆。比舟为梁，与波升降"，"苞漓山，涵龙宫，昔之所大，蓄在亭内。日出扶桑，云飞苍梧。海霞岛雾，来助游物"；"抗月槛于回溪，出风榭于篁中。昼极其美，又益以夜。列星下布，颢气回合"——"然则人之心目，其果有辽绝特殊而不可至者耶？"③柳宗元的答案明显是肯定的。

柳宗元在不少游记中都表现了类似的美学思想。《始得西山宴游记》表明，西山之美，在"是山之特立（高高耸立），不与培塿为类"，于是人踞其上，"则凡数州之土壤，皆在衽席之下"；"悠悠乎与颢气俱，而莫得其涯；洋洋乎与造物者游，而不知其所穷"，从而，"心凝形释，与万化冥合"。《邕州柳中丞作马退山茅亭记》述及马退山之美，亦在"是山崒然起于莽苍之中，驰奔云矗，亘数十百里"；登临是山，"手挥丝桐，目送还云，西山爽气，在我襟袖，八极万类，揽不盈掌"。《永州韦

① 柳宗元：《永州龙兴寺东丘记》，《柳宗元集》卷二十八。
② 详见祁志祥：《以"妙"为美——道家论美在有中通无》，《上海师范大学学报》（哲学社会科学版）2003年第3期。
③ 《柳宗元集》卷二十七。

使君新堂记》描述"新堂"之美："外之连山高原，林麓之崖，间厕隐显。逶延野绿，远混天碧，咸会于谯门之内。"《永州法华寺新作西亭记》（作于永州，具体时间不详）讲法华寺西亭之美："法华寺居永州，地最高。""其下有陂池芙蕖，申以湘水之流，众山之会。"在命仆人"持刀斧"将"丛莽"剪除之后，"万类皆出，旷焉茫焉；天为之益高，地为之加辟；丘陵山谷之峻，江湖池泽之大，咸若有而增广之者"；"以为其亭，其高且广"，"足以观于空色之实，而游乎物之终始"。《零陵三亭记》（作于永州，具体时间不详）则从反面论证说："视壅则志滞"；"君子必有游息之物，高明之具，使之清宁平夷，恒若有余，然后理达而事成"。"零陵"之"三亭"，"高者冠山巅，下者俯清池"，可以虚含实，以小观大，具有"高明游息之道"。①《永州龙兴寺东丘记》据此提出因地制宜的人工造园美学法则："其地之凌阻峭，出幽郁，廖廓悠长，则宜于旷……因其旷，虽增以崇台延阁，回环日星，临瞰风雨，不可病其敞也。"这可谓是深得园林美学三昧的经验之谈。当时，不少亭阁庙宇就是按照这种美学法则建造的。如永州崔中丞的万石亭，柳宗元描述它的建造："于是刳辟朽壤，翦焚榛薉，决沮沟，导伏流，散为疏林，洄为清池。寥廓泓渟……乃立游亭，以宅厥中。"②达到的审美效果是："直亭之西，石若掖（通腋）分，可以眺望。其上青壁斗绝，沉于渊源，莫究其极。自下而望，则合乎攒峦，与山无穷。"③再如永州龙兴寺的建造："寺之居，于是州为高。西序之西，属当大江之流；江之外，山谷林麓甚众。于是凿西墉以为户，户之外为轩，以临群木之杪，无不瞩焉，不徙席，不运几，而得大观。"④

　　因其高，造其旷，观无穷，得大观，求不尽之妙，获动态之美，这

---

① 《柳宗元集》卷二十七。

② 柳宗元：《永州崔中丞万石亭记》，《柳宗元集》卷二十七。

③ 柳宗元：《永州崔中丞万石亭记》，《柳宗元集》卷二十七。

④ 柳宗元：《永州龙兴寺西轩记》，《柳宗元集》卷二十八。序，指隔开中堂与东西两夹室的墙，亦指正堂两侧东西厢。西序，指西厢。

就是柳宗元的游记散文所呈现的一种园林审美意识。

另有一些山水风光，其地势并非很高耸，其视野并非很旷远，但却峰回水转，林木扶疏，显得深邃幽幽，"曲有奥趣"。对于这类山水的审美，不应极目远视地去寻求无限之"妙"，而应是悠然"处休"，品味"奥趣"。《永州龙兴寺东丘记》指出："丘之幽幽，可以处休。丘之宥宥，可以观妙。"显然，"处休"不同于"观妙"。何为"休"？如果我们考虑到与"观妙"的词性结构的对应关系，"休"当作名词，指"美"。"休"，《集韵》《韵会》《正韵》均释作"美善也"。《尚书·说命》："乃罔不休。"孔安国传："乃无不美。"《尚书·周官》："作德，心逸日休。"孔安国传："为德直道而行，于心逸豫，而名且美。"《诗·商颂·长发》："何天之休。"郑玄笺："休，美也。"《左传·襄公二十八年》："以礼承天之休。"杜预注："休，福禄也。"这些均为"休"作"美"之佐证。不过，"休"又不同于一般的"美"，它是"美"的特殊状态。如果说"妙"是一种使人心灵飞动、想象无极的动态美，"休"则是一种心灵归于止息的静态美。《说文》谓："休……人依木则休。"《尔雅》曰："休，会止木，庇息意。""休"的本义是人倚靠在树木下休息、休养。"止""息"是其本义，"美"是其引申义。而"处休"作为一种审美状态，又有修身养性、静静涵泳、款款品味之义。"丘之幽幽，可以处休"，曲折深奥的自然山水，我们就应用"处休"的审美心态去对待它，以求获得静寂的本体之美。

永州的袁家渴，就是这种自然山水之美的代表。柳宗元《袁家渴记》①（作于永州，具体时间不详）云，"袁家渴"，"永中幽丽奇处也"；"渴上与南馆高嶂合，下与百家濑合。其中重洲小溪，澄潭浅渚，间厕（插也）曲折。（水）平者深黑，峻者沸白；舟行若穷，忽又无际。有小山出水中，山皆美石；石上生青丛，冬夏常蔚然；其旁多岩洞，其下多白砾。其树多枫、柟、石楠、梗、槠、樟、柚。草则兰芷，又有异卉，类合

---

① 渴，柳宗元《袁家渴记》释："楚、越之间方言，谓水之反流者。"

欢而蔓生，轇轕（同胶葛，交错、缠绕）水石。每风自四山而下，振动大木，掩苒众草，纷红骇绿，蓊葧香气，冲涛旋濑，退贮溪谷，摇飏葳蕤，与时推移"，正可谓"曲有奥趣"的杰作。

　　柳宗元认为，面对这类自然山水，观赏者应把审美追求放在"奥趣"之上，因而在人工休葺时，断不可"剪"其"丛莽"以求"万类皆出"，而应保留其"丛莽"及山石曲折高下之态，增加林木的若隐若现和山谷的虚实相生效果，使其更加曲折通幽。《永州龙兴寺东丘记》说："抵丘垤，伏灌莽，迫遽回合，则于奥宜……因其奥，虽增以茂树蘖石，穹若洞谷，蓊若林麓，不可病其邃也。"永州的东丘就是柳宗元依据这种园林美学思想因地制宜、人工改造的山林："今所谓东丘者，奥之宜者也。其始，龛之外弃地，余得而合焉，以属于堂之北陲。凡坳洼坻岸之状，无废其故。屏以密竹，联以曲梁；桂桧松杉梗楠之植，几三百本；嘉卉美石又经纬之；俯入绿缛，幽荫荟蔚；步武错迕，不知所出……水亭陋室，曲有奥趣……奥乎兹丘，孰从我游？"当东丘造成时，一些友人多不解其奥趣，"至焉者往往以邃为病"。然而时隔不久，他揭示的这种美学趣味就得到了人们的广泛认同。后来中国园林习惯采用回廊、曲径、起伏、显隐、虚实等手法，不外是为了开掘这种奥趣和幽美。

第四章

佛教美学的史论建构

　　作者插白：按照学术历程来看，在民族文论的文化品格研究、中国文论的原理系统建构、文艺学一般学理的探讨之后，笔者学术活动的第四个板块当推佛教美学研究了。最早接触佛教知识，是为了理解古代文论"以禅喻诗"的需要，这在考研时期就开始了。读研期间进一步涉猎。1990年，我在《百科知识》第11期上发表《佛教文化与民族文论》，从十多个方面分析二者之间的交互联系与影响。1993年在我第一部专著《中国古代文学原理》中，从佛教文化角度分析文论范畴、命题的民族品格，是该书的一个显著特点。1996年，在第二部专著《中国美学的文化精神》第五章《佛教文化与中国美学》中，我花十六个小节条分缕析了二者的关系。在此基础上，我调整角度，系统回答"佛教美学"的学理问题，1997年在上海人民出版社出版了我的第三部专著《佛教美学》。全书分"佛教流派美学""佛教义理美学""佛教艺术美学"三编，21万字，建构了佛教美学原理的最初框架。1998年，我在《复旦学报》第3期发表《佛教美学：在反美学中建构美学》，提纲挈领地阐述了佛教美学观的特点。此文反响超乎预期，中国人民大学《美学》第7期、《宗教学》第8期不约而同做了全文转载。1997年5月，我从上海广播电视局来到上海大学文学院任教，选教"佛教与中国文化"全校选修课程，撰写了29万字的《佛学与中国文化》讲稿，2000年由学林出版社出版，著名佛教学者黄心川先生作序，给予热情肯定。2003年，受上海玉佛寺"觉群丛书"编委会之邀，我在宗教文化出版社出版了《似花非花：佛教美学观》，是个14万字的普及读本。从2002年起，我受出版社之邀，撰写《中国美学通史》，佛教美学成为一条贯穿始终的线。后来把它拿出来加以增改，成41万字的《中国佛教美学史》，2010年由北京大学出版社出版。到目前为止，这仍然是国内外唯一的一部专述中国佛教美学史的著作。其前言以《中国佛教美学的历史巡礼》为题，发表于2011年第1期的《文艺理论研究》。其第一部分以《佛教美学观新探》发表于《学术月刊》2011年第4期，被《高等学校文科学报文摘》2011年第4期以最大篇幅转载。2017年，增补、改写的37万字的《佛教美学新编》由上海人民出版社出版，佛教美学原理得到进一步充实和丰富。2020年，《佛教美学研究的历史行程与逻辑结构》在《学习与探索》发表，这是对《佛教美学新编》来路及构架的提纲挈领的综论。此外，一些个案研究文章也值得注意，如

《以"圆"为美：佛教对现实美的变相肯定》刊于《文史哲》2003年第1期,《论华严宗以"十"为美的思想倾向》刊于《社会科学战线》2009年第6期,《佛教"光明为美"思想的独特建构》刊于《社会科学研究》2013年第5期,并被转载于《中国社会科学文摘》2014年第2期,等等。从历史与逻辑的角度建构佛教美学原理,书写佛教美学史,成为笔者之于美学界和佛教学的独特贡献。

第一节　佛教美学：在反美学中建构美学 [1]

一、佛教对现实美非有非无的中观态度

青源惟信禅师有一段语录，一再为人引述：

> 老僧三十年前来参禅时，见山是山，见水是水；及至后来亲见知识，有个入处，见山不是山，见水不是水；而今得个休歇处，依然见山是山，见水是水。[2]

这段话分三个层次。第一层，当初参禅，俗见未破时，"执色者泥色" [3]，所以"见山是山，见水是水"，看不到"山水"的真空本性。第二层，及至参禅有日，俗见已除，悟出诸法皆空的真谛，则"见山不是山，见水不是水"，然而这时又落入"说空者滞空"的偏执，而"滞空"也是一种有，还不是"毕竟空"。第三层，经过不断否定，达到了"毕竟空"的真知。这时，无空无色，亦空亦色，非真非俗，亦真亦俗，由此观照山水，"山"非山而山，"水"非水而水。这是一种真正的大彻大悟。

我以为，以此作为佛教美学的入门钥匙，借以说明佛教美学的特点，是再合适不过的。

我们所面对的对象世界、现实世界形形色色光彩照人的美，佛家从"因缘生法""诸法无我"的基本世界观出发，认为它们都是虚幻不实的，"一切有为法，如梦、幻、泡、影，如露，亦如电"（《金刚般若经》），美这种现象也不例外。"色即是空"，必然逻辑地推导出"美即是空"。这便构成了佛教对现实美的基本态度。它可称之为"非美"。

---

① 本节原文发表于《复旦学报》1998年第3期。
② 《大正藏》卷五十一，第614页下栏。
③ 李贽：《心经提纲》，《焚书》卷三。

破美之有而说美之空，固然比执美为有的俗见高明一筹，但如果仅停留在这个水平上，就有"滞空"的迷执和愚妄，所以以"双非""中观"为思维方法的佛家进而主张"非'非美'"。对"非美"的否定实际上是对美的肯定，于是世俗人认为美的，佛家也认为美，这从佛教雕塑、绘画中佛像的"三十二大人相""八十种随形好"，佛经对佛国净土美好物像的描写以及佛教文学中对菩萨、比丘、魔女之美的刻画中可以见出。试看《华严经·入法界品》对比丘的描绘：

> （善现比丘）形貌端严，颜容姝妙，其发右旋，如绀青色；顶有肉髻，身紫金色；其目长广，如青莲花；唇口月色，如频婆果；颈项圆直，修短得所；胸有德字，胜妙诗严；七处平满，其臂纤长，手指缦网，金轮庄严。

无相而有相，于是产生了大量金碧辉煌的佛教建筑、雕刻、绘画，如敦煌、云冈、龙门三大石刻和壁画。无言而有言，于是产生了大量文学性很强、艺术价值很高的佛典文学，如《维摩诘经讲经文》《大目乾连冥间救母变文》。这样，佛教就从美的否定走向了美的建构，为人类创造了为他们所否定、为俗众所认同的千姿百态的对象世界的美，构成了美学史上独特的景观。如前所述，建构世俗美并非佛家的目的，佛教建构世俗美的目的在于"借微言以津（度）道，托形象以传真"[1]，使众生"睹形象而曲躬""闻法音而称善"[2]。如《大般涅槃经》卷九《菩萨品》说："诸佛如来……为令（众生）住正法（正道）故，随所应见而为示现种种形象。"佛家示观的种种形象、语言之美，不过是为引导众生"安住正法"的方便权宜之计。

---

[1] 慧皎语，《高僧传》卷九《义解论》。
[2] 道高语，《弘明集》卷十一《重答李交州书》。

二、佛教肯定的本体之美

佛教否定现实界的美和经验性（感觉性）的美，但并不一律否定美的存在。在佛典中，由佛教正面肯定的美大体有两类形态。一类是"涅槃"，一类是"佛土"。现实界的美属于依一定条件而生的"有为法"，因缘散则美空；感觉性的美（快乐感）是人类"无明"产生的"瞋痴"，是一切烦恼与痛苦的渊薮，都不是真正的美。真正的美是不依任何条件而存在、超越对象世界的一切可视可听可感性，也超越主体感觉愉快之美的"涅槃"境界。"涅槃"是一种存在于修行主体内的"无为法"，一种以"寂灭"为特点的至乐心理境界。其间，"贪欲永尽，瞋恚永尽，愚痴永尽，一切烦恼永尽"，"寂灭为乐"（《杂阿含经》），"毕竟清静，究竟清凉"（《本事经》），具有"常"、"乐"、"我"（本体）、"净"四种美好的德性，一说具有"常""恒""安""清凉""不老""不死""无垢""快乐"八种美好的德性。这是一种超越了世俗美的大美，一种摆脱了世俗乐的大乐，可叫作"无美之美""无乐之乐"。

"佛土"又称"佛国净土"，是大乘所说的众佛居住的地方。相对于众生所住的"秽土"，诸佛的居所则是美妙无比的"净土"。关于"净土"之美，宋延寿《万善同归集》所引《安国抄》有"二十四种乐"之说，所引《群疑论》有"三十种益"之说。所谓"二十四种乐"者，"一、栏楯遮防乐，二、宝网罗空乐，三、树阴通衢乐，四、七宝浴池乐，五、八水澄漪乐，六、下见金沙乐，七、阶际光明乐，八、楼台陵空乐，九、四莲华香乐，十、黄金为地乐，十一、八音常奏乐，十二、昼夜雨华乐，十三、清晨策励乐，十四、严持妙华乐，十五、供养他方乐，十六、经行本国乐，十七、众鸟和鸣乐，十八、六时闻法乐，十九、存念三宝乐，二十、无三恶道乐，二十一、有佛变化乐，二十二、树摇罗网乐，二十三、千国同声乐，二十四、声闻发心乐"[①]。常见的由净土宗经典所宣扬的西方

---

① 《中国佛教思想资料选编》（第三卷第一册），中华书局1987年版，第29页。

极乐世界之美是众所周知的：在这个世界里，国土以黄金铺地，一切器具都是由无量杂宝、百千种香合成，到处莲花飘香、鸟鸣雅音。众生享受着"衣服、饮食、华香、璎珞，缯盖、幢幡、微妙音声，所居舍宅、宫殿、楼阁，称其形色高下大小，或一宝二宝，乃至无量众宝，随意所欲，应念即至"（《无量寿经》）。

涅槃之美与净土之美，是佛教直接肯定的美，它是对世俗之美的否定。

三、佛教哲学的美学意蕴

佛教本无意建构什么美学，它很少正面阐述美学问题，然而，佛教经典在阐发其世界观、宇宙观、人生观、本体观、认识论和方法论时，又不自觉地透示出丰富的美学意蕴，孕育出许多光彩照人的美学思想。

佛教世界观讲"色即是空，色复异空"，揭示了美的真幻相即、有无相生的特点；讲"梵人合一""物我同根"，"万法是一心，一心是万法"，揭示了"万物齐旨""美丑一如"的审美真谛；讲"有无齐观，彼己无二"，"内外相与以成其照功"，触及"内外同构""物我玄会"的审美观照方式；讲"心融万有""一切唯识""万法尽在自心中"，催生了"文，心学也""文不本于心性，有文之耻甚于无文""诗文书画俱以精神为主"的表现主义美学观念；讲"识有境无""境假识真"，孕育了虚实互包的艺术意境论；讲"神我不灭""神精形粗"，哺乳了中国美学"遗形取神"的审美传统；讲善恶相报，奠定了中国戏剧的大团圆结局。

佛教的宇宙观栩栩如生地杜撰了三界与佛国，三千大千世界和世界的成、住、坏、空情景，显示了天才的艺术创造力和想象力。如形容宇宙空间的无限性，佛教先虚构了欲界、色界、无色界三层由低到高的境界。欲界由低到高分地狱、鬼、畜生、阿修罗、人、天"六道"，"天"道又分四天王天、切利天、夜摩天、兜率天、乐变化天、他化自在天"六天"；色界在欲界六天之上，又分四禅十七天；无色界在此之上又分四无色天。从欲界的最底一道地狱上至色界四禅天中初禅天的梵天为一个世界，各有一个太阳和月亮周遍流光照耀，如此的一千个世界称"小千世界"，一千个小千世界称"中千世界"，一千个中千世界为"大千世界"。这样，一千个世界为小千世界，一百万个世界为中千世界，十亿个世界为大千世界。因一大千世界包含小千、中千、大千三种"千"，故称"三千大千世界"。三千大千世界（十亿个世界）是一佛土。佛教认为，宇宙并不是由几个三千大千世界，而是由无数个三千大千世界构成的。宇宙体积的巨大和空间的无边无际由此可见一斑。又，佛教形容宇宙时间的无限性，以"劫"为大的时间单位，它是不能以日、月、年计算的极长时间单位。从人的寿命无量岁中每一百年减一岁，如此减至十岁，称为减劫。再从十岁起，每一百年增一岁，如此增至八万岁，称为增劫。如此一减一增为一小劫。合二十个小劫为一中劫。成劫、住劫、坏劫、空劫分别是一中劫。合此四中劫为一大劫。大约一小劫为1600万年，一中劫为3.2亿年，一大劫为12.8亿年。每一三千大千世界都要经历成、住、坏、空四劫。无量无边的三千大千世界经历的变化时间也就无边无际。这种对空间和时间之无限性的想象能力，可能是一般的作家艺术家所不及的。

佛教的人生观从"诸法无我""诸行无常"出发，揭示了"一切皆苦"的人生真谛，它传递给文学的，是"生年不满百，常怀千岁忧"的郁郁感伤，是磋老伤别、仕途失意的浓浓忧愁，是悲天悯人、爱人及物的菩萨胸怀。晋郗超《奉法要》指出："何谓谓慈？愍伤众生，等一物我，推己恕彼，愿令普安，爱及昆虫，情同无异。何谓为悲？博爱兼拯，雨泪恻心……"

佛教本体论认为"言语道断"，故尚"无言"之美，又认为"道不离言"，故创造出"言教"之美，反映到美学创作上，就是"诗家圣处不在文字，亦不离文字"；认为"法身无相"，"般若无相"，故尚"无相"之美，又认为"业动因就，非形相无以感"，故创造出大量的像教艺术之美；认为"佛向性中作，莫向身外求"，"自身即佛"，不须依傍，影响到美学上，就是"问侬佳句法如何，无法无盂也没衣"，主张美在独创。

　　佛教认识论崇尚般若空智和静观默照，所谓"不得般若，不见真谛"，"圣心虚静，照无不知"，催生了美学构思论上的"虚静"学说，即"虚心纳物""绝虑运思"，并催生了一系列以静寂、虚豁为特质的艺术创作；主张不假思索，直观现前，"现观"见道，直契"现量"，实际上触及审美的直观特征，具体说即审美的"现在"（现时、现前）性，"现成"（一触即成，不费思量）性，"现实"（显现真实）性；主张"顿悟"不废"渐修"，启发了人们对"诗道之悟"——灵感心理特征的认识；主张"离心意识参"，不主故常地"参"，涉及审美解读的无意识性和自由创造性。

　　佛教方法论以"无分别智"，这"无二之性"为"不二法门"，主张用"无分别智"的"不二之悟"，即"了无分别"的方式对待对象世界，孕育了中国美学整体不分、意象浑融的审美批评方式；崇尚双遣双非、无可无不可的"中观"之道，在"不即不离"的"诗家中道"上打下了浓重的烙印；从"外法不住""般若无住"出发说明"无住为本"，而灵活万变、不窘一律的"诗家活法"恰好与"无住无本"的"禅机"相类；崇尚"圆相"之美、"圆满"之美、"圆融"之美、"圆通"之美、"圆转"之美、"圆活"之美、"圆成"之美、"圆浑"之美、"圆熟"之美、"圆照"之美，形成了中外美学史上以"圆"为美的最丰富的奇观。此外，佛教戒、定、慧"三学"和"六度""八正道"等行为规定也构成了佛教徒行为方式的整体美学特征：神定气朗、坚忍不拔、踏实精进、戒恶行善。佛教徒的行为方式一般人以为是消极的，其实这是很大的误解。佛教"六度"中有"精进"一条，"八正道"中有"正勤"（亦译"正精进"）一条，都是要求僧众勤勉苦修、积极向上的显证。以常人难以想象的意志力、忍耐力克除邪恶积习、进取无上妙道、谱写超俗人生，就是佛教徒追求的审美人生。

四、佛教宗派的美学个性

　　佛教在其发展、传播的过程中演化出许多宗派。佛教各宗各派在反世俗美学这一起点上是相通的，但它们所建构的美学、所形成的美学个性和美学影响则各异其趣。

要说佛教宗派有美学个性，可从印度佛教和中国佛教两大类来看。印度佛教可分三块。第一块是释迦牟尼创立的原始佛教，第二块是部派佛教，第三块是大乘佛教。

原始佛教学说的组成部分主要有"十二因缘""五蕴六地""三法印""涅槃寂灭""轮回报应""四圣谛"等。它们中有一些相互交叉的地方。归类而论，这些学说揭示了佛教的世界观、人生观、方法论。"十二因缘""五蕴六地"和"三法印"中"诸法无我""诸行无常"主要揭示了佛教的世界观。"诸法无我"中的"法"指人生现象。"诸行无常"中的"行"指人生历程。这两个"法印"是说，人生的一切现象均系因缘和合而成，没有真正的实体；人的一生始终处在流转变化之中，没有永恒不变的实体。"十二因缘"就是具体说明人生的流转变化是由哪些因缘生发而成的，借以说明"诸行无常"。"五蕴六地"是说，人的生命现象是"识、受、想、行、识"五蕴或"地、水、风、火、空、识"六地的暂时聚合，借以说明"诸法无我"。要之，原始佛教从缘起论出发力图论证主体世界的虚妄不实（"人无我"），但并未否认物质世界（五蕴六地）存在的真实性，这就使得它在取消审美主体及其审美感受的同时，为审美对象的存在留下了可乘之机。由"诸行无常""诸法无我"，人不过是五蕴六地的暂时聚合，永远处在生死流转之中，决定了人生的本质是"痛苦"。"三法印"之一"一切皆苦"和"四圣谛"之首"苦谛"阐述的就是这种佛教人生观，尤其是"苦谛"，对人生诸苦做了淋漓尽致的发挥。它是对人生的悲剧品格的揭示。由人生的痛苦，生出消灭痛苦有解脱之道，这就是"涅槃寂灭"（亦称"灭谛"）和"八正道"（"道谛"）。这种善有善报的报应思想和灵魂不灭的观念也奠定了后来悲剧创作的叙事模式和想象基础。

原始佛教之后，印度佛教发生过二次分裂，分化出十八部（一说二十部），史称"部派佛教"时期。尽管门户众多，但分别最明显的还是上座部和大众部。围绕宇宙的实有与假有、人有我（神有我）与人无我、佛祖是人还是神等问题，部派佛教内部展开了激烈的争论。上座部各派偏重于认为心法和色法是实有的，大众部各派则偏重于认为人无我和法无我；为了说明人有我，上座部中的犊子部和经量部分别提出了"不可说的补特伽罗"和"胜义补特伽罗"，实开后来大乘唯识宗阿赖耶识理论先驱。在佛祖是人还是神的问题上，上座部一系认为佛祖是历史人物，大众部则把佛祖虚构为具有"三十二相""八十种好"的神。从美学品格来看，部派佛教由于宗派众多，每一宗派势力、影响有限，因而，部派佛教的美学个性相对也显得薄弱，缺少独立的美学性格。然而，大众部在神化佛祖的过程中提出的"三十二相""八十种好"，是对佛祖形象之美最生动、具体的揭示。上座部的"人（识）有我"理论，为后世的"神不灭"论埋下了颇富生命力的种子，并经过大乘有宗瑜伽行派的发挥焕发出耀眼的美学魅力。

　　部派佛教之后，印度进入大乘佛教时期。大乘佛教诞生后，将原始佛教与部派佛教贬称为"小乘"佛教。与小乘佛教相比，大乘佛教显示出诸多不同的美学共性：一、在世界观上，小乘认为"人空法有"，审美主体是空的，审美客体则是有可能存在的，大乘则认为"一切皆空"，审美主体和审美客体都不存在。二、在对佛祖的看法上，小乘虽然有些部派（大众部）对释迦牟尼做了神化，而另一些部派则保留了历史性看法，但大乘则把他全盘神化了，提出佛有二身、三身以至十身的说法。小乘一般认为佛只有一个，即释迦牟尼，大乘则认为佛有无数个，并一个个栩栩如生地虚构出来，展示了更加丰富、奇诡的想象力。三、在追求目标上，小乘以阿罗汉为修行的最高果位，只求自觉自利，大乘则以佛或佛的候补者菩萨为修行的最高果位，追求"自利利他""自未度而先度他""普度众生"，体现了"爱人如己"的博爱胸怀和舍己为人的崇高精神。四、在行为方式上，小乘一般只主张修戒、定、慧三学和八正道，大乘则兼修六度，即布施、持戒、忍辱、精进、禅定、智慧。五、在思维方法上，小乘比较偏执、绝对，大乘则比较圆通、折中。六、在对涅槃境界的理解上，小乘认为是绝对的虚无寂灭，大乘认为涅槃是似空实有，具有"四德""八德"的美妙实体等。

大乘佛教又有空宗、有宗两派之分。空宗即中观派，有宗即瑜伽行派。它们除了具有大乘佛教美学的一些共性之外，还具有自身的美学个性。中观派为了说明世界万物的空，应用了不断否定、重重否定的思维方式。不断否定，始终不落一边、不走极端、不陷绝对，"中道"的方法由此得名。中观派将这种方法的辩证性、自由性发挥到极致。中观方法的辩证性后来经由中国的三论宗、天台宗、禅宗渗透到艺术辩证法中来。而中观方法自由无碍、左右逢源的一面，又与审美的自由性相通。瑜伽，意为相应，指通过现观思悟佛教真理的修行方法。瑜伽行派认为世界万物都是心识所变，所谓"万法唯识""境无识有"。主体认识对象，实际上不外乎在心识物化对象中返观自身，这与对象化的审美相通。为论证"唯识无境"，瑜伽行派提出"三自性"说和"三无性"说。一切事物皆依心识缘起，这是事物"依他起性"，因此事物具有"生无性"；对"依他起"的现象界周遍思度，妄加分别，现象显为实有，这是事物的"遍计所执性"，此有属妄有，又具有"相无性"；以无上佛教智慧，排除客观实有观念，体认一切唯有识性，即是契合"真如"，达到"圆成实性"。事物境无识有，似无实有，即"胜义无性"。这里，瑜伽行派反对用"周遍计度"的方法对事物妄加分别，主张通过瑜伽直觉直接确证现前事物中的识性真如，与美学上整体感悟、即景会心的审美方法也很相似。

中国佛教宗派的美学品格，可按时间的演变来把握。

佛教传入中土初期，首先表现为佛经的传译。这种传译以安世高翻译的小乘有部学说和支谶、支谦翻译的大乘空宗学说般若学为代表。魏晋时期，中土玄学大兴。玄学崇本抑末，贵无抑有，主张世界一切事物过去、现在和未来都有实体的小乘有部学说因不合中国人的旨趣很快湮没无闻，而"触言以宾无"、主张"内外寂然，相与俱无"的般若学说则因为投合中国文化的旨趣广受欢迎。东晋十六国时，道安、罗什、僧肇的译介和倡导，使般苦学成为这个时期的主要佛教思潮。般若学的要义有三：一、主体方面崇尚"无知"而又"无不知"，不待"宰割""分别"的"般若"之智。二、客观方面指出事物"不真"而"空"，所谓"船若之所照，即在于无相"。三、思维方法上既主张"无知""无相"，又反对对"无知""无相"的偏执，主张"虽无而非无""虽有而非有"，"有不即真，无不夷迹"，典型体现了印度中观派的方法论。般若学的美学品格也就相应地表现在这三方面。一是它所崇尚的"不加分别"的"般若圆智"促进了中国美学整体把握批评方法的形成。二是般若学讲"空不离有""静不离动""色即是空，色复异空"，与美学上讲的"有无相生""动静相辅""意境浑融"有相通之处。三是般若学所弘扬的中观方法进一步强化、丰富了由儒家的"中庸之道"和道家的相反相成共同开创奠定的辩证思维方式，它直接凝聚在中国美学的"艺术辩证法"中。

东晋十六国时期出现的另一佛学思潮是以慧远为代表的"因果报应"论。这种"因果报应"论是以承认"人有我""神不灭"和"涅槃有"为前提的。南北朝时期的竺道生承此余绪，建构了"涅槃学"。"因果报应"论认为"神精形粗""形尽神不灭"，奠定了"贵神贱形"，强调"神似""传神"的美学倾向。"涅槃学"认为，"法身"到处都在，"佛性"人人都有，"佛为悟理之体"，成佛的根本在"悟理"；又"法性照圆"，"理不可分"，"寂鉴微妙，不容阶级"，只有以"不二之悟"（顿悟），才能符"不分之理"。这种"顿悟成佛"学说孕育了美学上整体感悟的批评方式和以"妙悟"为特点的艺术灵感论。

隋唐之际兴起了一系列佛教宗派。考其美学个性，可分三块。一块是"三论宗""天台宗"所崇尚的"中观"思维方式对艺术辩证法的影响。"三论宗"以印度中观派经典《中论》《百论》《十二门论》名宗，强调"二谛""八不"中道。天台宗据此提出"一心三观""三谛圆融"，中观的思维方法进一步广泛盛行。第二块是玄奘及其弟子窥基创立的法相唯识宗。它继承印度瑜伽行派学说，主张"三界唯心""万法唯识""境依内识而假立"，用"现观"的方法直契物象之真识实际，哺育了"文以意为主""文以识为贵"的表现主义美学，对"意境"论的生成和"自然圆成""即景会心"的审美方法、创作方法及趣味的形成起到推波助澜的作用。第三块是禅宗。从六祖惠能创立顿门禅宗到宋元明清，禅宗经历了一个从不立文字的"内证禅"到大立文字的"文字禅"的转变。"文字禅"的大量阐说，留给美学丰富的思维财富，因而禅宗的美学意蕴较之其他宗派来说显得更加丰富，如"禅定"说与"虚静"构思论，"明心见性"说与"文即心学"论，"呵佛骂祖"说与艺术独创论，"圆活生动"说与"不主故常"，"因宜适变"的创作方法论，"参禅妙悟"说与审美创造论，"直截根源"说与"取法其上"论，"渐修顿悟"说与艺术灵感论，"言道"说与"言意"论，"触事而真"说与"天人凑泊"论，"镜花水月"说与艺术意境论和艺术真实论，以及"以禅论诗"，等等。

第二节　佛教美学的研究历程及其逻辑结构 ①

"佛教美学"是一个跨学科的论题。它既需要佛教方面的系统知识，又需要对美学有深入的研究。其实分别在这两个方面拥有专门的造诣已属不易，要在两者的交叉地带嫁接出新的成果更有难度。所以，长期以来，这是一个人迹罕至的领地。不过，自近代太虚法师首次触及这个话题以来，经过改革开放以后严北溟、蒋述卓、王海林等人及笔者的努力，这个新兴学科已初成气候、初具规模。在回顾这门交叉学科的研究历程，权衡得失、综合取舍的基础上，笔者就佛教美学原理的重构提出了独特的逻辑构架。这对于人们全面、准确深化佛教美学原理，进一步深化和推进佛教

---

① 本节原文发表于《学习与探索》2020年第12期。

美学研究，或许具有重要的建设意义和参考价值。

一、佛教美学的研究历程

最早踏进这个领地的是太虚法师。1928年底，他在法国巴黎美术会做了题为《佛法与美》的讲演①，从理论上阐释了佛教对现实美的世界观以及佛教创造的人生美、自然美、文艺美的机制与形态，从佛教学者的角度切入佛教美学问题。演讲分六个部分："一、美与佛的教训；二、佛陀法界之人生美；三、佛陀法界之自然美；四、从佛法中流布到人间的文学美；五、从佛法中流布到人间的艺术美；六、结论。"太虚法师从佛教所揭示的"不净观"，推导出佛教对世俗认可的现实美和艺术美持否定态度。由于认为现实的人生和自然不完美，因而佛教主张通过改良人性创造人生美、通过改造自然创造自然美。佛教所创造的理想世界的人生美，主要指佛陀的三十二大丈夫相、八十随形好等身心之美。佛教所创造的理想世界的自然美，指佛国净土的庄严之美。而佛教文学艺术的美也是宣扬佛教真理和理想世界的产物。1929年11月和1934年9月，太虚法师分别在长沙华中美术专校、武昌美术学校做了题为《美术与佛学》《佛教美术与佛教》的演讲。②在这两篇演讲中，他进一步阐述了对佛教美术的看法，强调表现佛教理想的佛教雕塑艺术是价值最高的"美术"。

其次值得注意的是严北溟先生的《论佛教的美学思想》。该文发表于1981年第3期《复旦学报》，首次直面并提出"佛教美学思想"问题。作者从哲学角度切入佛教，从佛教哲学世界观的角度分析佛教对美的基本看法，奠定了"佛教美学"论题的合法性和把握佛教美学观的理论基石，不过囿于唯物论的世界观和阶级斗争学说的影响，对佛家美学观缺少持平的价值评判。

① 太虚大师全书编纂委员会编纂：《佛法与美》，《太虚大师全书》第45册，善导寺佛经流通处1998年版。

② 均载太虚大师全书编纂委员会编纂：《太虚大师全书》第45册。

　　再次正面阐述这个问题的是蒋述卓的《试论佛教的美学思想》。该文发表于《云南社会科学》1990年第2期。作者是从研究文学、美学起家的。在这个时期文艺美学界的文化研究风潮中,作者跳出唯物论的世界观和阶级斗争的思维框架,引入佛教文化维度研究文艺美学,试图在佛教与文学、美学的交叉研究中取得学术突破,先后出版《佛经传译与中古文学思潮》(江西人民出版社1990年版)、《佛教与中国文艺美学》(广东高等教育出版社1992年版)。该文就是他从文艺美学角度切入佛教美学的研究结果。文章指出:"佛教的各种典籍中包含着丰富的美学思想,本文对之进行了较详细的梳理,从中归纳出佛教美学中的四个突出特点,即:一、美是幻影;二、美是体验的;三、虚构与夸饰;四、推崇完美。"作者另辟蹊径,提出了独特的理解佛教美学的思路。

　　1992年,安徽文艺出版社出版了王海林的《佛教美学》,这是以"佛教美学"为题出版的最早的一部专著。较之严北溟、蒋述卓篇幅有限的论文,该书32开本,共350页,论述的丰富性大大提高。该书《绪论》论及佛教美学研究现状、佛教美学与西方传统美学及中国古代美学的区别、佛教美学的特征、佛教美学内部构成等。主体部分论及"人生本位的唯心美学""特殊的美学范畴""佛教审美功利观""神灵的美化奥蕴""佛教审美心学""中国禅宗美学""佛教的神秘美学""佛教的艺术美学"及"佛教美育"。作者熟悉梵文,对佛教有比较精深的研究,对文艺美学也不陌生,给"佛教美学"的研究提供了特殊的思路和材料上的参考。但毋庸讳言,该书章目的设计缺少严密的逻辑性,各章之间你中有我、我中有你,令人对佛教美学要义的理解如堕烟雾之中。

　　有鉴于此,从文艺美学起家的笔者在1996年于上海人民出版社出版了另一部《佛教美学》。笔者从自己对美和美学的独特理解出发,挖掘、演绎、分析佛教中的美学思想和意蕴。全书分三编。上编为"佛教流派美学",在印度佛教和这个佛教的历史传承中揭示各宗各派佛教基本美学观的个性;中编为"佛教义理美学",剖析佛教世界观、人生观、宇宙观、本体论、认识论、方法论和行为方式的美学意蕴；下编为"佛教艺术美学"，勾勒以美为特征的各种佛教艺术门类（包括文学、音乐、戏剧、绘画、雕塑、建筑）的概貌，揭示佛教艺术的一般美学特点。应当说，这三编纵横交错、相互补充、互不交叉，体现了比较严格的逻辑性。书的篇幅也不大，21万字，前面冠以"在反美学中建构美学"的导论，揭示佛教美学的基本理路和全书构架，也显得简明扼要。根据此书改写的《佛教美学：在反美学中建构美学》一文后来发表于《复旦学报》1998年第3期，不约而同地被中国人民大学《美学》1998年第8期和《宗教》1998年第4期全文转载。

2003年，受上海玉佛寺"觉群丛书"组委会之邀，笔者根据已出版的《佛教美学》，结合新的研究心得，撰写、出版了丛书中的一本《似花非花——佛教美学观》（宗教文化出版社2003年12月版）。全书14万字，是佛教美学意蕴的通俗化读物。

在此基础上，笔者返论于史，完成了41万字的《中国佛教美学史》，2010年由北京大学出版社出版。这是作者运用对佛教美学的独特理解梳理中国佛教史资料的成果，也是国内外学界唯一的一部佛教美学史专著。

与此同时，随着对佛教美学研究、理解的深入，笔者还将专著中的相关章节整理改订成文投到各种刊物，接受编辑和读者的检验。这些论文有：《佛教"三界唯心"论与"美是心影"说》，《苏州大学学报》1997年第2期（《宗教》1997年第3期转载）；《"寂灭为乐"——佛教美本质观》，《东方丛刊》2004年第6期；《佛教美学新探》，《学术月刊》2011年第4期（《高等学校文科学报文摘》）；《以"圆"为美——佛教关于现实美的变相否定》，《文史哲》2002年第1期；《佛教"光明为美"思想的独特建构》，《社会科学研究》2013年第5期（《中国社会科学文摘》2014年第2期转载）；《佛教理论对审美认识论的影响》，《新疆大学学报》2000年第3期（中国人民大学复印资料《美学》2000年第8期转载）；《佛教"顿悟"说与美学灵感论》，《青海社会科学》1996年第4期；《"无相"之美与"相教"之美》,《文艺理论研究》1997年第2期;《中国佛教美学的历史巡礼》,《文艺理论研究》2011年第1期;《唐代禅宗美学思想略探》,《中国禅学》2014年第1期;《论华严宗以十为美的美学倾向》,《社会科学战线》2008年第6期;《天台宗以"止观"为特点的认识论美学》,《觉群佛学》(2008年卷),宗教文化出版社2008年版;等等。

二、佛教美学原理的逻辑结构

在梳理佛教美学研究历史的基础上,笔者依托已出版的《佛教美学》及《似花非花——佛教美学观》,综合笔者的最新研究成果自我超越,对"佛教美学原理"这个富有魅力的论题试图做出更为圆满的阐释。

笔者的思路及关于佛教美学原理逻辑结构的思考是这样的。

美学是关于美的哲学。[1]伴随着美学研究的对象从"美"向"审美"的转移,"美学"的学科名称近来遭到"审美学"的挑战。论者主张将美学研究的对象限定在"审美"关系、活动、经验内,否认美学对"美"的本质的思考,其实是经不起仔细推敲的。"审美"必须以"美"为逻辑前提,对"美"的追问是美学研究回避不了的。美学就是以研究"美"为中心的"美的哲学"。

"美"在审美实践的日常话语中既指"有价值的快感",又指"有价值的快感对象"。按照主客二分的思维习惯和将美与美感分开的逻辑归类,我们把"有价值的快感对象"叫作"美",把"有价值的快感"叫作"美感"。为了防止人们将"快感"误解为肉体的感官的快乐,我们将"有价值的快感对象"改造为"有价值的乐感对象",来作为对"美"的表述,用以涵盖精神快乐与感官快乐两种快乐。[2]

---

① 详见祁志祥:《"美学"是"审美学"吗?》,《哲学动态》2012年第9期。另参祁志祥:《乐感美学》,北京大学出版社2016年版。

② 详见祁志祥:《"美"的特殊语义:美是有价值的五官快感对象与心灵愉悦对象》,《学习与探索》2013年第9期;《论美是有价值的乐感对象》,《学习与探索》2017年第2期。另参祁志祥:《乐感美学》。

　　佛教美学思想，就应当是佛教典籍中关于"有价值的乐感对象"的那些思想。这些思想是怎样的呢？

　　首先是对世俗人认可的外界的五觉对象之美以及精神对象之美的否定。这是由佛教的基本世界观决定的。佛教的世界观是缘起论，认为万物都由一定的因缘而生起，也因因缘的散尽而消灭，因而都是空幻不实的。这就叫"色即是空"。如龙树《中论》说："众因缘生法，我说即是空。"这也决定了它对世间万物之美的基本态度：它们都是像梦幻泡影一样，是空幻不实的，是引起人们内心各种贪嗔痴情欲的祸根，应当加以彻底否定，正所谓"美色淫声，滋味口体，一切皆是苦本"（德清《答德王问》）。美丽的女色如"革囊盛粪"，只能带来痛苦，不能带来真正的快乐，所谓"唯苦无乐"。唐代玄觉禅师甚至提出了"宁近毒蛇，不近女色"的命题。[1]因此，佛教提出了视美为丑的"不净观"作为修行的方法。我们把佛教对世俗美的这种态度，叫作"反世俗美学"（简称"反美学"）的态度。

　　不过同时，在佛教心目中，又是有自己"有价值的乐感对象"、有自己认可的"美"的。佛教认可的"有价值的乐感对象"是什么呢？就是"涅槃"佛道，所谓"涅槃极乐""以大乐故名大涅槃"，"涅槃"具有"常乐我净"四种特性。其中"乐"性即指"美"。因此，体悟"涅槃"的主体"佛性"，以主体"佛性"觉悟了"涅槃"之道的大乘修行果位——"佛""菩萨"，和小乘修行果位——"罗汉"，以及佛所居住的"佛国净土"，就成了美本体的主要表现形态。

　　同时，为了吸引众生皈依佛门，获得极乐至美，佛教又从"缘起不无"的角度，权行方便，承认、顺从世俗众生的审美趣味，提出"色复异空"，从而对世俗认可的能够带来乐感的声色嗅味之美采取了变相肯定的态度，参与了世俗美学的独特建构。

————————

① 《中国佛教思想资料选编》（第二卷第四册），中华书局1983年版，第123—124页。

　　以"味"为美。佛典鄙薄饮食之味、感觉之味，告诫僧徒虽然饮食，不要执着食味。举凡六尘带来的感官快适滋味，佛教均加以贬低，认为"口飱滋味，如病服药"①。但同时，佛教又用世俗美味、至味形容出世的涅槃之美、佛道之美、佛法之美、佛性之美、禅悦之美、佛经之美、佛果之美，如《大般涅槃经》指出："彼涅槃者，名为甘露。"②这是对世俗味的变相肯定和移用。

　　以"圆"为美。圆相因为圆满无缺，在世俗的审美趣味中普遍被视为最美的形状。佛教即色观空、于相破相，本不以圆形为美，但又随顺世俗的审美趣味，将佛像设计成各种圆形，以凸显圆满无憾，又以圆为美，将一切美好的事物都称为"圆"。由于它"圆满无缺"，所以称"理圆""性圆""果圆""圆寂"；由于它圆转流动、圆活生动、圆融无碍、圆通无执，所以称"智圆""照圆""法圆""行圆"。正由于"圆"具有"美丽""美好"含义，所以佛教宗派纷纷称自己的教义为"圆教"，佛教不少菩萨以"圆"取名，不少佛教高僧也以"圆"取名。

　　以"十"为美。在各种数字中，"十"是个完整无缺的数，所以民间有"十全十美"一说。华严宗从色空相即、事理无碍、一十圆融的思路出发，揭示"十"是"圆数"，开辟"十十无尽"的论述方法。可以说，以"十"为美，主要是华严宗依据大乘中观派世界观和方法论对佛教美学的独特贡献。华严宗初祖杜顺主张"一切入一"，为以"十"为美奠定了思想基础。二祖智俨主张"一""十"圆融，为以"十"为美做了重要铺垫和过渡。三祖法藏认为"十"可显"无尽"空义，所以是"圆数"，标志着以"十"为美的理论自觉。四祖澄观指出"欲令触目圆融，故多说十"，明确揭示以"十"为美的真谛。华严宗人"立十数为则"，以十十无尽重叠的方法行文说理，鲜明体现了其以"十"为圆妙之数的美学趣味。

　　光明为美。在现实生活中，光明使人心情舒畅、认识透明，黑暗使

① 玄觉：《禅宗永嘉集》，《中国佛教思想资料选编》（第二卷第四册），第124页。
② 《大般涅槃经》卷八《如来性品第四之五》，《大正藏》卷十二，第415页下栏。

人心情压抑、认识模糊。佛教随顺世相，以具有无上般若智慧和洞悉万物本体之明的成佛境界为"光明"境界，对"光明"极尽赞美之词；以背离妙明真智、执着虚幻物色为实有的世俗认识为"无明"境界，对"无明"极尽批判之能事。在这种赞美与批判、肯定与否定中，佛教光明为美的思想得以充分展示。

七宝为美。在佛典描绘的极乐世界、佛国净土中，一切美好的事物都是由众宝构成的，佛典谓之"七宝和合"。这些宝物以其光明通透、稀有贵重，被世间之人普遍视为珍宝。佛教用这些珠宝构造了一个美妙无比的佛国净界，吸引众生皈依佛门，修行往生极乐净土。

以香为美。"香"是一种闻或嗅起来令人快适的气味。令人快适的香气会激起人的贪欲，遮蔽人的真性，所以佛家主张加以克制和戒除。从客体方面破除"香尘"，从主体方面破除"香欲"。同时，由于香是大众普遍认可的美，佛教又舍经从权，通过双非，走向了对它的变相肯定。这就叫"香为佛使""香为信心之使"，意指香气能通达人之信心，为佛所使。

莲花为美。在世间生活中，植物的花朵以其色彩、造型、芳香悦目怡鼻，令人称道，但在佛家看来，短暂的花期使花的美丽稍纵即逝，愈加显示了花的无常空幻的本体，因而佛教对自然界花卉的美并不认可。然而对于莲花，佛教的态度则不然。佛教认为"诸华之中，莲华最胜"[①]，并把它奉为佛花。为什么呢？因为莲花出淤泥而不染的物理属性，与佛教倡导的在世间求涅槃、在俗中悟真颇为相类。佛教因而以莲喻佛，象征佛、菩萨在生死烦恼中出生，而不为生死烦恼所干扰，莲花因而被视为圣洁之花。在佛教所赞美的各色莲花中，白莲花以其洁白无瑕，更能象征清净法身而受到特别钟爱。由于莲花的圣洁美好意义，佛教杜撰了佛陀与莲花的种种联系。在净土宗经典中，阿弥陀佛所居之西方净土也被形容为到处莲花绽放。华严经所宣扬的理想世界"莲华藏世界"也是莲花遍布

---

① 僧叡：《妙法莲华经后序》，《大正藏》卷九，第62页中栏。华，通花。

的世界。于是，莲花与佛教结下不解之缘：佛珠称"莲子"，袈裟称"莲花服"，和尚行法手印称为"莲藁华合掌"，僧舍称"莲房"，佛座称"莲座"，佛国称"莲界"。在佛家看来，觉悟成佛之人远离污秽的胎生，而为圣洁的莲花所生。通常所见寺院释迦牟尼佛像的底座大多由365朵莲花构成，寺院的灯具也常做成莲花状。在佛教的遗址、建筑、造像中，到处可见莲花。

法音为美。这里所说的"法音"，主要指佛教音乐。音乐作为六尘之一的音声，佛教对喧闹撩人的、使人意乱情迷的世俗音乐持否定态度，所以佛教戒律中有一条规定"不视听歌舞"；但佛教又主张借用音乐做佛事，对众生施行"音教"。如《大方广佛华严经》卷四十一云："以音声作佛事，为成熟众生故。"用于佛事的梵乐区别于尘世音乐的根本特点是清净。梵乐虽然清净和雅，却微妙动听。《法华经序品》曰："梵音微妙，令人乐闻。"正因为它具有这种"令人乐闻"的美，所以佛国净土中到处回荡着这种动人的音乐。

像教之美。所谓"像教"之"像"，指目之可见的形象，佛典常以"相"称之。外物之相产生于虚幻的视觉表象活动，其实是因缘所生、空幻不实的。因而，佛教主张"于相破相"后达到"无相"。法身无相，但为众生说法，又必须假象传真。慧皎《义解论》："圣人……托形象以传真。"于是，佛教就从"法身"无相，走到了"应身""化身"有相。通过形象丰富的"应身""化身"对众生施行教化，佛家称之为"像教""像化"。而用作教化的形象之美，既在于它是佛道的象征，也在于它符合世俗的形美趣味。

言教之美。佛教所说的"道"，不仅超越形音嗅味，而且超越名言概念。佛家谓之"无名""无言"。从道不可言出发，佛家"布不言之教，陈无辙之轨"[①]，主张"以心传心"[②]。佛教认为，涅槃佛道是最真实的美本

---

① 道安：《道地经序》，《大正藏》卷五十五。
② 《坛经·行由品》，《中国佛教思想资料选编》（第二卷第四册）。

体，"无言"作为涅槃佛道的一种存在方式，便具有了美的色彩，所以佛祖拈花微笑在后世传为美谈。[①]涅槃佛道虽不可言，然而，"实非名不悟"[②]，所以佛家为众生弘扬佛道又离不开言说。于是在印度佛教中，就留下了释迦牟尼"以文设教"的佛经和各种派别宣传佛道的佛典文字。佛教经典作为"无上妙道"的象征之具，本身就具有一种特殊的内蕴美。佛教为了让经教文字更好地吸引僧众，还随顺世俗对文字声韵、辞采、故事的喜好，将经教文字铺衍成句式整齐、音韵动听的偈颂和形象鲜明、故事生动的譬喻、变文。至于源于唐代各寺院的俗讲，唐、五代流行的"变文"，则是佛教用来布教的讲唱文学作品样式。

在视听觉范围内逞才使技、展示魅力的艺术作为能够对世俗众生发生审美效用的乐感对象，佛教借助它来塑造"佛""菩萨"和"罗汉"，宣扬佛教真理，成为世俗认可的形式美与佛教追求的本体美的完美结合，从而展现出佛教艺术多姿多彩的美学风貌。从艺术门类看，佛教艺术分佛教文学、佛教音乐、佛教戏剧、佛教绘画、佛教雕塑、佛教建筑。佛教艺术门类繁多，每一个门类都发展得相当充分、相当精细，令人眼花缭乱。不过，各门丰富多彩的佛教艺术具有如下一些共同特点。

首先，从艺术消解走向艺术建构。尽管佛教艺术门出多途，有一点是共通的，这就是从发生机制上说，它们都是从最初的艺术消解走到后来我们所看到的艺术建构的。艺术作为由人所造作、依一定物质媒介而存在的"有为法"，作为一定"因缘"所生的对象世界、现象世界的一部分，按佛教的世界观和本体论看，肯定是"空"而不实、应当消解的。因此，

---

① 《大梵天王问佛决疑经》："尔时大梵天王即引若干眷属来奉献世尊于金婆罗华，各各顶礼佛足，退坐一面。尔时世尊即拈奉献金色婆罗华，瞬目扬眉，示诸大众，默然毋措。有迦叶破颜微笑。世尊言：'吾有正法眼藏，涅槃妙心，即付嘱于汝。汝能护持，相续不断。'时迦叶奉佛敕，顶礼佛足退。"《五灯会元·释迦牟尼佛》卷一："世尊于灵山会上，拈花示众。是时众皆默然，唯迦叶尊者破颜微笑。世尊曰：'吾有正法眼藏，涅槃妙心，实相无相，微妙法门，不立文字，教外别传，付嘱摩诃迦叶。'"
② 僧叡：《中论序》，《中国佛教思想资料选编》（第一卷）。

面对林林总总的佛教艺术作品，不应执而为真，以为佛教艺术就是佛教创作的初衷和目的。另一方面，在佛教看来，既然艺术是虚妄不实的"假象"，又何必要过分执着地去否定它、消解它？一味地否定也是一种"迷执"，真正的大彻悟，应当是空而不空、有而不有。对艺术也应当采取这种态度。何况，为钝根人（众生）布道弘法，心心相传行不通，势必得"借微言以津道，托形象以传真"，以文学、艺术作渡河之筏、启悟之具。于是，诸佛如来为令众生安住正道，"随所应见而为示现种种形象"，佛教就从艺术消解走到了艺术创造。尽管佛教空诸艺术，又创造了艺术；尽管佛教创造了艺术，但又空诸艺术。

其次，内容的布道性。既然佛教艺术是佛教为使众生"安住正法"而"示现"的"种种形象"，因而在艺术内容上便体现出强烈的布道性。佛教艺术，无论是取喻佛理的佛经故事、寓言，演述佛经的讲经文和变文，抑或表现佛理、演说佛教人物和故事的佛教戏剧、绘画、雕塑，还是佛事中的音乐，无不是为了传递、弘扬佛教真理。佛教艺术者，贯佛道之器也。

再次，形式的随俗性与特殊性。佛教艺术的形式呈现出两大特点。一是随俗性。这有两层意思。其一，世俗性。佛教艺术所塑造、展示的形式之美其实与我们世俗人认可的美并无太大的不同，在大部分地方是相通的，如佛教造像追求的对称美、圆滑美，佛教寺院建筑追求的对称美，佛教文学追求的情节美、所描绘的人体美，等等。这并不是说，佛教的审美标准和审美趣味与俗人一样。在骨子里，佛教真正认可的美是超越言语形色感观之美而具有常、乐、我、净诸种美好品格的"涅槃"之美。佛教在艺术中展现的美所以能吸引成千上万非佛教信徒的人瞻仰观赏，只是为了抓住生众，使他们能够"睹形象而曲躬""闻法音而称善"，因此，不得不照着俗众的审美标准和趣味，设计和创造出打动他们心灵的形式之美。这只不过是一种权宜之计、方便之策，不必当真。其二，入乡随俗、因势利导的地域性、民族性和历史性。佛教艺术创造的美既然是为照顾俗众而设的，不同的地域、不同的民族、不同的历史阶段，俗众有不同的审美标准和趣味，佛教艺术的形象之美就有了地域性、民族性和历史性。如印度的佛祖像传到中国是一个样，传到斯里兰卡又一个样。而唐代造做的佛像体态和风格也明显区别于北朝和后来的北宋。这种历史性可从龙门石窟中见出一斑。而民族性、地域性则可从云冈石窟中窥见一二。除随俗性之外，佛教艺术的形式之美也有不同于世俗性的特殊性一面。这是由佛教艺术承担的独特传布内容规定的。如寺院音乐的清凉特点，形成了一种独特氛围，令闻者渐生超尘拔俗、心静意定之感。

此外，佛教哲学在阐发其世界观、宇宙观、人生观、本体论、认识论、方法论时，又不自觉地寓含着丰富的美学意蕴，对佛教之外的艺术创作极富启发意义。比如佛教哲学的色空一体观与艺术创作的真幻相即观、佛教的"物我同根"与艺术的"美丑一旨"、佛教的"三界唯心"与艺术的心学表现、佛教的识境一体与诗歌的意境交融、佛教的"神存形灭"与绘画的"贵神贱形"、佛教的"言语道断"与文学的"道不离言"、佛教的"无相为体"与雕塑的"化身有相"、佛教的呵佛骂祖与艺术的创新自得、佛教的禅定修行与艺术创作的虚静生思、佛教的"现观现量"与艺术的审美直观、佛教的顿悟学说与艺术的灵感发生、佛教的参禅妙悟与艺术的审美解读、佛教的"了无分别"与艺术的"整体把握"、佛教的双遣双非方法论与不落一偏的"诗家中道"、佛教的"无住为本"与不主故常的"诗家活法"，如此等等。

上述佛教美学的基本义理在释迦牟尼创立的原始佛教教义中就可找到依据。然而佛教在后来的发展、传播中又分化、衍生出若干宗派，它们改造了原始佛教的缘起论和认识论，从而使得其佛教美学观各具个性。佛教美学也应当对这些佛教宗派美学的不同特色有所论析，从而使人们认识到佛教美学的差异性、多元性和丰富性。如印度的中观派、中国的三论宗主张美在涅槃中道；印度的唯识派、中国的法相宗一方面主张"三界唯心""唯识无尘"，主张美在心识，另一方面又主张"现量"直观、不离

"境界"。般若学主张美在般若中观佛性，如《大品般若经》主张空寂为美，《维摩诘经》主张俗中求真，道安主张"淡乎无味，乃直道味"，支遁主张"即色游玄"，僧肇主张"道俗一观""美丑齐旨"，皆然。涅槃学主张美在涅槃佛性，如《大般涅槃经》认为"涅槃者名为甘露，第一最乐"，道生主张"无灭之灭，则是常乐"。禅宗主张美在净心，如慧能及其《坛经》对此做了丰富论述，神会主张真如为本性、烦恼为客尘，慧海认为中道净心"自然快乐"，希运主张"虚通寂静，明妙安乐"。天台宗则认为，美源于"止观"，如智顗认为"修行止观，心如金刚"，灌顶认为"极圆之教，醍醐妙味"，湛然认为"无情有性""染净不二"。华严宗主张美在事理圆融，如杜顺主张"理事无碍""一切入一"，智俨论及"十"美与"境界"，法藏追求"圆融无碍""十十无尽"，澄观崇尚道本乎心，以"十"尽理，宗密主张美在本心。净土宗则主张美在净土，如《阿弥陀经》论及西方净土之美及往生净土之门径，《无量寿经》《观无量寿经》及《往生论》不过是对这种观点的补充，慧远主张"始自二道，开甘露门"；延寿描述西方净土具有"二十四种乐""三十种益"，等等。

于是佛教美学原理的逻辑结构就呈现为六个部分：佛教对现实美的基本否定、佛教对本体美的独特肯定、佛教对现实美的变相建构、佛教艺术的美学风貌、佛教哲学的美学意蕴、佛教宗派的美学个性。

关于上述理论构架，笔者在专著《佛教美学新编》中有详细具体的论析，期待学人切磋交流、共同完善。

第三节　中国佛教美学的历史巡礼①

一、"美""美学""佛教美学"的义界

在阅读"禅宗美学""中国美学"一类的著作时我们发现，人们对于

---

① 本节原文发表于《文艺理论研究》2011年第1期。

"美学"概念的使用是各种各样、言人人殊的。因此，当我们开始追寻中国佛教美学的历史踪迹时，首先必须回答：什么是"美学"？"佛教美学"在语义上究竟指什么？

"美学"本来不应回避研究"美"。不过，由于"美"之本质众说纷纭、莫衷一是，现代美学出现了非本质主义的解构思潮，"美学"一变而为研究人的"审美活动"或人与现实的"审美关系"的哲学学科。然而，问题也随之而来。一是，如何界定"审美活动"和"审美关系"？区别"审美活动"与"非审美活动"、"审美关系"与"非审美关系"的前提难道不仍然是如何界定"美"？二是，非本质主义的解构思潮本身具有不可克服的自相矛盾情况。美学解构主义者在否定别人关于美的定义的同时，未尝没有自己的建构。关于这种自相矛盾的现象，对西方当代美学研究有素的学者阎嘉有一段很好的分析："所谓'解构'，已成了后现代的典型特征。解构主义者所针对的目标是所谓'元叙事'或'元话语'，它们多半是传统的文学理论与批评当作出发点或理论诉求的'理论预设'……然而，我们时常可以发现，'解构'成了一些理论家和批评家的策略，即借'解构'之名来张扬自己的观点和立场。""例如，当我们认真阅读那些解构'大师'们（从尼采到福柯、利奥塔）的著作时，实际上可以发现一个确凿的事实：他们在对既有理论和观点进行解构时，同时也在建构自己的观点和理论。"他提醒人们："我们不能被他们表面上的姿态所迷惑。"[1]鉴于上述考虑，笔者仍然主张将美学视为以研究美本质和美感特征为主的哲学学科。

"美"是什么？历来大概有两种意见。一种将"美"视为主体的愉快感。如古希腊苏格拉底指出："美就是快感。"[2]鲍姆嘉通指出，美就是"感

①　阎嘉：《21世纪西方文学理论和批评的走向与问题》，《文艺理论研究》2007年第1期。
②　北京大学哲学系美学教研室编：《西方美学家论美和美感》，第33页。

性知识的完善"①。这时，"美"就是"美感"。另一种意见坚持唯物论的思路，将引起快感的事物或事物的性质叫作美。如意大利托马斯·阿奎那（1226—1274年）指出，美是"一眼见到就使人愉快的东西"②。法国笛卡儿（1596—1650年）在"使人愉快"之前加上"最多数人"的限定，成为后来康德论美之感受的"普遍有效性"之先声："凡是能使最多数人感到愉快的东西就可以说是最美的。"③德国沃尔夫（1679—1754年）指出："产生快感的（事物——引者）叫作美，产生不快感的（事物——引者）叫作丑。""美在于一件事物的完善，只要那件事物易于凭它的完善来引起我们的快感。""美可以下定义为：一种适宜于产生快感的性质，或是一种显而易见的完善。"④无论美是"快感"还是"引起快感的事物"，"快感"都是美的决定因素。美学研究美，就是既要研究如何使人获得快感的规律，也要研究如何使人免受不快感的规律。所以"美学之父"鲍姆嘉通在创立"美学"时，将"美学"定义为"研究感性知识的科学"⑤，或研究情感愉快与否的"感觉学"⑥。笔者基本赞成上述对"美"和"美学"的界定，不过又有所补充。在西方美学史上关于"美是快感"及"引起快感的事物"的界定中，有一个明确的限定，即这种快感只能是视听觉快感。正如苏格拉底所坚持的那样："美就是由视觉和听觉产生的快感。"⑦然而事实是，既然视听觉快感是美，为什么视听觉以外的感觉快感就不能叫美呢？

---

① 北京大学哲学系美学教研室编：《西方美学家论美和美感》，第142页。在《西方美学史》中，朱光潜先生又将"感性知识的完善"译为"感性认识的完善"，详见朱光潜：《西方美学史》（上卷），人民文学出版社1982年版，第297页。

② 北京大学哲学系美学教研室编：《西方美学家论美和美感》，第66页。

③ 北京大学哲学系美学教研室编：《西方美学家论美和美感》，第79页。

④ 北京大学哲学系美学教研室编：《西方美学家论美和美感》，第88页。

⑤ 北京大学哲学系美学教研室编：《西方美学家论美和美感》，第142页。

⑥ 朱光潜：《西方美学史》（上卷），第296页。

⑦ 北京大学哲学系美学教研室编：《西方美学家论美和美感》，第30页。

苏格拉底当时就遭到这样的提问，他并没有令人信服地解答这个问题。[①]
在审美实践中，人们并不把美仅仅局限在视听觉快感中，而将所有快感及
其对象都叫作美。所以，笔者对美的理解是：美是普遍快感及其对象。美
学作为感觉学，应当研究一切使人愉快与否的情感、感觉规律。本书所研
究的佛教美学，也就自然聚焦佛教关于愉快情感及其对象的分类、本质、
特征、规律及其价值评判的思想理论。

　　五官对应的恰当合适的形式可以普遍有效地引人愉快，这便构成形
式美学；在另外一些场合，"美是一种善，其所以引起快感正因为它是
善"[②]，"美是道德观念的象征"[③]，这就形成道德美学；而真理的形象总是令
人快乐，虚假的事物常常令人厌恶，所以哲学本体常常与美本质相交叉，
这就构成了本体论美学。事物可以单凭纯粹的形式原因使人愉快，这是自
由美、纯粹美；也可以由于善或真的原因使人感到愉快，这是附庸美、依
存美。美与善、真就是这样既相区别又相联系。考量任何一种形态的美，
都必须三者兼顾，方不至于落入一偏。考量佛教美学自然也不应例外。用
这三种标准来考量佛教美学，我们得到一个总体结论：佛教对纯粹的官能
快感对应的形式美、形象美持否定态度，而竭力追求清净无染的道德美、
真实无妄的本体美。所以佛教美学总体上说不是形式美学，而是道德美学、
本体美学。

二、佛教美学的基本思想

　　那么，佛教美学具体说来有哪些基本思想呢？

　　理解佛教美学，首先必须明白佛教对两种快乐感觉或情感的特殊分

---

① 他的回答是："因为我们如果说味和香不仅愉快，而且美，人人都会拿我们做笑柄。至于色欲，
　人人虽然承认它发生很大的快感，但是都以为它是丑的，所以满足它的人们都瞒着人去做，不
　肯公开。"可见答非所问。北京大学哲学系美学教研室编：《西方美学家论美和美感》，第31页。
② 亚里士多德：《政治学》，北京大学哲学系美学教研室编《西方美学家论美和美感》，第41页。
③ 朱光潜对康德崇高美观点的概括。朱光潜：《西方美学史》（下卷），第375页。

类。"乐",梵文音译为素伐。《佛地论》卷五对它的解释是:"适悦身心为乐。"佛教对"乐"的分类有多种,我以为从佛教对它的基本态度来看可分为两类。一类是身乐、"世乐"[1],佛教对此持否定态度。一类是心乐、出世乐,佛教对此竭力肯定。身乐、世俗乐就是我们世俗人孜孜以求的快乐,佛典谓之"觉知乐""受乐""欲乐",它满足人的情欲享受,可以通过人们的感官明显感受认知到。心乐、出世乐与世俗人追求的快乐取向截然相反,也不可觉知,佛教谓之"寂灭乐""涅槃乐""法乐"。"觉知乐"不仅稍纵即逝、不可长久,而且会引起种种贪爱和对带来虚假快乐的外物的无尽索取,导致人生真谛的丧失,是人生痛苦的根源,因而事实上"无乐";"寂灭乐"虽然不可感觉,表面上"无乐",但也消灭了似乐实苦的"受乐""欲乐",所以是"大乐""上妙乐"。《大般涅槃经》卷二十三《光明遍照高贵德王菩萨品第十之三》指出:"乐有二种,一者凡夫,二者诸佛。凡夫之乐无常、败坏,是故无乐。诸佛常乐,无有变异,故名大乐。"卷二十五《光明遍照高贵德王菩萨品第十之五》进一步分析说:"涅槃虽乐,非是受乐,乃是上妙寂灭之乐。"[2]在此意义上,佛典常言:"寂灭为乐。"[3]

佛教对两种快乐情感的区分和态度奠定了其否定世俗美、肯定出世美的基本美学倾向。

首先是对世俗美的批判和否定。《六度集经》第三十九则故事《弥兰

---

[1] 智顗:《修习止观坐禅法要》卷上《呵欲第二》,《中国佛教思想资料选编》(第二卷第一册),第89页。

[2] 《大正新修大藏经》卷十二,第513页中栏,简称《大正藏》。印赠者:财团法人佛陀教育基金会;承印者:世桦印刷企业有限公司1990年3月初版。下同。

[3] 《大般涅槃经》,《大正藏》卷十二,第375页上栏。这种思想,看似费解,其实与《庄子·至乐》所表述的美感思想相通:"吾观乎俗之所乐,举群趣(趋)者,誙誙(音"坑",誙誙,争着跑去的样子)然如将不得已,而皆曰'乐'者,吾未之乐也,亦未之不乐也。(引者按:其实庄子以为不乐,不过态度比较委婉罢了)果有乐无有哉?吾以'无为'诚乐也,又俗之所大苦也。故曰:至乐无乐。"

经》中指出:"世人习邪乐欲,自始至终,无厌五乐者。何谓五乐?眼色、耳声、鼻香、口味、身细滑。夫斯五欲,至其命终,岂有厌者乎?"①天台宗创始人智𫖮据此提出了"五欲无乐"的命题:"世间色声香味触,常能诳惑一切凡夫,令生爱著。"②"五欲无乐,如狗啮枯骨。"③在批判"五欲"之外,智𫖮提出用"不净观"破五欲之美:"见他男女身死,死已膨胀烂坏,虫脓流出,见白骨狼藉,其心悲喜,厌患所爱。""见内身不净,外身膨胀狼藉,自身白骨从头至足,节节相柱,见是事已,定心安隐,惊悟无常,厌患五欲。""见于内身及外身,一切飞禽走兽,衣服饮食,屋舍山林,皆悉不净。"④引起五欲快乐的对象,统称为物色的"色"。《杂阿含经》卷三谓:"愚痴凡夫……不如实知,故乐色、叹色、著色、住色。乐色、叹色、著色、住色,故爱乐取……如是纯大苦聚生。"⑤为什么人们从五觉快乐出发对引发快感的美色、美声、美香、美味、细滑之物的追求是产生"大苦"的根源呢?因为它们都是因缘的暂时聚合,虚幻不实,不能永恒存在。"一切有为法,如梦幻泡影,如露亦如电。"⑥不仅"色即是空"⑦,一切可以给五觉带来快感的现实美是空幻的假象,即便感受现实美的审美主体的人也是五蕴暂聚、四大皆空的。这样看来,现实世界就不是快乐的伊甸园,而是苦海茫茫的娑婆世界:"三界皆苦,何可乐者?"⑧"我今现住世界,名为娑婆,乃极苦之处,谓生苦、老苦、病苦、死苦,乃至

---

① 康僧会译:《六度集经》,《大正藏》卷三。
② 智𫖮:《呵欲第二》,《修习止观坐禅法要》卷上,《中国佛教思想资料选编》(第二卷第一册),第88页。按:该经收入《大正藏》卷四十六。
③ 智𫖮:《呵欲第二》,《修习止观坐禅法要》卷上,《中国佛教思想资料选编》(第二卷第一册),第88页。
④ 《中国佛教思想资料选编》(第二卷第一册),第102页。
⑤ 《大正藏》卷二,第18页中栏。
⑥ 鸠摩罗什译:《金刚般若波罗蜜多经》,《大正藏》卷八。
⑦ 玄奘译:《般若波罗蜜多经》,《大正藏》卷八。
⑧ 道宣撰:《释迦氏谱·明法王下降迹·现生诞灵迹第三》,《大正藏》(第50册)。

求不得苦、冤家会聚种种诸苦，说不能尽。"①那些带来欲望享乐的种种乐事，都成为导致痛苦的根源："虽是王侯将相、富贵受用，种种乐事，都是苦因。""即今贪著世间、种种受用，及美色淫声、滋味口体，一切皆是苦本。"②"身着衣服，如裹痛疮；口飡滋味，如病服药。"③"一切烦恼，以乐欲为本，从乐欲生。诸佛世尊，断乐欲故，名为涅槃。"④比如美女带来的肉体快乐，在佛教看来恰恰是不以为然的："女人之为不乐，无女人之为极乐也。"⑤不仅他身不净，现实世界污秽不已，而且自身不净，审美主体的人自身也污秽不堪、丑陋无比："我此身中有发、毛、爪、齿、粗细薄肤、皮、肉、筋、骨、心、肾、肝、肺、大肠、小肠、脾、胃、抟粪、脑，及脑根、泪、汗、涕、唾、脓、血、肪、髓、涎、胆、大便、小便，犹如器盛若干种子，有目之士，悉见分明。"⑥

其次是对出世美的肯定和强调。世俗世界丑陋不堪、痛苦不已，如何远离丑陋、摆脱痛苦呢？那就是走向出世，进入涅槃。具体途径主要有二。一是"灭智"。"智"是世俗的感性认识和理性认识，也就是普通人的情感思想。破除了它们，使心如止水，也就破除了对虚幻的世俗之美的贪爱与执取，根绝了人生痛苦的来源。《杂阿含经》卷三谓："不乐于色，不赞叹色，不取于色，不著于色……则于色不乐，心得解脱。"⑦德清指出："物无可欲。人欲之，故可欲。""古之善生者，不事物，故无欲，虽万状陈前，犹西子售色于麋鹿也。"⑧真可《法语》指出："夫饮食男女，声色货

① 德清：《答德王问》，《憨山老人梦游全集》卷十，蓝吉富主编《禅宗全书》（第51册），北京图书馆出版社2004年版。
② 德清：《答德王问》，《憨山老人梦游全集》卷十，蓝吉富主编《禅宗全书》（第51册）。
③ 玄觉：《禅宗永嘉集》，《中国佛教思想资料选编》（第二卷第四册），第124页。
④ 义净译：《金光明最胜王经》卷一，《大正藏》卷十六，第407页。
⑤ 袾宏：《答净土四十八问》，《阿弥陀经疏抄演义》，上海佛学书局1992年版，第680页。
⑥ 《中阿含经》第二十四卷《因品》第九《念处经》，《大正藏》卷一。
⑦ 《大正藏》卷二，第18页中栏。
⑧ 《憨山绪言》，《憨山老人梦游全集》卷四十五，蓝吉富主编《禅宗全书》（第51册）。

利，未始为障道，而所以障道者，特自身自心耳。"①《长松茹退》总结说："境缘无好丑，好丑起于心。"②摆脱痛苦的根本关键是不为内情所牵、不为外物所动的"涅槃佛性""如来净心""菩提心""般若智"。它是"无智之智""无心之心"。如此，佛教美学就体现出强烈的心性美学倾向。二是"瘞身"。佛教认为，人们所以有大苦，是因为活着时肉体生命的存在。所以佛教有"生苦""五取蕴苦"之说。如果"瘞身"而"无生"，则活着时肉体生命的种种烦恼亦随之而去。而且，佛教的三世果报观念使其相信人的生命并不随肉体死亡而消失，相反，通过修行，肉体死亡后可在来世转生为更好的生命体。于是，死亡成为获得新生、进入佛国净土的极乐世界的阶梯。在此意义上，佛教美学成为肯定死亡之美的死亡美学。

　　总体看来，佛教并不主张人一生下来就去死，因为倘若未曾修行，即便"瘞身"也不能获得新生，达到极乐。只有活着时好好修行，才能在来世得到福报。因此，佛教更多地主张活着时通过修养"菩提心""般若智"去进入"涅槃净国"。"涅槃净国"美妙无比。关于"涅槃"之美，佛典以"涅槃"无苦、"涅槃"安乐、"涅槃"具有如同"甘露""甜酥""醍醐""鹿乳"一样的美"味"渲染之。"涅槃"的本义是"寂灭"。心灵的各种欲念如同风吹火熄一样寂灭了，痛苦也就寂灭了，所以"涅槃"无苦。《杂阿含经》卷十八称："贪欲永尽，瞋恚永尽，愚痴永尽，一切烦恼永尽，是名涅槃。"③无苦就是快乐。所以"涅槃"又译为"安乐"。关于"涅槃"安乐，《大般涅槃经》反复阐述："以大乐故名大涅槃。""涅槃名为大乐。"④"彼涅槃者，名为甘露，第一最乐。"⑤"涅槃"的这种快乐就

① 真可：《长松茹退》，《紫柏尊者全集》卷九，《禅宗全书》（第50册）。
② 《紫柏尊者全集》卷九，《禅宗全书》（第50册）。
③ 《大正藏》卷二。
④ 《大般涅槃经》卷二十三《光明遍照高贵德王菩萨品第十之三》，《大正藏》卷十二，第503页上、中栏。
⑤ 《大般涅槃经》卷八《如来性品第四之五》，《大正藏》卷十二，第415页下栏。

像美味，《大般涅槃经》形容说："譬如甜酥，八味具足，大般涅槃亦复如是，八味具足。云何为八？一者常，二者恒，三者安，四者清凉，五者不老，六者不死，七者无垢，八者快乐。是为八味具足。具是八味，是故名为大般涅槃。"①"涅槃"即佛家之道。"涅槃味"又称"道味"。道安《比丘大戒序》说："淡乎无味，乃直道味也。"②这是说"涅槃味"是"无味之味"，"涅槃乐"是"无乐之乐"。其《阴持入经序》又指出："大圣……以大寂为至乐，五音不聋其耳矣；以无为为滋味，五味不能爽其口矣。"③德清《与贺函伯户书》云："山中得奉手书，知道味日深，世情日远。"④"涅槃"是佛家所说的法身、本体，故"涅槃味"又叫"法味"。《五灯会元》卷二十《天童昙华禅师》云："首依水南遂禅师，染指法味。"⑤德清《示顺则易禅人》批评说："方今学者广学多闻，但增我见，少能餐采法味，滋养法身慧命者，岂非颠倒之甚也？"⑥进入了"涅槃"境界，也就进入了极乐净土，这就叫"心净即佛土"。关于净土、佛国之美，佛教诸经典各有生动的描绘，而以净土经典的描绘最为著名。其间诸物由七宝构成，教主是阿弥陀佛，不仅具有无量寿，而且光明无比，遍照一切，以至"众生遇斯光者，三垢消灭，身意柔软，欢喜踊跃，善心生焉。若在三途勤苦之处，见此光明，皆得休息，无复苦恼，寿终之后，皆蒙解脱"⑦。

　　再次，在把握了佛教在反对世俗美的同时建构独特的出世美的美学主旨之外，我们还要注意佛教对世俗美的变相肯定。佛教既从缘起的角度说明"色即是空"，又从缘起的角度说明"色复异空"，反对执着于空见、无视假有存在的"边空"观。而承认现象有的当下存在，主张随顺世

---

① 《大正藏》卷十二，第385页上栏。般涅槃：意为入灭，常略称为涅槃。

② 《中国佛教思想资料选编》（第一卷），第51页。

③ 《中国佛教思想资料选编》（第一卷），第35页。

④ 真可：《憨山老人梦游全集》卷十八，《禅宗全书》（第51册）。

⑤ 释普济：《五灯会元》，中华书局1984年版，第1354页。

⑥ 真可：《憨山老人梦游集全》卷八，《禅宗全书》（第51册）。

⑦ 《无量寿经》，《大正藏》卷十二，第275页下栏。

俗之见教化众生，引导众生在有中观空，在妄中求真，在美的形式中领悟佛道，就成为佛教及其美学的另一取向。正是这一取向，使佛教美学对其否定的世俗美和形式美有加以变相的肯定，因而呈现出丰富多彩的世俗美学趣味和形式美学建树。《百喻经》末尾有一偈言说："如阿伽陀药，树叶而裹之。取药涂毒竟，树叶还弃之。戏笑如叶裹，实义在其中。智者取正义，戏笑便应弃。"[①]令人"戏笑"、令世人喜爱的文字、譬喻、故事及绘画、雕塑、音乐等形式美好比包裹良药的"树叶"，虽然不是良药，但佛法大义之"阿伽陀药"经过它的包裹却能更有助于世人的食用。这就叫"借微言以津道，托形象以传真"[②]；"闻法音而称善，刍狗非谓空陈；睹形象而曲躬，灵仪岂为虚设？"[③]因此出现了令人开怀的佛教文学故事，诞生了流光溢彩的佛教绘画雕塑，乃至清凉动听的佛教音乐也随之产生。于是，言与意、形与神、动与静、假与真、幻与实、事与理、境与识、一切与一的关系问题成为佛教美学讨论甚多的重要话题。此外，在佛教变相肯定的现象世界的美中，以"莲"为美、以"味"为美、以"圆"为美、以"十"为美、以"明"为美，乃至以"七宝"为美，也是十分突出的现象。这些都值得我们在梳理佛教美学史料时重点加以关注。

三、中国佛教美学的历史演变和时代特征

当我们以上述对佛教美学的基本认识来观照中国佛教美学史时，我们就对其历史演变的时代特征有了如下的把握：

东汉可视为中国佛教美学"莲花初开"的时期。安世高翻译的小乘佛经介绍了原始佛教的基本教义。它由"缘起"而"非身"，取消审美主体；又由"十二入"破"色我"，取消审美客体，并要求人们对现实和自

---

① 《百喻经》，又名《痴华鬘》，5世纪印度僧人僧伽斯那著，弟子求那毗地南齐时译，《大正藏》卷四。阿伽陀：药名，又译为无病、不死药。

② 慧皎撰，汤用彤校注，汤一玄整理：《高僧传》卷九《义解论》，中华书局1992年版。

③ 道高：《重答李交州书》，僧祐编《弘明集》卷十一，《大正藏》卷五十二。

我做"不净观"，对现实世界的苦难和入道之后的喜乐之美做了浓重的渲染，奠定了原始佛教的美学基石。支谶翻译的般若经将主体的般若智作为审美的逻辑起点加以剖析，要求主体心智"无念""无住""无知"，最后达到"无所不知"，体认"毕竟空"的世界本体，纠正世俗之人"苦谓有乐"[1]、颠倒"好丑"虚假认识，最终达到对佛身之美、佛法之美的体认："法喜""信乐""乐无所乐"，确立了独特的美本体与美感观，奠定了中国佛教大乘空宗美学的基石。在译经之外，也出现了个别中国人的佛教著述，硕果仅存的就是牟子的《理惑论》。《理惑论》以问答的形式，提出了佛教刚刚进入中国后沉潜于儒教与道教中的中国人对它的种种疑惑。牟子通过比较与论辩清除了这些疑惑，捍卫了外来佛教的地位，阐释了佛教的基本教义及佛教美学的基本观点，同时也暴露了以道家观念理解佛教义理的某些不成熟性。

　　魏晋南北朝可视为中国佛教美学"繁花似锦"的时期。首先是佛教翻译空前繁荣。较之汉代，这个时期佛经翻译更加丰富，大多数佛经都翻译了进来，甚至一种佛经有了几种译本，这些译经从不同的角度体现出风采各异的美学倾向。在大乘空宗译经方面，大品般若经着力揭示了主、客体空寂的本体美；维摩诘经着力塑造了俗中求真、亦僧亦俗的大乘菩萨维摩诘形象，他既以"法乐之乐"为"我等甚乐"，又不离充满世俗之美的现世生活，追求在俗中求真、丑中求美，"以意净得佛国净"；中观经以不断否定的"中观"方法或"无我"之般若智将"涅槃"本身也否定掉，并将这种彻底空无的否定本身视为"涅槃"，所以其追求的"涅槃"之乐实即"无涅槃"之乐。在大乘有宗译经方面，净土经极力宣扬西方净土"无量寿佛国快乐无极"、现实世界丑恶无比，并以简易的修行方法为众生进入极乐世界大开"方便法门"；涅槃经宣扬"涅槃"不仅是真实的存在，而且"为甘露第一最乐"，是"八味具足"的至美本体，"一切众

---

① 《大正藏》卷八，第438页中栏。

生皆有佛性"，只要培养起"菩提心"，就一定能获得"涅槃"本体；《佛性论》宣扬的佛性美不仅存在于主体的觉悟心识中，而且存在于万物的之中，是万物的美本体，而这两者又是互为因果的；《大乘起信论》强调"乐念真如法"的"信心"的修养，认为众生的"一心"中具有"净心"与"染心"、"觉性"与"迷性"、"如来藏"与"生灭心"两类心性，"真如心"的是"真实"的、"清净"的、"快乐"的，而"生灭心"是"虚妄"的、"痴慢"的、"垢染"的、"痛苦"的，因而主张"修行信心"[①]，去除"妄心"，"令众生离一切苦，得究竟乐"[②]；唯识经以真谛译本为代表，认为外境由内识变现而成，境空识有，作为种识的阿黎耶识分"染"与"净"、"有漏"与"无漏"两种，变现虚妄外境、有着种种"不净习气"的"有漏"的"阿黎耶识"是丑恶的，需要加以破除的，破除了妄境及染识的"无漏"的"阿赖耶识"才是真如识，所以又叫"阿摩罗识"，意译作"无垢识"，它是圆满真实的美本体。此外，另有些大乘佛经，融合了空宗和有宗的思想，很难归入哪一类，它们也参与了佛教美学的建构。法华经对自然界莲花之美与人世间普度众生的菩萨之美的强调值得注意，其中描绘的听到众生求救呼告即往救助的观世音菩萨尤其深入人心。华严经崇拜大日如来佛、莲花藏世界，强调众生本具如来佛性。佛性不为愚痴妄想覆盖，洞悉一切皆空，在空有相即、一多圆融方面极尽思辨之能事。楞伽经虽然历来被奉为"禅门三经"，然而其内容则与唯识经类似。"阿黎耶识"有净有染、有美有丑，"如来藏"则清净一片、没有污染。"阿黎耶识"本性清净，相当于"如来藏自性清净"。当它变生七识，并由七识及其变生的物相覆盖、污染时，它就不清净了，也就不是"如来藏"了，当"阿黎耶识"不与"无明七识共俱"时，就是"如来藏"，就是"空"，又叫"如来藏阿黎耶识"。因此，佛教修行的实质，即去除覆盖在"自性

---

① 《大正藏》卷三十二，第575页中栏。
② 《大正藏》卷三十二，第575页中栏。

清净"的"如来藏阿黎耶识"上面的"无明妄识",使"如来藏心"的"清净自性"顿显光明。这一思想,后来为禅宗所继承。这一时期,小乘佛经的代表著作阿含经翻译进来。它们篇幅巨大。而其美学要义,在阐明"于色不乐"的反世俗美观点,建构"涅槃安乐"的美学真谛,揭示"涅槃"美感的"不欢喜、不深乐"特征。

其次,从两晋南北朝开始,中国佛教摆脱了此前几乎停留于佛经翻译的局限,出现了中国僧侣自己的大量著述。这些著述是对印度佛经义理的独特领会与阐扬,同时也不可避免地带有中国固有思想的烙印,在这种交融中,佛教美学的意旨得到进一步发挥。如般若学派本无宗代表道安以道家之旨诠释佛教美本质观,"以大寂为至乐,无为为滋味","淡乎无味,乃直道味",要求用道家"齐万物"的方式去观照世间美丑,"玄览莫美乎同异"。即色宗代表支遁以玄释佛,将有中悟空、丑中求美称作"即色游玄",并对审美的"游"与美本体的"玄"做出了独特的发挥。般若学大师、"秦人解空第一者"僧肇既强调佛教的"越俗之美""悟心之欢",又肯定"美丑齐旨"、真俗不二,主张"齐是非""一好丑",从而在出世的"象外之谈"与世俗的"名教之美"之间找到了某种平衡。东晋佛教领袖慧远出入于般若空宗与净土有宗,主张从空、有"二道"的不即不离中"开甘露门"、求本体美,所以他既肯定"无尽"而空的本体美,又肯定"不灭相而寂"的净土美以及往生净土的神灵的存在和宣扬佛道的文字形象的美学意义。东晋末期的竺道生融合般若性空与涅槃佛性有思想,强调人人本有佛性、众生悉有佛性,而这佛性即清净无染而又非有非空的般若智、菩提心,这般若智、菩提心去除虚妄欲念和痛苦,即可达到涅槃美,所谓"无苦之极,即名妙乐"。这种寂灭是"无灭之灭","无灭之灭则是常乐","意"与"言"、"理"与"象"就这样不即不离。

再次,佛教的世界观、人生观及其美学观在这个时期也深深影响了中国文人,于是出现了不少文人的佛教著述,如孙绰、谢灵运、宗炳、颜延之、周颙、沈约、萧衍、萧统、刘勰、颜之推。这些文人本来是很精于文学绘画艺术之美的。他们也染指佛教，写下佛学论文，恰恰体现了佛教与美学的联系。

隋唐时期，中国化佛教宗派纷纷创立，文人佛教著述进一步丰富，佛教美学争奇斗艳、琳琅满目。天台宗是糅合《法华经》、般若中观经和《大般涅槃经》创立的佛教宗派，代表人物有智𫖮、灌顶、湛然。天台宗美学将审美的核心放在"止观"的心灵和认识方法上，批判"五欲无乐"，世俗享乐不是真美，主张通过"修行止观"，达到禅定乐、智慧乐、寂灭乐、涅槃乐，同时提出"一心三观"、自由无碍的中观之美，并对以"圆"为美做出了丰富建构。三论宗以印度大乘空宗经典《中论》《百论》《十二门论》为主要经典，对浸透着三论宗旨的般若经、涅槃经、法华经、华严经也有所择取，其代表人物是吉藏。三论宗美学集中论述的是"中道"之美。"中道"既是"二而不二，不二而二"的认识方法和般若佛性，也是这种认识方法和般若佛性所体认的涅槃本体。华严宗以《华严经》为主要经典，故名，代表人物是杜顺、智俨、法藏、澄观。华严宗最独特的美学建树，是从色空相即、理事无碍、一多无二的世界观出发，提出了现象界的"十"是包含"无尽"本体、最为圆满的"圆数"，从而确立了"十十无尽"的论证方法和十全十美的审美理想。玄奘、窥基共同创立的法相唯识宗在美学上主要建立了以"识"为本体的美论和以"受""现量"为特色的美感论。慧能创立的禅宗进一步彰显了佛教美学的心学特色，揭示了心性本净，审美其实是对自心之美的返观确证，只要通过"无念""无相""无住"的修行拨去妄念浮云，就会获得"涅槃真乐"，同时，禅宗又一次继承了般若学的中观之道，主张不离世间而求涅槃，"随所住处恒安乐"，"随其心净则佛土净"。玄觉对"女色"之恶的阐释和"宁近毒蛇，不近女色"口号的提出，则从一个侧面显示了佛教对世间之美的否定态度。除此而外，张说、王维、柳宗元、刘禹锡、白居易、皎然、司空图等文人也写下了为数可观的佛学论文或浸透佛理的美学论著，为这个时期的佛教美学增添了特殊的美学景观。

宋元时期，佛教大体没有创新，只在守成，禅宗及其美学一家独大、一枝独秀，延寿契嵩、宗杲、明本等人都是代表。在守成时期，中国历史上第一部汉文大藏经《开宝藏》在北宋开宝四年（971年）奉敕刻印，因称《北宋官版大藏经》。南宋时期，北方的金朝民间刻印大藏经，即《金版大藏经》。进入宋代后，禅宗由原来的"教外别传""心心相印"一变而为"大立文字"、口口相传的"文字禅"，涌现了不计其数的"灯""录"。于是，"道"与"言"的关系成为这个时期禅宗美学的中心议题。"道"不在"言"，亦不离"言"，所以参悟佛经，既要即言，又要废言，也就是"须参活句，莫参死句"。这个思想，也是宋元时期诗文美学的中心思想之一。伴随禅宗的勃兴，佛教思想迅速走向文人士大夫，许多著名文人都出入禅林，结交禅友，信奉禅道，王安石、苏轼、黄庭坚、赵孟頫是其中的主要代表。而严羽《沧浪诗话》以禅喻诗，吴可等人的《论诗》以禅道论诗道，为这一时期的佛教美学添加了羽翼。

明清时期，佛教美学伴随佛教走向衰落，犹如晨钟暮鼓余音缭绕。佛教在明代还有可圈可点之处，清代就彻底没落了。明代佛教有"国初第一宗师"梵琦，"明代佛教四大家"袾宏、真可、德清、智旭，还有禅宗临济宗、曹洞宗的回光返照。明代佛教禅、净合流，美学上不仅坚持"美味悉从中出"的禅宗思想，而且宣扬"念佛参禅，往生极乐"的净土美学观，德清的"所求净土，即唯心极乐"，智旭的"极乐弥陀，心作心是"，则可将禅净合一的美学观概括无遗。宋元禅宗美学中的"言""道"关系仍然是明清时期佛教美学讨论的中心话题，不过又衍生出不落"语"与"默"、"禅"与"教"合一、"宗""教"合一、"参""看"圆融等子命题。德清提出"美色淫声，皆是苦本"，进一步重申了佛教美学与世俗美学的迥然不同。真可提出"境缘无好丑，好丑起于心"，进一步巩固了佛教美学的唯心倾向。此外，这时的文人代表如李贽、袁宏道、王夫之、龚自珍对禅宗心性美学、净土美学、唯识美学的评点诠释与发挥也值得注意。

　　而近现代历史上太虚法师借鉴西方美学观念对佛教的美学观和佛教美术所做的剖析，则标志着佛教美学向现代美学分支学科的自觉。1928年，太虚法师在法国巴黎佛教美术会做《佛法与美》的讲演。演讲分六个部分："一、美与佛的教训；二、佛陀法界之人生美；三、佛陀法界之自然美；四、从佛法中流布到人间的文学美；五、从佛法中流布到人间的艺术美；六、结论。"在《美与佛的教训》中，太虚法师从佛教所揭示的"不净观"推导出对世俗认可的现实美和艺术美的否定态度。既然佛教认为现实的人生和自然不完美，因而主张通过改良人性以创造人生美、通过改造自然创造自然美。于是，太虚法师所倡导的"佛教革命"就与"美的创造"联系起来。《佛陀法界之人生美》分析了佛教所创造理想世界的人生美的形态，接着分析了"从佛法中流布到人间的文学美"，又进而分析到"从佛法中流布人间的艺术美"，分为建筑的、雕塑的、音乐的、图画的艺术美。综上所述，太虚法师做出的"结论"是："然佛法之文艺美，乃出于佛智相应之最清净法界等流者，应从佛教之文艺流，而探索其源，勿逐流而忘源，方合于佛法表现诸美之宗旨。"1929年11月，太虚法师在长沙华中美术专校做了题为《美术与佛学》的演讲。1934年9月，太虚法师在武昌美术学校做了题为《佛教美术与佛教》的演讲。在这两篇演讲中，他进一步阐述了对佛教美术的看法，肯定了佛教美术的意义，尤其肯定了佛教美术在美术界之位置。

第五章

乐感美学原理创构

作者插白：既然文艺是审美的精神形态，美是文艺的根本特征，那么，"美是什么"就成为文艺理论工作者无法回避的问题。存在论、接受美学将美说成是审美主体生成的东西，必然导致艺术之美与文艺作品本身无关，艺术创作也就没有美的规律可循。现象学、解构主义否定美的本质追问，认为这是个伪问题，于是造成理论研究中的表象描述和审美实践中的美丑不分，也证明此路不通。因此，笔者进入文艺理论研究领域以后，尽管面对着非本质主义思潮，但一直觉得彻底否定本质行不通，所以一直苦苦找寻着文学的定义、美的定义。1998年，我在《学术月刊》第1期发表《论美是普遍愉快的对象》，被中国人民大学《美学》第4期全文转载。后来，江西高校出版社2000年出版的《美学人学研究文集》、安徽大学出版社2008年出版的《美学人学研究与探索》分别给以收录。2001年4月21日，我在《文汇报》发表《美是普遍愉快的对象》简写版，对这个观点的传播起了进一步的推广作用。本来，我想用康德所说的"普遍有效性"限定美的"愉快对象"不落歧途，但后来发现不行。有些对象能够"普遍有效"地给作为审美主体的人类带来"愉快"，但却是"丑"而不是"美"。所以，十多年之后，我将这个观点修正为"美是有价值的乐感对象"，并为此写了四编、12章、60万字的《乐感美学》，2014年获得国家社科基金后期资助项目立项，2016年3月在北京大学出版社出版，建构起材料翔实、层次丰富、论证严密的"乐感美学"原理体系。2016年6月下旬，上海市美学学会、上海市哲学学会、上海市伦理学学会与北京大学出版社、《人文杂志》联合举办"重构美学的形上之维暨《乐感美学》高层论坛"。曾繁仁、陆扬、高楠、冯毓云、汪济生、杨守森、马大康、赖大仁、李西建、庄志明、寇鹏程等名家相继发文给予高度肯定。比如复旦大学陆扬教授认为《乐感美学》堪称一部关于"美"的"百科全书"。辽宁大学高楠教授认为"乐感美学"将会引发中国当代美学界的"地震"效应。哈尔滨师范大学冯毓云教授认为以"乐感"为标志的美学学说必将在中国美学史上"独领风骚"。①《乐感美学》的前言《"乐感美学"原理的逻辑建构》发

---

① 详见《社会科学报》2016年7月25日报道。详见寇鹏程：《重构美学的形上学——〈乐感美学〉研讨会综述》，《上海文化》2016年第8期。孙沛莹、李纲耀：《〈乐感美学〉：美学体系重建的新界碑——"重构美学的形上之维"高端论坛暨〈感美学〉研讨会综述》，《黑龙江社会科学》2017年第1期。

表于《文艺理论研究》2016年第3期。《乐感美学》的第三章《"美"的语义：有价值的乐感对象》分别以《"美"的原始语义考察：美是"愉快的对象"或"客观化的愉快"》《"美"的特殊语义：美是有价值的五官快感对象与心灵愉悦对象》为题，发表于《广东社会科学》2013年第5期、《学习与探索》2013年第9期。对此加以撮述的《论美是有价值的乐感对象》后来发表于《学习与探索》2017年第2期。后来，笔者因参加日本早稻田大学国际学术会议的需要，另撰《乐感美学：中国特色美学学科体系的建构》一文与会，收于日本2018年12月出版的《中日共同知识创造》一书中。同时发表于国内《中国政法大学学报》2018年第3期后，被《社会科学文摘》第6期以最大篇幅转载。"乐感美学"关于"美"本质的要义有如下几点：一、愉快性。包括"曾点之乐"与"孔颜乐处"、感性快乐与理性快乐、五官快乐与中枢快乐。二、价值性。美带来的快乐是有益的、健康的、积极的、具有正能量的快乐，不等于无价值底线、伤害审美主体生命的娱乐。三、对象性。美在审美主体身外，是客观存在的审美对象，而不是主体美感，但又不能脱离审美主体而存在，是相对于主体存在的有价值的愉快对象。美存在于客体与主体的特定关系中，因而不是绝对不变的实体，而是具有流动性的。亚里士多德说："美是本身具有价值并能给人愉快的东西。"前两点与笔者相同，但他把美定义为纯客观的"东西"（事物），则是笔者不能同意、要加以改造的。

　　"美育"在今天的地位愈来愈重要，但何为"美育"却莫衷一是，含义难明。2022年3月，笔者在《文艺争鸣》第三期上发表《"美育"的重新定义及其与"艺术教育"的异同辨》，依据美是"有价值的乐感对象"，重新厘析"美育"涵义，指出"美育"是"情感教育""快乐教育""价值教育""形象教育""艺术教育"的复合互补，核心是"快乐教育"与"价值教育"，"艺术教育"不过是"价值教育"与"快乐教育"的特殊方式。"美育"工作应以形象教育、艺术教育为手段，陶冶高尚情感，引导追求有价值的快乐，创造有价值的快乐载体。

第一节　论美是有价值的乐感对象 [①]

美丑颠倒、是非混淆，是当下社会突出的一种乱象。这既与价值多元的思想环境和利益驱动的经济环境有关，也与否定本质的学术环境有关。须知，当"美"的本质成为"伪问题"被取消之后，"美"也就可能是"丑"，而且理直气壮。

"本质"为什么会被现代哲学取消呢？理由是，它是永恒不变的客观实体，这种实体是不存在的，因为物质一直在变，只有当下，没有永恒；只有现象，没有本体。这种理论看似高妙，实则似是而非。在自然科学领域，人们对于各种物质现象背后的本质、规律的认知，使得卫星上天，"蛟龙"入海，取得了屡试不爽、不断为人类享用的科技成果。在社会科学领域，各种社会现象背后的本质也客观存在着，它使得政治学、经济学、社会学、法律学、军事学等用科学的方法研究人类社会的种种现象，揭示其背后的规律成为可能。人文科学虽然带有一定的价值观和主体倾向，但只要是"科学"，就不能排斥是一种真理性探索，作为人文社会科学的简称，人文科学是指以人的社会存在为研究对象，以揭示人类社会的本质和发展规律为目的的科学，"本质"也不可取消。而且，"本质"一词，在人们的日常使用中，并非像现代西方哲学所批评的那样，仅仅指物质永恒不变的客观实体，还指某一类现象背后的统一规定性，包括指称这类现象的语词的稳定含义（定义），这类现象的共同根源、规律、特征。美学作为带有主观性、价值性的人文科学，它所聚焦的"美"的"本质"就是如此。

美学所探讨的"美本质"，不是纯客观的永恒不变的物质实体。"美"作为人类使用的一种价值判断，不是物理的，而是心理的。人们之所以用"美"指称某种物质现象，不仅缘于客观对象的原因，而且缘于主体心

---

① 本节原载《学习与探索》2017年第2期。

理的原因。同种物质现象，不仅不同的人会有不同的审美判断，而且同一个人会在不同的心理状态下有不同的审美判断。美学所要研究的"美本质"，不是"美"这种客观物质的实体是什么，而是人类使用的"美"这个语词的统一含义是什么，也就是"美"的语义或"美"这个词的定义是什么。对于这一点，李泽厚其实早有领悟。他在《美学四讲》第二讲中指出："'美'这个词首先可作词（字）源学的询究。"[1]

那么，"美"这个词的定义是什么呢？依据对他人审美实践的考察和对自己审美经验的内省，综合古今中外留下的记录和剖析审美经验的理论资料，笔者思考的结果是"有价值的乐感对象"。

这个定义有两个要点，一是美是能够带来快乐的对象，二是这种快乐必须有价值。

一、美是一种乐感对象

当我们探讨"美"本质的时候，"美"是当作一种名词，指美的事物，而不是当作形容词，指美的感受。所以，美在物不在我。美与美感是不同的。美是愉快的东西，美感是愉快感。赫西俄德说："美的事物使人感到快感，丑的事物使人感到不快。"托马斯·阿奎那说："凡是一眼见到就使人愉快的东西才叫做美的（东西）。"沃尔夫指出："美可以定义为：一种适宜于产生快感的性质。"桑塔亚纳说，"如果一件事物不能给人以快感，它决不可能是美的"，美是"客观化的快感"。美的感受不会无缘无故地产生。人们总是习惯把引起美感的身外对象，即审美对象称作"美"，把审美对象引起的愉快的感受和认识称为"美感"或"审美"。

"美"作为令人愉快的事物，具有客观性。美所以使人愉快，是因为它本身具有适合普遍使人愉快的品质、属性。徐岱反思说："一种觊觎着实在论在美学界的主导位置的主观论美学自身，太经不起推敲。……'认

---

[1]　李泽厚:《美学三书》，安徽文艺出版社1999年版，第476页。

为审美态度是造成审美经验的决定性的先行条件，其荒唐不亚于一个人相信他只要持一种享乐态度，他就会由一块发霉的面包尝到烤龙虾的味道.'这样的表达虽然有些尖刻，但也的确击中了主观论美学的要害。"①主张美在主体生成的论者无论如何也不敢否定"美的条件"，因为事实很显然，龙虾是美味，而发霉的面包不可能是美味；正如范冰冰是美女，而"凤姐"怎么也不可能被公认为美女一样。

美作为产生乐感的对象，是相对于感官存在的，因而具有可感的形象性。说"花是美的"，这只是一个科学判断，它揭示了一个审美事实，但判断本身是不能感人的；只有到百花园中，通过对含苞待放或昂首绽放的花朵的观赏，才能感受到花的美。再如"秋日游子思乡"，这个判断只是告诉人们一种人生的知识，并不能打动人的情感，本身并不美，但马致远的《天净沙·秋思》以一种形象的意境的营造，给人浮想联翩、咀嚼不尽的美感，从而具有脍炙人口、千年传诵的美。

"美"尽管在物不在我，具有客观性及其形象性，但把客观对象叫作"美"的统一性根据却在我不在物。事实证明，从客观方面寻找、归纳"美"的语义的统一性是徒劳无功的，"美"这个词的涵义的统一性只有从主体的感觉方面去寻找。这个统一性就是，只要是被称为"美"的事物，都能统一地产生乐感。对此，《淮南子》早有先见之明："佳人不同体，美人不同面，而皆说于目。梨、橘、枣、栗不同味，而皆调于口。"葛洪《抱朴子》也指出："妍姿媚貌，形色不齐，而悦情可钧；丝竹金石，五声诡韵，而快耳不异。"客观方面找不到美的统一性虽然令从事归纳的理论家们遗憾，但另一方面，人类可对千姿百态的对象产生乐感而视为美，恰恰体现了人类乐感的包容性和人类指称"美"的对象的丰富性。

"美"的统一性在于快感反应的统一性，这种快感不仅包括感觉愉快，而且包括精神愉快。由于在中文语境中"快感"通常被理解为远离精

---

① 徐岱:《美学新概念》，学林出版社2001年版，第307页。

神愉悦的官能反应，我们借用中国古代美学中的"乐感"概念，将"美"定义为一种"乐感对象"，而非"快感对象"。"乐感"概念源于"孔颜乐处"，它既指道德欢愉、精神快乐，又包括"风乎舞雩""吾与点也"式的感性欢乐。在这里，我们明确反对"美感不是感官快感"的保守观念，为感官快感松绑。如果"美"所引起的快感对感官无缘，只是精神快乐，那么，"美"就失去了区别于真善的独立性，"美"也就失其为美了。在感官快乐对象中，传统的西方美学将"美"限定在视听觉快感对象范围内，但审美实践并不尽然。在审美实践中，我们看到"美者甘也""妙境可以鼻观"，触觉亦可审美。人们不仅用"美"指称视觉、听觉快感对象，也用"美"来指称味觉、嗅觉、触觉快感对象。五觉快感并无质的不同，"美"可以是五觉快感的对象，"美"所引起的感官快乐可以是五觉快感。这是我们特别要强调的。

同时我们要指出："美"所引起的快感不仅是超功利的，而且包括功利的。换句话说，"美"不仅用来指称超功利的快感对象，也指功利快乐的对象。前者叫形式美，也就是康德所说的"自由美"；后者叫内涵美，也就是康德所说的"附庸美"。康德的《判断力批判》一方面在"美的分析"中揭示美是超功利的、不依赖概念而被直觉到的、普遍愉快的对象，这叫"自由美"，另一方面又在"崇高的分析"中揭示"美是道德的象征"，而"道德"恰恰是功利的。事实上，对象形式带来的感觉愉快是超功利的，对象内涵带来的精神愉快则是功利性的。但是由于我们对康德《判断力批判》中"美的分析"的误读，以为这里分析的超功利的"美"是一个周延的概念，指"美"的全部，不知这个"美"乃是一个与"崇高"并列、对峙的"优美""纯美"概念（康德另著《对美感和崇高感的观察》《论优美感和崇高感》），对"优美""纯美"的超功利特性的分析并不能作为对包含着"崇高"等范畴的属概念"美"的要求。在内涵美、道德美领域，正如桑塔亚纳所说："审美快感的特征不是无利害观念。"①"说美在某种意义上是切合实用之根据，这对我们就不一定是毫无意义的。"②"美的本质就是功利其物。也就是说，我们对于某些形式的实用优点的感觉，就是我们在审美上称赞它们的理由。据说马腿所以美，是因为适合奔驰；眼睛所以美，是因为生来能看东西的；房屋所以美，是因为便于居住。"③对于口干舌燥的人来说，一瓶汽水是最美的；对于饥肠辘辘的人来说，一顿饱餐是最美的；对于等候太久的乘客来说，一辆巴士是最美的；对于久旱无雨的庄稼汉来说，一场及时雨是最美的；对于等米下锅的农民工来说，及时拿到工钱是最美的；对于喜欢炫富的年轻人来说，奢侈品是最美的。在这里，对象之所以产生令人愉快的美，在于其中凝聚的功利价值。当然，我们也不赞成将桑塔亚纳的说法夸大到以偏概全、否定无功利的形式美、自由美的地步。

如此看来，"美"由于引起的快感的部位、机制不同，也就分为形式美与内涵美。美作为带来乐感的对象，引起五官感觉愉快的对象，叫形式美；引起精神愉快的对象，叫内涵美。形式美包括视觉快感对象美、听觉快感对象美、味觉快感对象美、嗅觉快感对象美、肤觉快感对象美，其快感反应机制属于天然的、不假思索的无条件反射；内涵美作为引起中枢系统中精神愉悦的对象，其反应机制属于后天习得但同样不假思索的条件反射。

正如西方传统美学将美感视为视听觉快感，达尔文因而认为具有视听觉快感能力的动物也具有美感能力和自己感受的美，既然美是一种乐感对象，只要有感觉功能的生命体都有自己的乐感对象，因此，美就不只是人的专利，而是相对于一切动物体而存在，动物也有美。这里，如果我们恪守教条，认为美是只为人而存在的，其他动物没有美的感觉能力，恰恰会在逻辑上留下巨大的漏洞。不过值得辨析的是，当我们说其他动物像人

---

① 桑塔亚纳著，缪灵珠译：《美感》，中国社会科学出版社1982年版，第25页。
② 桑塔亚纳著，缪灵珠译：《美感》，第108页。
③ 桑塔亚纳著，缪灵珠译：《美感》，第106页。

类一样具有感受美的能力和自己能感觉的美时，不是说动物能感受人类感受的美、动物感受的美与人类感受的美是一样的。动物感受的美与人类感受的美既有同，也有异。动物感受的美与人类感受的美的异同只能发生感官所感觉的形式美领域，源于人类大脑中枢精神喜悦的内涵美，在动物界显然是不存在的。在感官所感觉的形式美领域，牛听音乐能多出奶，孔雀听音乐能开屏，这是动物感受的美与人类感受的美相通的例子；"毛嫱丽姬，人之所美也，鱼见之深入，鸟见之高飞，麋鹿见之决骤"，这是动物感受的美与人类感受的美不同的地方。

对象所以成为快感对象，源于客体与主体属性的契合。在人类认可的形式美领域，外物的形式所以会成为引起快感的美形式，在于外物诉诸感官的物质信息契合了主体感觉的结构阈值。举例来说，人类所能看见的光波，波长在400—760毫微米之间，人类所能听到的声频，每秒振动在20—20000次。当对象的视觉形式和听觉形式契合了主体视听觉感官能够接纳的结构阈值，主客体处于一种契合、谐和、舒适状态，视听觉的形式美就会产生。如果光线太强或太弱，声响太大或太小，超过了人体视听觉感官的接受限度，就会产生不舒服的丑感。内涵美亦然。内涵美的根源，在于对象具有或象征的意义契合了主体的心理期待，从而产生主客体合一的和谐运动。

如此看来，对象所以成为美，原因在于客观对象与生命主体感官属性、心理属性的相互契合。在美学上，这叫对象具有"主观的合目的性"而成为"美"。不过，不同的动物物种有不同的"主观的合目的性"、不同的美。某一物种的动物体能否以自己物种的"主观的合目的性"否定、扼杀其他物种的动物体的"主观的合目的性"呢？不能。《庄子》早已揭示："彼至正者，不失其性命之情。故合者不为骈，而枝者不为跂，长者不为有余，短者不为不足。是故凫胫虽短，续之则忧；鹤胫虽长，断之则悲。故性长非所断，性短非所续，无所去忧也。"站在不同物种动物体的生命本性角度看，不同的动物有不同的感官属性、不同的"主观合目的性"、不同的美，和谐的自然生态是尊重每一种动物物种的生命存在权利，从而达到每一种动物物种"主观的合目的性"之美的共存。动物具有"主观的合目的性"，但有生命、无感觉的植物和无生命的无机物种无所谓"主观的合目的性"，它们是不是就应该束手待擒，任由有感觉的动物物种宰割、砍伐呢？从生态和谐、物种长久存在的角度来看，也不行。只有让植物、无机物按照自身的规律自然生长化育，才有助于各种物种的共生共荣。不过，为本能所主宰的一般动物既看不到，也做不到这一点，只有人类可以凭借高度发达的智慧机能，认识到人类与其他动物乃至植物、无机物的相互依存关系，从主观的合目的性走向客观的合规律性，即对其他各种物种自身生命规律的尊重。对此，马克思在《1844年经济学哲学手稿》中有过精辟的揭示："动物只是按照它所属的那个物种的尺度来进行塑造，而人则懂得按照任何物种的尺度来进行生产，并且随时随地都能用内在固有的尺度来衡量对象。"于是，美就呈现为合主体的目的性与合客体的规律性的兼顾，由此带来的是一个物物有美、美美与共的生态美学场景。

二、美的乐感的价值属性

美是一种乐感对象，但并非所有的乐感对象都是美。美只能是有价值的那部分乐感对象。

什么是"价值"呢？"价值"是客体相对于主体显示的意义。斯托洛维奇指出："价值不仅是现象的属性，而且是现象对人、对人类社会的积极意义。"凡可充当主体的，必是有感觉的生命体。有益于促进主体的生命存在，就叫有价值，反之就叫无价值。正如美国学者兰德所指出："一个机体的生存就是它的价值标准。"①

---

① 兰德著，马德元等译：《客观主义的伦理学》，转引自宾克莱著，马德元等译《理想的冲突——西方社会中变化着的价值观念》，商务印书馆1983年版，第37页。

　　美所带来的愉快感必须对主体的生命存在有价值。亚里士多德早已指出："美是自身就具有价值并同时给人愉快的东西。"吕澂《美学概论》指出："美为物象之价值。"范寿康《美学概论》指出："美是'价值'，丑是'非价值'。"美作为乐感对象，必须是有价值的，具有正能量。

　　关于"内涵美"，值得注意的是，并非所有的心灵愉悦对象都是美。一般说来，心灵作为精神的主宰，懂得按照有益于生命存在的理性规范去控制过度的官能快感追求，从而凝聚为真、善内涵，真、善对主体的生命存在来说具有价值，因而包含真、善内涵的愉快对象是一种美，心灵的乐感对象大多体现为美。但同时，真、善又具有见仁见智的主体性，心灵如果走火入魔，误入邪道，其精神乐感对象就不是美，而是面目可憎的丑，如邪教组织者眼中的人体炸弹、恐怖袭击等。所以，即便在心灵乐感对象前，仍需加上"有价值"的限定。事物因内涵而令人快乐的美，只能是"有价值的心灵乐感对象"。

　　不包含真、善内涵的形式带来的快感也是如此，包括有价值与无价值两种现象。一般说来，五觉快感标志着对象形式契合主体五官感觉的生理结构阈值，因而对主体的感性生命存在是有价值的。痛苦往往是生命遭受打击、机体平衡失调的反应，快乐则常常是体内平衡、机体健康的感觉，痛苦迫使机体逃避或自卫，快乐则鼓励机体继续前行，从而达到维护生命的目的，生命体追求健康地成长，自然会有快乐相随。从这个意义上看，"一切快感都是固有的和积极的价值"[1]，能够带来快感的事物具有价值。

　　另一方面，机体按其天性对于快乐的追求是无止境的，而感性生命的健康存在对于五觉快感对象的需要是有限度的，超过这个限度的快感满足对生命存在来说是有害的，因而是无价值的、不美的。比如吃饱了之后因贪图味觉快感而大快朵颐，美味佳肴就不再是有价值的美，而异化为无

---

① 桑塔亚纳语，北京大学哲学系美学教研室编：《西方美学家论美和美感》，第284页。

价值的丑了。同理,"出则以车,入则以辇,务以自佚,命之曰'招蹷之机';肥肉厚酒,务以自强,命之曰'烂肠之食';靡曼皓齿,郑卫之音,务以自乐,命之曰'伐性之斧'"①。又如当下演艺界为追求票房而过度追求感官娱乐,以致"娱乐至死",也将美的艺术异化为无价值的伪艺术、坏艺术。

　　同时,正如并非所有的痛苦都无价值,比如良药苦口;亦非所有的快乐都有价值,比如鸦片、毒品带来的快乐,"这种快乐是'不自然的',一个由这种快乐构成的生命不再是一个'人'的生命。无论它所包容的快乐是多么丰富巨大,对于人类的意志和标准来说,它都是一种绝对无价值的生命"②。心理学博士出身的毕淑敏在小说《红处方》中揭示毒品制造无价值的伪快乐的生理机制:人充满喜悦时,大脑的蓝斑内便积聚起一种奇特的物质"F肽"。蓝斑是人类大脑内产生疼痛和快乐的感觉中枢,"F肽"是脑黄金,它是情感快乐的密码。毒品是"F肽"的天然模仿者,它能让极端渴望快乐的机体在巨量快乐面前,完全被击昏,不能自主,迷失方向。在毒品产生的虚假快乐面前,人体有一套自动反馈机制,会停止自身"F肽"的生产,吸毒者也就得不到人体的正常快乐了。而人体从毒品中接受的强烈快乐迅速麻痹了神经,此后需要更多剂量的毒品才能获得同等的快感。于是,快感必须依赖毒品的刺激,一旦停用毒品,神经就会狂乱翻搅,陷入前所未有的痛苦中。吸毒者从寻找快乐出发,最终却走向了万劫不复的死亡深渊。因此,正如吕澂早已指出的那样:"有价值者必生快感,然生快感者不必尽有价值。"③

　　形式美就是产生有价值五觉快感的那部分对象,它只应在符合感性生命需要的限度内加以追求。

　　"美"是一个属概念,在它下面,还可分解出一系列种概念,诸如"优美"与"壮美"、"崇高"与"滑稽"、"悲剧"与"喜剧"。它们作为

---

① 《吕氏春秋·本生》。

② 均见弗里德里希·包尔生著,何怀宏、廖申白译:《伦理学体系》,中国社会科学出版社1988年版,第229页。

③ 吕澂:《美学概论》,商务印书馆1923年版,第4页。

"美"所统辖的子范畴，以不同方式与"有价值的乐感对象"相联系，进一步丰富、充实和证明了"美"作为"有价值的乐感对象"这个属概念。

"优美"是温柔、单纯、和谐的乐感对象，特点是体积小巧、重量轻盈、运动舒缓、音响宁静、线条圆润、光色中和、质地光滑、触感柔软；而"壮美"是复杂的、刚劲的、令人惊叹而不失和谐的乐感对象，特点是体积巨大、厚重有力、富于动感、直露奔放、棱角分明、光色强烈、质地粗糙、触感坚硬。它们给人的快感都有益而无害。

"崇高"是包含痛感，令人震撼、仰慕的乐感对象，本身就包含着肯定的价值，特点是唤起审美主体关于对象外在形象和内在精神无限强大的想象；而"滑稽"则是自感优越、令人发笑、有点苦涩的乐感对象，特点是无害的荒谬悖理。尽管荒谬悖理属于无价值，但它对于审美主体是"无害"的，因而也不是无价值的。"滑稽"分"肯定性滑稽"与"否定性滑稽"。"肯定性滑稽"一般以"幽默"的形态出现，它制造出一系列令人捧腹的荒谬悖理而又无害的笑话，显示出一种过人智慧，体现出一种价值，令人击节赞赏。"否定性滑稽"以无伤大雅的"怪诞""荒谬"形式，成为人们嘲笑、挪揄的对象，博得不以为然的笑声，在审美主体的嘲笑与否定中实现价值。

"悲剧"原是表现崇高人物毁灭的艺术美范畴，后来也用以指现实生活中好人遭遇不幸的审美现象，是夹杂着刺激、撕裂、敬畏等痛感，导致怜悯同情、心灵净化的乐感对象，其价值性不言而喻。"喜剧"原是表现生活中滑稽可笑现象的艺术美范畴，后来也泛指现实生活中具有"可笑性"的审美现象。"笑"有肯定性与否定性之分。歌颂性喜剧产生肯定性的笑，是具有欣赏性、肯定性的笑中取乐对象，直接彰显某种价值；讽刺性喜剧产生否定性的笑，是具有嘲弄性、批判性的笑中取乐对象，在审美主体的嘲弄与批判中体现某种价值。①

---

① 详见祁志祥:《崇高综论》,《社会科学研究》2015年第3期;《论悲剧与喜剧》,《人文杂志》
2015年第7期。

三、美的特征、原因与规律

"美"的"本质"作为被指称为"美"的现象背后的统一性，不仅突显为"美"这个词的统一定义，还体现为"美"的现象的普遍性特征、共有原因及创造规律。

"美"作为"有价值的乐感对象"，通过上述分析，便呈现出下列特征。一是它的"愉快性"。即美的事物具有使审美主体悦乐的属性和功能。这是"真"与"善"未必具备的，也与使审美主体不快的"丑"区分开来。二是它的"形象性"。无论美采取什么样的形态，都必须具备诉诸感官的感性形象。形式美中五官对应的形式本身就是直接引起乐感的形象。内涵美的实质是给"真"与"善"的意蕴加上合适的形象。离开了诉诸感官的形象，就无所谓令感官快乐的形式美；离开了合适的形象外壳，"真"与"善"也不会转化为生动感人的"美"。三是"价值性"。"价值"是有益于生命存在、为生命体所宝贵的一种属性，它的内涵外延比"真""善"还大。一种非"真"非"善"的对象，比如悦目之色、悦耳之声、悦口之味、悦鼻之香、悦肤之物，也许说不上蕴含什么真理，符合什么道德，但只要为生命所需，不危害生命存在，对生命主体来说就具有价值。无价值、反价值的东西虽然可以带来快感，但却不是美而是丑。价值将客体与主体联系了起来，因而，美既具有是否适合主体、是否有益于主体的客观性特征，又具有客体是否契合审美主体，为主体所感动、认同的主体性特征。美的客观性特征，决定了美的稳定性和普遍有效性，决定了共同美以及普适的审美标准的存在。而美是否契合审美主体，为审美主体所认同感动的主体性特征，决定了美所产生的乐感反应的差异性、丰富性，决定了不能通约的美的民族性和历史性。六是"流动性"。同一事物，当它对主体说来成为有价值的乐感对象时，它就是美的，反之就是不美的，甚至是丑的。美不是一种固定的事物或实体，而是一种流动性范畴。

美的原因是什么呢？"美"是如何成为有价值的乐感对象的呢？就是

"适性"。"适"，适合、顺应；"性"，本性。这个"性"，是审美主体之性（目的性）与审美客体之性（规律性）的对立统一。一般说来，审美对象适合审美主体的生理、心理需求，就会唤起审美主体的愉快感，进而被审美主体感受、认可为美。对象因适合主体之性而被主体认可为美，包括审美客体适合审美主体的物种本性、习俗个性或功用目的而美，审美客体与审美主体同构共感而美，通过人化自然走向物我合一，主客体双向交流达到心物冥合而美等诸种表现形态。人类具有其他动物所不及的高度发达的理性智慧，因而人类不仅会按照人类主体"内在固有的尺度"从事审美，进而感受对象适合主体尺度的美（合目的美），而且能够认识审美对象的本质规律，懂得按照"任何物种的尺度"进行审美，承认并感受客观外物适合自己本性的美（合规律美），从而破除人类中心主义审美传统，走向物物有美、美美与共的生态美学。

　　"美"有无规律可循呢？当然有。现代美学强调美的当下生成性，否定美的规律，恰恰是不符合人类审美实践和艺术实践的。我们肯定美是"有价值的乐感对象"，也就肯定了"美的规律"的存在，这就是普遍引起有价值快感的法则。形式美的构成法则主要体现为"单一纯粹""整齐一律""对称比例""错综对比""和谐节奏"。内涵美的构成法则主要体现为"理念的感性显现"和"给自然灌注生气"。无论善的理念还是真的理念，要转化为美，必须赋予合适的感性形象。好生恶死是生命主体的本能欲求。人总是视自己的生命存活以及自然中那些生机勃勃的物象为天地间最大的美。审美主体通过给自然灌注心灵意蕴，赋予无生命的自然物以勃勃生气，并赋予自然物各部分形象的统一性、整体性和有机性等，通过给艺术品灌注正气、真气以及艺术形式元素之间的阴阳组合，赋予艺术作品以鲜活的生命，这是内涵美创造的另一重要规律。对于身体没有毛病、生理没有缺陷、排除了主观情感好恶成见、拥有客观公正的审美心态的主体而言，任何既成的事物或创造的事物只要符合上述规律，就会被人们普遍视为"美"、叫作"美"。

第二节　"乐感美学"原理的逻辑建构 [①]

21世纪以来，美学正在经历一场反本质主义的解构浪潮。一味解构之后美学往何处去，这是解构主义美学本身暴露的理论危机，它向美学界提出了新的问题。正是在这种背景下，许多学者都不约而同地提出了重构美学的形上维度话题。笔者最近完成的国家社科基金课题"乐感美学"就是这方面的一部思考比较系统的成果。[②]

为了避免引起误解，笔者先来说明一下"乐感美学"的涵义。

首先，"乐感美学"不是"乐感文化"。"乐感文化"说是李泽厚先生1985年春在一次题为《中国的智慧》讲演中提出的，收录在《中国古代思想史论》中，后来在《华夏美学》中又有所发挥。"乐感文化"是对中国古代文化特色的一种概括，与西方的"罪感文化"相对。本文所探讨的"乐感美学"是对以"乐感"为基本特质和核心的美学体系的一种思考和建构，而不是对中国传统文化特征的研究与概括。

其次，"乐感美学"不是指中国传统的美学形态。2010年，劳承万先生在中国社会科学出版社出版了《中国古代美学（乐学）形态论》一书，他将中国古代美学形态概括为"乐（lè）学"。"乐感美学"诚然从中国古代的美学形态"乐学"中吸取了诸多有益资源，但它不是中国古代美学原理的提炼，而是综合中外古今美学理论资源、结合审美实践对美学的一般原理的概括。

再次，"乐感美学"不是"乐感审美学"。近几年来，伴随着美学研究中心从"美"向"审美"的转变，一些学者主张将"美学"易名为"审美学"。如王建疆在2008年第6期《社会科学战线》发表《是美学还是审美学》一文提出："美学表面上看起来研究的是美，而非审美，但实际上却研究的是审美。""就美学的实际存在而言，确切地说它应该是审美感

---

① 本节原载《文艺理论研究》2016年第3期。

② 祁志祥：《乐感美学》。

性学，简称审美学，而不是什么美学。"笔者依据"美学"创始人鲍姆嘉通、黑格尔以及最早将"美学"引进中国的先驱者蔡元培、萧公弼、吕澂、范寿康、陈望道等人的用法，坚持美学是研究美的本质和规律的"美之学"的传统学科定义。[①]"乐感"正是对"美"的最基本的特质、性能的概括，所以称"乐感美学"，而不称"乐感审美学"。"乐感美学"是聚焦美的乐感特性之哲学。

再次，"乐感美学"不是解构之学，而是建构之学，是美学原理之重构，力图站在新的立场，建设一种更加符合审美实践的新美学原理。解构主义美学否定传统的实体论美学，固然有一定道理，但反传统、反本质、反规律、反理性，一路反下来，只有否定、没有建设，只有解构、没有建构，只有开放、没有边际，令人如堕烟雾，不知所从，结果可能更加糟糕。有鉴于此，我们将以一种建设性的态度，在吸收解构主义美学否定实体论的合理性的基础上，对美学原理重新加以建构。

一、缘起、方法与学科定义

美学作为美之哲学，西方的美学学科先驱者做得并不太好。

"美学之父"鲍姆嘉通提出"美学"学科概念时，美学是指"美的哲学"。由于他认为"美"是"感性知识的完善"，所以美学作为"美"的哲学就成为"感性学"或"感觉学"。但他并没有建构起严密、丰富的"美的哲学"体系，所以，"美的哲学"作为"感性学"或"感觉学"，尚留下了一片空白。

康德沿着鲍姆嘉通的思路，聚焦"美"的分析，在这方面做出巨大贡献，但他分析的"美"的四大特性其实只是"自由美""形式美"的特征，并不能有效说明"附庸美""道德美"的特征。就是说，在康德关于"自由美"与"附庸美"、"形式美"与"道德美"概念的使用、解说

---

① 详见祁志祥：《"美学"是"审美学"吗？》，《哲学动态》2012年第9期。

之间，存在着各自为政、互不通约的逻辑矛盾。在"自由美"与"附庸美"、"形式美"与"道德美"之上，"美"的共同属性、特征是什么，尚需人们去继续追寻。

　　黑格尔研究的"美学"也是"美的哲学"涵义。由于他认为只有艺术中才有美，所以美学就只是"艺术哲学"。黑格尔虽然在"'美的艺术'哲学"的系统建构上做出很大贡献，但由于他认为自然、生活中没有美，因而取消了现实美的研究，使美学研究的范围缩小在艺术的有限天地内，留下的缺憾也不容否认。

　　鲍姆嘉通、康德、黑格尔作为"美的哲学"的先驱，奠定了"美学是美的哲学"的学科定义，为19世纪末、20世纪初世界各国辞典的"美学"词条所采纳。20世纪初，在"美学"作为一门新的研究感觉、情感规律的科学学科介绍到中国学界的时候，基本上都持这种看法。如萧公弼1917年在《寸心》杂志上发表《美学》的"概论"部分，指出："美学者（Aesthetics），哲学之流别。其学'固取资于感觉界，而其范围则在研究吾人美丑之感觉之原因也'。"[①]"美学者，情感之哲学。"[②]1923年，吕澂出版《美学概论》，指出"美学……实则关于美之学也"，"美学之研究对象，必为美也"。[③]1927年，陈望道出版《美学概论》，指出"美学"即"关于美的学问"[④]。蔡元培在给金公亮《美学原论》作的序言中指出："通常研究美学的，其对象不外乎'艺术''美感'与'美'三种。以艺术为研究对象的，大多着重在'何者为美'的问题；以美感为研究对象的，大多致力于'何以感美'的问题；以美为研究对象的，却就'美是什么'这问题加以探讨。我以为'何者为美''何以感美'这种问题虽然重要，但不是根本问题；根本问题还在'美是什么'。但就艺术或美感方面来讨论，自亦

---

① 叶朗总主编：《中国历代美学文库》（近代卷下册），高等教育出版社2004年版，第641页。

② 叶朗总主编：《中国历代美学文库》（近代卷下册），第643页。

③ 吕澂：《美学概论》，第1页。

④ 陈望道：《美学概论》，上海民智书局1927年版，第13页。

很好，但根本问题的解决，我以为尤其重要。"①后人沿着这个思路，从事着"美"探索，取得了不少成绩。不过，也出现了一些问题，其中最突出的问题是由于误把"美"的"本质"当作纯客观的"实体"和客观世界中存在的永恒不变的唯一"本体"，不明白"美"实际上乃是人们对于契合自己属性需求的有价值的乐感对象的一种主观评价，具有动态性，不明白同一事物既可以显现为"美"也可能显现为"丑"，可以呈现为"美"的事物多种多样，不存在唯一的、不变的、终极的"美本体"，因而使这种机械唯物论的美学研究走进了死胡同。

当代中国美学吸收了西方解构主义哲学学说和存在论、现象学美学的研究成果，对传统的唯物论美学聚焦美的实体研究的缺陷做了清醒的反思和批判，自有积极的纠偏意义。但一味否定美本质研究的合理性，完全取消对"美"的统一性研究的必要性，因为否定"主客对立"，所以取消"主客二分"，甚至主张用单纯研究审美活动、描述审美文化现象的"审美学"代替作为"美的哲学"的传统"美学"，使美学研究变成了"有学无美"、有名无实的研究，只有现象描述，没有本质概括，只有知识陈列，没有思想提炼，美学的理论表述因而变得碎片化，没有逻辑体系可言，陷入了另一种误区。这已经引起国内不少学者的重新反思。

其实，如果我们不是在形而上学实体论的意义上理解"本质"一词，而是把"本质"视为复杂现象背后统一的属性、原因、特征、规律，那么，"本质"是存在的、不可否定的。否定了它，必然导致"理论"自身的异化和"哲学"自身的瓦解。今天，站在否定之否定、不断扬弃完善的新的历史高度，从审美实践和审美经验出发，在避免机械唯物论缺陷的前提下，对"美"的现象背后的统一性加以研究，以古今并尊、转益多师的态度，对古今历史上各种美学成果加以综合吸收，不仅可以弥补传统美学关于"美的哲学"建构的不足，而且可以补救解构主义美学的矫枉过正之

① 金公亮：《美学原论》序，正中书局1936年版，第2页。

处，为反本质主义美学潮流盛行的当下提供另一种不同的思考维度。

　　美学研究的成果更新离不开美学研究的方法更新。笔者借用当代西方后现代学者的概念，标举以"重构"为标志的"建设性后现代"方法，并根据自己的独特理解赋予特殊的阐释，力图贯彻到"乐感美学"理论的建设中。在笔者看来，"建设性后现代"方法的精髓，是传统与现代并取，反对以今非古；本质与现象并尊，反对"去本质化""去体系化"；感受与思辨并重，反对"去理性化""去思想化"；主体与客体兼顾，在物我交融中坚持主客二分。笔者期望借此为深化美学研究、提升理论水准、更为圆满地解释审美现象提供新的方法论保障。①

　　如前所述，美学研究无法回避"美"，而且应当聚焦"美"。"美"的基本性能、特质是什么呢？就是能给生命体带来快乐、愉悦的感觉，也就是"快感"或者叫"乐感"。按照人们常有的理解，往往以为"快感"与官能快乐联系较近，与精神快乐距离较远。提美是一种"快感对象"，很容易给人造成美是官能快乐对象的误解。所以，笔者借用李泽厚提出的"乐感"概念，指称"美"令人愉快的基本性能和特质。李泽厚津津乐道的"乐感"源于孔子。这种"乐感"既包含无害于生命存在的感官快乐，也包含克制有害的感官快乐的精神快乐，这就是"孔颜乐处"："昔夫子之贤回也以乐，而其与曾点也以童冠咏歌……颜之乐，点之歌，圣门之所谓真儒也。"②孔子所向往的曾点"风乎舞雩""以童冠咏歌"式的"乐"，大抵属于无害于生命存在的感官快乐；孔子所称道的颜回安贫乐道式的"乐"，大抵属于有益于生命存在的精神快乐。"美"就是存在于现实和艺术中的"有价值的乐感对象"。

　　在坚持美学是聚焦"美"的哲学分支这一基本学科定义的前提下，"乐感美学"从"美"的"乐感"性能、特质出发，剖析、探讨、演绎、

---

①　详见祁志祥：《重构：建设性后现代的方法论阐释》，《学习与探索》2015年第9期。

②　袁宏道：《寿存斋张公七十序》，《袁中郎全集》卷二。

推导出由"美的语义""美的范畴""美的根源""美的特征""美的规律"构成的本质论，由"美的形态""美的领域""美的风格"构成的现象论，以及由"美感的本质与特征""美感的心理元素""审美的基本方法""美感的结构与机制"构成的美感论，力图建构起由"有价值的乐感对象"这一核心观念辐射开来的新美学原理体系。

二、本质论

当下美学侧重于否定"美的本质"，其实在审美实践中，"美的本质"作为美的现象背后的统一性是客观存在的，它通常被表现为"美的语义""美的范畴""美的根源""美的规律""美的特征"。

用必有体。在某个语词所指称的现象、行迹之后，必定有万变不离其宗的本体，这个本体表现为具有稳定性、统一性的语义。"美"这个词的统一语义是什么呢？在日常生活中，凡是一眼见到就使人愉快的对象，人们就把它叫作"美"。美是"愉快的对象"或"客观化的愉快"。这是"美"的原始语义和基本语义，"美"是表示"愉快""乐感"的"情感语言"。不过，是不是所有的快感对象都是"美"呢？显然不是。可卡因、卖淫女等可以给人带来快乐，但人们绝不会认同它（她）们是"美"。可见，"美"不同于一般的乐感对象，而是神圣的价值符号，指对生命有益、也就是有价值的那部分乐感对象。这是"美"的特殊语义，也是"美"的完整涵义。[①]

能够与主体构成"对象"关系的是五官和心灵，因此，从"美"所覆盖的范围来说，美是"有价值的五官快感对象"和"心灵愉快对象"。"有价值的五官快感对象"构成"形式美"，"有价值的心灵愉快对象"构成"内涵美"。关于"形式美"，应当注意的是既要防止狭隘化，又要防

[①] 详见祁志祥：《"美"的原始语义考察：美是"愉快的对象"或"客观化的愉快"》，《广东社会科学》2013年第5期；《"美"的特殊语义：美是有价值的五官快感对象与心灵愉悦对象》，《学习与探索》2013年第9期。

止泛化。所谓"狭隘化",即不顾审美实践,从理论家的一厢情愿出发,将形式美局限在视、听觉愉快对象的范围内,而将其他三觉的愉快对象排除在外。事实上,形式美不只是视觉、听觉快感的对象,也是味觉、嗅觉、触觉快感的对象。所谓"泛化",是将形式美视为给生命体的一切官能带来快感的事物,比如氧气给呼吸系统带来快感,盐水给病体带来快感,排泄给肛门带来快感。氧气、盐水、排泄之类只是善,而不是美,因为机体在感受快乐的同时,已将引起快感的物质消耗掉,无法构成生命主体感官所面对的快感对象。此外值得注意的是:目好美色,耳好美声,口好美味,鼻好香气,肌肤好舒适之物,适合主体需要的五官快感对象是美的事物,但超过主体需要、伤害主体生命的五官快感对象就是丑的玩物。所以,形式美只能是"有价值"的五官快感对象。关于"内涵美",同样值得注意的是,并非所有的心灵乐感对象都是美。一般说来,心灵作为精神的主宰,懂得按照有益于生命存在的理性规范去控制过度的官能快感追求,所以心灵的乐感对象大多体现为美;但心灵如果走火入魔,误入邪道,其乐感对象就不是美,而是面目可憎的丑,如邪教组织者眼中的人体炸弹、恐怖袭击等。所以,即便在心灵乐感对象前,仍需加上"有价值"的限定。事物因内涵而令人快乐的美,只能是"有价值的心灵乐感对象"。[①]

　　既然"美"是一种"有价值的乐感对象",那么,只要有感觉器官的生命体都有自己的乐感对象、自己的美,因此,从逻辑上说,"美"就不能只是人类才拥有的专利,它是为一切有快感功能的动物生命体而存在的,就是说,动物也有自己有价值的乐感对象、自己的美。动物感受、认可的美或许与人类认可的美呈现出某种交叉重合之处,但动物认可的美与人类认可的美并不完全相同。不同的物种有不同的物种属性、不同的审美尺度,因而就有不同的乐感对象、不同的美。不仅人类认可的美与其他动

---

① 详见祁志祥:《论内涵美的构成规律》,《贵州社会科学》2014年第3期;《论形式美的构成规律》,《广东社会科学》2015年第4期。

物不尽相同，即便不同物种的动物也有不同的美。应当破除传统美学人类中心主义的价值立场和思维模式，站在万物平等的生态立场去审视天下万物，承认物物有美，追求美美与共。在这个问题上，我们既要承认、兼顾其他动物感受的美，懂得认识并按照动物认可的审美尺度设身处地地从事美的创造，在与其他动物之美的和谐共存中追求、发展人类认可的美，也要注重欣赏、研究和创造人类认可的美，使人类生活得更加美好和幸福。

属必有种。"美"是一个属概念，在它下面，还可分解出一系列种概念，诸如"优美"与"壮美"、"崇高"与"滑稽"、"悲剧"与"喜剧"。它们作为"美"所统辖的子范畴，以不同方式与"有价值的乐感对象"相联系，进一步丰富和充实了"美"的属概念。"优美"是温柔、单纯、和谐的乐感对象，特点是体积小巧、重量轻盈、运动舒缓、音响宁静、线条圆润、光色中和、质地光滑、触感柔软；而"壮美"是复杂的、刚劲的、令人惊叹而不失和谐的乐感对象，特点是体积巨大、厚重有力、富于动感、直露奔放、棱角分明、光色强烈、质地粗糙、触感坚硬。"崇高"是包含痛感，令人震撼、仰慕的乐感对象，特点是唤起审美主体关于对象外在形象和内在精神无限强大的想象；而"滑稽"是自感优越、令人发笑、有点苦涩的乐感对象，特点是无害的荒谬悖理。"滑稽"分"肯定性滑稽"与"否定性滑稽"。"肯定性滑稽"一般以"幽默"的形态出现，它制造出一系列令人捧腹的荒谬悖理而又无害的笑话，显示出一种过人智慧，令人击节赞赏。"否定性滑稽"以无伤大雅的"怪诞""荒谬"形式，成为人们嘲笑、揶揄的对象，博得不以为然的笑声。"悲剧"原是表现崇高人物毁灭的艺术美范畴，后来也用以指现实生活中好人遭遇不幸的审美现象，是夹杂着刺激、撕裂、敬畏等痛感，导致怜悯同情、心灵净化的乐感对象。"喜剧"原是表现生活中滑稽可笑现象的艺术美范畴，后来也泛指现实生活中具有"可笑性"的审美现象。"笑"有肯定性与否定性之分。歌颂性喜剧产生肯定性的笑，是具有欣赏性、肯定性的笑中取乐对象；讽刺性喜剧产生否定性的笑，是具有嘲弄性、批判性的笑中取乐对象。

　　事必有因。"美"对生命主体而言何以成为有价值的乐感对象呢？易言之，美的原因、根源是什么呢？就是"适性"。"适"，适合、顺应；"性"，本性。值得注意的是，这个"性"，是审美主体之性（目的性）与审美客体之性（规律性）的对立统一。一般说来，审美对象适合审美主体的生理、心理需求，就会唤起审美主体的愉快感，进而被审美主体感受、认可为美。对象因适合主体之性而被主体认可为美，包括审美客体适合审美主体的物种本性、习俗个性或功用目的而美，审美客体与审美主体同构共感而美，通过人化自然走向物我合一，主客体双向交流达到心物冥合而美诸种表现形态。人类具有其他动物所不及的高度发达的理性智慧，因而人类不仅会按照人类主体"内在固有的尺度"从事审美，进而感受对象适合主体尺度的美（合目的美），而且能够认识审美对象的本质规律，懂得按照"任何物种的尺度"进行审美，承认并感受客观外物适合自己本性的美（合规律美），从而破除人类中心主义审美传统，走向物物有美、美美与共的生态美学。

　　成必有道。既然美是"有价值的乐感对象"，其成因是"适性"，那么，所以成为这些"适性"的"有价值的乐感对象"的法则、规律是什么呢？里普斯曾经指出，美学的任务之一就是"分析确定由美的物象引起之美感性质，又发见物象所以能引起美感之必备条件作用之法则"[1]。里普斯所说的"物象所以能引起美感之法则"，大约就相当于"美的规律"。"美的规律"实际上乃是引起有价值的普遍快感的法则。形式美的构成法则主要体现为"单一纯粹""整齐一律""对称比例""错综对比""和谐节奏"。内涵美的构成法则主要体现为"理念的感性显现"和"给自然灌注生气"。无论善的理念还是真的理念，要转化为美，必须赋予合适的感性形象。借用黑格尔的话，就叫"美就是理念的感性显现"；借用中国古代

----

① 　转引自吕澂：《美学概论》，第2页。

的话，就叫"立象以尽意"。好生恶死是生命主体的本能欲求。人总是视自己的生命存活以及自然中那些生机勃勃的物象为天地间最大的美。审美主体通过给自然灌注心灵意蕴，赋予无生命的自然物以勃勃生气，并赋予自然物各部分形象的统一性、整体性和有机性等，通过给艺术品灌注正气、真气以及艺术形式元素之间的阴阳组合，赋予艺术作品以鲜活的生命，这是内涵美创造的另一重要规律。借用黑格尔的话说就叫"生气灌注"，化用中国古代美学的话说就叫"生气为美"。对于身体没有毛病、生理没有缺陷、排除了主观情感好恶成见、拥有客观公正的审美心态的主体而言，任何事物只要符合上述规律，就会被视为美的对象。

　　物必有类。类是种类、特征。"美"作为"有价值的乐感对象"，呈现出哪些不同于其他概念的类别特征呢？笔者认为有六种特征。一是它的"愉快性"。即美的事物具有使审美主体悦乐的属性和功能。这是"真"与"善"未必具备的，也与使审美主体不快的"丑"区分开来。二是它的"形象性"。无论美采取什么样的形态，都必须具备诉诸感官的感性形象。形式美中五官对应的形式本身就是直接引起乐感的形象。内涵美的实质是给"真"与"善"的意蕴加上合适的形象。离开了诉诸感官的形象，就无所谓令感官快乐的形式美；离开了合适的形象外壳，"真"与"善"也不会转化为生动感人的"美"。三是它的"价值性"。所谓"价值"，是有益于生命存在、为生命体所宝贵的一种属性，它的内涵外延比"真""善"还大。一种非"真"非"善"的对象，比如悦目之色、悦耳之声、悦口之味、悦鼻之香、悦肤之物，也许说不上蕴含什么真理，符合什么道德，但只要为生命所需，不危害生命存在，对生命主体来说就具有价值。无价值、反价值的东西虽然可以带来快感，但却不是美而是丑。四是它的"客观性"。五是它的"主观性"。这两种特征是由美的价值性特征决定的。价值既然对生命主体有益，就为生命主体所珍惜和重视。价值将客体与主体联系了起来，因而，美既具有是否适合主体、是否有益于主体的客观性特征，又具有客体是否契合审美主体，为主体所感动、认同的主体性特征。美的客观性特征，决定了美的稳定性和普遍有效性，决定了共同美以及普适的审美标准的存在，不能"因为人们在高级审美领域存在着趣味的差异性，就走向相对主义的极端"[1]。而美是否契合审美主体，为审美主体所认同感动的主体性特征，决定了美所产生的乐感反应的差异性、丰富性，决定了不能通约的美的民族性和历史性。[2]六是"流动性"。美是有价值的乐感对象。同一事物，当它对主体说来成为有价值的乐感对象时，它就是美的，反之就是不美的，甚至是丑的。美不是一种固定的事物或实体，而是一种流动性范畴。

三、现象论

大千世界，美的现象琳琅满目，多姿多彩。关于美的现象，美学界有多种划分，比较随意，颇为零乱。笔者综合比较，反复权衡，将形式美与内涵美划归"美的形态"，将现实美与艺术美（含自然美与人工美）划归"美的领域"，将阳刚美与阴柔美划归"美的风格"。

"美"的形态千变万化，大体上可分为"形式美"与"内涵美"。传统的西方美学将形式美限制在视听觉快感的范围内，认为形式美是视听觉快感的对象。然而在审美实践中，美不仅是视听觉的快感对象，也是味觉、嗅觉、触觉快感的对象。由于食、色欲求在人的本能中是最为基本的，因而，与食欲联系密切的味觉美、与色欲联系密切的性感美在形式美中占有更重要的基础地位。用"美"来指称味觉对象是世界各民族的共有习惯。不仅"美食""美酒""甘美""甜美""鲜美""肥美""美滋滋"等是中国人的常用词语，将至高无上的"涅槃"之美比为"甘露""醍醐"之味也是印度佛经的一贯传统，而且在西方世界的审美实践中，"美"与"味"也是融为一体而言的。如法语的savoureux，德语的

---

① 详见汪济生：《进化论系统论美学观》，北京大学出版社1987年版，第6页。

② 详见祁志祥：《论美的愉快性、形象性、价值性》，《文艺理论研究》2013年第3期；《建设性后现代视阈下的美的客观性与主观性问题》，《社会科学》2014年第2期。

delikatesse、delikatdainty，英语的delicacy、delicate、delicious、savoriness、savor、savoury、nice都有"美味"或"美味的"之意。[①]当我们将探寻美的触角伸展到味觉快适对象范围的时候，中国传统的美食文化、美酒文化以及美茗文化的美学神韵则得到令人如痴如醉的开显。[②]触觉美又叫肤觉美，因为它联系着肉欲的性感美，这过去在西方美学理论史上是讳莫如深的。其实，性感美在中外原初的人类历史上雄辩地存在于各种性崇拜，特别是生殖器崇拜的文化风俗之中。尽管后世的道德文明产生的"不洁""污秽""羞耻"概念遮掩了性感对象为美的真相，然而随着当代审美实践的世俗化潮流，性感美正在经历着返璞归真的历程。性作为维持人类生命存在和繁衍的不可或缺的元素，在生生为美的美学视野下也重新获得了它的合法性。可以说，只要对个体生命和相关的社会生命没有危害，易言之，只要符合社会的法律规范和道德规范，性快感的对象就被认可为是美的。食色美之外，嗅觉美与味觉美联系得最为紧密。味觉美往往伴随着嗅之香。美食、美酒、美茗往往口之未尝而鼻已先觉，所以中国古代美学提出"妙境可能先鼻观"。人们通常将带来怡人芳香的事物视为嗅觉美。自然界中最典型的嗅觉美是花香之美。生活用品中最典型的嗅觉美是人们从花香中提炼而成的各种香型的香水之美。视觉美与听觉美因为距离人的基本的食色欲望最远，所以古来受到西方美学理论的肯定和青睐，是没有争议的形式美概念，不过对它们的探讨尚待深入和细化。[③]视觉美不仅表现为形象美、线条美，而且表现为色彩美、光明美。听觉美表现为自然界的音响美和人工创作的音乐美。人的五觉感官不仅可以各司其职地感知外物，而且可以相互联手构成联觉，形成通感美。在欣赏汉字艺术作品的审美活动中，字面意义唤起的直觉意象美与字内意义传达的所指无关，也属于一

---

① 据笠原仲二著，杨若薇译：《古代中国人的美意识》原注之三，生活·读书·新知三联书店1988年版，第11—12页。

② 详见祁志祥：《东西"味美"思想比较研究》，《人文杂志》2012年第6期。

③ 详见祁志祥：《审美经验中的"以香为美"》，《江西社会科学》2014年第7期。

种形式美。比如"夜夜龙泉壁上鸣"唤起的黄色泉水在山涧石壁上哗哗流淌的直觉意象美即然。其实秋瑾这句诗表达的真实用意是每天都在练剑习武，渴望早日杀敌报国。

内涵美主要表现为真、善的形象美，也就是本体美、知识美与道德美、功利美；此外还表现为情感的物化美、意蕴的象征美以及想象美、悬念美。内涵美的复杂性，在于往往以形式美的形态呈现，易与形式美混淆，比如喜庆的红色、尊贵的黄色、宁静的蓝色、温馨的绿色。形式美与内涵美往往同时并存于一个物体中。在这种情况下，形式美只有在确保与内涵美不相冲突的前提下才得以成立。如果给五觉带来快感的对象形式为心灵判断的内涵美标准所不容，就不是美而是丑。决定事物整体美学属性的不是形式，而是内涵。如果一个事物外表艳丽，但内质丑恶，那么它的整体美学属性无疑是丑的。

"美"存在于哪些领域呢？存在于现实与艺术中，存在于自然物品与人工制品中。因此，"美的领域"就主要体现为"现实美"与"艺术美"。

"现实美"具体分为两种类型，一是非人为的"自然美"，一是人为的"社会美"。所谓"自然美"，是指自然物中不假人力而令人愉快的那些性质或具有这种性质的物象。对于自然美，美学史上存有两种态度。一种态度认为自然物无美可言，美只存在于艺术中，是艺术品的特点和专利。这种观点以黑格尔为代表。另一种观点与此截然相反，不仅认为自然物中有美，甚至认为一切自然物都是美的，所谓"自然全美"，这种观点的代表人物是当代加拿大环境美学家加尔松。平心而论，这两种观点都有片面之处。按照约定俗成的审美习惯，人们总是把自然物中那些普遍令人愉快的性质或具有这种性质的物象称作"自然美"，美不仅存在于艺术作品中，而且存在于自然事物中。自然物中有的令人赏心悦目，被称作"美"；有的令人呕心不快，被称为"丑"，比如灰尘、垃圾、臭水沟、腐烂的动物尸体等。因此，卡尔松等人提出的"自然全美"论是不合事实、难以成立的。自然物的美，或在于令五觉愉快的对象形式，如花之容、玉之貌；或在于对象形体象征的令审美主体精神愉悦的人格意蕴，如花之韵、玉之神。自然物的形式美源于对象形式天然契合审美主体五官的生理结构阈值，是美的客观性、物质性的雄辩证明；自然物的意蕴美出自审美主体心灵的物化，这是美的主观性、象征性的充分彰显。[①]"社会美"是人类生活中存在于艺术之外而又为人工创造的令人愉快的社会现象。"人"是社会生活的中心。社会美首先表现为人物身心的美。人的形体有美丑之别，作为社会美的人的身体美包括美容美发、健身锻炼等塑造的形体美，人的心灵美包括道德教化、知识武装等塑造的灵魂美、行为美。人的生存主要依赖人类自身创造的劳动成果。劳动成果不仅以满足人的实用需求的实物形象产生令人愉快的功利美，而且在外观上日趋满足消费者的五觉愉快而具有超功利的形式美。人类在美化自己的身心、创造兼有功利美和形式美的劳动成果的同时，还通过各种手段美化自己的生活环境，使日常生活日益趋于"审美化"。在社会生产力空前提高、科技文明不断发展的时代背景下，"日常生活的审美化"是人类追求美好生活的必然结果。[②]

与"社会美"相较，"艺术美"虽然也是人工产物，虽然也可以承载某种功利内涵，但它是以满足读者超实用功利的愉悦需求为基本特征的。艺术美依据与现实的审美关系呈现为现实本有的"艺术题材美"与现实中原来不存在的"艺术创造美"。艺术题材的美说到底属于一种现实美，它虽然参与了艺术美的构成，但并不决定艺术美，就是说，反映丑的现实题材的艺术作品也可以是美的艺术作品。不过，由于艺术媒介不同，产生的美丑效果有强弱之分。作为观念艺术的文学体裁在反映丑的题材时，不快反应不那么强烈，因而文学拥有反映丑的题材的更大权利；而造型艺术反映的丑的现实题材产生的不快反应过于强烈，故而在反映丑的现实题材的范围、方式上受到更多的限制。真正体现艺术美价值、决定艺术美特征的关键因素是艺术所创造的美。这种美表现为三种形态。一是逼真的艺术形

① 详见祁志祥:《自然美新探》,《社会科学战线》2015年第2期。
② 详见祁志祥:《社会美的系统厘析》,《吉首大学学报》(社会科学版)2015年第1期。

象美，指艺术形象对现实题材惟妙惟肖的刻画可产生悦人的审美效果；二是艺术的主观精神美，指艺术家在反映现实题材时流露的积极健康的价值取向和道德精神；三是艺术媒介结构的纯形式美，指艺术媒介组成的纯形式结构因为符合审美规律产生的普遍令人愉快的"意味"。艺术创造的美保证了艺术在反映任何现实题材时都可以获得美，从而不受题材美丑的限制。艺术既可以因美丽地描写了美的现实题材而"锦上添花"，获得双重的审美效果，也可以因美丽地描绘了丑陋的现实题材而"化丑为美"，形成艺术史上"丑中有美"的动人奇观。传统的古典艺术热衷于美的现实题材的美的再现；后来艺术家发现在丑陋的题材上照样可以完成美的艺术杰作，于是突破现实美的限制，致力于创造艺术形象的逼真美、艺术家传达的精神美和艺术媒介组合的纯形式美。要之，无论通过艺术反映的题材美途径，还是通过艺术创造的形象美、精神美、纯形式美途径，令人愉快的"美"构成了西方传统艺术的根本特征。[①]而在西方现代艺术乃至后现代艺术中，"美"的特征逐渐被消解。其步骤大体是先取消古代艺术（如古希腊雕塑）钟情的题材美，将题材范围转向丑的事物，继而取消艺术形象的逼真美、艺术表现的精神美和艺术媒介的纯形式美，令人不快、触目惊心的丑成为现代艺术的标志，以"美"为特征的艺术随之消亡。

　　"美"的现象丰富多彩，广泛存在于人类生活的方方面面，成为一种范围极广的文化现象。从风格上区分，则呈现为"阳刚美"与"阴柔美"。"阳刚美"与"阴柔美"也属于基本的美的范畴，与"优美"和"壮美"的范畴存在某种交叉，但有微妙差别。一是"阳刚美"与"阴柔美"是中国美学发明的范畴，而"优美"和"壮美"则属于西方美学阐释的范畴，它们在范畴含义的厘定论析方面并不完全重合；二是"阳刚美"与"阴柔美"外延比"优美"和"壮美"要大，还涵盖着"崇高"与"滑

---

① 详见祁志祥：《艺术美的构成分析——兼论艺术与现实的双重审美关系及艺术中的化丑为美问题》，《人文杂志》2014年第7期。

稽"、"悲剧"与"喜剧"的范畴，囊括着美学之外广泛的文化现象，是对文化现象审美风格取向的概括，所以划归"美的风格"范畴更加合适。其间奥妙，当细细体会。"阳刚美"与"阴柔美"的概念源于中国传统文化，也常被用来说明中国传统文化。在中国传统文化视阈里，中国南方与北方不同的地理环境决定了不同的审美文化，如孔子分"南方之强"与"北方之强"，禅宗分南宗北宗，《北史》《隋书》论文章学术有南北之别，董其昌论画分"南北二宗"，徐渭论曲分"南曲北调"，阮元论书分南派北派，刘熙载论南书北书，康有为论北碑南帖，刘师培论南北文学，等等。这种南北方文化的不同，整体上体现为北方重理，南方唯情；北方质实，南方空灵；北方朴素，南方流丽；北方彪悍，南方典雅；北方豪放，南方含蓄；北方繁复，南方简约；北方粗犷，南方细腻。一句话，北方崇尚"阳刚"之美，南方偏爱"阴柔"之美。

中国古代是一个文官社会、诗歌国度。"阳刚美"与"阴柔美"这两种风格美追求又体现在中国古代以诗歌为代表的文艺创作与评论中，其中，"阳刚美"凝聚为对"风骨"的推尊，"阴柔美"凝聚为对"平淡"的崇尚。中国传统文艺美学追慕的"风骨"美，是作家以儒家的入世精神、忠贞胸怀，以及炽热的情感、直露的表白、阔大的气象、刚健的力量创造的一种艺术风格，它具有"感发志意"的强大教化功能和席卷人心的巨大震撼力，使人在警醒之中自我检省，焕发出一种激越奋发、积极向上之情。中国传统文艺美学所推崇的"平淡"美，则是作家用道释的精神、淡泊的胸怀、闲静的心态、平和的情感和高超的技巧创造的一种艺术风格，它洋溢着出世的理想，浸润着温婉的情调，饱含着深厚的意蕴，形式朴素自然而又符合美的规律，能够普遍有效地引起读者丰腴的感受和回味，使人在悦乐之中保持镇定和谐。

四、美感论
自然与社会、现实与艺术中呈现出形形色色、千姿百态的令人悦目赏心的形式美与内涵美，对此加以感受、体验和欣赏，就是"美感活动"，或者叫"审美活动"。由此获得的愉快感受，就是"美感"，或者叫"审美经验"。传统美学理论中，"美"有时仅指"快感"，"美感论"有时以"美论"的形态出现。这就要求我们将貌似"美论"的"美感论"纳入审美活动的考察视野。

美作为有价值的乐感对象，逻辑推衍的自然结果是，乐感对象的审美主体未必是人，有感觉功能的动物都可以充当审美主体。这已得到许多生物学、动物学研究成果的佐证。在崇尚物物有美的生态美学大视野的今天，任何囿于传统成见对动物有美感的否定，不仅有害，而且显得不合时宜。当然，我们人类讨论美感，毫无疑问应将审美主体的重点放在人类身上，着力研究人类的审美活动。

人的美感活动是审美主体对有价值的乐感对象的经验把握。愉快性、直觉性、反应性是美感的三个基本特征。美感作为乐感对象的拥抱和感知，愉快性是其显著特征。美感的愉快性与美的愉快性的根本不同，是美使审美主体愉快，自身并无乐感可言，而美感则是审美主体愉快，自身就是乐感。在对象之美中，愉快只是功能特征，就是说美具有产生愉快的功能；而在审美主体的美感中，愉快就是美感自身的属性特征。直觉性特征是指美感判断是不假思索的直觉判断。美感的直觉性是由美的形象性决定的。五觉对象的形式美直接作用于人的五官，因契合五官的生理需要立刻引起五觉愉快，美感判断的直觉性特征相当明显。内涵美寄托在某种特定的感性形象中，以此作用于审美主体的感官，再因条件反射性的精神满足而呈现为直接感受和直觉判断。美感不同于意识反映，而是一种情感反应。从情感与外物的关系来看，情感是主体对外物的"反应"而非"反映"，是主体对外物的"态度"而非"认识"，是主体对外物自发的"评价"而非自觉的"意识"。意识的反映活动只是单纯的由物及我的客观认识活动，情感反应活动则是由物及我与由我及物的双向活动，打着强烈的主体烙印。美感作为一种情感反应，自然也不例外。所谓"反应"，指动物生命体受到刺激后引起的相应情感活动。人受外界刺激产生的情感反应，主要有"喜""怒""哀""乐""爱""恶""欲"等"七情"。其中，"喜""乐""爱""欲"属于美感活动，"怒""哀""恶"属于丑感活动。情感反应的心理机制是"反射活动"。反射活动分为"无条件反射"（又称一级反射）与"条件反射"（又称二级、三级反射），二者分别对应着形式美与内涵美。五觉形式美的美感活动属于"无条件反射"，中枢内涵美的美感活动属于"条件反射"。传统美学总是强调"美感"与"快感"的不同，这个不同究竟是什么呢？其实它们所说的"快感"不外是"一级反射机制所引发的肯定性感觉"；而它们所说的"美感"可以说是"由二级、三级反射机制所引发的肯定性感觉"。"所谓美感和快感的区别，说到底，也就是由反射机制级别不同而区别开来的不同层次的快乐体验罢了。"①在笔者看来，只要是有价值的乐感，无论是由无条件的一级反射机制引发的官能快感还是由有条件的二级、三级反射机制引发的中枢喜悦，都属于美感。

美感构成的心理元素有哪些呢？原有的美学论著往往在美论中将美区分为不同形态，但在美感论中却不加分别地一锅煮；新出的美学原理则取消美论，只谈审美，结果在美感元素的分析上越说越随意、越糊涂，令人难以信服。笔者认为，美的形态不同，美感的心理成分也不同。对形式之美的感受主要体现为感觉、情感、表象，对内涵之美的感受则在感觉、情感、表象之外，还要加上想象、联想、理解。感觉、情感、表象是美感的基本元素，想象、联想、理解是美感的充分元素。没有想象、联想和理解，美感活动照样可以发生；加上想象、联想和理解，美感活动将更为丰富深刻。

美感活动中基本的审美方法是什么呢？是"直觉"与"回味"相结合、"反映"与"生成"相结合的方法。与美分形式美与内涵美两种形态

---

① 汪济生：《美感概论：关于美感的结构与功能》，上海科学技术文献出版社2008年版，第21页。

相应，审美方法就呈现为对形式美的"直觉"与对内涵美的"回味"。用"直觉"的方法对待内涵美，无疑不能充分领会其奥妙；用"回味"的方法对待形式美，无异小题大做，会陷于牵强附会。美感活动是客观认识活动与主观创造活动的辩证统一。作为客观认识活动，美感活动是由物及我的、对客观对象审美属性的忠实反映活动；作为主观创造活动，审美活动是由我及物的、对审美对象的审美价值的创造生成活动。因此，美感把握审美对象的美，必须兼顾"反映"的方法和"生成"的方法。

美感中审美判断的结构与心理机制如何呢？从结构上看，审美判断有"分立判断"与"综合判断"之分。"分立判断"指分别着眼于审美对象的形式因素或内涵因素做出的审美判断，"综合判断"指综合审美对象的形式和内涵对事物的整体审美属性做出的审美判断。在对事物整体属性的综合审美判断中，关于内涵的审美判断起主导、决定作用。从审美的心理机制上看，审美反应的兴奋程度与审美刺激的频率密切相关。当审美主体反复接受审美对象强度、容量同样的刺激的时候，审美反应就逐渐弱化，从而产生"审美麻木"，直至"审美疲劳"，从而走向对"审美新变""审美时尚"的追求。美感的心理历程，就是在总体保障审美对象与审美主体生命共振的大前提下，不断由"审美麻木"走向"审美新变"、"审美疲劳"走向"审美时尚"的往复过程，或者说是不断由乏味的"自动化"走向新奇的"陌生化"，再走向和谐的"常规化"和乏味的"自动化"的循环过程。令人激动不已的美感就处在审美主体与审美对象既不失和谐共振，又生生不息、光景常新的创造洪流中。

第三节 "美育"的重新定义及其与"艺术教育"的异同辨[①]

2015年、2020年，国务院办公厅及中共中央办公厅分别发布"加强和

---

① 本文原载《文艺争鸣》2022年第3期。

改进学校美育工作的意见"，愈来愈凸显了"美育"在今天学校教育中的重要地位。然而，究竟何为"美育"，却定义含糊，令人难以捉摸。一方面，现有的"美育"定义存在着"美育是审美教育"等同义反复的不足，或"美育是心灵教育"等大而无当的毛病，令人不明白"美育"的确切含义和特殊定性，导致在实施方法上以偏概全，将"美育"等同于"艺术教育"。另一方面，因为"美育"定义不清，就干脆解构"美育"本质，取消"美育"定义，这在实践上也更为有害。

"美育"的字面意义是"美的教育"，即关于"美"的教育。也就是教育人们如何认识美，培养人的审美能力或美感素养。而没有经过这种培训的人，往往不辨美丑、混淆美丑，以丑为美或以美为丑。有什么样的"美"本质观，就有什么样的"美育"观。离开"美"的本质的思考，要去圆满回答"美育"是什么，结果只能缘木求鱼。关于"美"的本质的思考答案是否圆满，直接决定着"美育"定义是否圆满。比如，如果认为美的本质是"和谐"，那么"美育"就是"和谐教育"；如果认为美的本质是"实践"，那么"美育"就是"实践教育"；如果认为美的本质是"自由"，那么"美育"就是"自由教育"；如果认为美的本质是"意象"，那么"美育"就是"意象教育"。然而在审美实践中，"美"的含义不是"和谐""实践""自由""意象"等所可概括，因而"美育"也就不是"和谐教育""实践教育""自由教育""意象教育"。

"美"是什么呢？亚里士多德早已深刻指出："美就是自身就具有价值并能同时给人愉快的东西。"[①]他揭示美具有"价值"与"愉快"两重属性，是关于"美"的含义的最精辟也最宝贵的思想。遗憾的是，这两点思想没有得到后人应有的珍视。后人总是自以为是，试图另辟蹊径，殊不知离真相愈走愈远。2016年，笔者完成、出版了国家社科基金项目《乐感美学》（北京大学出版社出版），用60万字的篇幅，论证了一个核心命题："美是

① 蒋孔阳、朱立元主编:《西方美学通史》（第一卷），上海文艺出版社1999年版，第408页。

有价值的乐感对象"。本节以此为据，分析推衍、重新定义"美育"概念，为美育工作提出了不同于"艺术教育"的新路径。希望能够为大家提供有益的参考。

一、"美育"概念提出的历史及其在新中国学校教育中走过的"Z"字历程

理解"美育"的含义，必须联系它的发生、发展的历史语境。

"美育"概念的提出是"五四"新文化运动的产物。1840年，伴随着鸦片战争，中国的国门被打开，各种西方的学术纷至沓来，进入中国。"美育"这个概念伴随着西方"美学"学说的译介1901年首次出现于中国。辛亥革命推翻了几千年的帝制，新式教育取代了四书五经的旧式教育。而"美育"作为与"德育""智育""体育"并列的"四育"之一，受到身为民国教育总长、著名美学家的蔡元培先生的大力奖倡，成为新式教育的一个重要组成部分。此外，中国现代美育史上第一部美育原理专著也应运而生。在中国现代美育史上，有三位学者值得注意。

第一位是蔡元培。他最早将"美育"概念引进到中国，对"美育"的含义做出"情感教育"的界定，并以教育总长的身份大力倡导"美育"、践行"美育"，奠定了"美育"在学校教育中不可或缺的地位。1901年，蔡元培在《哲学总论》一文中引入"美育"概念，这是"美育"概念在中国的最早出现。1912年，蔡元培在教育总长任上发表《对于教育方针之意见》，在"军国民教育"（即体育）、"实利教育"、"德育"、"世界观教育"之外，别立"美育"，主张以"五育"教化国民。1917年，蔡元培发表《以美育代宗教说》演讲，着眼于"美"的无私的超功利的快感与利他的道德、宗教的联系，提出著名的"以美育代宗教"[①]说。1919年，在"五四"新文化运动的关键之年，蔡元培发表《文化运动不要忘了美

---

① 蔡元培：《蔡元培美学文选》，北京大学出版社1983年版，第70页。

育》。1920年12月7日，蔡元培在出国考察途经新加坡南洋华侨中学时，作《普通教育和职业教育》演讲，提出"健全的人格，内分四育"，即"体育""智育""德育""美育"，这是对王国维1903年提出的"四育"观的吸收与改造。1922年，蔡元培发表《美育实施的方法》，明确指出美育在辛亥革命后新式教育中有一席之地是"五四"新文化运动的成果。他回顾说，"我国初办新式教育的时候，只提出体育、智育、德育三条件，称为三育。十年来，渐渐地提到美育，现在教育界已经公认了"，主张将"美育"不仅开展到"学校教育"中，而且开展到"家庭教育""社会教育"中。1930年，蔡元培为《教育大辞书》撰"美育"词条，完整地表述了对"美育"的看法："美育者，应用美学之理论于教育，以陶养感情为目的者也。"[1]

　　第二位是王国维。他是最早提出"体育""智育""德育""美育"四育并举育人方针的学者，也是最早提出"美育即情育"的人，这些都为教育总长蔡元培所继承。1903年，王国维发表《论教育之宗旨》一文，指出"教育的宗旨"是培养"完全之人物"。"完全之人物"包括"身体"和"精神"两部分，所以教育应从"体育""心育"入手。"心育"包括"智育""德育""美育"。所以培养"完全之人物"必须四育并行。在该文中，王国维还指出："'真'者知力之影响，'美'者感情之理想，'善'者意志之理想也。"所以，"美育"即"情育"。[2]1904年，王国维发表《孔子之美育主义》，指出以"乐""礼"育人的孔子"审美学上之理论虽然不可得而知"，然其教人，则"始于美育，终于美育"。[3]

　　第三位是李石岑。他曾于20世纪20年代初担任商务印书馆《教育杂志》主编。他在美育上的最大贡献是会聚了当时包括1923年出版中国现代

---

①　据蔡元培：《蔡元培美学文选》，聂振斌编《中国现代美学名家文丛·蔡元培》，浙江大学出版社2009年版。

②　周锡山编校：《王国维集》（第四册），中国社会科学出版社2008年版，第7页。

③　周锡山编校：《王国维集》（第四册），第5页。

美学史上第一部《美学概论》的作者吕澂在内的几位著名美学家，集体编写并在1925年出版了第一部《美育之原理》，提出美育是"美的情操的陶冶"，不同于"智育"是"智的情操的陶冶"，也不同于"德育"是"意的情操的陶冶"。

新中国成立后，中华人民共和国教育部起初吸收、继承了民国学校教育四育并举的做法，提出"德育""智育""体育""美育"四育并行的教育方针。但这种情况在1957年之后发生了改变。改变的起因是1956年，毛泽东发表了《关于正确处理人民内部矛盾的问题》一文，文中提出："我们的教育方针，应该使受教育者，在德育、智育、体育各方面都得到发展，成为有社会主义觉悟的，有文化的劳动者。"由于这段话中没有提到"美育"，1957年以后，教育部将"美育"从教育学的理论体系中去除了，各种教材、课程中就不见了"美育"的踪影。到了十年"文革"中，更是谈"美"色变，因为"美"关乎花花草草、色彩艳丽的形式，而这在"文革"中被视为"封资修"的思想意识。

1976年10月粉碎"四人帮"，宣布"文革"结束。1978年党的十一届三中全会的召开，标志着改革开放新时期的开启。伴随着对"文革"的反思和对极"左"观念的拨乱反正，"美育"重新回到国家教育体系中，虽然有些姗姗来迟。1995年3月18日，第八届全国人民代表大会第三次会议通过《中华人民共和国教育法》，完整规定了国家的教育方针："教育必须为社会主义现代化建设服务、为人民服务，必须与生产劳动和社会实践相结合，培养德、智、体、美等方面全面发展的社会主义建设者和接班人。"从此，"德、智、体、美全面发展"这一教育方针被确立下来。1999年，中共中央、国务院颁布《关于深化教育改革全面推进素质教育的决定》，明确提出："要尽快改变学校美育工作薄弱的状况，将美育融入学校教育全过程。"在"美育"中，"艺术教育"是主流。2002年，教育部专门下达《学校艺术教育工作规程》，要求"各类各级学校应当加强艺术类课程教学，按照国家的规定和要求开齐开足艺术课程"。2015年9月28日，国务院办公厅印发《关于全面加强和改进学校美育工作的意见》，不仅要求把美育贯穿在学校教育的始终，而且对义务教育阶段、普通高中、职业院校、普通高校的美育课程体系和目标提出了具体要求。2018年8月30日，在中央美术学院百年校庆之际，习近平总书记给学院八位老教授回信，提出了"做好美育工作，要坚持立德树人，扎根时代生活，遵循美育特点，弘扬中华美育精神"的时代课题。2020年10月，中共中央办公厅、国务院办公厅联合下发《关于全面加强和改进新时代学校美育工作的意见》，进一步将"美育"工作摆到了学校教育的重要日程。

不难看出，在新中国的学校教育史上，"美育"上承"五四"新文化运动的成果，走过了一个肯定"美育"、取消"美育"、重回并强调"美育"的"Z"字行程。经过四十多年的改革开放，在人民群众的温饱问题解决之后升起对美好生活的向往之际，"美育"在中小学教育和大学教育中的地位从来没有像今天这样受到高度重视。

二、现有"美育"定义存在的自我循环、同义反复、大而无当及解构主义之弊

尽管"美育"的地位相当重要，但何为"美育"，如何遵循"美育"特点实施"美育"，现有的定义并不令人明白，让人在实践上难于操作。

《辞海》（1989年版）对"美育"的定义是："美育，亦称'审美教育''美感教育'。通过艺术等审美方式，来达到提高人、教育人的目的，特别是提高对于美的欣赏力与创造力。"[1]这个定义的缺陷是：1.用"审美教育""美感教育"解释"美育"，解释的宾词中包含尚待解释的主词，自我循环，同义反复。人们不免要问：什么是"审美教育"？什么是"美感教育"？同理，说"美育"能够"提高对于美的欣赏力与创造力"，人们仍然不明白：什么是"美的欣赏力与创造力"？ 2.这个定义说"通过艺

---

[1]《辞海》，上海辞书出版社1996年版，第2158页。

术等审美方式"，这个"等"指什么？除了"艺术"，还有哪些"审美方式"？没有说清楚，让人感到"美育"的"审美方式"仿佛就是"艺术"方式，"美育"就是"艺术教育"。显然，二者是不能等同的。所以，《辞海》的定义是不能令人满意的。

百度的定义是："美育，又称美感教育。即通过培养人们认识美、体验美、感受美、欣赏美和创造美的能力，从而使我们具有美的理想、美的情操、美的品格和美的素养。"这个解释的不足与《辞海》大同小异：解释的宾词中包含尚待解释的主词，自我循环。它没有解释"美"是什么，却教人们去"认识美、体验美、感受美、欣赏美和创造美"，从而具有"美的理想、美的情操、美的品格和美的素养"。人们仍然不明白：什么样的理想、情操、品格、素养是"美的理想、美的情操、美的品格和美的素养"？如何"认识美、体验美、感受美、欣赏美和创造美"，培养"审美"能力？

那么，高层发布的意见是怎么定义"美育"的呢？2015年国务院办公厅印发的《关于全面加强和改进学校美育工作的意见》是这样说的："美育是审美教育，也是情操教育和心灵教育。"其作用，"不仅能提升人的审美素养，还能潜移默化地影响人的情感、趣味、气质、胸襟，激励人的精神，温润人的心灵"。这个定义大概是从字典或美与专家那里参考过来的，因而不免存在着前面所说的缺憾。人们仍然不明白：什么是"审美教育""审美素养"？"美育是心灵教育"，"美育"的特殊性在哪里？难道"德育""智育"不也是"心灵教育"？"美育是情操教育"，什么是"情操"？《意见》在"美育"概念的理论界定上含糊不清，在具体论述实施路径时则将"美育"等同于"艺术教育"："学校美育课程建设要以艺术课程为主体。""学校美育课程主要包括音乐、美术、舞蹈、戏剧、戏曲、影视等。"然而，"美育"并不等同于"艺术教育"，其外延比"艺术教育"大得多。《意见》指出，"美育课程目标""以审美和人文素养培养为核心，以创新能力培育为重点"。显然，"人文素养培养"和"创新能力培育"不是艺术课程能够全部承担的使命。毋庸讳言，《意见》在学校美育目标与美育课程设计之间存在着明显脱节。

2020年10月中共中央办公厅、国务院办公厅联合下发的《关于加强和改进新时代学校美育工作的意见》是不是在"美育"概念的界定上更明晰一些呢？情况似乎也没有多大改观。《意见》说："美是纯洁道德、丰富精神的重要源泉。美育是审美教育、情操教育、心灵教育，也是丰富想象力和培养创新意识的教育，能提升审美素养、陶冶情操、温润心灵、激发创新创造活力。"该定义在解释"美育"前先解释了何为"美"，这是进步，但它对"美"的解释是存在着以"善"代"美"的不足，因而"美育"就变成了"情操教育""心灵教育"，实际上就是"德育"。说"美育是审美教育"，"能提升审美素养"，仍留下了何为"审美教育""审美素养"的疑问。又说"美育"能"丰富想象力和培养创新意识"，难道"智育"不也是这样吗？"美育"区别于"智育"的特殊规定性到底在哪里，读者仍然看不明白。

有感于现有的"美育"定义不能令人满意，有专家干脆说："美育"这个概念不可定义。这种明显站不住脚的观点由于受到以存在主义、现象学为基础的解构主义、反本质主义思潮的支撑，却言之凿凿，显得理直气壮。"美"没有本质，"审美活动"也没有本质，甚至"人"也没有自己的本质规定性，"美育"定义的命运自然难逃其外。事实上，人类无论是日常交流还是学术交流，都离不开语词。语词都是有特定所指的。语词所指是关于对象的类的统一性的抽象概括，俗称"本质"。否定这个本质，人们将无法说话。马克思主义哲学的一个基本观点，是承认事物的本质、规律的存在。在以马克思主义为统领，建构中国特色哲学社会科学话语体系的现实语境下，追问"美"的本质，反思"美育"定义，给人们从事"美育"工作提供有效指导，不仅具有重大的理论意义，更有迫的现实意义。

三、美育是情感教育、快乐教育、价值教育、形象教育、艺术教育的复合互补

蔡元培曾经指出:"美育者,应用美学之理论于教育。"毫无疑问,"美育"是"美学"理论在社会实践中的应用。"美学"是什么呢? 在德国鲍姆嘉通创立"美学"这门学科及其以后的相当长时期内,"美学"都是指"美之哲学",是思考"美"的本质及其引起的美感反应规律的理论学科。[①]"美育"实际上是把美学理论关于"美"的本质的思考结果应用到社会实践中的产物。正如"美学"是"美之哲学"一样,"美育"是"美之教育"。"美育"的使命,是告知人们如何认识美、欣赏美,今儿引导人们去创造美。认识美、欣赏美有个专门化的说法,叫"审美"。在此意义上,"美育"被表述为"审美教育",任务是培养人的辨别美丑的"审美能力"。李石岑指出:"美育之解释不一,然不离审美心之养成。"[②]此外,"美育"不能停留于培养人们仅仅成为美的被动接受者、欣赏者,应当鼓励、引导人们成为"美"的积极创造者,所以"美育"还应是"美的创造教育"。

无论说美育是"美的认识教育",或者说美育是辨别美丑的"审美教育",还是认为美育是"美的创造教育",都必须先回答"美"是什么的问题。确定"美"的内涵是准确定义"美育"的前提。关于"美",首先我们必须明确:"美"不同于"美感"。"美感"是主体面对对象中存在的"美"的感受,"美"则是审美主体面对的"对象",所以又称为"审美对象"。这是"美"的对象属性。作为主体面对的审美对象,"美"有两个最基本的规定性,即愉快性和价值性。综合"美"的上述三个特性,所以说:"美是有价值的乐感对象。"[③]由"美"的愉快性、价值性和对象性,我

---

① 详见祁志祥:《"美学"是"审美学"吗?》,《哲学动态》2012年第9期;祁志祥《中国现当代美学史》,商务印书馆2018年版。

② 李石岑等著:《美育之原理》,商务印书馆1925年版,第4页。

③ 祁志祥:《论美是有价值的乐感对象》,《学习与探索》2017年第2期。另参祁志祥:《乐感美学》。

们可以逻辑地推衍出"美育"的涵含义是情感教育、快乐教育、价值教育、形象教育、艺术教育复合互补的完整认识。

首先，"美"的认知关涉主体情感反应，所以美育是"情感教育"。"美"这个词，虽然呈现为审美对象的一种属性，但却是审美主体快感的客观化、对象化。正如桑塔亚那揭示的那样："美是因快感的客观化而成立的。美是客观化的快感。"①就是说，当客观对象在主体感受中引起愉快情感的时候，你就判断该物为"美"。表面上看，"美"属于客观的物质属性，实际上是主体的情感反应在对象身上的表现。鲍姆嘉通指出，"美"是"感性知识的完善"②。王国维说，"美"是"感情之理想"。因此，"美"被认为是一种表示情感的语言。英国近代美学家瑞恰慈指出，"美"是一种情感语言，它说明的不是对象的客观属性，而是我们的一种情感态度。③英国当代美学家摩尔认为，"美"是主体的一种情感状态，"我们说，'看到一事物的美'，一般意指对它的各个美质具有一种情感"④，而不是指科学事实。维特根斯坦揭示，人们评论"这是美的"，只不过表达了一种赞成的态度或一种喝彩、感叹而已，是一种情感的表现。⑤杜威说："按照美这个词的原文来说，它是一种情感的术语，虽然它指的是一种特殊的情感。"⑥因为"美"表示的是一种"情感"，所以美育不是物理教育，而是"情感教育"，是陶冶、净化人的情感的。因此，蔡元培下定义说："美育者……以陶养感情为目的者也。"⑦王国维下定义说："美育即情育。"⑧李石岑指出，美育是"情操教育"，它培养的"审美心"说到底是"美的情

---

① 北京大学哲学系美学教研室编：《西方美学家论美和美感》，第286页。
② 北京大学哲学系美学教研室编：《西方美学家论美和美感》，第142页。
③ 转引自朱立元主编：《西方美学范畴史》（第二卷），山西教育出版社2006年版，第116页。
④ 朱立元总主编：《二十世纪西方美学经典文本》（第二卷），复旦大学出版社2000年版，第176页。
⑤ 刘小枫主编，维特根斯坦等著：《人类困境中的审美精神》，知识出版社1994年版，第524页。
⑥ 转引自朱狄：《当代西方美学》，人民出版社1994年版，第51页。
⑦ 蔡元培：《蔡元培美学文选》，第174页。
⑧ 周锡山编校：《王国维集》（第四册），第7页。

操"。①正是由于"美"表示的是一种情感或感觉，所以"美学"又叫"情感学""感觉学"。它与"物的学问"如物理、化学之类不同，属于"精神的学"②，即主体之学，也就是我们今天所说的"人文学科"。

其次，"美"所关涉的情感是一种愉快感，所以美育是"快乐教育"。"美"表示情感，但不是所有情感，而是肯定性的、积极的愉快感。只有当人们感到愉快的时候，才会使用"美"的这个判断词。如果不快、难受、厌恶，就会称之为"丑"。所以，"美"与快乐的感觉、情感相连。古希腊诗人赫西俄德指出："美的使人感到快感，丑的使人感到不快。"③中世纪意大利的托马斯·阿奎那对"美"的判断是："凡是单靠认识就立刻使人愉快的东西就叫做美。"④鲍姆嘉通的老师、德国美学家沃尔夫指出："产生快感的叫做美，产生不快感的叫做丑。"⑤鲍姆嘉通重申："美本身就使观者喜爱，丑本身就使观者厌恶。"⑥康德给美的事物引起的快感加了许多特殊规定："美是不依赖概念而被当作一种必然愉快底对象。"⑦"美是不依赖概念而被作为一个普遍愉快的对象。"⑧《说文解字》定义说："美者，甘也。"这个"甘"，指像甜一样的快适感。美是一种引起快感的事物。美的事物千差万别，但只要能引起观赏者情感的愉快，就都被称为"美"。"佳人不同体，美人不同面，而皆说于目；梨橘枣栗不同味，而皆调于口。"⑨"妍姿媚貌，形色不齐，而悦情可钧；丝竹金石，五声诡韵，而

① 李石岑等著：《美育之原理》，商务印书馆1925年版，第4页。
② 吕澂：《美学概论》，第7页。
③ 转引自塔塔科维兹著，杨力译：《古代美学》，中国社会科学出版社1990年版，第40页。又见蒋孔阳、朱立元主编：《西方美学通史》（第一卷），第46页。
④ 北京大学哲学系美学教研室编：《西方美学家论美和美感》，第67页。
⑤ 北京大学哲学系美学教研室编：《西方美学家论美和美感》，第88页。
⑥ 北京大学哲学系美学教研室编：《西方美学家论美和美感》，第142页。
⑦ 康德著，宗白华译：《判断力批判》（上卷），第79页。
⑧ 康德著，宗白华译：《判断力批判》（上卷），第48页。
⑨ 刘安：《淮南子·说林训》。

快耳不异。"①梁启超说："美的作用，不外令自己或别人起快感。"②蔡元培指出："美学观念者，基本于快与不快之感，与科学之属于知见，道德之发于意志者，相为对待。"③人性趋乐避苦。快乐，是没有遗憾的、圆满完善的情感，所以沃尔夫、鲍姆嘉通用"感性知识的完善"去界定"美"。这个"感性知识的完善"，既指主体感性认识——情感的完美无憾，即愉快感，也指引起这种情感的审美对象的圆满无缺。二者互为因果、融为一体。沃尔夫指出："美在于一件事物的完善，只要那件事物易于凭它的完善来引起我们的快感。""产生快感的叫做美，产生不快感的叫做丑。""美可以下定义为：一种适宜于产生快感的性质，或是一种显而易见的完善。"④鲍姆嘉通补充说，丑是"感性知识的不完善⑤。如果我们做一个定量统计，就会发现，在古今中外美学家关于"美"的特性的论述中，有关"美"与"快感"的联系是说得最多的。⑥正如尼采指出的那样："如果试图离开人对人的愉悦去思考美，就会立刻失去根据和立足点。"⑦既然"美"与快乐密切相连，所以，美育毫无疑问是"快乐教育"。

再次，美关涉价值，所以美育是"价值教育"。"美"指涉一种快乐的情感，但不是所有的快感，而是有价值维度的快感。亚里士多德早就揭示过美所引起的快乐的价值维度。在中国出版的最早的一部《美学概论》中，吕澂指出："美为物象之价值，能生起吾人之快感。"⑧四年后，范

---

① 葛洪：《抱朴子·尚博》。

② 梁启超：《情圣杜甫》，《饮冰室文集》卷三十八，《饮冰室合集》，中华书局1936年版。

③ 据蔡元培1916年出版的《哲学大纲》"美学观念"节，详见蔡元培：《蔡元培美学文选》，北京大学出版社1983年版。

④ 北京大学哲学系美学教研室编：《西方美学家论美和美感》，第88页。

⑤ 北京大学哲学系美学教研室编：《西方美学家论美和美感》，第142页。

⑥ 详见祁志祥：《乐感美学》。陆扬《乐感美学批判》（《上海文化》2018年第2期）认为《乐感美学》是一部"关于美的百科全书"。

⑦ 尼采著，周国平译：《悲剧的诞生》，生活·读书·新知三联书店1986年版，第321页。

⑧ 吕澂：《美学概论》，第12页。

寿康在《美学概论》中重申:"美是价值,丑是非价值。"①李安宅在《美
学》一书中指出:"我们说什么是'美',乃是作了价值判断。这个价值判
断的对象,便是'美'。"②"价值"指什么?指事物相对于生命主体有益的
那种意义。"一个机体的生存就是它的价值标准。"③所以"价值美学"说到
底是"生命美学":"于物象观照中,所感生之肯定是为美,所感生之否定
是为丑。"④美不限于生机勃勃的客观生物存在,也存在于审美主体在无机
物身上的生命投射:"吾人于物象中发现生命之态度,是曰美的态度。以
生命但就人格为言,虽在无生物亦能感得之而判其美的价值。"⑤危害生命
的、无价值的快感对象不是美,而是丑,比如毒品。包尔生指出,"假设
我们能蒸馏出一种类似鸦片的药物","假定这种药物能够方便和顺利地
在整个民族中引起一种如醉如痴的快乐",这种"药物"就是"美"吗?
不!因为"这种快乐是'不自然的',一个由这种快乐构成的生命不再是
一个'人'的生命。无论它所包容的快乐是多么丰富巨大——都是一种
绝对无价值的生命"。⑥毕淑敏的禁毒小说《红处方》揭示:蓝斑是人类
大脑内产生痛苦和快乐的感觉中枢。"F肽"是产生快乐的物质基础,被
誉为"脑黄金"。毒品是"F肽"的天然模仿者,它能在人体内部制造出
虚幻的极乐世界。在毒品产生的快乐前,人体会逐渐停止"F肽"的生
产,自身不再会获得快乐。吸毒者要得到快乐,只有依靠吸食毒品。而
且,人体还有一套反馈机制,即由于感觉疲劳,获得同等的快感需要更多
剂量的毒品。吸毒者从寻找快乐出发,最终走向万劫不复的痛苦和死亡深

① 范寿康:《美学概论》,商务印书馆1927年版,第20页。

② 李安宅:《美学》,世界书局1934年版,第13页。

③ 兰德:《客观主义的伦理学》,转引自宾克莱著,马德元等译《理想的冲突——西方社会中变化
　　着的价值观念》,第37页。

④ 吕潋:《美学概论》,第35页。

⑤ 吕潋:《美学概论》,第8页。

⑥ 均见弗里德里希·包尔生著,何怀宏、廖申白译:《伦理学体系》,第229页。

渊。因此，能够带来快乐却伤害生命的鸦片、海洛因，从来不被人们视为"美"，而是叫"毒品"。因此，美育在从事快乐教育、情感教育时，绝不能忘记价值教育。

美的价值维度，在美学学科创立之初，主要指美引起的愉快情感不涉及"利害关系"，是"超功利"的快感。如康德说："美是无一切利害关系的愉快的对象。"①"美学"引进中国后，早期的中国美学家都这么看。如王国维说："美之快乐为不关利害之快乐。"②蔡元培指出，美引起的快感具有"全无利益之关系"的"超脱"特征。③后来人们称美在"自由"、美在"超越"，都不外是对美的快感具有不同于一般快感的价值特性的不同表述。这种超越"利害关系"的纯粹、自由快感，本指不涉及真、善内涵的事物形式引起的美感，特别是自然美景引起的快感，是形式美、自由美的美感特点。但是在内涵美中，"审美快感的特征不是无利害观念"④，"美属于有用、有益、提高生命等生物学价值的一般范畴"⑤，"美的本质就是功利其物"⑥。康德在《判断力批判》中分析"崇高"之美是"道德的象征"，而"道德"恰恰是功利欲望的满足。因此，"美"与利他主义的"善"走向融合，"美育"就与"德育"走到了一起。美是"道德的象征""功利的满足"本来与美是"无一切利害关系的愉快对象"相矛盾，但早期中国美学家发现美感的超功利特征是治疗利己性、走向利他之善的良方，所以将矛盾的两者调和到了一起。蔡元培指出，美的快感"全无利益之关系"的"超脱"特征，可消除"利己损人之欲念"⑦，是治"专己性"之"良药"⑧。

① 康德著，宗白华译：《判断力批判》（上卷），第48页。
② 周锡山编校：《王国维集》（第四册），第3页。
③ 蔡元培：《蔡元培美学文选》，第68页。
④ 桑塔亚纳著，缪灵珠译：《美感》，第25页。
⑤ 尼采，周国平译：《悲剧的诞生》，第352页。
⑥ 桑塔亚纳著，缪灵珠译：《美感》，第106页。
⑦ 蔡元培：《蔡元培美学文选》，第70页。
⑧ 蔡元培：《蔡元培美学文选》，第68页。

因而，"纯粹之美育，所以淘养吾人之感情，使有高尚纯洁之习惯"①。王国维指出："美之为物，使人忘一己之利害而入高尚纯洁之域，此最纯粹之快乐也。"②所以美之快感是超越"卑劣之感"的"高尚之感觉"③，是从"物质境界"过渡到"道德境界"之"津梁"④。美育教人在追求情感快乐时"守道德之法则"，"美育与德育"不可分离。⑤

美的价值不仅体现为"善"，也体现为"真"。美不仅是道德的象征，也是真理的化身。

伽达默尔指出，真理的光照"是我们所有人在自然和艺术中发现的美的东西"⑥。科学以发现真理为使命，是真理的载体，所以有"科学美"的说法。"科学中存在美，所有的科学家都有这种感受。""很早科学家们就懂得科学中蕴含奇妙的美。"⑦波尔的原子理论，在爱因斯坦看来是"思想领域中最高的音乐神韵"；爱因斯坦的广义相对论，在科学家眼里是"雅致和美丽"⑧的，是"一个被人远远观赏的伟大艺术品"⑨，"它该作为20世纪数学物理学的一个最优美的纪念碑而永垂不朽"⑩。爱因斯坦说："美照亮我的道路，并且不断给我新的勇气。"⑪狄拉克坦陈："我和薛定谔都极其欣赏数学美，这种对数学美的欣赏曾支配者我们的全部工作。这是我们的一种信条，相信描述自然界基本规律的方程都必定有显著的数学美。"⑫法

---

① 蔡元培：《蔡元培美学文选》，第70页。

② 周锡山编校：《王国维集》（第四册），第8页。

③ 周锡山编校：《王国维集》（第四册），第5页。

④ 周锡山编校：《王国维集》（第四册），第4页。

⑤ 周锡山编校：《王国维集》（第四册），第5页。

⑥ 伽达默尔著，张志扬译：《美的现实性》，生活·读书·新知三联书店1991年版，第23页。

⑦ 杨振宁：《美和理论物理学》，吴国盛主编《大学科学读本》，广西师范大学出版社2004年版，第273页。

⑧ 物理学家布罗意语，转引自刘仲林：《科学臻美方法》，科学出版社2002年版，第24页。

⑨ 物理学家玻恩语，转引自刘仲林：《科学臻美方法》，第25页。

⑩ 物理学家布罗意语，转引自刘仲林：《科学臻美方法》，第24页。

⑪ 刘仲林：《科学臻美方法》，第25页。

⑫ 刘仲林：《科学臻美方法》，第40页。

国数学家、物理学家、天文学家彭加勒如此界定"科学美"："我在这里并不是说那种触动感官的美、那种属性美和外表美。虽然，我绝非轻视这种美，但这种美和科学毫无关系。我所指的是一种内在的（深奥的）美，它来自各部分的和谐秩序，并能为纯粹的理智所领会。"[1]中国科学院院士冼鼎昌也说，承认了科学美的存在，"还需要有能够感知它的东西才能谈美"，这"东西"就是灵魂、理智。杨振宁曾应很多大学之邀作"美与物理学"的演讲。他认为理论物理学中存在的科学美表现为三种形态。一是自然中存在的物理现象之美。这种美有的能为一般人所看到，如天上的彩虹之美。另有些则是受过科学训练的人通过一定的科学手段、科学实验才能看到的，如元素周期表之美、原子结构之美、行星轨道之美。二是理论描述之美，指对物理学定律的精确的理论描述，如热力学第一、第二定律对自然界特定性质规律的理论揭示。三是理论构架之美，指物理公式具有数学结构之美。如牛顿的运动方程，爱因斯坦的狭义相对论、广义相对论方程等。研究物理的人在它们面前会感受到如同哥特式教堂般的"崇高美、灵魂美、宗教美、最终极的美"[2]。在全世界被新冠病毒折磨煎熬的今天，谁能早日发现病毒机理，研制出有效良方，谁就是令人感激爱戴的最美科学家！美与真理的发现、拥有密切相连。包含真理的知识就是审美的力量，就是具有魅力的美。因此，美育与"智育"密切相关。

"价值"的外延比"善"和"真"还大，它的底线是生命存在。生命的健康不同于我们通常所说的道德之善、科学之真，但却是毋庸置疑的美。《吕氏春秋》告诫人们："耳虽欲声，目虽欲色，鼻虽欲芬香，口虽欲滋味，害于生则止。""圣人之于声色滋味也，利于性则取之，害于性则舍之，此全性之道也。"左丘明《国语》中记载："无害（于性）焉，故曰美。"若"听乐而震，观美而眩"，就失其为美。不妨碍生命本性，无害

---

[1]　刘仲林：《科学臻美方法》，第20页。

[2]　杨振宁：《美与物理学》，《杨振宁文集》（下册），华东师范大学出版社1998年版，第850—851页。

于生命健康，就是最基本的美，也是最不可或缺的美。因此，"美育"与讲究健康的"体育"、呵护生命的"生命教育"建立起不可分割的联系。

第四，美关涉对象的形象，所以美育是"形象教育"。美是"有价值的乐感对象"。对象性的美诉诸人的感官，具备可感的形象性。康德在分析美引起快感的方式时指出："美是不依赖概念而必然愉快的对象。"①美凭借什么使人直觉到愉快呢？这就是形象性。黑格尔指出："美是理念的感性显现。"②"感性显现"说得通俗点就是形象显现。黑格尔强调："美只能在形象中见出。""真正美的东西……就是具有具体形象的心灵性的东西。"③"概念只有在和它的外在现象处于统一体时，理念就不仅是真的，而且是美的了。"④比如说"秋日游子思乡"，这个判断只是说明一种人生的经验，并不能打动人的情感，唤起人的美感。但马致远的《天净沙·秋思》把它寄托、融化在一种富有形象性的意境营造中："枯藤老树昏鸦，小桥流水人家，古道西风瘦马，夕阳西下，断肠人在天涯。"因而使人味之不尽，浮想联翩，感到美不胜收。

美关涉艺术，所以美育是"艺术教育"。艺术是人类创造的审美的精神形态⑤，是以各种艺术媒介创造的有价值的快乐载体。真正的艺术总能屡试不爽地给读者观众送去有价值的快乐，让他们在消愁破闷、心花怒放的同时得到灵魂的洗礼和提升。艺术由其不同的媒介决定，产生了不同的艺术门类，时间艺术有诗歌、小说、散文、音乐，空间艺术有绘画、雕塑、书法、园林，综合艺术有戏剧、舞蹈、影视，等等。它们以形象的手段寓价值于乐感之中，发挥其春风化雨、滋润心田的审美教育功能。

"美育"虽然是"情感教育""快乐教育""价值教育""形象教

---

① 康德著，宗白华译：《判断力批判》，第79页。

② 黑格尔著，朱光潜译：《美学》，第142页。

③ 黑格尔著，朱光潜译：《美学》，第104页。

④ 黑格尔著，朱光潜译：《美学》，第142页。

⑤ 详见祁志祥：《论文艺是审美的精神形态》，《文艺理论研究》2001年第6期。

育""艺术教育"五者的互补共生，最重要的两个核心选项是"快乐教育"与"价值教育"。如果将"艺术教育"当作"美育"的主要方式，就喧宾夺主，忘了重心。"艺术"究其实是艺术家创造的有"价值"的"快乐"的载体。"艺术教育"充其量是"快乐教育"与"价值教育"特殊方式。

由此可见："美育"是美的认识和创造教育，是高尚优雅的主体情感教育，是以形象教育、艺术教育为手段和载体，陶冶人的健康高尚情感，引导人们追求有价值的快乐，进而创造有价值的乐感对象或载体的教育。

四、"美育"工作的实施路径

确定了"美育"的完整义涵，"美育"工作就有了实施的路径。

美育是陶冶情感的"情感教育"，所以美育实践要从情感入手。情感并不都是美的。人的求乐情感有冲破价值规范的自然倾向，中国古代的"情恶"论对此做了一再揭示。"美育"实施"情感教育"的使命，是把人处于原生、自然状态的情感往健康、高尚的方向培育引导。王国维说："美育者……使人之情感发达，以达完美之域。"[1]蔡元培指出，"激刺感情之弊"，"陶养吾人之感情，使有高尚纯洁之习惯"，"莫如舍宗教而易之以纯粹之美育"。[2]李石岑指出，美育为"美的情操的陶冶"。可见，美育所实施的"情感教育"是渗透着价值取向的，与"价值教育"是融为一体的。或者说，美育的"价值教育"不是孤立存在的，而是依托在"情感教育"之中的。如果说情感本身有善有恶，不一定都美，但在学校教育中如果带有情感、充满激情，就会有起伏节奏、抑扬顿挫，产生感染人、打动人的美。狄德罗说："凡有情感的地方就有美。"[3]车尔尼雪夫斯基说："情感

---

① 周锡山编校：《王国维集》（第四册），第8页。

② 《蔡元培美学文选》，第70页。

③ 《文艺理论译丛》，人民文学出版社1962年版，第38页。

会使在它影响下产生的事物具有特殊的美。"①英国近代美学家卡里特指出，美就是感情的表现，凡是这样的表现没有例外都是美的。②从肯定的方面看，"辩丽本于情性"③，"情至之语，自能感人"④。从反面看，"言寡情而鲜爱"⑤，"情不深则无以惊心动魄"⑥。不只学校美育中饱蘸情感会产生美，人的举手投足充满情感也会产生富有生命力的美。情感干瘪的人是索然无味的。从心所欲不逾矩，在理性的规范内充满丰富多彩的情感，是审美活力的突出表征。

美育是"快乐教育"，所以美育工作要寓教于乐、充满趣味。趣味教育的方法多种多样，形象的方法、艺术的方法是两个主要的方法。美育应是"形象教育"，所以美育工作要避免抽象枯燥的说教，尽量运用生动可感的形象手段。美育应是"艺术教育"，所以美育工作要注重艺术教育，善于调动一切艺术手段为美育的情感教育、价值教育服务。这一点毋庸赘言。

美育是"价值教育"，价值教育不仅应渗透在情感教育中，还应与德育、智育、体育相结合，反对堕入娱乐至死的误区。价值的常见形态是善与真。善良是天下通行的最美的语言，"只有真才美，只有真可爱"⑦。美国好莱坞影星赫本说得好：美丽的眼睛，在于能发现他人身上的美德；美丽的嘴唇，在于只会说出善言；美丽的姿态，在于能与知识、真理并行。因此，要善于挖掘德育、智育中美的元素。在善与真的教育中融入合适的形象或艺术媒介，德育、智育就变成了美育。在生动可感的形象、艺术中注入善或真的内涵，美育就变成了德育、智育。生命健康是价值的底线。增

① 车尔尼雪夫斯基著，周扬译：《生活与美学》，第72页。

② 转引自李斯托威尔著，蒋孔阳译：《近代美学史述评》，第7页。

③ 刘勰：《文心雕龙·情采》。

④ 袁宏道：《袁中郎全集》卷三《叙小修诗》。

⑤ 陆机：《文赋》。

⑥ 焦竑：《淡园集》卷十五《雅娱阁集序》。

⑦ 转引自朱光潜：《西方美学史》（上卷），第187页。

进生命健康的体育不仅与美育有着密不可分的联系，而且是美育的最后守护。在美育所坚持的"价值教育"中，尤其要防止将美等同于娱乐对象的迷失。美丑混淆甚至颠倒，已成为一种突出的社会乱象。而导致这种社会现象的思想根源，在于抛弃了美的价值底线。美只是娱乐对象中有价值的那部分，决不能为了娱乐而不择手段，放弃价值原则，把美育褪化为娱乐教育。娱乐对象不等于美，纵情声色、娱乐至死不是审美而是嗜丑。强调美育是价值教育，坚持美育的价值原则，具有极大的现实意义。

第六章

中国美学的历史铺写

　　作者插白：笔者的硕士、博士读的都是中国古代文论。古代文论是在历史中展现的，所以"古代文论"又叫"中国文学批评史"。中国古代文学是杂文学、泛文学，但也包含美文学。因而中国古代文学批评理论既有泛文学的特征，也有美文学的成分。笔者踏入中国文学批评史园地的时候，深感审美批评的研究尚需拓展。同时，笔者注意到，当时出版的文学批评史尚未与其他艺术门类的批评史融合起来。与《中国文学批评史》一类的著作出版了好几部的繁荣景象相比，《中国美学史》则相对冷落。1983年2月28日，笔者在给启蒙导师中国社会科学院文学研究所钱中文先生的通信中曾说："就我视野所及，中国古代美学似乎还有许多未开垦的处女地。堂堂中国，没有一部中国美学史，岂不羞乎？"[①]2001年9月至2002年12月，我在复旦大学中文系完成博士学位论文《中国古代美学精神》。总论《中国古代美学思想系统观》发表于《文学评论》2003年第3期，中国人民大学《美学》第7期全文转载，《高等学校文科学术文摘》第5期同时转载。读博期间山西教育出版社前来复旦大学组稿，我报的三卷本、150万字规模的《中国美学通史》通过选题。从2002年完成博士论文之日起，我就投入一人重写中国美学史的工程。完成过半时以"中国古代美学史的重新解读"为题申报国家社科基金项目，2005年获得立项。2008年，三卷本、156万字规模的《中国美学通史》转由人民出版社出版。该书的新写法是：以对中国古代美学精神丰富而独特的解读为轴心，聚焦这种精神在中国古代各派哲学、各门艺术理论中的发生、发展、演进的历程，分析概括其历史演变的时代特征，使中国古代美学史呈现出儒、道、佛、玄等哲学美学思想与诗、文、词、曲、书、画、音乐、戏剧、园艺美学理论齐头并进的多声部、复调式美学图景。该书获得教育部颁发的第六届高等学校科学研究优秀成果奖和第十届上海市哲学社会科学优秀成果奖。《中国美学通史》只写到"五四"，觉得不完整。在完成《乐感美学》后，又补写了70多万字的《中国现当代美学史》。这是一个国家社科基金后期资助项目，2018年4月由商务印书馆出版。在此基础上，2016年，我与上海人民出版社联合向上海市教委、上海市新闻出版局申报五卷本《中国美学全史》为"上海高校

---

① 祁志祥编：《钱中文、祁志祥八十年代文艺美学通信》，上海教育出版社2018年版，第47页。

服务国家重大战略出版工程项目"获得立项。于是，我将《乐感美学》《中国古代美学精神》《中国美学通史》《中国现当代美学史》融会贯通在一起。2018年8月，本人独自完成的五卷本、257万字的《中国美学全史》由上海人民出版社以精装本形式重磅推出。钱中文先生在收到《中国美学全史》后的回信中说："你通过30来年的不懈努力与积累，举一人之力，完成了这一宏愿，真使人感佩不已。全书有你的理论原创，丰赡的资料相互印证，写出了中国美学的多样与独创，走笔神采飞扬，独具个性，尽显中国文化特色。""再次祝贺你取得的独步神州的重大成就。"2018年10月28日，上海市美学学会、上海市哲学学会、上海市古典文学学会、上海市作家协会理论委员会、上海政法学院联合举办"中国美学的演变历程高端论坛暨《中国美学全史》五卷本恳谈会"。会后《人文杂志》《东南学术》《上海文化》《中国美学研究》《中国图书评论》《文汇读书周报》《中华读书报》等发表了陈伯海、董乃斌、杨春时、毛时安、袁济喜、欧阳友权、夏锦乾、周锡山、汪济生、寇鹏程等名家的评论。夏锦乾以"通""全""精"概括该书特点，并结合笔者近十多年来的一系列美学著述，著文指出中国当代美学界出现了值得关注、研究的"祁志祥现象"。欧阳友权以理论自信的"勇气"、学术创新的"锐气"、经纬有度的"大气"、史论结合的"才气"评价作者"全能型"的学术建构。毛时安评价《中国美学全史》具有"大胸怀"，出自"大手笔"，经历过"大艰苦"，体现了"大气场"，是"足以代表当代中国人文学者的学术高度，可以助推实现中华民族复兴伟大中国梦的一部值得高度关注和充分肯定的新时代标志性成果"。朱立元先生在贺信中说，《中国美学全史》"体大思精"，有个人独特观念贯穿始终，以丰富翔实的资料加以论证，"为中国美学史的学科建设做出了重要贡献"。中华美学学会副会长杨春时先生在序言中指出，《中国美学全史》以先秦到21世纪初的时间为纵轴，"精心打造出了一个结构宏伟、气象万千的中国美学全史的思想学术宫殿"，"时间上纵横古今"，"空间上笼罩群伦"，是尽显"中国风格""中国气派"的鸿篇巨著。2018年11月21日，《社会科学报》发表了祁志祥教授专访《从〈美的历程〉到〈中国美学全史〉》，回顾了中国美学史的书写历程，阐述了《中国美学全史》的写作特点。此外，《全史》前言《中国美学史撰写的历史盘点与得失研判》发表于《河北学刊》2017年第1期，

《新华文摘》数字平台2017年第23期转载；《全史》绪论《中国美学史的历史演变与时代特征》发表于《社会科学》2011年第11期，《新华文摘》2012年第2期摘要，中国人民大学《美学》2012年第2期全文转载。

第一节　中国古代美学思想系统观 ①

一、中国古代普遍的美本质观

中国古代对美的看法，既有异，又有同。所谓"同"，即儒、道、佛各家相通相近、殊途同归、末异本同之处，或中国古代文化典籍中颇为流行、占主导地位的观点。中国古代对美的普遍看法大抵有如下数端：

一、以"味"为美。这是中国古代关于美本质的不带价值倾向的客观认识，可视为对美本质本然状态的哲学界定。从东汉许慎将"美"释为一种"甘"味，到清代段玉裁说的"五味之美皆曰甘"，文字学家们普遍将美界定为一种悦口的滋味。古代文字学家对"美"的诠释，反映了中国古代对"美"是"甘"味的普遍认识。孔子"食不厌精，脍不厌细"，听到优美的《韶》乐"三月不知肉味"。老子本来鄙弃欲望和感觉，但他又以"为腹不为目"为"圣人"的生活准则，并把自己认可的"大美"——"道"叫作"无味"之"味"，且以之为"至味"。佛家也有"至味无味"的思想。以"味"为美，构成了与西方把美仅限制在视听觉愉快范围内的美本质观的最根本的差异。

二、以"意"为美。这可视为中国古代对美本质当然状态的价值界定，其中寄托了中国古代的审美思想。中国古代美学认为，美是一种快适的滋味，这种滋味，主要在事物所寓含的人化精神。这种精神既可以表现为审美主体审美观照时的情感、直觉、意念的即时投射，所谓"物以情观，故辞必巧丽"（刘勰），"以我观物，故物皆著我之色彩"（王国维），也可以表现为一种客观化了的主观精神，所谓"玉美有五德"（《说文解字》"玉"字条），"花妙在精神"（邵雍）。梅、兰、菊、竹，因为符合儒家的"君子"思想，所以成为历代文人墨客钟爱的对象。山、水、泉、林，因为是清虚恬淡的思想之境，所以成为道释之徒、出世之士心爱

---

① 本节原载《文学评论》2003年第3期，转载于人大复印资料《美学》2003年第7期，《高校文科学术文摘》2003年第5期。

的栖身之所。现实的美源于"人化自然",艺术的美亦在"人的本质的对象化"。"诗"者"言志","文"为"心学","书"为"心画","画"尚"写意"。"文所以入人者,情也"(章学诚),"情不深则无以惊心动魄"(焦竑),只有"意深"才能"味有余"。所以古人主张"文以意为主","诗文书画俱精神为主"(方东树)。中国古代由此形成了"趣味"说。"趣",即"意趣";"趣味",即"意味"。"趣味"说凝结了中国古代这样一种美本质观:有意即有味。这与西方客观主义美学观明显不同。

三、以"道"为美。这是中国古代关于美本质当然状态价值界定的另一种形态,也是中国古代以"意"为美的具体化。这当中寄托了更明显的道德理想。儒家以道德充实为美,如孔子说"道斯为美",孟子说"充实之为美",荀子说"不全不粹之不足以为美"。道家也以道德充实为美。《庄子》有一篇《德充符》,明确把美视为道德充实的符号,个中描写了不少形体畸形而道德完满的"至人""神人"。老子说"大音希声,大象无形",庄子说"朴素而天下莫能与之争美","希声""无形""朴素"均是"无为""自然"的道德形象。佛家认为世相之美均是空幻不实的"泡影",真正的美是涅槃佛道,涅槃具有"无垢""清凉""清静""快乐""光明"诸种美好属性。

四、同构为美。这是中国古代对美的心理本质的认识。人性"爱同憎异","会己则嗟讽,异我则沮弃","同声相应,同气相求","百物去其所与异,而从其所与同",这些是同构为美思想的明确说明。它源于中国古代天人合一、物我合一的文化系统。在中国古代文化中,天与人、物与我为同源所生,是同类事物,它们异质而同构,可以互相感应。《淮南子》说得好:"天地宇宙,一人之身。""物类相同,本标相应。"这种感应属于共鸣现象,是愉快的美。其实,在中国古代以"意"为美、以"道"为美的思想中,已包含主客体同构为美的深层意识。儒家认为"万物皆备于我","尽心而后知天"(孟子),"仁"是"天心"(董仲舒),"天理"即"吾心",天地之美正是主体之美的对象化,因而呈现出某种同构状态。道家认为，大道至美，道体虚无，要把握到虚无的道体，认知主体必须以虚无清静之心观之，所谓"常无欲，以观其妙；常有欲，以观其徼"（《老子》）。与此相通，佛家认为真正的美是佛道，佛道即涅槃，涅槃即寂灭虚空。芸芸万法，以实有之心观之即执以为有，以虚空之心观之即以之为空，这就叫"内外相与，以成其照功"（僧肇《般若无知论》）。可见，道、释二家所认可的至美之道，都是主体空无之心在客体上的同构。这与西方现代格式塔美学相映成趣。

五、中国古代尽管以"意"、以"道"为理想美，但并没有否定物体形式的美。"文"，在古汉语中有"文饰""美丽"之义。以"文"为美，就是中国古代关于形式美思想的集中体现。"文"的原初含义是"交文""错画"（许慎）之形象，即形式之纹理或有纹理之形式。因为这种特点的形式给人赏心悦目的愉悦感，所以"文"产生了"美"的衍生义。中国古代以"文"为美，体现了古人在偏尊道德美、内容美的同时，亦未完全忽视文饰美、形式美。在对待文饰美、形式美的态度上，重视"礼教"的儒家表现出强烈的"好文"传统。由于儒家思想是古代占统治地位的思想，经过历代统治者的大力倡导和身体力行，"好文"成为汉民族全社会的传统风尚。相比起来，释、道二家是非"文"的。道家从人性无情无欲的角度出发要求"闭目塞聪"、杜绝文饰之美，佛家从"色即是空"的前提出发指责色相之美为镜花水月。由于这些学说内在的矛盾性，并不为古代大众所信服，因而并未对儒家以"文"为美思想的统治、主导地位形成根本性的挑战。

以味为美、以心为美、以道为美、同构为美、以文为美，是中国古代关于美本质的普遍看法。它构成了中国美学美本质观的整体特色。

然而，仅仅注意到上述整体风貌上的特点还是不够的，深入进去看，中国古代美学在对美本质的看法上还呈现出一定的学派差异，它们主要体现为儒、道、佛的差异。

二、儒家美论

"比德"为美，是儒家关于自然美本质的基本观点。其含义是，自然美之所以为美，在于作为审美客体的自然物象可以与人"比德"，成为人道德的某种象征；自然物的美，不在于物体的自然属性，而在于它们所象征的道德意义。如孔子说："智者乐水，仁者乐山。"刘宝楠《论语正义》指出："仁者乐山"，"言仁者比德于山，故乐山也"。"智者乐水"，刘宝楠《论语正义》引孔子语："夫水者，君子比德焉。"孟子认为，水之美，在于它有不竭的"源泉"，在于它扎扎实实，循序渐进，正如同"君子"有深厚的道德之"本"，道德修养循序渐进一样："流水之为物也，不盈科不行；君子之志于道也，不成章不达。"荀子仍继承孔子，并借孔子之口，表述他比德为美的自然观。如《荀子·法行》记载孔子以"玉"比德："子贡问于孔子曰：'君子之所以贵玉而贱珉者，何也？为夫玉之少而珉之多也邪？'孔子曰：'恶！赐！是何言也！夫君子岂多而贱之，少而贵之哉！夫玉者，君子比德焉。温润而泽，仁也；栗而理，知也；坚刚而不屈，义也；廉而不刿，行也；折而不挠，勇也；瑕适并见，情也；扣之，其声清扬而远闻，其止辍然，辞（治也，有条理也）也。故虽有珉之雕雕，不若玉之章章。'《诗》曰："言念君子，温其如玉。"此之谓也。'"汉儒董仲舒在《春秋繁露·山川颂》中指出，山、水之美在其为"仁人志士"进德修业的象征。周敦颐曾著《爱莲说》，塑造了"莲"出淤泥而不染的美的形象。从先秦儒家、汉儒，经隋唐儒家，到宋儒，自然比德为美的思想被不断继承、宣扬与传播，形成了儒家美学的一个传统、一大特色。正是在这样的美学传统和审美语境下，产生了中国绘画中的"四君子"图、"岁寒三友"图，产生了中国诗赋和绘画中道德化了的自然美意象系列，如梅、兰、竹、菊、松、水仙、山水等。

中国古代美学中存在着大量的以"情"为美的思想。从学派属性和思想渊源来说，以"情"为美，属于儒家美学。道家从人性自然、无意志出发，要求人们绝情去欲，无思无虑。佛家认为人的情欲是产生人生痛苦的祸根，要求通过守戒修行加以根治。儒家就基本态度和总体倾向而言，是正视、承认情欲这一人性的客观存在的，如孔子说"因民所利而利之"，孟子主张因民"所欲"，"与之聚之"，荀子指出"礼者养也"，"养人之欲，给人以求"。中国历史上，即便是最保守的儒家代表董仲舒、朱熹，也没有一概否定情欲。如董仲舒说："圣人之制民，使之有欲，不得过节；使之敦朴，不得无欲。"朱熹指出："人心不全是不好"，"饥能不欲食乎？寒能不假衣乎？能令无生人之所欲者乎？虽欲灭之，终不可得而灭也"。儒家对"情欲"的这一基本态度，奠定了中国美学以"情"为美的思想基础。中国古代美学以"情"为美，追寻源头，《荀子·乐论》和《礼记·乐记》可视作滥觞。《乐论》《乐记》认为，人生而有情，情得不到发泄和满足则不能无乱，而过分放纵情欲也会带来社会纷乱，所以圣人制礼作乐，用以有节度地泄导人情。因此，音乐的第一项功能是使人快乐，使人求乐的情感得到满足；第二项功能是使情不逾礼失德，达到"美善相乐"。六朝时期，人们继承、弘扬先秦儒家和汉儒合礼之情为善为美、合度之欲未可尽非的思想，"越名教而任自然"，将"情"从道德礼教的牢笼下独立出来，明确提出以"情"为美。晋陆机《文赋》指出："诗缘情而绮靡。""言寡情而鲜爱。"南朝梁刘勰《文心雕龙》中也明确把"情"与"美"联系起来："物以情观，故辞必巧丽。""文采所以饰言，而辨丽本于情性。""繁采寡情，味之必厌。"沈约《宋书·谢灵运传论》分析文学作品时指出"以情纬文""文以情变"。萧绎《立言》区别了"文""笔"之后指出："至如'文'者，惟须绮縠纷披，宫徵靡曼，唇吻遒会，情灵摇荡。"晋挚虞《文章流别论》提出，"情之发，因辞以形之"，诗"以情志为本""以情义为主"。如此等等，可看作六朝诗文领域情感美学的组成部分。隋唐至宋末明初，是政治上趋于专制、思想上趋于守旧的时代，汉代的"性善情恶"论在唐宋又被重新提起，六朝的情美说一下子跌入深渊，经过长达一千年的沉重压抑，伴随着明代中叶王学左派对自身的反动和明末清初启蒙主义思潮的突起，在明清之际又重见天日，形成了唯情主义的巨大浪潮，奏出了中国美学史上情感美学的强音。对情感能产生感人的美，明清美学家曾屡屡论及。李开先《市井艳词序》盛称市井艳词，正在于"以其情尤足感人也"。徐渭指出："摹情弥真，则动人弥易。"焦竑说："情不深则无以惊心动魄。"袁宏道说："大概情至之语，自能感人。"章学诚说："凡文不足以入人，所以入人者，情也。"黄宗羲说："凡情之至者，其文未有不至者也。"王夫之说："情之所至，诗无不至；诗之所至，情以之至。"等等。

儒家尚礼，"礼之用，和为贵"。"中和"为美，是儒家美学另一份独特贡献。《论语·学而》记载孔子弟子有子的话说："礼之用，和为贵。先王之道，斯为美。"有子的这段话是符合孔子思想本义的。汉儒董仲舒《春秋繁露·循天之道》说得好："中者，天地之美达理也……和者，天之正也……举天地之道而美于和。"由"礼"派生的"和"之美，在中国古代社会现实中有多种表现形态。首先是天地之和，它是人间之和的本体和生成依据。其次是作为"天地之和"必然反映的"天人之和"和"人人之和"。"人人之和"又表现为同辈之和、代间之和与社会之和。代间之和的原则是"以父统子"；同代之和的原则是"以嫡统庶""以长统幼""以男统女"。社会之和是由同辈人与不同辈人组成的人人相亲相爱的和谐社会。《礼记·礼运》描述的"大同世界"就是这种和谐社会。按照"天地之和"实现"人人之和""天下之和"，关键取决于统治者的政治之和。政治之和，一方面取决于下无条件地统一于上，也就是"大一统"；另一方面取决于上抚爱下。和谐的社会必以和谐的人为美。所谓"人和"，即社会中的人必须遵守代间之和与同代之和以及政治之和、神人之和等一系列行为准则去行事，不可放纵任性，为所欲为。为反对任性而为，孔子提出"中庸"之道。中国古代的文艺美学要求"乐之务在于和心"，"琴所首重者，和也"，"温柔敦厚，诗教也"，都是以和为艺术美特质的著名命题。

与佛、道鄙薄文饰相比，儒家特别重视形式美。在以"文"为美的纯形式美论之外，儒家还论述了内容的合适表现美——"合目的"形式美，如孔子说："辞达而已。""辞多则史，少则不达。"张戒说得更明确："中的为工。"刘熙载说："辞之患，不外过与不及。"在古代文学批评中，围绕着文学作品语言形式的美丑问题经常展开一系列争论：文章的文辞是繁好还是简好？是深好还是浅好？是骈偶好还是散行好？是华丽好还是朴素好？是含蓄好还是直露好？是老陈好还是生新好？如此等等。这些问题虽然属于形式美方面的问题，但必须结合文辞所蕴涵的意义来考察。当文辞合适地表达了意义的时候，这种文辞就是美的，溢出意思需要的淫靡之辞与不能充分地达意之辞，都是不美的。如果离开文辞所蕴涵的意义，孤立地偏尚简约、朴素、散行、含蓄等，只能是不得要领的皮相之见。

三、道家美论

道家认为美的本质是"道"。"道"具有一系列特征，美也呈现出一系列形态。"道"超越形色名声，因而，经验之美是有限的，不是至美；无限之美恰恰是不可经验性的，"至味无味"，"至乐无乐"。据此道家论述了"无为"之美、"无声"之美、"无形"之美、"无言"之美、"无味"之美。

尽管"无"是最高的美，但在现实中，"无"之美是离不开"有"的。正像王弼所说："四象不形，则大象无以畅；五音不声，则大音无以至。"（《老子指略》）因而，"无"的美，最后落实于"有"中。这种有无相即、有中通无之美，扑朔迷离，玄妙叵测，道家以"妙"称之，"妙"因而变成了"美"的异名，而且是最高的美。"玄""远""逸""古""苍""老""神""微""幽""绝"等，均因"妙"而美。

"道之出口，淡乎其无味。""道"作为"无味"之味，从感觉上来说是薄味、淡味，故道家又以"淡"为美。"淡"作为审美范畴由老子提出后，在魏晋以前，主要是以现实美的面目出现的，魏晋名士在生活践履中把它发展到极致。同时，从魏晋起，"淡"开始以艺术美的面目出现，其标志是陶渊明的诗。作为现实美，"淡"更多地是指人格的审美理想。其要义大体有三。一是"意淡"，淡泊世务，超然物外。古人所谓"玄淡""恬淡""闲淡""清淡""澄淡""雅淡""古淡""淡泊""淡远"云云，大抵均是指这种美。二是"情淡"。既然世俗的一切不必太在意，因而任何事情都无须太投入、太动情，哪怕面对生死大限也应当气定情安，神态自若。这是一种通达人生宇宙奥秘之后的无情之美，也是五岳崩于前而方寸不乱的镇定自持之美，是处理、驾驭情感波涛的令人仰慕的审美方式。古人所谓的"冲淡""平淡""淡漠"之美即是指此。三是形淡。这是人格的"淡"之美在行为方式上的表现。所谓"简淡""疏淡"就是指此。"大道若简"，"至道不烦"，"明道若昧"。简淡之人出言吐语、举手投足应以"希言"、无为、不留痕迹、不露声色为特点，从而给人留下回味不尽的意味。作为艺术美，现实美中"淡"的内涵自然保留、反映到艺术之平淡的境界中。值得注意的是，宋代以后，艺术中的"淡"并不突出强调思想之"玄淡"，而更强调内容与形式之"平淡"。内容的"平淡"指艺术品所表现的意蕴要"淡而远""淡而厚""淡而深"。形式的"平淡"指"极炼如不炼"（刘熙载），"平淡当自组丽中来"，"看似平淡却奇崛，成如容易却艰辛"。它"淡而浓""朴而丽""易而难""枯而膏"。

"道"柔弱、处下，"柔"因而也成为一种美学范畴。《老子》说："柔弱胜刚强。""强大处下，柔弱处上。""弱之胜强，柔之胜刚，天下莫不知。""天下之至柔，驰骋天下之至坚。""柔""弱"是比"刚""强"更美的境界。同理，"雌"胜于"雄"、"小"胜于"大"。"下""贱""愚""拙""不争"，都具有了美学意义。

中国古代"自然"一词与"美"相通。如张彦远《历代名画记》："自然者为上品之上。"这一美学范畴，最早由老子提出。《老子》说："道法自然"，"道之尊，德之贵，莫之命而常自然"。可见"自然"是"道"生万物过程中呈现的一大特征。"自然之为美"是"道"之美的逻辑产物。"天下皆知美之为美，斯恶已；皆知善知为善，斯不善已。"失却自然，有目的、有意志地去干什么，只能添乱，与"美"背道而驰。本着自然为美的思想，庄子认为"天籁"比"人籁"更美，主张"既雕既琢，复归于朴"，"朴素而天下莫能与之争美"。《庄子·山本》说："美者自美，吾不知其美也……行贤而去自贤之行，安往而不爱哉！"这既有以谦卑、处下为美之意，也有以自然为美之意。

老庄反对"悦生"而又主张"尊生"，这种思想导源于"生"为"道"的一种特性。在老庄看来，"道"生万物，成就众生，既然"道"属至美，作为道的属性之一的"生"势必也是美好的，值得尊重、珍贵的。老子的这一思想，后来被战国时期的《易传》表述为"天地之大德曰生"。天阳地阴，天地阴阳化生万物。使万物赋有生命，是天地间最美的事情。扬雄《太玄·大玄文》："天地之所贵曰'生'。""所贵"者，正所以为美者也。谢良佐《上蔡语录》云："心者何也？仁是已。仁者何也？活者为仁，死者为不仁。令人自身麻痹，不知痛痒，谓之'不仁'。桃杏之核可种而生者，谓之'桃仁''杏仁'，言有生之意。"所谓"活者为仁，死者为不仁"，说穿了即"活者（生者）为美，死者为丑"。古代汉语中有"麻木不仁"一语，"仁"不可释作"善"，只有释作"美"才可通。生命的存活是天地间最大的美，而宇宙万物的生命乃是由元气所化生，故以"生"为美，自然以"元气"为美。古代美学中有"文气"说，"文气"即"文学生命力"。"文气"说要求文章"气盛""气昌""气足""气厚"，反对文章"气孱""气弱"，倡导的正是这种郁勃健旺的"生命力"。作为作家主体生命力的表现，"文气"必须戒除"昏气""矜气""伧气""村气""市气""霸气""滞气""匠气""俳气""腐气""浮气""江湖气""门客气""酒肉气""蔬笋气"这类与"生气"相敌的"死气"，而必须给艺术作品注入"正气""真气"。文中的"生气"不仅是作家"正气""真气"的流淌，也是作家对于艺术生命的创造。如果说作家主体生命力的展示为"文气"提供了内容上的生机，那么作家对于艺术生命的创造则为"文气"提供了形式方面的活力。当"气"与文章的辞藻、结构、形式结合在一起时，便形成"气辞""气韵""气脉""气势""气骨""气象"等，它们是"有生命力的形象"。

在道家学说中，"自然"除了指"无意志"外，还指"适性"，即"顺应事物的本性"。"全生"的实质在"全性"。"自然"为美，易言之即"适性"为美。《庄子》反对"逆物之情"，多处强调要"安其性命之情"（《在宥》）、"任其性命之情"（《骈拇》）、"不失其性命之情"（同上）。《庄子》以不同的表达方式反复重申了这样一种思想：物适其性即美，失性即丑。在此基础上，庄子强调"自适其适"而不是"适他之适"。"名""利""国家""天下"，这些都是人性的异化，是人的身外之物，为它们殉身，都属于不知"自适其适"的愚蠢行为。既然事物顺应己性即美，而物性各异，符合物性的形态也就多种多样，美也就千姿百态了。《庄子·骈拇》论及美的多样性："彼至正者，不失其性命之情。故合者不为骈，而枝者不为跂；长者不为有余，短者不为不足。是故凫胫虽短，续之则忧；鹤胫虽长，断之则悲。故性长非所断，性短非所续，无所去忧也。"对庄子的这一思想，郭象的《庄子注》做了更详尽的发挥。《〈逍遥游〉注》谈"大"与"小"只要"适性"均可以是美："夫小大虽殊，而放于自得之场，则物任其性，事称其能，各当其分，逍遥一也，岂容胜负于其间哉？""苟足于其性，则虽大鹏无以自贵于小鸟，小鸟无羡于天池，而荣愿有余矣。故小大虽殊，逍遥一也。""夫物未尝以大欲小，而必以小羡大。故举大小之殊各有定分，非羡欲所及，则羡欲之累可以绝矣。"《〈逍遥游〉注》甚至推而广之曰："庖人尸祝，各安其所司，鸟兽万物，各足于所受，帝尧许由，各静其所遇，此乃天下之至实也。各得其实，又何所为乎哉？自得而已矣。"

四、佛家美论

佛家美论从缘起论出发认为"色即是空"，物质世界的美没有恒常不变的主体，是空幻不实的，人对物质世界美好事物的贪爱执取是引起人生无限痛苦的根源。在强调破除对物色之美的愚痴贪爱的基础上，佛教又提出了观照美色时"于相破相"的"不净观"。"不净观"包括观对象的"他身不净"和观主体的"自身不净"。观他身不净，包括观种子不净（以过去惑业为因，以父母精血为种）、住处不净（住于母胎不净）、自相不净（对象由三十六种不净之物组成身体）、终竟不净（身死后或埋葬成土，或虫吃成粪，或火烧成灰）。观自身不净，包括观自己身死、尸发胀、变青瘀、脓烂、腐朽、虫吃等。"不净观"要求用"九想"破除"六欲"，即用"青瘀想"（遍地青瘀的想象）、"血涂想"（血肉模糊的想象）、"脓烂想"（脓烂腐臭的想象）破"色欲"（对美的颜色的喜好）；用"膨胀想"（尸体膨胀的想象）破"细滑欲"；最后，用上述九想破"人相欲"。通过"不净观"，美女变成了"盛血革囊"。《涅槃经》甚至说："一切女人皆是众恶所住处。"明莲池大师《答净土四十八问》谓："无女人之为净也。女人之为不乐，无女人之为极乐也。"佛教不仅通过"不净观"将客观对象的美洞照为丑，而且将人体的"九窍"——两眼、两鼻、两耳、一口、大小便通道视为"九疮"，从主体方面否定人的审美感官。

　　佛教反对世俗之美，但"中观"的思维方法使其又肯定涅槃之美、"法喜禅悦"之美。佛典指出，现实世界"一切无常，乐少苦多"，涅槃境界则"寂灭为乐"。《杂阿含经》卷十八形容涅槃之美，说是达此境界时，"贪欲永尽，瞋恚永尽，愚痴永尽，一切烦恼永尽，是名涅槃"。大乘佛教一些派别指出，涅槃具有"常""乐""我""净"四种德性或"常""恒""安""清凉""不老""不死""无垢""快乐"八种德性（《大般涅槃经》）。"涅槃"不仅是最高的"真"（"常""恒""不老""不死"——永恒存在，"我"——实在本体），最高的"善"（"净""无垢——清净无染"），而且是最高的"美"（"乐""安""清凉""快乐"）。佛教将"涅槃"说成独立于人们主体之外的至善至美实体，并说进入了涅槃境界就往生"佛国""净界"，而"佛国""净界"又是美妙无比的。关于"净土"之美，宋延寿《万善同归集》卷上所引《安国抄》《群疑论》

有"二十四种乐""三十种益"之说。《无量寿经》宣扬在弥陀净土世界里，国土以黄金铺地，一切器具都由无量杂宝、百千种香共同合成，到处莲花香洁，鸟鸣雅音。众生没有任何痛苦，享受着无限的快乐，"衣服饮食，花香璎珞，缯盖幢幡，微妙音声，所居舍宅，宫殿楼阁，称其形色高下大小，或一宝二宝，乃至无量众宝，随意所欲，应念而至"。所谓"法喜"，指契合佛法（佛教真理）给人带来的"欢喜"之情。《大般涅槃经》卷二十《梵行品》："修行涅槃者心生欢喜。"《法华经·宝塔品》："闻塔中发出音声，皆得法喜。"所谓"禅悦"，指修习禅定而生的喜悦之情。《华严经》："若饭食时，当愿众生禅悦为食，而以禅悦为味。"这种修禅闻法、悟道成佛所达到的大快乐，王维《苦热》诗喻为"忽入甘露门，宛然清凉乐"。佛法是美，闻佛法是美，认识佛法的佛性也是美。"佛性"不仅具有认识真理的"真"，而且因为能够契合真理，不致陷入迷妄而具有最高的"善"与"美"。因而，"佛性"又叫"净心""自性清净心"。佛教以"寂灭为乐"，必然逻辑地推导出以"死亡"为美。事实也是这样。佛典称死亡为"圆寂"。"圆"即圆满、美好。"涅槃"，又译作"不生"。"涅槃"为美，即"不生"为美。佛陀释迦牟尼临终前曾说：

> 在一切足迹中，
> 大象的足迹最为尊贵；
> 在一切正念禅中，
> 念死最为尊贵。[1]

佛陀还用诗般的语言，赞颂过死亡之美：

> 我们的存在就像秋天的云

---

[1]　转引自索甲仁波切著，郑振煌译：《西藏生死书》，内蒙古文化出版社1998年版，第29页。

　　那么短暂，

　　看着众生的生死就像看着舞步，

　　生命时光就像空中闪电，

　　就像急流冲下山脊，冲冲滑逝。①

　　自然界的空旷寂寥和宁静无动最能体现"涅槃""佛性"。因而，"涅槃""佛性"之美，又集中凝聚为"空虚"之美和"静寂"之美。

　　佛教虽然从因缘聚散方面揭示出事物虚妄不实的本质，但同时又指出，事物从现象上看又是不空而有的。这一辩证思想，借用支遁《妙观章》的话说就是："色即是空，色复异空。"这样，佛教就从对现实美的否定走向了再否定，即对现实美的变相肯定。在佛教变相肯定的现实世相美中，圆相之美是甚为突出的一种形态。天台宗经典《辅行》谓："圆者全也……即圆全无缺也。"又《四教仪》谓："圆以不偏为义。"佛教认为，圆相圆满无缺，是一切形状中最美的形状。在佛陀的三十二种美好之相中，与"圆"有关的有许多，如"足跟满足"，"踵圆满无凹处"，"足背高起而圆满"，"股肉纤圆"，"肩圆满相，两肩圆满而丰腴"，"两足下、两掌、两肩并顶中，此七处皆丰满无缺陷"等。佛教传入中国后，相圆为美的思想也随之流传进来。中国佛教经典《大乘义章》《法界次第》等描写的佛教的"八十种随行好"中，以"圆"或"圆满"形容佛祖之美的就达十多处，如"首相妙好，周圆平等"，"面轮修广，净如满月"，"面门圆满"，"额广圆满"，"手足指圆"，"手足圆满"，"膝轮圆满"，"膝骨坚而圆好"，"脐深圆好"，"脐深右旋，圆妙光泽"，"隐处妙好，圆满清净"，"身有圆光"，等等。华严宗经典《华严经》描写尼姑善现："颈项圆直"，"七处丰满"，"其身圆满，相好庄严"。禅宗对圆相更加钟情。禅门沩仰宗列出九十七种圆相。此外，佛教多取相于圆形之物，如"圆

① 转引自索甲仁波切著，郑振煌译：《西藏生死书》，第28页。

轮""圆月""圆镜""圆珠""弹丸"等；或借为法身的象征，如"法轮""圆塔"；或用作佛、菩萨像顶后的装饰，如"圆光"；或用作修行的器物，如佛珠；或借作美好的比喻，如称般若智为"圆镜智"，喻无住的活法为"弹丸"，称佛之说法为"圆音"；或取作供奉佛、菩萨的道场，如"圆坛"，乃至常见寺庙里释迦佛"说法印"也是右手向上屈指成圆环形。圆这种形状的最大特点是圆满、周遍、无缺。在佛家看来，佛教真理恰恰也是圆满、周遍、无缺的，因此，"圆"成为佛教真理最好的象征之具和最美的形容词。在这个意义上，"圆"即"完美"。"涅槃"圆满无缺，故称"理圆"。般若无幽不照，故称"智圆"。佛法圆活无碍，故称"法圆"。

佛教对现实世相之美的变相肯定，除了以"圆"为美外，还以光明为美。在佛教中，佛、菩萨始终与"光明"相伴，统称"佛光"。《探玄记》曰："光明亦二义：一是照暗义，二是现法义。"佛、菩萨之光明，分"智光"与"身光"。"智光"又叫"心光"，"身光"又叫"色光"。通常听见佛、菩萨身体鎏金，使其金光闪耀；顶上有一轮圆光，此即"身光"。"心光"即佛教所指的认证佛教真理的特殊智慧——主要指般若智所具有的无幽不照的光明功能。《大乘起信论》："自体有大智慧光明。"《镇州临济慧照禅师语录》："法者，心光明是；道者，处处无碍净光是。"佛教向往光明、追求光明、赞美光明，可以说达到了"光明崇拜"的程度。如西方佛土叫"光明土"；观音所住处，叫"光明山"；大日如来所住处，叫"光明心殿"；金刚杵作为"大日智慧"之标识，叫"光明峰杵"；念佛口诀，叫"光明真言"；发愿往生净土，叫"光明无量愿"；佛寺有叫"光明寺"的；佛教高僧有称"光明大师"的；佛有叫"光明王佛"的；观世音，又叫"光世音"；毗卢遮那佛，意译即"光明普照"，故又叫"大日如来"；佛经有以"光"或"光明"为名的，如《光明童子因缘经》《金光明经》《金光明玄义》《金光明经文句》《成具光明定意经》《光明疏》《放光般若经》等。尤值一提的是净土宗，它对"光明"的崇拜几乎可以说达到了无以复加的地步。该宗所说的"西方极乐世界"的教主阿弥陀佛名号有13个，其中12个是与"光明"有关的："无量光佛""无边光佛""无碍光佛""无对光佛""焰王光佛""清净光佛""欢喜光佛""智慧光佛""不断光佛""难思光佛""无称光佛""超日月光佛"。由阿弥陀佛所照耀的西方佛土之光明亦为"光中极尊"，大大超过了现实中所见之光的明亮程度。佛教在佛菩萨的"心光明""身光明"之外，又提出"外光明"一说。所谓"外光明"，即外界存在的种种光明之相，如日、月、灯、火、金、镜、珠等。由于外光明可驱除黑暗，象征佛光可驱除心灵的黑暗，因而佛教对这些光明之相表现出极大的崇拜。而"无明"，则被佛教说成人的一切痛苦的总根源。

五、中国古代的审美特征论

中国古代的审美特征论，论及美感的愉悦性、直觉性、客观性、主观性、真实性等问题。

关于美感的愉悦性，古代美学常以"乐""悦""快""适""娱"等词界说之。古人指出，尽管美的形态、风格多种多样，但它们在引起人的愉快感这一点上是共同的。正是这一点，使它们都叫作"美"。此所谓"心弗乐，五色在前弗视"（《吕氏春秋》），"妍姿媚貌形色不齐，而悦情可均；丝竹金石五声诡韵，而快耳不异"（葛洪）。艺术之美的根本特点在于能够感染人、打动人、使人快乐，所谓"乐者，乐也"（《乐记》），"论曲之妙无他，曰'能感人'而已"（黄周星）。无论生理快感还是心理快感，感觉愉快还是理智愉快，在同为情感愉快、同为肯定性情感这一点上都是相通的，"理义之悦我心，犹刍豢之悦我口"（孟子）。

关于美感的直觉性，指美感的产生无须经过思考推理这个过程，美感判断是不假思索的直觉判断。南朝梁的钟嵘在《诗品序》中提出"直寻"说，宋代的叶梦得在《石林诗话》中提出"无所用意"说，王夫之提出"不假思量"说，以及古代文论中大量存在的"即景会心""天人凑泊""自然成文"说,都直接指向它。

关于审美的主观性,古代美学指出,审美活动不是主体对客体的被动反映,而是主体对客体的能动反应。这样,美在向美感的生成过程中就可能发生若干变异。《吕氏春秋·孝行览》谓之"遇合无常",葛洪《抱朴子·塞难》谓之"憎爱异性",刘熙载《艺概·文概》谓之"好恶因人",黄庭坚《书林和靖诗》举例说明:"文章大概亦如女色,好恶止系于人。"总之,一切审美活动都是因人而异的。

古代美学既看到审美中的"殊好",又强调"正赏"。这就论及审美的客观性。刘昼《刘子·正赏》指出:"赏而不正,则情乱于实。"柳宗元《与友人论为文书》提出"正鉴"的概念。在《答吴秀才谢示新文书》中,他说:"夫观文章,宜若悬衡然,增之铢则俯,反是则仰,无可私者。"这是对"正鉴"的具体说明。可见,所谓"正赏""正鉴",说的是审美反应不应抹杀审美对象客观的美丑属性。取消了客观性,审美就走向了无是非对错的相对主义。从客观方面说,尽管"憎爱异性""好恶因人",但这并不能抹杀"妍媸有定""雅郑有素"。一方面,"诗文无定价",另一方面,我们又不能否认,"文章如金玉,各有定价"。关于审美主观方面"无定价"而客观方面"有定价"的现象,刘熙载《艺概·文概》中有一段精彩的论断:"好恶因人,书之本量初不以此加损焉。"

关于审美的真实性,古代美学主要是针对艺术美的审美而言的。古代美学认为,艺术既显现真实,又不同于生活事实,它如"空中之音""相中之色",是不能"以实求是"的。广而言之,不只艺术出于心灵的创造而"不可征实",在古代美学以"意"为美的思想系统中,"烟云泉石,花鸟苔林……寓意则灵",自然美、现实美也烙上了心造的幻影;对自然美形式本身不可当真。在古代美学以"道"为美的思想系统中,自然、现实只有成为"道"的象征之具时才是至真至美的,而它的形式本身,则如"幻笔空肠"(贺贻孙)、"镜花水月",也不可当作真实的美本体。

六、中国古代的审美方法论

中国古代美学的审美方法论，是与中国古代的美本质论紧密相连的。古代美学以"味"为"美"，故审美上自然强调"味"之"回味""品味""寻味"，形成"体味"说。"体味"说特点有二：一是认为五觉感官和心灵器官都是审美感官；二是强调对美的无限意味"反复不已""咀嚼回味"。"体味"说是以"滋味"为美的美本体论在审美环节上的必然反映。

古代美学以"意"为"美"，故审美必须"以我观物"。《世说新语·言语》中有一记载："简文帝入华林园，顾谓左右曰：'会心处不必在远。翳然林水，便自有濠濮间想也。觉鸟兽虫鱼，自来亲人。'"辛弃疾《贺新郎》谓："我见青山多妩媚，料青山见我应如是。"这"鸟兽虫鱼，自来亲人"的美感和"青山"与"我"的亲和关系，正是"以我观物"的结果。在中国古代表现主义的美学系统中，美产生于心灵表现，审美也是心灵表现。具体到艺术美而言，艺术创作是表情达意，读者审美何尝不是"披文入情"（刘勰）、"以意逆志"（孟子）和"借他人之酒怀，浇胸中之块垒"？

古代美学以"道"为美，故审美必须出之以"虚静"。在中国古代美学中，美是与真、善交叉的。老庄的"道"、佛家的"涅槃"、儒家的"道德"，既是最高的"真""善"，也被视为最本质的"美"。这样，哲学认识论与审美认识论就呈现出一定的相通之处。静观默照，既是哲学认识的起点，也是审美认识的起点。宗白华先生曾指出："静照是一切艺术及审美生活的起点。"这审美静照的对象，就是"道"。刘勰《文心雕龙·神思》说："陶钧文思，贵在虚静。"苏轼《送参寥师》："欲令诗语妙，无厌空且静。空故了群动，静故纳万境。"朱熹《清邃阁论诗》："今人所以事事作得不好者，缘不识之故。……不虚不静，故不明；不明，故不识。若虚静而明，便识好事物。"即是谓此。

中国古代美学理论，丰富而多彩，植根于特殊的文化土壤之上，具有独特的民族个性，以自己独有的思维方式，对美、美感等美学的核心问题做出了独立自足而又具有相当深度的解释，是世界美学之林中的独到一景，颇令人流连徜徉，值得人们好好品味。

第二节　中国美学史书写的历史盘点与得失研判 ①

　　"美学"作为一门独立的学科是从20世纪20年代前后登陆中国的。② 用"美学"的观点梳理历史上关于"美"的认识，就诞生了美学史这一分支学科。在中国，最早的美学史是从对西方历史上"美"的认识的梳理开始的，这就是朱光潜于20世纪60年代完成、80年代初出版的《西方美学史》。有西方美学史，便不能没有中国美学史。1979年，宗白华在《文艺论丛》（第6辑）上发表《中国美学史中重要问题的初步探索》一文，拉开了中国美学史研究的序幕。在他的推动下，北京大学哲学系美学教研室包括叶朗、于民在内的一批年轻学者集体编选的《中国美学史资料选编》（上、下卷）于1980年出版，为中国美学史的研究提供了初步的资料准备。宗白华弟子林同华试图实现老师的理想，致力于中国美学史研究，写了不少论文，1984年以《中国美学史论集》为题出版（江苏人民出版社）。但《中国美学史》是一个不好把握的大题目，林同华最终未能系统成书，便转向心理学美学、应用美学等领域的研究中去了。1981年，为了给集体项目《中国美学史》的编写提供基本的指导线索，李泽厚出版了《美的历程》。③

---

①　本节原载《河北学刊》2017年第1期，《新华文摘》数字平台2017年第23期转载，收入祁志祥：《中国美学全史》（第一卷）前言，上海人民出版社2018年版。

②　标志是萧公弼1917年发表的长篇论文《美学·概论》及吕澂1923年出版的《美学概论》、范寿康与陈望道1927年分别出版的《美学概论》。

③　李泽厚在《中国美学史》第一卷后记中说明："在1978年哲学所成立美学研究室讨论规划时，是由我提议集体编写一部三卷本的《中国美学史》，因为古今中外似乎还没有这种书……室内、所内的同志和领导都欣然赞成，积极支持，把它列入了国家重点项目，并要我担任主编。""为了写作此书，我整理了过去的札记，出了本《美的历程》。"

如果将此视为最早的源头，关于"中国美学史"的书写已走过30多年的历程，迄今已出版了十多种著作。它们有写神型的，如李泽厚的《美的历程》（文物出版社，1981年）与《华夏美学》（中国文联出版公司，1987年）。也有写骨型的，如叶朗的《中国美学史大纲》（上海人民出版社，1985年）、王向峰的《中国美学论稿》（中国社会科学出版社，1996年）、张法的《中国美学史》（上海人民出版社，2000年）、王振复的《中国美学的文脉历程》（四川人民出版社，2002年，该书2004年修改为《中国美学史教程》在复旦大学出版社出版）、朱志荣主编的《中国美学简史》（北京大学出版社，2007年）、王文生的《中国美学史》（上海文艺出版社，2008年）、于民的《中国美学思想史》（复旦大学出版社，2010年）。还有写肉型的，如李泽厚、刘纲纪主编的五卷本《中国美学史》未完成稿（第一卷由中国社会科学出版社出版于1984年，署名李泽厚、刘纲纪主编；第二卷由安徽文艺出版社出版于1999年，署名李泽厚、刘纲纪著），敏泽的三卷本《中国美学思想史》（齐鲁书社，1989年，约150万字）、陈望衡的《中国古典美学史》（湖南教育出版社，1998年，约100万字）、陈炎主编的《中国审美文化史》（山东画报出版社，2000年，约100万字）、笔者的三卷本《中国美学通史》（人民出版社，2008年，156万字）、叶朗主编的八卷本《中国美学通史》（江苏人民出版社，2014年，约300万字）。它们有的出自一人之手，有的是出自众人合作的集体项目。30多年来，美学观念及美学研究方法发生了很大变化，中国美学史也出现了多种不同的写法。在当前哲学社会科学的发展借鉴西方成果、探究中国路径、构建中国特色、创造中国学派的时代语境下，回顾中国美学史书写的既有成果，对其中的得失做出客观的评判和清醒的反思，找出进一步发展的出路，具有重要的学术意义。这里不揣冒昧，本着求真务实的态度直抒所思，欢迎批评讨论，期待对话交流。

一、如何理解"美学"概念，确定研究范围和重点

中国美学史是关于"美学"的历史。如何理解"美学"概念，直接

关系到美学史研究对象的范围和重点。可以说，有什么样的美学观，中国美学史就有什么样的写法。正如有什么样的文学观，中国文学史就有什么样的写法一样。1905年前后，黄人完成首部《中国文学史》。这部文学史之所以能够写成，与其狭义的美文学观念分不开。他在"总论"中指出，科学、哲学求"真"，教育学、政法学、伦理学、宗教学求"善"，"文学则属于美之一部分"，"从文学之狭义观之，不过与图画、雕刻、音乐等"。因而，中国文学史就将描述对象的范围聚焦到"经史子集"的"集部"中。试想，如果"文学"还是如古代那样是无所不包的广义概念，中国文学史便无法写成。中国美学史也是如此。它虽是史书，但首先必须在理论上揭示什么是"美学"。一些中国美学史著作对此不加辨析就直接进入美学史的评述中，显然是不严密的。

　　什么是"美学"？这集中表现为两方面的争论。

　　一是"美学"的"学"字怎么理解。"学"的本义是学问、学说、哲学、学科，属于理论形态。"美学"学科进入中国之初，学者们反复强调这一点。如萧公弼说："美学者，哲学之流别。"[1]"美学者，情感之哲学。"[2]吕澂在分析"美学的性质"时，从三方面强调美学是一种"学的知识"。首先，"学的知识"与一般的知识不同，它"不是关于各个事实的零碎知识"，而是关于"普遍于一切同类事实"的知识，所以是具有概括性的知识。其次，"这样概括的知识必被某种原理所统一着"，易言之，这种知识的概括性上升为一定的"原理"，所以"美学"常被后人称为"美学原理"。再次，"学的知识又是抽象的知识"。"凡知识愈概括、愈有组织、又愈抽象，那便愈成为学的。美学呢，现在就以关于美的概括组织又抽象的知识为主，所以说是种学的知识。"[3]陈望道也认为"美学"即"关于美

① 叶朗总主编：《中国历代美学文库》（近代卷下册），第641页。
② 叶朗总主编：《中国历代美学文库》（近代卷下册），第643页。
③ 吕澂：《现代美学思潮》，商务印书馆1931年版，第6—7页。

的学问"①，这学问即"抽象的哲学研究"。人们关于美的思想、意识也可能以艺术作品、审美文化的形态存在，于是美学演化为艺术作品与审美文化，美学史呈现为美的艺术的历史和审美文化的历史，美学史研究的对象不仅包括理论形态的美学思想，而且包括艺术形态、审美文化中的审美意识。如敏泽声称"中国美学思想史"即"审美意识、观念、审美活动的本质和特点的历史"②。他认为"美学绝对不可以把创作中的审美活动排除在外"，但又指出，将文化、艺术中的审美意识都囊括进来后，美学史的研究范围就"相当广泛"了，"全面展开几乎是不可能的"，因此，他还是"把基本的和主要的范围放在有关美学思想的理论形态的著作中"。③朱志荣认为，美学史不应"只是美学理论史"，而应当是"理论与实践统一"的"审美意识"史。④在美的艺术发展中梳理中国美学思想史的代表作，是李泽厚的《美的历程》。在审美文化发展中梳理中国审美意识史的代表作，是陈炎主编的《中国审美文化史》。而敏泽的《中国美学思想史》与朱志荣主编的《中国美学简史》则试图在早期的审美实践与后期的理论形态两者兼顾中叙写中国美学史。不过，艺术作品与审美文化形态中的审美意识不是自己说出来的，而是研究者自己解读出来的，具有不确定性；同时，分析、描述艺术作品与审美文化形态中的审美意识，不仅会无限扩大美学史的研究范围，冲淡美学史的研究重点，削弱美学史的理论品格，而且会侵占艺术史乃至文化史的学科领地，使得中国美学史与中国艺术史、中国审美文化史的疆域相互纠缠，混淆不分。因此笔者对此并不认同，而主张重申美学是理论形态的学问，美学史是理论形态的审美意识史或美学思想史。在这方面，笔者赞同李泽厚、叶朗、张法的观点。李泽厚《美的历程》本来是为撰写《中国美学史》做准备的，但在组织集体撰

---

① 陈望道：《美学概论》，第13页。

② 敏泽：《中国美学思想史》（第一卷）序，齐鲁书社1989年版，第1页。

③ 敏泽：《中国美学思想史》（第一卷）序，第2页。

④ 朱志荣主编：《中国美学简史》，北京大学出版社2007年版，第16页。

写《中国美学史》时，他意识到《美的历程》将美学史聚焦于美的艺术的发展史的不足，而将美学史的范围缩小到中国古代美学理论上来。该书绪论指出，美学史有两种写法，一种是广义的美学史，研究的对象和范围是"审美意识"，它广泛存在于"文学艺术和社会风尚"中[①]；另一种是狭义的美学史，研究的对象和范围是"美学思想"，它以"理论形态"表现出来。[②]《中国美学史》"采取狭义的研究方式"[③]，属于理论形态的美学史，是"我们民族在理论上对于美与艺术的认识的发展史"[④]。《中国美学史》后来未能完成，李泽厚本人出版了简要梳理中国古代美学理论演变历程的《华夏美学》，以弥补《美的历程》的不足。叶朗也认为，"美学是一门理论学科"，"美学史应该研究每个时代表现为理论形态的审美意识"。[⑤]他的《中国美学史大纲》是这么写的，他后期主编的《中国美学通史》也贯彻了这一主张，所谓美学史是"理论形态的审美意识"史，不同于"审美文化史""审美风尚史"。[⑥]张法声称，美学史是"审美理论史"，要尽量还原古代美学理论的客观事实。[⑦]基于美学史是理论性的美学思想史的看法，笔者的《中国美学通史》"所关注的美学资料，是中国历史上关于感觉经验、情感经验，尤其是肯定性的感觉、情感经验及其对应的物态特点、规律的那些理论材料"[⑧]。

　　二是关于"美"在"美学"中的地位如何理解。美学是"美之学"，美学研究的重点、核心问题是"美"，美学是关于"美"的学说或理论思考，这是"美学"诞生之初的本义。如鲍姆嘉通认为美是"感性知识的

---

① 李泽厚、刘纲纪主编：《中国美学史》（第一卷），中国社会科学出版社1984年版，第4页。

② 李泽厚、刘纲纪主编：《中国美学史》（第一卷），第4页。

③ 李泽厚、刘纲纪主编：《中国美学史》（第一卷），第6页。

④ 李泽厚、刘纲纪主编：《中国美学史》（第一卷），第5页。

⑤ 叶朗：《中国美学史大纲》，第4页。

⑥ 叶朗主编：《中国美学通史》（第一卷），江苏人民出版社2014年版，第1页。

⑦ 张法：《中国美学史》，上海人民出版社2000年版，第6页。

⑧ 祁志祥：《中国美学通史》（第一卷），人民出版社2008年版，第11页。

完善"，美学就是"感性学""情感学"。黑格尔认为美在艺术，所以美学就成了"艺术学"。美学传入中国之初，"美学"是"美之学"的学科概念也随之传进来，成为天经地义、不容置疑的常识。如萧公弼说："吾人欲究斯学，须先知美之概念及问题。"[1] "不明美之意义、美之玩赏，而审美之观念必蹈谬误者也。"[2] 吕澂说："为美学之对象者，必为美也。"[3] "为美学之中心问题者，惟美与丑。"[4] 范寿康重申："美学……乃是研究美的法则的学问。"[5] 陈望道认为"美学"即"关于美的学问"[6]，它主要就"美是什么"和"美的事物怎样才美"两个基本问题做抽象的哲学研究。李安宅说："美学在哲学里面，就是研究艺术原理或'美'的学问。"[7] 蔡元培在给金公亮《美学原论》所作的序言中说："通常研究美学的，其对象不外乎'艺术''美感'与'美'三种。以艺术为研究对象的，大多着重在'何者为美'的问题；以美感为研究对象的，大多致力于'何以感美'的问题；以美为研究对象的，却就'美是什么'这问题加以探讨。我以为'何者为美''何以感美'这种问题虽然重要，但不是根本问题；根本问题还在'美是什么'。……根本问题的解决，我以为尤其重要。"[8] 金公亮在《美学原论》自序中也说："这是一本讲美的书。""人人都爱美，人人都谈到美。但若问你美是什么？你亦许会瞠目结舌不知所对罢……美究竟是什么呢？本书便是要想法来解决这个问题的。"[9] 1948年，傅统先出版《美学纲要》，仍然重申："美学是研究美的本质的学问。"[10] 正是由于对"美"的问

① 叶朗总主编：《中国历代美学文库》（近代卷下册），第641页。
② 叶朗总主编：《中国历代美学文库》（近代卷下册），第646页。
③ 吕澂：《美学概论》绪说，第1页。
④ 吕澂：《美学概论》，第34页。
⑤ 范寿康：《美学概论》，第6页。
⑥ 陈望道：《美学概论》，第13页。
⑦ 李安宅：《美学》，第2页。
⑧ 金公亮：《美学原论》蔡序，正中书局1936年版，第2页。
⑨ 金公亮：《美学原论》自序。
⑩ 傅统先：《美学纲要》，中华书局1948年版，第18页。

题的重视，所以20世纪50年代末美学大讨论中，争论的焦点在于美本质。当时李泽厚提出美学是"研究美和艺术的学科"，直到80年代末第二次美学热重新燃烧的时候，他依然认为这种说法"还有一定的适用性"。①出于同样的考虑，日本学者笠原仲二在20世纪60年代到70年代发表的研究古代中国人审美意识的论文1979年结集为《古代中国人的美意识》而非《古代中国人的审美意识》出版。②不过，由于"美"既可用作指称对象实体的名词，也可用作指称主体愉快感的形容词，而且名词标志的实体美往往是由形容词描述的感觉愉快的美决定的，易言之，由于美往往是由美感、审美决定的，于是美学研究的中心从"美"向"审美"转移，美学也从"美之学"演变成"审美学"。这种转移主要是从20世纪80、90年代发生的，21世纪以来有愈演愈烈之势，如1987年山东文艺出版社出版王世德的《审美学》，1991年陕西人民教育出版社出版了周长鼎、尤西林的《审美学》，2000年北京大学出版社出版了胡家祥的《审美学》，2007年复旦大学出版社出版了王建疆的《审美学教程》。同年，杜学敏发表《美学：概念与学科》一文，指出"中文'美学'一词是出生于清末的一个外来词，相对妥帖的译词应是'审美学'"③。2008年，王建疆发表《是美学还是审美学》一文指出："美学表面上看起来研究的是美，而非审美，但实际上却研究的是审美。""就美学的实际存在而言，确切地说它应该是审美感性学，简称审美学，而不是什么美学。"④在这种学术语境下诞生的中国美学史论著，大多喜欢标举"审美"，而回避谈"美"。叶朗批评"中国美学史主要应该研究历史上关于美的理论"的观点，认为这种观点"太狭

①　李泽厚：《美学四讲》，生活·读书·新知三联书店1989年版；载李泽厚：《美学三书》，第447页。又，李泽厚《关于当前美学问题的争论——试再论美的客观性和社会性》："美学基本上应该包括研究客观现实的美、人类的审美感和艺术美的一般规律，其中，艺术更应该是研究的主要对象和目的。"《学术月刊》1957年第10期。

②　该书1979年由日本朋友书店出版，中译本1988年由生活·读书·新知三联书店出版。

③　杜学敏：《美学：概念与学科》，《人文杂志》2007年第6期。

④　王建疆：《是美学还是审美学？》，《社会科学战线》2008年第6期。

窄"，指出"美学不限于研究'美'。美学研究的对象是人类审美活动的本质、特点和规律"①。敏泽撰写的"美学思想史"，是"审美意识、观念、审美活动的本质和特点的历史"②。陈望衡从"审美"角度，将"中国古典美学体系"理解为"审美本体论系统""审美体验论系统""审美品评论系统"。③张法也从"审美"入手，将中国古代美学范畴体系划分为"审美对象范畴""审美创造范畴""审美欣赏范畴"；此外还论及"审美主体""审美生成""审美原则""审美方式"。④王振复的《中国美学的文脉历程》通篇从文化、哲学的层面切入"审美"问题，如"巫史文化与审美初始""诸子之学与审美酝酿""经学统一与审美奠基""玄佛儒之思辨与审美建构""佛学中国化与审美深入""理学流行与审美综合""实学精神与审美终结"。朱志荣的美学史聚焦"审美意识""审美问题"。不过，人们标举"审美"，至于究竟什么是"审美"却言人人殊，是一个比"美"更加扑朔迷离的概念。李泽厚曾一针见血地指出："审美关系是一个极为模糊含混的概念。什么叫'审美关系'呢？不清楚，这正是美学需要去探讨的问题，用它来定义美学使人更感糊涂。"⑤须知中国古代文化典籍中是只有"美"而无"审美"的，由没有明确义界的"审美"切入中国美学史梳理造成的突出问题，是使美学史变成有学无美的历史，异化为美学史以外的东西。

　　笔者认为，由于感性认识的圆满完善在审美实践中被指称为"美"，由于事物的美是主体快乐的审美感受的物化，"美"包含着"审美"，"美学"包含着"审美学"，同时由于中文话语中"审美"不同于"美"，"审美"必须以对"美"的确认为逻辑前提，因此，"美学"是比"审美学"

---

①　叶朗：《中国美学史大纲》，第3页。

②　敏泽：《中国美学思想史》（第一卷）序。

③　陈望衡：《中国古典美学史》绪论，湖南教育出版社1998年版。

④　张法：《中国美学史》导言、余论。

⑤　李泽厚：《美学四讲》，《美学三书》，第443页。

更加妥帖的学科概念。美学研究的重点仍然应当是"美"。"美"存在于现实与艺术中，"是被当作事物之属性的快乐"①，"审美"则是主体对事物中存在的"美"的感受认识。"美学"的确切内涵，是研究现实与艺术中的美及其乐感反应的哲学学科，其中心问题是美的问题。②因此，中国美学史应当聚焦的对象仍然是古代人怎么看"美"的思想，从而使它成为中国历代关于美的思考的理论史。

二、如何把握"美"及"中国古代美学精神"

美学史的研究对象不仅不能回避"美"，而且必须围绕"美"，以历代人们对"美"的思考为叙述中心。在评述历代关于"美"的看法时，作者自己必须有一个统一的基本看法，这是取舍、评价前人各种"美"的思想观点的依据。有无关于"美"的统一看法，这个看法稳妥与否，直接决定着美学史书写的高下成败。

不过如前所述，由于中国美学史书写的历史是美学从"美之学"向"审美学"位移的历史，所以在已经出版的中国美学史著作中，对"美"的形上本体明确做出回答的并不多，因为他们认为这个问题不可回答，也不必回答。面对反本质的解构主义美学思潮，笔者认为道不可言，亦不离言③，美的本质思考不可回避，也不应回避；但是也不能重复传统的永恒不变的实体性的美本质观，恪守"美在实践"、是"人的本质力量的对象化"的主流美本质观。因为如果"美在实践"，美的思想史就成了实践史；如果美是"人的本质力量的对象化"，美的理论史就会变成人的本质观史。④这方面，李泽厚、刘纲纪主编的《中国美学史》提供了前车之鉴。该书绪论指出，《中国美学史》在分析、梳理中国历史上关于美的理

---

① 桑塔亚纳著，缪灵珠译：《美感》，第33页。
② 祁志祥：《"美学"是"审美学"吗？》，《哲学动态》2012年第9期。
③ 祁志祥：《美学关怀》，复旦大学出版社1998年版，第29页。
④ 祁志祥：《中国美学通史》（第一卷），前言第10页。

论认识时，必须以实践美学观为"基本指导原则"。"社会实践是美的根源，美是具有实践能动性的人类改造了客观世界的产物。"[①]"美的本质与人的本质不可分割，美是通过人类社会实践而达到的真与善、合规律性与合目的性的统一，是作为人类实践历史成果的自由的形式。"[②]"要研究某一历史时代的美学理论"，"必须看到它归根结底是受着这一历史时代的社会实践所制约的"。[③]这一看似高明的"实践美学观"，给美学史对历史上美的理论认识的分析带来了尴尬的窘境。由此导致的结果不外两种。一是按照美在实践的本质观去梳理中国美学史，将中国美学史写成社会实践史，造成中国美学史的书写大而无当，导致评述对象美学思想时与真、善纠缠不清，使美学史异化为美学以外的东西。同时由于实践的范围很广，对作者而言也是吃力不讨好。这种不足在集体编撰的《中国美学史》第一卷中已暴露无遗。另一种结果是撇开"美在实践"的条条框框，按照历史上人们对美与艺术的朴素、真实看法去梳理美学史，然而这又会造成史的撰写与论的设定之间的背离与矛盾。刘纲纪执笔的《中国美学史》第二卷《魏晋南北朝卷》就暴露了这个缺陷。其实，"美在实践"并不符合人们的审美经验，以这种先入为主、不合实际的美学观去要求《中国美学史》的书写，只能导致《中国美学史》左右为难，最终烂尾。而运用实践美学观书写中国美学史导致不了了之的结果，恰恰反证了"美在实践"观的破产。有鉴于此，对美本质的形上之思必须在解构传统实体性本体论的基础上重新展开。由此得到的美本质观是什么呢？ 1998年笔者在《学术月刊》第1期发表论文，提出"美是普遍愉快的对象"；2013年，又在《学习与探索》第9期上发表论文，将美的统一语义表述、修正为"有价值的五觉快感对象与心灵愉悦对象"。在抓住"乐感对象"这一美的统一规定性认识上，前后是一致的。2008年笔者出版的《中国美学通史》正是这一理念的

---

① 李泽厚、刘纲纪主编:《中国美学史》（第一卷），第9页。
② 李泽厚、刘纲纪主编:《中国美学史》（第一卷），第10页。
③ 李泽厚、刘纲纪主编:《中国美学史》（第一卷），第11页。

贯彻。该书前言指出："美是普遍愉快的对象，人类美的规律即普遍令人愉快的心理规律及与之对应的物理规律，因而美学即感觉学（或者叫情感学）和形式学。从主体方面说，它研究人类心理结构或人性本质——知、情、意整体中的情感（感觉）规律，肯定性的情感具有审美的正价值，否定性的情感具有审美的负价值。从客体方面说，它研究何种物态使人愉快，何种物态使人不快，也就是与人类正、负情感（感觉）对应的物质形式的特征、规律。""本书所关注的美学资料，是中国历史上关于感觉经验、情感经验，尤其是肯定性的感觉、情感经验及其对应的物态特点、规律的那些理论材料。快感、娱乐、满足感、爱、崇拜等肯定性的情感，包括由官能满足和理智满足所带来的快感，都将作为美感材料而受到我的重视。中国美学史，质言之即中国感觉规律、情感经验认识史，中国物质形式愉乐规律的思想史。"①基于这样的美本质观叙写的中国美学史作为美的思想史，是更符合美学之父鲍姆嘉通本意的，也是更加名副其实的美学史。

在对"美"的统一规定性有了一个基本看法的基础上，必须进一步追问和概括中国古代怎样看"美"，或者说，中国古代美学的精神是什么。在中国美学理论两千多年的历史长河中，现代美学的历史只有百年。在这之前，中国古代美学史构成了中国美学史的主体。中国古代美学史究其实是中国古代美学精神的运行史，所以，关于中国古代美学精神的提炼对于美学史写作的成功至关重要。那些对中国古代美学精神缺乏思考和提炼的美学史著作，很难摆脱材料简单堆砌的窘迫。因此，在中国美学史写作之前，就必须对美学史材料中蕴含的基本思想有一个深入、恰当的提炼和抽象，从而为美学史材料的取舍评述提供能动、有益的指导。

在对中国古代美学精神的思考、提炼中，作者对"美"的看法同样很重要。如果不回答美的本质，那么关于中国古代美学精神的看法就会发

---

① 祁志祥:《中国美学通史》(第一卷)，前言第11页。

生很大的随意性和不确定性。如果认为美在实践，那么中国古代美学精神就是中国古代美学如何看待"实践"；如果认为美是"人的本质力量的对象化"，那么中国古代美学精神就是中国古代美学如何看待"人的本质"；如果认为美的本质是"自由""超越"，那么中国古代美学精神就是中国古代美学如何看待"自由""超越"。而笔者认为美是普遍的、有价值的乐感对象，那么，中国古代美学精神就是中国古代美学如何看待普遍的、有价值的乐感对象。

李泽厚认为美的根源在实践，参与他主编的《中国美学史》第一卷的编者们从"社会实践"的角度出发概括出中国古代美学思想的六大"基本特征"。一是"高度强调美与善的统一"，二是"强调情与理的统一"，三是"强调认知与直觉的统一"，四是"强调人与自然的统一"，五是"富于古代人道主义精神"，六是"以审美境界为人生的最高境界"。在这种概括中，美之为美的独特性消失了。从逻辑上看，这六项特征可以进一步合并，如第五项可以和第一项合并，第六项也可以与第一项、第二项合并。而当美学史始终围绕上述几个什么都有、就是没有美的独特性的"统一"撰写时，势必异化为漫无边际、让人无法把握的东西。

叶朗在撰写《中国美学史大纲》时，认为美学的研究对象不限于"美"，而是"人类审美活动"；中国古典美学体系的"中心"不是"美"，而是"审美意象"。他特别强调："在中国古典美学体系中，'美'并不是中心的范畴，也不是最高层次的范畴。'美'这个范畴在中国古典美学中的地位远不如在西方美学中那样重要。如果仅仅抓住'美'字来研究中国美学史，或者以'美'这个范畴为中心来研究中国美学史，那么一部中国美学史就将变得十分单调、贫乏，索然无味。"[1]他指出，"意象"的重心是"象"而不是"意"，"意象"的要义是意中之象，也就是"象外之象""景外之景"，是有限之境中藏无限之境，而不是"象外之意"。由

[1]　叶朗:《中国美学史大纲》，第3页。

此出发，他重新阐释老庄的美学价值，把老庄在中国美学史上的地位抬得比儒家还高，由此写成的中国美学史，就成了"意象"范畴群的发生、发展、演变史。叶朗的《中国美学史大纲》作为最早的一部完整的、史论合一的中国美学史专著，其贡献不可抹煞。不过现在看来，问题也不少。首先，"美"作为中国古代美学认可的快适对象，琳琅满目，千姿百态，"意象""情味""气和""格调""神韵"等，它们都是被认为美的形态。因此，抓住"美"这个中心范畴来叙写中国美学史，美学史未必"十分单调、贫乏"，完全可以丰富多彩。其次，古代美学中的"意象"范畴作为"审美意象"，其实与"美"的范畴并不矛盾，恰恰是"美"的衍生范畴。易言之，"意象"之所以是中国古代的美学范畴而非丑学范畴，说到底是由于它使人们普遍感到快适、"审"到"美"、以为"美"，所以叫"审美意象"。因此，叶朗将"审美意象"与"美"对立起来是不能成立的。再次，"意象"的本义不是"象外之象""境外之境"，而是"象外之意""境外之韵"，"意象"的"意"作为主体无限的意味，不能被忽略。复次，"意象"并不是道家纯客观的"天道"观念的衍生物，而是儒家人道与天道、主体与客体对立统一的产物，是有限、有形之象藏无限、无形之意的审美范畴。因而，将道家在中国古代美学史上的位置抬得比儒家还高是不合适的。中国古代美学曾如李泽厚所揭示，是以儒家思想为主体，道家只是处于互补的位置。最后，中国古代美学史不能简化为"意象"范畴史，只有从"美"的多元形态入手而不是以"意象"为中心，中国美学史才能有丰富多彩的全面呈现。

　　在中国美学史系统研究的基础上，叶朗1999年主编、出版了以审美活动为研究对象的《现代美学体系》。不过，大概他发现完全取消美本质的回答不可行，所以在2009年出版的《美学原理》中，一方面继续维护他关于美学的研究对象不是"美"而是"审美活动"的原有观点，另一方面又在首章中提出并论证"美在意象"。这时，"意象"从他早期认可的中国古典美学体系的中心范畴上升为囊括中西美学理论的美学原理关于"美"的本体范畴。在这种明确的美本质观形成后，他所主编的《中国美学通史》对中国古代美学精神的理解发生了什么新的变化呢？遗憾的是在皇皇八卷、亟须在卷首有纲领性、指南性说明的通史总序中，却不见对"中国美学的基本精神"的概述。有意思的是主编恰恰是希望呈现"中国美学的基本精神"的。[①]后期叶朗一方面强调美学研究的对象不是"美"而是"审美活动"[②]，另一方面却在通史写作中将美学研究的对象重新回到"美"，提出美学史是"美的核心范畴和命题"的发展史。[③]由于认为"美在意象"，中国美学中"美的核心范畴和命题"势必受到很大局限。但在一部约300万字的篇幅中总是聚焦"意象"理论，不仅材料不足，而且也会导致强烈的单一化，所以在"意象"学说之外，便填塞着各卷作者关于"审美活动"思想的评述。虽然从篇幅上看，叶朗主编的《中国美学通史》比之前他独自撰写的《中国美学史大纲》有大量增加，但从史论的统一性、逻辑的自洽性、思考的深刻性、表述的严密性来看，前者较之后者不能不说是一种倒退。

与叶朗《中国美学史大纲》中的观点相似，陈望衡也认为："中国古典美学虽然也谈到美丑问题，但显然不占重要地位。""在中国古典美学中，处于审美本体地位的是'象''境'以及由它们构成的'意象''意境''境界'等，这才是中华民族的审美对象。如果硬要仿照西方的美学提问：什么是美或美在哪里，那么，美就在'意象''意境''境界'。"[④]不过，在他看来，"意象"只是中国古代"审美本体论系统"的"基本范畴"[⑤]，在此之外，中国古代美学还有以"味"为"核心范畴"的"审美体

---

①　叶朗主编：《中国美学通史》（第一卷）总序。

②　叶朗：《美学原理》，第13页。

③　叶朗主编：《中国美学通史》（第一卷）总序。

④　陈望衡：《中国古典美学史》绪论，第2页。

⑤　陈望衡：《中国古典美学史》绪论，第1页。

验论系统"①、以"妙"为"主要范畴"的"审美品评论系统"②，以及"真善美相统一"的"艺术创作理论系统"③。这就使其《中国古典美学史》的呈现较之叶朗的《大纲》有了更大的丰富性。

如果说陈望衡、叶朗认为中国古代美学的中心范畴、审美本体是"意象"，王文生、于民则不同意这种看法。王文生认为中国古代美学的核心范畴是"情味"。其《中国美学史》的副题，即"情味论的历史发展"。以味为美，这是中国古代建立在大众审美实践基础上的具有民族特色的美本质观；而以情为味为美，是主张从心所欲不逾矩、礼以养情适情的儒家美学的基本观点，也是中国古代抒情文学的基本特点。而于民则将中国古代美学的核心范畴概括为"气"与"和"。他的《中国美学思想史》是以"气"与"和"贯穿全篇的美学史。④王文生、于民的美学史书写恰好可对叶朗、陈望衡的观点起到某种互补、纠偏作用。不过，在将一部范畴多元、思想丰富的美学史写成单一的范畴史这点上，王文生、于民恰恰与叶朗具有同样的缺失。

与陈望衡、王文生对叶朗《大纲》观点或继承、或否定不同，张法对中国古代美学精神的理解乃是对李泽厚《华夏美学》观点的化用，如他认为构成中国美学史的主体部分是"士人美学"，"士人美学"由儒、道、屈、禅、明清思潮（李贽、李渔）五大主干组成。不过在继承、化用李氏观点之外，张法也有自己独特的领会。他认为中国古代美学贯穿始终的根本性范畴有五。一是"气韵生动"，这是"中国美学内在生命"；二是"阴阳相成"；三是"虚实相生"，它们是"中国美学的基本法则"；四是"和"，这是"中国美学最高理想"；五是"意境"，这是中国美学的"审

① 陈望衡：《中国古典美学史》绪论，第4页。
② 陈望衡：《中国古典美学史》绪论，第11页。
③ 陈望衡：《中国古典美学史》绪论，第16页。
④ 详见于民：《中国美学思想史》"写在前面的话"、附录"如何看待中国古代美学思想中的气的宇宙审美观"，复旦大学出版社2010年版。

美生成观"。①"意境"所以叫"审美生成观"，张法的解释是："审美对象之为审美对象，在于有意境；创造主体所要创造的审美对象，总是有意境的审美对象；欣赏主体所欣赏的审美对象，也是有意境的审美对象。有意境，则气韵生动、阴阳相成、虚实相生、和，均在其中矣。"②中国古代审美范畴的形态分为"审美对象范畴""审美创造范畴""审美欣赏范畴"，"审美对象范畴"又分为"结构范畴""类型范畴""理想范畴"③，每种范畴都由若干子范畴构成。较之叶朗、王文生、于民乃至陈望衡，张法对中国古代美学范畴的认识精细、丰富了很多。不过由于太过丰富，似乎又有细碎之嫌。

朱志荣在其主编的《中国美学简史》绪论中，从思维方法、范畴特点、理论形态三方面论及"中国美学的基本特征"。"思维方法"是感悟、比兴、情景交融、物我合一、天人合一；"范畴特点"是与哲学范畴相通、体现生命意识、贯通自然感悟与社会特征、借鉴佛教范畴；"理论形态"是诗性表达、具象特征、生命意识、重机能轻结构。④后两项与我们说的"中国美学基本精神"相交叉，但并不完全重合。

与上述诸位学者的认识不同，笔者从美是普遍的愉快对象出发，对中国古代美学精神做了独特的研究和揭示。在中国古代人看来，美"是一种"味"，一种能够带来类似于"甘味"的快适感的事物。不只视听觉的快感对象是"味"，五觉快感乃至心灵愉悦的对象也是"味"，"理义之悦我心，犹刍豢之悦我口"。这是"味美"观。中国美学以什么为"至味""至美"呢？大抵儒家美学以心灵道德的表现为至味、至美，道家佛教美学以天道、佛道的象征为至味、至美。这是"心美"观和"道美"观，体现了美与善、真的交汇。美不只是心灵的意蕴、道德的寄托、真理

① 张法:《中国美学史》余论，第357页。
② 张法:《中国美学史》余论，第357页。
③ 张法:《中国美学史》余论，第341—356页。
④ 朱志荣主编:《中国美学简史》，第8—16页。

的化身，而且包括符合特定规律的形式。参差错落、变化统一的形式就是会产生美的文饰效果。这是关于形式美的"文美"观，体现了美区别于善、真的独特性。中国美学处于天人合一的文化系统中，天人感应、物我同构被视为美的快感的发生机制和心理本质，所谓"同声相应，同气相求"。这是物我同构为美观。以"味"为美、以"心"为美、以"道"为美、以"文"为美、同构为美（适性为美）五者复合互补，构成了中国古代美本质思想的系统。在此本根之上，儒家美论、道家美论、佛家美论又呈现出不同的形态和枝节的差异和枝节的差异。它们殊途同归，最终在美感特征论、审美方法论上留下了相应的印记。①上述美论和美感论共同构成中国古代美学精神，是中国古代美学史考察的焦点和运行的轴心。

三、如何理解中国美学发展的历史分期

任何学科的思想史都有自己独特的演变规律与时代特征，它成为学科思想史分期的学理依据。中国美学史也不例外。在这里，最要防范的做法是简单地以政治朝代的更替作为学科思想史的分期，放弃对其时代特征及其前后起伏、转换的内在联系的分析概括。这方面，叶朗主编的八卷本《中国美学通史》表现得尤为突出。全书将上古至1949年中华人民共和国成立前的中国美学史分为先秦、汉代、魏晋南北朝、隋唐五代、宋金元、明代、清代、现代八个阶段立卷分述。至于为什么要这样分期，它们的时代特征及其相互联系是什么，卷首的总序中却缺乏统一的说明，而这种说明对于这样一种篇幅的大书来说是极为必要的。尽管各卷概述中对各时期美学主要风貌有一定说明，但它们之间的对比联系及整体脉络仍然是需要有更为综合的、高屋建瓴的说明的。

中国美学史的历史分期必须以中国美学精神自身发展形成的时代特

---

① 祁志祥：《中国古代美学思想系统整体观》，《文学评论》2003年第3期；另见祁志祥：《中国美学通史》（第一卷）绪论。

征为依据。由于对中国美学精神的把握不同，对中国美学精神历史运行所形成的时代特征的认识及历史阶段的划分也就不同。叶朗认为中国古代美学体系的中心范畴是"意象"，《中国美学史大纲》据此划分中国美学史的历史阶段，就得出了如下的逻辑把握：先秦两汉为中国古典美学的"发端"、魏晋南北朝至明代是中国古典美学的"展开"、清代前期为中国古典美学的"总结"，近代是西方美学的借鉴期，而李大钊美学是"对于中国近代美学的否定"，是"中国现代美学的真正的起点"。[①]其实，中国古代美学的中心范畴未必是"意象"，将中国古代美学史的历史分期视为"意象"范畴发展演变的三个阶段未必经得起推敲；将魏晋南北朝至明代这么长的阶段视为中国古典美学的"展开期"也显得过于粗疏，它忽略了这个时期美学思想的诸多不同特点；至于将李大钊美学视为"中国现代美学的真正的起点"，更是令人匪夷所思。王文生关于中国美学史的分期围绕"情味"论展开。他认为孔子是情味论的源头，最早把"味"与文艺的美感联系；魏晋南北朝是情味论的萌芽和形成阶段；唐代是情味论的确立阶段；宋元明清是情味论的不断发展阶段；而20世纪西方文学反映论进入中国后，中国美学（主要表现为中国文学）则是情味论"消减"的阶段。与王文生不同，于民对中国古代美学思想历史阶段的划分则是围绕"气"与"和"两个核心范畴展开的：一、新石器时代是"审美艺术的产生"时期；二、夏商时代是"崇敬狰狞的兽形之美"时期；三、西周是中国古代美学思想的"奠基时期"，"气"与"和"两个范畴开始建立；四、春秋战国是中国古代美学思想的"展开"时期，"气化"与"谐和"范畴得到发展，美与善、文与质、乐与悲、雅与俗、音与心等范畴应运而生，儒家、道家的美学观正式出现；五、两汉时期是"审美重点从人到艺术的过渡"阶段；六、魏晋六朝是"人格审美的顶峰"与"艺术品鉴的美学升华"阶段；七、隋唐五代是"意境的追求与生成"阶段；八、宋代至明中

---

①　叶朗：《中国美学史大纲》，第10页。

期是"儒道释相融的审美观的形成"阶段;九、明后期至清中期是"中国古代审美气化谐和论从巅峰到总结"的阶段。^①然而,正如中国美学史并不只是"意象"范畴的演变史,中国美学史也不只是"情味"范畴、"气化谐和"范畴的演变史,所以王文生、于民对中国美学史的历史分期同样不能当作中国美学史整体的历史分期。

　　李泽厚、刘纲纪主编的《中国美学史》将中国古代美学精神划分为儒家美学、道家美学、楚骚美学和禅宗美学四大思潮^②,将中国美学的发展过程划分为"先秦两汉时期的美学""魏晋至唐中叶的美学""晚唐至明中叶的美学""明中叶到戊戌变法前的美学""戊戌变法到二十世纪八十年代"五个阶段。^③《中国美学史》原计划写五卷,或许就是按照这五个阶段来设计的。其实这种划分也不尽稳妥。如以屈原为代表的楚骚美学实际上可归入儒家美学;与儒家美学、道家美学并列的"禅宗美学"其实是"佛教美学"的一支,以此取代丰富多彩的"佛教美学",乃是以偏概全、投机取巧的做法;而无视玄学美学的特殊追求,不能不说是一大疏漏;至于将魏晋南北朝与隋唐视为一个整体阶段,更是背离美学史实际的,所以也为刘纲纪执笔的《中国美学史·魏晋南北朝编》所否定。《中国美学史》出版了第一卷后便无以为继,李泽厚后来出版了《华夏美学》阐述对中国美学史的时代特征、历史脉络和标志性美学范畴的整体思考,认为先秦两汉是一个阶段,哲学基础是儒学,主张美在"礼乐""人道",审美客体范畴是"气",审美主体范畴是"志",联结审美主客体的中介范畴是"比兴"。六朝隋唐是一个阶段,哲学基础是庄子和屈原。庄子美学主张美在"自然",审美客体范畴是"道",审美主体范畴是"格",联结审美主客体的中介范畴是"神理";屈原美学主张美在"深情",审美客体范畴是"象",审美主体范畴是"情",联结审美主客体的中介范畴

---

① 详见于民:《中国美学思想史》。

② 李泽厚、刘纲纪主编:《中国美学史》(第一卷),第20页。

③ 详见李泽厚、刘纲纪主编:《中国美学史》(第一卷),第35—55页。

是"风骨"。宋元美学是一个阶段，哲学基础是禅学，主张美在"境界"，审美客体范畴是"韵"，审美主体范畴是"意"，联结审美主客体的中介范畴是"妙悟"。明清近代美学是一个阶段，主张美在"生活"，审美客体范畴是"趣"，审美主体范畴是"欲"，联结审美主客体的中介范畴是"性灵"。[①]在这里，李泽厚将六朝与隋唐视为一个由庄学、屈骚主宰的整体是很不恰当的。六朝的美学是玄学为哲学基础的美学。玄学主张适性自然。这个自然，开始指庄子无情无欲的自然，它表现为克制自然情欲的"雅量"，后来发展为魏晋名士改造了的超越名教、任情而为的自然，它表现为《世说新语》所记载的"任诞"。而隋唐为整顿六朝情欲横流造成的社会问题，恰恰重新举起儒家道德美学的大旗，代表人物有王通、韩愈、白居易，其标志性美学范畴恰恰不是"深情"，而是"儒道"。隋唐的这个"儒道"范畴，到宋元发展为"理学"范畴，二者在崇尚儒家道德理性这个大方向上是一致的。所以崇尚儒家道德美学的隋唐宋元是一个整体，它与崇尚自然情欲之美的魏晋南北朝形成鲜明对照。至于将明清与近代视为一个整体更是不合常理。明清美学是在中国文化的独立语境中完成的，它以求真务实的"实学"为哲学基础展开了对隋唐宋元道德美学的反叛，走向了对性灵趣味的追求。而近代美学则是在西方人文观念的促进下出现的不同于传统美学的新美学形态，是古代美学向现代美学转型的过渡时期。

　　与李泽厚、叶朗不同，基于对中国古代美学范畴、特征、精神的特殊理解，陈望衡、朱志荣对中国美学史都有自己独特的分期。陈望衡认为春秋战国是中国古典美学的"奠基期"，汉代至南北朝是中国古典美学的"突破期"，唐宋是中国古典美学的"鼎盛期"，元明是中国古典美学的"转型期"，清代是中国古典美学"总结期"。将"汉代"纳入"突破"期，令人费解；在"突破"之后另立"鼎盛"，似有同义反复之嫌，它没有揭示唐宋美学与六朝美学价值取向上的根本不同；在"鼎盛"期中不见隋代美学的论述，实属一大遗漏；仅依据戏剧小说的通俗审美形态就将元明视为中国古典美学的转型期，忽视了元代追求载道之美、明代崇尚唯情之美的重大区别；清代作为中国古典美学的总结期，将深受西学影响的王国维列入，也不够稳妥。朱志荣将先秦两汉视为中国美学的"萌芽兴起期"，将魏晋隋唐视为"发展期"，将宋元明清视为"转型期"，将"现代"视为"新变期"。[①]这种分期大而化之，似乎有点勉强。如前所述，隋唐宋元美学是对魏晋南北朝美学取向的反拨与矫正，因而将"魏晋隋唐"视为一个整体恐怕站不住脚；明清与宋元美学取向也有诸多不同，将"宋元明清"视为一个时期也值得究疑。而张法的划分又独具匠心。他将中国美学史分为"远古美学"时期，这是"礼""文""中""和""观""乐"这些基本美学范畴的形成阶段[②]；"先秦和秦汉美学"时期，这标志着"中国文化结构与审美方式的确立"；"魏晋南北朝美学"时期，这标志着"中国美学理论形态的产生"；"唐代美学"时期，它以"意境"理论为标志，是"中国美学理论形态质的完成"阶段；"宋元美学"时期，它以文人画理论为标志，是中国美学的"顶峰"阶段；"明清美学"时期是中国美学从冲突走向整合的"总结期"。[③]这种划分史论合一，逻辑自洽，较为精细，可供参考。

　　与上述诸位的美学史分期迥异其趣，笔者紧扣中国古代美论"味美"、"心美"、"道美"、"文美"、同构为美的复合互补系统考察中国古代有美无学的历史运动及其时代特征，就得出了对中国古代美学史分期的另一种解读：先秦、两汉是中国美学的奠基期，中国美学的"味美"说、"心美"说、"道美"说、"文美"说、同构为美说这些基本思想不只在先秦，而且到两汉才奠定了坚实基础，各家（如儒、道、佛）美学观的

---

① 详见朱志荣主编：《中国美学简史》。

② 详见张法：《中国美学史》，第9—44页。

③ 张法：《中国美学史》，第7页。

初步建构也直至两汉才大功告成。魏晋南北朝是中国美学的突破期，在玄学"人性以从欲为欢""越名教而任自然"的"适性"美学思想的推动下，情欲从理性的约束中挣脱出来，形式从道德的附庸中解放出来，出现了以"情"为美的情感美学和以"文"为美的形式美学两大潮流，广涉人生和艺术领域。其时，佛家美学与道教美学也迎来了第一个高潮，并与玄学美学交互影响、相映生辉。隋唐宋元是中国美学的反拨与发展期，儒家道德美学成为这个时期一以贯之的美学主潮，用以反拨、矫正六朝情感美学和形式美学造成的社会流弊，同时，形式主义诗学和表意为主的诗文美学也余波尚存，并在新形势下获得变相发展。与此同时，佛教与道教再度繁荣，出世的道德美成为这个时期书画美学和园林美学的主要追求。明清是中国美学的综合期，在吸收、总结中国古代美学思想成果的基础上，诞生了许多集大成的美学论著，以"道"为美与以"心"为美、以"情"为美、以"文"为美的思想多元交汇，矫正了前一时期道德美学的板结偏向。近代是中国美学的借鉴期，中国美学借鉴西方美学的观念和方法，探讨美的本质和文艺的审美特征，译介与建构现代美学概论，呈现出中西合璧的特色，标志着有美无学的古代美学向有美有学的现代美学学科的过渡。上述分期是笔者的《中国美学通史》已经阐述了的。

在正在撰写的《中国美学全史》第五卷"中国现当代美学史"中，笔者揭示："五四"前后是中国现代美学的第一个阶段。从1915年到1927年的"五四"前后这段时期，是中国现代美学学科和文艺学科宣告诞生的阶段，也是主观的价值论美学占主导地位的阶段，同时还是新的价值追求进一步发展并运用美文学样式加以宣扬的阶段。美学作为有美有学的"美及艺术之哲学"，经过蔡元培、萧公弼、吕澂、陈望道等人的译介和建设，在中国学界落地生根。

从1928年"无产阶级革命文学"论争到1948年新中国成立前是中国现代美学发展的第二个阶段，它是主观论美学与客观论美学交互斗争并最终走向客观论美学的阶段。承接着"五四"时期价值论美学的主观倾向，先有李安宅的《美学》对"美是价值"的学说加以重申，继而朱光潜富于创造的主观经验论美学风靡整个30年代，后来宗白华、傅统先的美学学说不外是对朱光潜的发挥与改造。与此同时，以客观唯物论美学为标志的新美学学说在与主观论美学的斗争中逐渐崛起，而这个唯物论是通向"革命"的历史唯物主义。在马克思主义唯物论美学的总原则下，诞生了蔡仪的《新艺术论》与《新美学》，提出"美即典型"，美的艺术即典型形象的塑造，这是客观唯物论美学的系统而独特的创构。中国当代美学的第一个阶段是20世纪50、60年代，这是中国化美学学派的产生阶段。围绕着美本质开展了美学大讨论，讨论中诞生了朱光潜的主客观合一派，蔡仪的客观派，吕荧、高尔太的主观派，李泽厚、洪毅然的社会实践派，以及继先、杨黎夫的价值论派。中国当代美学的第二个阶段是20世纪80、90年代，这是中国式的美学学科体系的建设、创新阶段。学界同仁便以极大的热情投身到实践美学原理体系的建设中。伴随着新方法论热，80年代又诞生了不少新的美学学说，如黄海澄建构的系统论控制论美学原理、汪济生建构的一元论三部类三层次美论体系、王明居建构的模糊美学原理。而美学与心理学的交叉联姻，又催生了一批研究美感心理和文艺心理的重要成果，如彭立勋从辩证唯物论角度对以往美感研究成果的总结，滕守尧应用格式塔美学成果对审美经验的个性化探索，金开诚提出的"三环论"文艺心理学原理。世纪之交以来是中国当代美学的第三阶段，这是美学的解构与重构阶段。一方面，美的本质被取消，不仅不能成为美学研究的起点，而且美的规律、特征、根源等也不再被研究，美学不再是"美之学"，而是"审美之学"。美的本质论被解构了，美学体系的起点是什么？本体是什么？美学如何讲？按什么顺序、逻辑讲？于是美学开始了新的重构，从而诞生了超越美学、新实践美学、意象美学、生命美学、生态美学、乐感美学，等等。

四、美学史书写中值得处理好的几个技术问题

确定了美学史叙述的主要对象范围，对美的形上本体有一个长期、

深入且通达、稳妥的思考认识，对中国古代美学精神有一个全面丰富而相对准确的提炼概括，对中国美学史不同阶段的时代特征和前后联系有一个逻辑自洽、相对合理的分析抽象，这是美学史成功书写的基本保障。在此基础上，还有一些美学史书写的技术问题需要审慎地处理好。

1. 哲学美学与文艺美学的关系。美学学科在起初诞生的时候是指研究感觉、情感规律的哲学分支。后来由于黑格尔认为美只是艺术的专利，美学即关于美的艺术之哲学，所以文艺美学成为美学研究的主导。然而审美实践表明，美不仅存在于艺术中，也大量存在于自然、社会生活中。美学不仅是对艺术美的思考，从而呈现为"文艺美学""艺术哲学"，而且是对现实美的思考，表现为"自然美学""人生美学""哲学美学"。实际上，美学是对存在于自然、人生、艺术中的美的哲学思考，因而，文艺美学乃是哲学美学的逻辑延伸，哲学美学是本，文艺美学是末；哲学美学是体，文艺美学是用。所以我们撰写中国美学史，不仅要关注历史上的文艺美学理论，而且更要关注历史上的哲学美学理论，可惜现有的中国美学史著作在这个问题上大多本末倒置了。究其原因，除了认识有偏之外，哲学美学不易把握自是一重要原因。比如中国古代的哲学美学，依据不同的世界观就有不同的美学观，进而形成儒家美学、道家道教美学、佛家美学、玄学美学等，佛家美学中又有大乘、小乘、般若学六家七宗以及禅宗、天台宗、华严宗、净土宗、三论宗、法相宗等不同宗派的美学观，这就给美学史书写者带来巨大难度。同时，文艺的种类是繁多的，文艺美学也就呈现为文学美学、绘画美学、书法美学、音乐美学、园林美学，文学美学中又分解为散文美学、诗歌美学、词论美学、戏曲美学、小说美学等，这些也给美学史书写者带来巨大挑战。在中国美学史书写积累了大量成果的今天，任何写神型、写骨型的同类著作已经远远跟不上学科史的发展要求，而要写肉型著述方面有所作为，就必须从哲学美学出发走向文艺美学，在长期、广泛的知识储备的基础上完成对历代哲学美学与文艺美学思想状况的完整反映。笔者的三卷本《中国美学通史》正是这样着手努力的，它描画了一部融儒、道、墨、法、佛、玄等哲学美学及诗、文、书、画、音乐、园林等文艺美学于一身的多声部、复调式美学史全景图。

　　2. 超功利审美与审美功利主义的关系。美或审美与功利的关系，是美学研究中最混乱的关系，不要说美学史书写者，即便许多美学理论工作者也云里雾里，一团糨糊。究其原因，康德难辞其咎。康德在《判断力批判》"美的分析"中一方面强调"美"是"无一切利害关系的"①，另一方面又在"崇高的分析"中说"美是道德的象征"②，而"道德"恰恰是功利的凝聚。康德美学的这个自身矛盾，被一般读者粗心地忽略了。人们只记住他对美的无功利性的强调，却有意无意地忘记了他对崇高的功利性的肯定。其实，康德对美的无功利性的分析只相对于狭义的"自由美"（即形式美）而存在，他所说的作为"道德象征"的美的功利性恰恰是相对于"附庸美"（即内涵美）而存在的。既然"有两种美，即自由美和附庸美"，前者是"为自身而存的"美，后者是"隶属一个特殊目的的概念之下"的"有条件的美"③，因而，美就既是超功利的——指自由美、形式美，这是美或审美的狭义、自律，也是功利的——指附庸美、内涵美，这是美或审美的广义、他律。事实上，这两种用法遍布于我们日常的审美实践中。比如航天专家说他们在设计航天飞行器的时候也考虑到"审美"、产品设计师说他们注意商品外观的"审美"等，这里的"审美"不言而喻都取其狭义，指创造自由的、超功利的纯形式美。而在另外一些场合，我们赞美某人"心灵美"，说某人是"最美司机""最美女教师"云云，这里的"美"显然是指广义的功利美、内涵美。内涵美所涉及的功利，不仅与利他的道德"善"相关，也与可以认识自然、改造自然的"真"相连。而功利性的真善内涵之所以会与"美"发生交叉，只存在于产生愉快感的地带。因而，美学史的研究对象，既要聚焦于普遍带来超功利快感的自由美、形式美的理论思考，也要兼顾能够产生功利快感的附庸美、内涵美的

---

① 康德著，宗白华译：《判断力批判》（上卷），第48页。
② 康德著，宗白华译：《判断力批判》（上卷），第201页。其实这里的"美"指"崇高"。
③ 康德著，宗白华译：《判断力批判》（上卷），第67页。

思想言论。这样既可以避免视野太过局促狭隘、作茧自缚，也可以防止边界漫无边际、不可收拾。

3. 合理的叙述结构和评述方式。写肉型的美学史面对的评述对象面广量大，它们派别不一、门类不一、时间不一，愈是到后来，端绪愈益纷繁，如果找不到一个合理的叙述结构，不仅会让读者难以有效把握书中的内容，而且会打乱自己的叙述条理和步骤，未能使人昭昭，自己已先昏昏。这种教训，我们在看李泽厚、刘纲纪的第二卷《中国美学史》以及叶朗主编的美学通史各卷时都可以强烈感受到。笔者在《中国美学通史》写作实践中设定的叙述结构是：先横后纵，即在每一历史分期中先按哲学美学、文艺美学的不同类别对选定的评述对象进行归类，然后再按时间顺序逐个评述个案对象。在评述方式上，避免"……的美学思想"之类的千篇一律的命题方式，提炼出具有对象个性印记的标题彰显文眼，并在具体评述中按世界观→美学观（美论→美感论）→艺术观（本体观→门类观）的理路剖析其美学思想的生成机制、转换关系和相互联系，努力使评述对象的美学思想呈现为具有独特个性的有机整体。如此这般，不仅使全书的若干评述对象合而成一个纵横交错、各就各位、各司其职、有条不紊、相互支撑、富于张力的美学大厦，分而为精气饱满、层次丰富、各具魅力、异彩纷呈的单篇论文，从而获得好评。①

4. 纵向照应与横向顾盼。当一部篇幅巨大的美学史面对众多的评述对象时，纵向贯通与横向联通的要求自然提到著者面前。这个要求解决不好，众多的评述对象势必成为一盘散沙。为解决纵向打通、前后照应、一以贯之的问题，笔者在撰写《中国美学通史》前做了长期准备，从而保证了多条美学思想的历史脉络能够齐头并进、贯穿始终，使全书集中国儒家美学史、中国佛教美学史、中国道家道教美学史、中国玄学美学史、中

---

① 2010年，该书作为重要成果入选第六辑《国家社科基金项目成果选介汇编》而受到肯定并加以推介；2012年12月，该书获上海市第十届哲学社会科学优秀成果著作奖；2013年3月，该书获教育部颁发的第六届高等学校科学研究优秀成果著作奖。作为颗粒饱满的单篇论文，该书上百个章节在全国各类期刊发表，其中部分被各类文摘刊物转载或转摘。

国文学美学史（包括中国小说美学史、中国戏曲美学史、中国词论美学史）、中国书法美学史、中国绘画美学史、中国音乐美学史、中国园林美学史等若干条线索于一体，每一根线索在每个时代都有交代。为解决横向联通、左右兼顾的要求，在设定了美学史的分期后，注重挖掘、分析每个时期哲学美学、艺术美学不同门类代表之间的思想联系和相互影响，让他们共同指向、凸显每个时期美学的时代特征，并设"概述"揭示这种横向联系。这里笔者不得不表示对叶朗主编的《中国美学通史》的遗憾。该书成于笔者的美学通史出版多年之后，以反映中国美学史的"整体性"和"系统性"为目标，参编人员众多，本来可以在笔者的基础上将纵向贯通与横向联通的工作有所推进，做得更好，但结果恰恰相反。比如某条美学线索原始表末、一以贯之的历史"整体性"在《中国美学通史》中是处于被忽视状态的。以《隋唐五代卷》为例。该卷突然出现了佛教美学的两章，而佛教在东汉就传入中国了，到魏晋南北朝时期形成第一个高潮，在宋元明清时也有发展与存续，但在相应的各卷中都没有关于佛教美学的专章评述。《隋唐五代卷》另以"道教与美学""绘画美学""书法美学""音乐美学""园林美学"为章目切入美学书写，但前后各卷均看不到相关的专门论述，也就是说，"道教与美学""绘画美学""书法美学""音乐美学""园林美学"这些史的线索是前后不贯通的。再如横向联系的"系统性"，该书做得如何呢？从大处看，自魏晋南北朝起，各种哲学门派和艺术门类的美学理论日趋齐备且交相辉映，它们本当在通史各卷中得到系统表述，但是却没有这些表述。从小处说，仍以《隋唐五代卷》为例。在考察佛教与美学的联系时只列"禅宗与美学""华严宗与美学"两章，而"天台宗与美学""唯识宗与美学""三论宗与美学""净土宗与美学"则付诸阙如；该卷考察"诗歌美学"，却对这个时期不可或缺的"散文美学"未从置喙。如此等等，不一而足。一个在纵向贯通的"整体性"与横向联通的"系统性"上存在如此明显的缺失，"通史"之"通"何以立足？

5. 是立足于单干还是满足于合作？文章千古事，得失寸心知。人文社会科学研究是个体性很强的独立劳动。优秀的学术成果往往是个人长期积累、思考、研究的结果。美学史的书写也是如此。从已经出版的相关著作来看，除了陈炎主编，四位年龄相近、学养相仿、各有专攻的学者分别负责一卷的四卷本《中国审美文化史》实现了水平均衡的无缝对接、获得了少有的成功外，其余出自众手的合作项目大多乏善可陈，问题多多。究其原因，主编是否有高明清晰的思路和高度负责的精神，参编者是否有认真虔诚的态度和专门、相应的积累至关重要。人的知识结构不同，学术储备不同，思维水准不同，表达方式不一，仓促之间合作产生的集体成果势必流于结构不一、水平参差、矛盾百出、外强中干的面子工程。正如钱理群曾经批评的那样：这些所谓"造大船"的"学术工程"，"就是由某某教授挂帅——更多情况下是挂名——搞'大兵团作战'"，其实"是'大跃进'时代'大搞科研群众运动'的做法"，是浪费纳税人钱财的"花钱工程"。因此，只要力所能及，笔者主张尽量坚持独立研究。相对于众人合作反而可能于事无补，独立研究对于保证成果的质量则有得天独厚的优势。特别是历史时期的划分、时代特征的对比、同时期不同研究对象的横向联系，只有一个人去做研究时，方可看得出来。如果各人分管一段一摊，各自为政，是无法完成这种纵向对比和横向比较的。中国美学史尽管面广量大，但在前人做了大量资料编选和研究成果的基础上，通过持续不懈的努力，独立的个体劳动是可以完成的。当然，这对个体研究者的心智来说提出了极大的挑战。然而，无限风光在险峰。让我们共同努力。

第三节　中国美学史的历史演变与时代特征 [①]

一、先秦两汉：中国古代美学的奠基期

一般的中国美学史都把先秦、两汉分为两个不同的历史时期来看。

---

① 本节发表于《社会科学》2011年第11期，《新华文摘》2012年第2期摘要，中国人民大学《美学》2012年第2期全文转载，收入《中国美学全史》（第一卷）绪论。

笔者主张则将先秦两汉合起来视为中国美学的奠基时期。这是基于如下考虑：中国古代美学精神，特别是以"味"为美、以"心"为美、以"道"为美、以"文"为美及同构为美的美论不只在先秦，而且直至两汉才奠定了坚实基础，各家美学（如儒、道、佛）的初步建构也直至两汉才大功告成。比如先秦人以"味"为"美"，东汉许慎《说文解字》中才明确"美""味"互训；先秦人说"物一无文"，东汉许慎《说文解字》则明确界定"错画"为"文"。先秦儒家强调心灵的道德表现美，汉代董仲舒的《春秋繁露》、刘向的《说苑》、许慎的《说文解字》发展为自然物"比德"为美。先秦《尚书》提出"诗言志"说，汉代《毛诗序》加以继承，扬雄《法言》发展为"心声""心画"说。先秦《易传》引孔子语"同声相应，同气相求"，"本乎天者亲上，本乎地者亲下，各从其类也"，最早涉及同构为美的问题。汉代董仲舒《春秋繁露》则进一步阐释："气同则会，声比则应"，"物固以类相召也"。先秦儒家有《乐记》《乐论》，汉代司马迁《史记》中有《乐书》。先秦道家提出"大音希声"、"大象无形"、至味无味、"至乐无乐"，汉代的《淮南子》则阐释为"无声而五音鸣焉""无形而有形生焉""无色而五色成焉""无味而五味形焉""能至于无乐者则无不乐"。如此等等。可见，在美学思想的发展方向及其神理上，先秦两汉是一脉相承、密不可分的。与后来六朝美学相比，其整体特征非常明显。这种特色是：一、美学思想集中在现实美领域里展开，文艺美学尚未取得强大的独立形态。二、儒家美学阵容强大，紧密呼应，在肯定情感欢乐的美满足的权利的同时，主张用道德理性加以节制。道家美学以"无情无欲"为自然人性，主张"自然适性"的结果是去除情欲的欢乐之美，是否定肉体感性生命的存在。于是，节欲的美成为这个时期的整体追求，从而区别于后来六朝情欲释放的美学追求。尤其值得指出的是，孔孟的人道精神和老庄的天道精神，经过这个时期的夯实，构成了中国古代美学精神的两元，开创了中国古典美学的两大传统，共同支撑起中国美学思想武库的大厦。

1. 儒家美学

强调道德美，是儒家美学的首要之义。孔子说"礼之用，和为贵，先王之道斯为美"，孟子指出道德"充实之谓美"，"理义之悦我心，犹刍豢之悦我口"，奠定了儒家以"道"为美的道德美学传统。荀子继之，重申道德之"不全不粹之不足以为美"，指出"君子乐得其道，小人乐得其欲"，使儒家的这一道德美学观得到夯实。先秦另外一些儒家著作亦然。如《尚书》告诫人们"玩物丧志"，"志以道宁"，"作德，心逸日休"，快乐的根本在道德心灵，而不是感官形式。《礼记》主张以"人道之正"要求"礼乐"之美，揭示"德音之谓乐"，"温柔敦厚《诗》教也"。《易传》要求君子"反身修德"，强调君子"美在其中，而畅于四支，发于事业"，以此为"美之至"。①审美中会情不自禁地"仁者见仁，智者见智"，打上道德烙印。《左传》强调"乐以安德"。《国语》强调政"和"为美，"上下、内外、大小、远近皆无害焉，故曰美"。屈原赞美香草等自然物，因为它们是美好道德的象征。汉代从秦朝任行暴政迅速灭亡的惨痛中吸取教训，高扬儒家道德仁政之美。《诗大序》要求"发乎情，止乎礼义"，肯定"声音之道与政通"。董仲舒揭示自然山水比德为美。司马迁重申"礼"者"洋洋美德乎"，"乐音者，君子之所以养义也"。刘向重申自然比德为美、"乐者德之风"的道德美学观，要求人们"修文"与"反质"。扬雄高扬"足言足容，德之藻矣"，鄙薄"雕虫篆刻"的文辞形式之美。班固重申诗乐的道德审美功能。王逸在评价屈原辞赋时称赞其"玉质"。许慎释"玉"时揭示"石之美，有五德"。郑玄解释"赋比兴"时强调道德美。王充肯定"善"具有"可甘"之美。如此等等，都表现了对先秦儒家所奠定的道德美学传统的重视。

除此而外，这个时期的儒家美学还发表了许多其他很有价值、很有影响的美学见解。如关于心灵表现的美，孔子提出"辞达而已"，《尚书》

---

① 《易·坤·文言》，《周易正义》卷一，《十三经注疏》本，第19页。

提出"诗言志"，《周易》提出"立象尽意"，《诗大序》提出"诗者，志之所之也"，扬雄提出言为"心声"、书为"心画"说。关于形式美的地位，孔子认为"尽美"未必"尽善"，孟子肯定"悦目""悦耳""悦口"之美，说明了对形式美的自觉，《礼记》崇尚"以文为贵"，扬雄正视诗赋之"丽"的特征，王充承认"快观"的"纯美"，表明儒家是不排斥纯形式美存在的。关于形式美的规律，《左传》总结为以"和"为美，《周易》总结为"相杂曰文"，许慎总结为"错画"为"文"。关于味觉美，孟子、荀子、《礼记》等认为五觉相通，已有所涉及，许慎以"甘"释"美"标志着"味美"说的正式确立，郑玄以"美"形容酒食之味，进一步巩固了"味美"说。关于天人同构互感为美，《周易》称之为"同声相应，同气相求"，董仲舒谓之"物固以类相召"①。关于修辞中的夸张美及审美方法，孟子提出"以意逆志"，不"以辞害志"，董仲舒提出"《诗》无达诂"，王充深入分析了经书中的"语增"现象。另外，孟子基于人的共同生理、心理基础揭示了共同美问题，《周易》论及"仰观俯察"的审美方式和"唯变所适"的变通美、积极进取的"刚健美"、生生不息的生命美，司马迁为"发愤著书"辩护，王充论及"感人"的"真美"以及动物与人不同的审美标准问题，也值得注意。

　　综观先秦两汉儒家美学，我们发现呈现出如下整体特色。

　　首先，儒家认为美感是一种快乐的情感（"乐感"）；追求快乐的美感，是人的天性，不应简单、粗暴地加以扼杀；人的感官天生地喜欢令人愉快的色、声、嗅、味、佚，人的心灵天生地喜欢仁义道德；感官的愉悦与心灵的愉悦、各种不同感官的愉悦之间同为快乐的情感，没有本质的不同，这样，快感与美感的界限也就随之消失。不过，儒家又认为，过分沉迷于感官愉快及其对象形式会使人"玩物丧志"，乐不知返，因而对此必须加以一定的节制。而对心灵愉悦、道德快感的追求则没有这个限制。恰

① 董仲舒:《春秋繁露·同类相动》，苏舆撰《春秋繁露义证》，中华书局1992年版，第359页。

恰相反，由于"心好仁义"常常受到"心好利"的欲望的干扰，使其丧失对"仁义"的喜好，因而尤须加强道德美感的培养。

其次，从承认人的感官愉快的基本权利出发，儒家肯定人的感官愉快所由产生、对应的对象形式——美色、美声、美味、美嗅等纯形式美——的存在权利，指出这种美是不依赖道德善而存在的"纯美"，儒家有时又称之为"文"；同时，从节制人的感官愉快的思想出发，儒家又不赞成人们一味追求纯形式美，强调人们应在此之外有更高的美学追求。

再次，从对人的心灵愉悦的充分肯定出发，儒家反复强调心灵愉悦所产生、对应的仁义道德美。人格美以道德充实为转移，艺术美以象德载道为标准，自然美亦以"比德"为依据。儒家的道德究其实是心灵理念。于是，美是道德的象征，又呈现为美是心灵意蕴的表现。

复次，对审美主客观属性辩证关系的认识。尽管由于主体心灵意蕴的投射，审美中会发生"仁者见仁，智者见智""心忧恐，则口衔刍豢而不知其味"①的情况，但这并不能抹杀"口之同嗜""目之同美""耳之同听""心之同然"的美，这种美是经过大众审美经验普遍检验过的客观存在的共同美。

从上述对美、美感的基本认识出发，儒家十分重视音乐的快乐功能和调和人情、美化人心的道德审美功能，十分重视诗歌的言志美刺功能，奠定了诗乐"美善相乐""发乎情，止乎礼义"的道德审美传统。

2. 道家美学

道家的美学，过去由于其反世俗美的表象，相当长的一个时期未被人给予足够的重视。其实，道家虽然否定世俗的美感和美，并不否定本质的美感和美——"至乐""至味"。它之所以否定世俗的美感和美，是因为这种美感不是"至乐"，这种美不是"至味"。那么，什么是"至味"呢？就是"无味"之"味"——超越一切色声嗅味的"道"。什么是"至

---

① 《荀子·正名》，王先谦《荀子集解》（下册），中华书局1988年版，第431页。

乐"呢？就是体味"道"时不可感受的"无乐"之"乐"。由此出发，道家建构了自己独特的美学思想系统。它站在儒家美学的对立面，丰富了中国美学对美和美感的认识，构成了中国古代美学传统的另一极。

先秦道家美学的代表人物是老庄。战国时吕不韦主编的《吕氏春秋》、汉初淮南王刘安率门客编著的《淮南子》思想驳杂，有杂家倾向，但在美学观上道家取向明显，对老庄美学大有丰富。

与儒家美学一样，道家美学亦以"道"为美。如老子说："孔德之容，惟道是从。"庄子指出，主体游心于原初的道，即可获得"至美至乐"。不过，道家的"道"与儒家之道内涵截然有别。在老子，"道"指派生天地万物而又寓存于天地万物中的虚无本体。在形式美上，认为"大象无形"、"大音希声"、至味"无味"、至言"无言"，以此反对世俗的感官愉快及其对应的形式美；在内涵美上，认为"上德不德"、至仁"去仁"、至为"去为"，以此反对世俗的仁义功利道德美。这种道德称为"玄德"，落实在做人上就是守柔、谦下、愚拙。庄子继承老子的道德美学，将"道"改造为"自然"的"性命之情（实）"，提出"彼至正者，不失性命之情"，这"至正"即完美的意思。天下万物各有其自然的"性命之情"，所以对不同的生命体而言，至正至美就是"自适其适"，而"适性"的形态也就"不主故常"，呈现出多样性，对于此物是美的对于他物也许是丑，不同的生命体就有不同的审美尺度。这种随顺生命自然本性的得道之美的美感反应是"无乐"，但却是"至乐"。而世俗人热衷追求的"声色嗅味""富贵寿善"虽然快乐，却不是真乐。《吕氏春秋》继承庄子"安其性命之情"的美学主张，建构起"贵生"的美学系统，探讨"性命之情""养生之道"，反对违反人的天性"逆生"或"迫生"，既承认人有情有欲的实际，又力戒过度的奢侈享受伤性害生，从而深入到人类审美的主客体结构阈值的对应问题。《淮南子》继承并发展了老子以"无"为美的思想，对这个美学命题的奥义做了丰富而明确的发挥。"无形""无色""无声""无味"为什么是最美的"形""色""声""味"呢？因为

"无形而有形生焉""无色而五色成焉""无声而五音鸣焉""无味而五味形焉"。所以说："无形者，物之大祖也。""无声者，正其可听者也；其无味者，正其足味者也。"在美感论上，《淮南子》继承庄子的"至乐无乐"说，重点阐释了"能至于无乐者，则无不乐"的玄机。此外，老子开创了"玄""妙"的美学范畴，庄子及其后学论述了"言""意"相反相成的辩证关系和真美问题，《吕氏春秋》《淮南子》就审美中"遇合无常"的主客体相互关系发表了精辟见解，《淮南子》还对"大美"和世俗之美做过有益的探讨，值得我们注意。

二、魏晋南北朝：中国古代美学的突破期

魏晋南北朝是中国美学发展史上取得重大突破的一个重要阶段。一方面，原先的儒家美学和道家美学这时汇合为儒道合一的玄学美学，另一方面，诗文美学伴随着诗文书画的繁荣摆脱了先前的依附状态而走向独立，呈现出一片辉煌。

先秦两汉创立发展的儒家学说和道家学说在魏晋时期被融合儒道的玄学所取代。玄学继承了道家"适性""逍遥"的美学主张，后来又改造了道家"无情无欲"的"人性"观，给"人性"注入了有情有欲的现实内容，于是"适性"一变而为"人性以从欲为欢"，变成了"越名教而任自然"。于是，"情"从心灵的理性约束中挣脱出来，形式从道德的附庸中解放出来，以"情"为美的情感美学和以"文"为美的形式美学潮流一下子突涌出来，覆盖了人格美和艺术美，一直延展到南朝。在人格美方面，形成了"情之所钟，正在我辈"[①]，放浪形骸，不拘形迹的"魏晋风度"；在艺术美方面，诞生了"缘情"而"绮靡"的山水诗、宫体诗、格律诗及其相应的理论形态。在情感美学和形式美学取得巨大突破的同时，中国美学

---

① 《世说新语·伤逝》王戎语。又《晋书·王衍传》："圣人忘情，最下不及于情，然则情之所钟，正在吾辈。"王衍为王戎从弟。

在诗文美学领域也取得一系列重大成果，诞生了中国美学史上第一篇完整而系统的文学理论专文——陆机的《文赋》，第一部体大思精、系统阐述文学理论的专著——刘勰的《文心雕龙》，第一部诗歌批评专著——钟嵘的《诗品》。

让我们逐一来做一次巡礼。曹丕《典论·论文》是中国美学史上最早的一篇独立的文学理论论文。他以一代开国君主之尊肯定文章是"经国之大业，不朽之盛事"，彻底摆脱了孔门儒家道本艺末、文章为雕虫小技的传统价值成见，大大提高了文章的地位。在此基础上，他分析了"文本同而末异"的体裁和"文以气为主"的风格，批评了"各以所长，相轻所短"，"贵远贱近，向声背实"的文学批评态度，竭力倡导一种客观公允的审美态度。其"诗赋欲丽"是对诗赋体裁形式美特征的最早揭示。晋代陆机《文赋》是分析中国古代研究文学创作过程及其审美特点的最早专文。文学创作的发生、构思、灵感、创作方法、文体特征等，较之曹丕，《文赋》都有更为深入、细致、全面的分析。他论述文学创作过程紧扣情感与物象，触及艺术思维的两大特征。他提出"诗缘情而绮靡"，奠定了诗歌作为美文学的形式美和内容美特点。挚虞肯定诗赋"以情义为主，以事类为佐"，批评"以事形为本，以义正为助"，揭示了中国美文学的心灵表现特色。南朝齐沈约明确以"情"为文之"质"，要求"以情纬文"，在文学形式方面，发明"宫羽相变，低昂互节""前有浮声，后须切响"的声律美规律。刘勰在南朝齐末完成体大思精的文学理论巨著《文心雕龙》。全书五十篇，分文之枢纽、文体论、创作论、批评论，全面论述了文学创作的基本原理。作家论方面论及"德""气""才""学"，发生论方面论及客观生活的触发和具有丰富感受的主体，艺术构思论紧扣"象"与"情"的互动，创作方法论方面深入剖析了"比兴""用事""夸饰""声律"等，文体论方面本着解释概念、说明要理、列举作品、历史观照的方法花二十一篇分别论述了三十多类文体，风格论方面"数穷八体"，通变论方面兼顾"通则不乏，变则其久"，批评论方面建构了完整的"知音"说，并用"原始表末"的历史主义方法品评历代文体作品。通观全书，贯穿着"以雕缛成体"的形式美和"辩丽本于情性"的情感美观念。南朝梁钟嵘结合当时诗歌创作现实亦破亦立，重申"吟咏情性"的诗学纲领，建立了以"滋味"说为核心的诗学系统。萧绎、萧统、萧纲兄弟以皇帝、皇子之尊，编选历代美文，创作宫体诗，倡导"绮縠纷披，宫徵靡曼，唇吻遒会，情灵摇荡"，具有文采美与情感美的美文。如此等等，不难看出，魏晋南北朝是一个美文自觉的时代，尤其是诗文的辞采声律美与情感风流美澎湃勃发的时代。

三、隋唐宋元：中国古代美学的发展期

从隋唐至宋金元，中国美学进入了新的发展阶段，形成了与魏晋南北朝美学不同的鲜明的时代特色。魏晋南北朝时期，儒家思想失去了一统天下的统治地位，在玄学逍遥适性思想的推动下，美学日益往自律方面发展，以"文"为美的形式美学、以"情"为美的情感美学取得重大突破。这种美学思想具有人性解放的启蒙价值，但发展到极端，完全抛弃儒家理性规范，又未免落入一偏。它给隋唐宋元统治者和思想家重铸儒家道德理性规范提供了现实依据。

杨坚建立隋朝、统一南北朝后，便着手整顿世风。在朝的主管意识形态的官员李谔连续三次上书隋文帝，要求革除浮靡文风，整顿轻薄的社会风气。在野的儒家学者王通仿《论语》作《中说》，以远绍周、孔自命，批评南朝以"文"灭"道"的诗人，广带弟子，传播儒道。朝上朝下遥相呼应，标志着社会价值取向的根本扭转。隋炀帝中断儒道，骄奢淫逸，结果隋朝毁于一旦。这告诉唐初政治家：统治者的欲望不可放纵，儒家克制欲望的理性和为民着想的仁政不可废。在恢复儒道统治地位方面，唐太宗做了两件大事。一是命孔颖达负责收集以往的五经权威解释，重新加以统一的注疏；二是命魏征为监修，新编、重编南北朝史，总结政治兴亡得失，证明儒家以民为本的仁政是长治久安之道。唐太宗确立了儒家道

德学说在唐朝思想界的主宰地位。整个唐朝思想界，诗人如唐初四杰、陈子昂、杜甫、白居易、元稹、张籍等，文人如萧颖士、李华、独孤及、梁肃、柳冕、权德舆、吕温、韩愈、柳宗元、李翱等，无不以儒家之道为第一位要求来做人与作文。他们不仅是文章家，而且是道德君子。

唐、宋之间，经历了一个几十年的藩镇割据的五代十国阶段。这是一个道德失范、天下大乱的时代。宋太祖吸取唐代藩镇兵权过大的教训，建立了皇权更加集中的独裁专制。与此相应，在思想领域进一步确立了儒家学说的统治地位。儒家的温馨之"道"一变而为沉重的冷冰冰的"理"。周敦颐、"二程"、邵雍、朱熹、陆九渊是著名的理学家。而柳开、王禹偁、石介、孙复、欧阳修、真德秀等人虽以古文家著称，同时也是一再要求"文以载道"的道学家。

元代思想界的情况，诚如《元史·列传·儒学》所云："元兴百年，上自朝廷内外名宦之臣，下及山林布衣之士，以通经能文显著当世者，彬彬焉众矣。"[①]元朝统治者袭用宋代理学之旧为其大一统的政治服务，虽无所发明，却在推广理学方面颇有劳绩。

从隋唐道学到宋元理学，尽管儒家之道的内涵发生了变化，但在恢复、高扬儒家道德理性方面是一致的，与魏晋南北朝任情纵欲的时代风尚形成鲜明区别，也与明代中叶以后出现的反叛理学的启蒙思潮有着鲜明不同。这是我们把隋唐宋元视为中国美学发展的一个特定时期的思想依据。这一时期，儒家重新在中国思想界获得统治地位，儒家道德美学再次成为这个时期美学界的主流。其历史发展的坐标是隋代的王通、唐代的古文家和新乐府诗派、宋代的理学家（或称道学家）和古文家。儒家道德美学高举以"道"为美的大旗，对魏晋南北朝的情感美学和形式美学大张挞伐，奠定了这个时期美学的时代特色。然而，形式美学与情感美学并不愿意束手待毙，魏晋南北朝异军突起的这两大美学狂飙在隋唐以其巨大惯性朝前

---

① 《元史》卷一百八十九，中华书局1976年版。

奔突，在唐宋以其自身魅力朝前推进，二者既相互争斗，又相互携手，与道德美学做抗争，在个人的天地中、在词曲的夹缝中求生存、求发展。在文艺美学园地中，这个时期形式美学的代表是初唐和晚唐的诗律派、宋代的西崑诗派和江西诗派、宋元词曲领域的格律派；这个时期情感美学的代表是唐初的史学家，唐宋金元时期一些重个性化的"意""气"和艺术创作审美特点（如"境""意境""兴象""境外之境"）探讨的文学家。因此，这个时期中国美学界的状况就不仅仅是对先秦两汉时期儒家道德美学的复古，而且有着自身的新的发展和贡献。

1. 道德诗学

魏晋南北朝逍遥适性、随缘任运的审美风尚和以"文"为美、以"情"为美的美学主潮由于其末流的片面性，到隋唐宋元时期，遭到了儒家卫道士的猛烈批判和坚决反击。隋朝治书御史李谔、大儒王通开其端，唐代陈子昂、"韩柳"、"元白"接其踵，宋代的古文家和理学家殿其军，他们大倡道本艺末、玩物丧志，以此反对形式美学和情感美学，强调儒家道德理性才是做人之美和艺术之美的根本，从而勾勒出一条清晰的道德美学主线。这些弘扬儒家道德之美的大多是朝廷重臣，或者是深得朝廷认可、具有广泛影响的文坛领袖、诗界巨子，因而我们可以说，儒家道德美学是这一时期的美学主潮。

这里有一点值得指出。唐宋儒家道德美学主潮主要是由古文家与理学家共同构成的，但理学家在阐述自己的美学观点时，常常以古文家为批判对象，似乎两者有什么根本区别。其实，二者在以"道"为"美"的本体、为"文"的根基，不赞成有独立于"道"之外的"美"和"文"存在的权利和价值这一点上是一致的。某些古文家强调道德的言论比理学家还强烈和偏狭，因此《宋史·列传》将不少古文家与理学家一起列于《儒林传》之中。这是我们把古文家与理学家放在一起作为儒家道德美学坐标的缘由。

2. 形式诗学

隋唐宋元时期，尽管儒家道德美学覆盖了整个诗文理论领域，并占诗文美学的主流，但仍有一条形式主义倾向的美学线索在诗学领域延续和发展，它们承接着六朝以"文"为美的形式美学狂飙的余威，在唐代以诗赋取士政策的支持下①，坚守并捍卫着诗的自律，与道德美学的正统声音相抗衡，为道德美学不断提供批判对象和存在理由，成为这个时期道德美学的反题。其历史坐标有隋唐之际以刘善经、上官仪、元兢、崔融为代表的诗律论，盛唐王昌龄的格律论，中唐皎然的诗法论，晚唐以贾岛、齐己为代表的苦吟派，宋代以杨亿为代表的西崑派和以黄庭坚为祖师的江西诗派。此外，五代欧阳炯强调词的艳情美和精工美，宋代李清照探讨词的特殊法则，沈义父、张炎等人强调词的协律含蓄，元代胡祇遹提出吸取创作和表演的"九美"说，周德清探讨戏曲用语和音律的要求，反映了这一时期新兴的词、曲美学中的形式追求。

3. 适意诗学

隋唐宋元时期，另有一部分诗文理论既不同于儒家道德美学，亦非形式美学所能概括，它们强调文章以表情达意为主，并探讨着文学表情达意的审美规律，体现了强烈的以"意"为美的主体表现倾向，称之为"情感美学"也不合适（"意"虽不同于"理"或"道"，但也不等于"情"），我们姑且把这种诗文美学主张称作"适意诗学"。

从历史渊源看，这一时期的适意诗学是对六朝情感美学的继承与超越。六朝情感主义的美学潮流虽然遭到了唐宋儒家道德美学主潮的强烈冲击，但在隋唐宋元时期仍然凭借其惯性继续存在，并且由唯情往唯意方向发展。"文以意为主"，就是唐宋出现的一个新的美学命题。从"情"到"意"，表现了一种明显而微妙的变化。"意"既包含"情"，又融入了"理"，它是六朝的"情"在唐宋的"理"作用下的新变。同时，这"意"又与人的天性气质——"气"有关，是一种个性化的"意"。所以，隋唐宋元时期在"文以意为主"的命题不断被重申的同时，一个连带重申的范

---

① 唐代设进士科，以诗赋取士，所试诗体就是格律诗。《唐会要》卷七十五《帖经条例》云："进士以声律为学。"

畴是"气"。道学家也高标"气",但那被说成是弥漫于天地之间、天赋于个人的道德精神。而这里与"文以意为主"并行的"气"则是自然气质、主体精神、个性化的意蕴。

"意"与"理"的相通,使得适意美学既不同于道德美学,又与道德美学具有某种调和的倾向,从而区别于形式美学。而如何表意达情,又存在着若干审美技巧、规律,这就使得表现主义美学与形式美学又具有某种相通之处,从而区别于道德美学。徘徊、折中于道德美学与形式美学之间,这就是适意美学与道德美学、形式美学既相区别又相联系的双重特性。

唐初史家奉太宗之命以儒家的民本、仁政观念修史,然而他们的思想却并不像后来的道德家(如古文家、理学家)那样保守,他们在《文学传》中发表的文学观点不仅将文学表现的本体从狭隘的道德观念扩展为宽泛的"意""气"乃至自然的"情",而且在批判六朝以来唯形式美倾向的同时,也表现了对文学形式美的兼顾。中唐的殷璠通过唐诗的编选阐述了"神来""气来""情来"的诗学主张。晚唐司空图要求通过"思与境谐"的"意象"创造表现不尽之意的"全美"境界。以诗著称的杜牧则将"意"的表现从诗扩展到文,提出"文以意为主"的命题。至宋代苏轼,作文章,唯求"快意累累""意之所到,则笔力曲折,无不尽意"。[1]他认为词能达意,就是无以复加的最大满足。与司空图相似的是,为了追求不尽之意的传递,他又提出化浓于淡、"发纤秾于简古,寄至于欲淡泊"的审美方法。由杜牧、司空图、苏轼开拓的这一美学追求在宋代形成较大的反响。如张戒提出"言志乃诗人之本意,咏物乃诗人之余事",以主体的志意为诗歌言辞所瞄准的"鹄的",所谓"中的为工"。[2]同时又主张"词婉意微",以有"余蕴"为贵。严羽以"入神"为诗美的极境,而

---

① 何薳:《春渚纪闻》卷六,《苏轼资料汇编》,中华书局1994年版,第151页。

② 张戒:《岁寒堂诗话》,丁福保《历代诗话续编》,中华书局1983年版。

这极境就存在于"羚羊挂角，无迹可求"的"别材""别趣"中，这"别材""别趣"须通过"妙悟"去把握。至于金代的赵秉文提出"词以达意而已"，王若虚认为"词达理顺，皆足名家"；元代的元好问以言外之意为"诗家圣处"，追求"性情之外不知有文字"，都可看作是苏轼思想的发挥。

四、明清：中国古代美学的综合期

将清代作为中国学术乃至美学集大成的综合时期，这几乎是共识，在学界没有疑义。把明代也划进来，作为中国古代美学的综合期，则是笔者的一家之言。明代美学的综合特征虽然不如清代美学那么明显，但在中国古典美学的起、承、转、合中，它明显地带有转合特征。所谓"转"，即向"合"的过渡和转化。像明代的小说美学、戏曲美学，与清代的小说美学、戏曲美学水乳交融，难解难分，融为一体，是对此前中国小说美学、戏曲美学的总结发展。所谓"合"，即综合、总结。这样的著作不只清代有，明代已开始出现，如诗学方面谢榛的《四溟诗话》，曲学方面王骥德的《曲律》等，都体现出综合的倾向，带有总结性意味。

在明清时期，不仅涌现了许多集大成的美学家和带总结性的美学论著，而且以滋味为美、以道德为美、以心性为美、以文饰为美的中国古代美学精神进一步得到过滤和积淀。尤其值得指出的是，与隋唐宋元时期文艺美学中呈现的儒家道德美学主潮显然不同，明清时期即便是道统观念很深的美学家（如清初三大家黄宗羲、王夫之、顾炎武）也没有以理斥情，而是在情理合一中表现出对情感和个性的崇尚，使情感美这一思想内核放射出炫目的光辉。

值得注意的是，明清美学学派林立，思想多元，端绪纷繁，而且往往你中有我、我中有你，不过，在众声喧哗之中，总是回荡着以"道"为美的道德美学、以"心"为美的表现美学、以"文"为美的形式美学的三个主旋律，从而进一步夯实了中国古代具有民族特色的美学精神。

1. 诗文美学

这个时期诗文领域的开场人物要数宋濂。宋濂曾官至江南儒学提举，是明初文坛的一代宗师。他论文求美，反对唯形式追求，认为美丽的文采就在我们的日常生活中，就在我们的道德修养实践中。文章应当成为"道之所寓"，而"道"又"存诸心"。只要善于培养道德之"气"，然后"随物赋形"、自然为文，就能成就一代美文。宋濂的诗文美学主张是对唐宋古文家和道学家道德美、心性美思想的一次综合。明代中叶的王守仁不赞成仅在"文词技能"上用工，主张"志于道"而"游于艺"，并把"艺"重新解释为"义"和"理之所宜者"，认为"理之发见可见者谓之文"，而"理"就在"心"中，"心外无理"。这与宋濂的诗文美学主张相呼应，可视为古代儒家道德美学尤其是宋代理学家美学主张的一种回响。

明代文坛出现了要求"文必秦汉、诗必盛唐"的前、后七子。这虽然有拟古之嫌，但同时我们注意到，这实际上包含着对秦汉散文、盛唐诗歌美学法则的清理和盘点。这种美学法则既有属于形式美学范畴的，如李梦阳总结的"法式""规矩"，王世贞总结的"格调法度"，何景明、王廷相的"意象"论，也有属于情感美学范畴的，如徐祯卿的"因情立格"说、谢榛的"情景"说。它们深入揭示了秦汉文、盛唐诗的美学本质和特征。尤其是谢榛的《四溟诗话》，详细剖析了诗歌寓情于景、即景传情的特点和一系列形式法则，堪称古代诗歌美学的系统建构。

在前、后七子之间，有一个散文流派不同意七子的"文必秦汉"主张，认为唐宋散文创作也很有成就，进而要求取法唐宋散文。这就是"唐宋派"。如果说前、后七子主要的建树在诗歌美学方面，唐宋派则把着力点放在了唐宋以韩愈、欧阳修为代表的散文创作美学法则的总结上。唐宋派并不否认秦汉散文的成就，但认为秦汉散文"法寓于无法之中"，无法可依，而唐宋散文则有法可循，易于学习。学者可以先由唐宋文入手，最后进入秦汉文境界。唐宋派所标举的唐宋散文家如韩愈、柳宗元、欧阳修等人其实是很重视文章的载道之美的。然而唐宋派则没有重复他们的道德美学主旨，而是将文章所表现的"道"改造为自家的"真精神"和"千古不可磨灭之见"①，在创作方法上强调"神明变化"之法。这是在明代中后期崇尚个性的时代风潮影响下对苏轼为代表的唐宋散文美学神韵的总结和发现。

中明以后，王阳明心学走到了它的反面，反抗理学道德磐石的沉重压抑，要求解放自然人欲人情的启蒙思潮奔突弥漫于整个社会，流泽所被，延及清代。于是在这个时期，出现了以"真心""真情""个性""见识"为美的美学新潮。而这一美学新潮，未尝不可视为是对六朝美学否定之否定的继承和扬弃。六朝人崇尚自然情欲之美，但末流所及，荡而忘返。明清人崇尚"一人之性情"，又兼顾"天下之性情"；既肯定"情"的可贵，又认识到"情极"则"俚"。当然，这是就整体倾向而言。具体说来，又异彩纷呈。李贽拈出"童心"与传统道德相对抗，高标自家"胆识"和不羁之"才"，公开宣称"以自然之为美"，一时影响甚大。徐渭、焦竑、屠隆、公安派、竟陵派、袁枚、龚自珍等，都主张以自家"性灵""情性"为主，不受陈规旧律的限制，也不为道德理性所拘。如焦竑主张"脱弃陈骸，自标灵采"；屠隆主张"文章止要有妙趣""性灵不可灭"；袁宏道主张"独抒性灵，不拘格套"，认为"情至之语，自能感人""古何必高，今何必卑"；竟陵派尊性灵，尚人情；袁枚指出诗以"性灵"传世；龚自珍明确提出"宥情""尊情"，主张以人性之"完"的状态为美。特别值得注意的是清初的黄宗羲、王夫之虽以大儒名世，却没有汉儒和宋儒的迂腐，而是将诗文之美与自然之"情"紧密联系起来。如黄宗羲指出："情之至真，斯论美矣。""情至"之文才是"至文"。王夫之在《姜斋诗话》和《古诗评选》《唐诗评选》《明诗评选》中分析了"情"在诗中的各种表现形态，成为谢榛之后中国诗学的又一座高峰。章学诚尽管史学观念很重，但仍然肯定"情"在文章中的重要地位，指出"气昌而

---

① 唐顺之:《答茅鹿门知县二》,《荆川先生文集》卷七,《四部丛刊》本。

情挚，天下之至文"。如此等等，标志着情感美学在明清启蒙思潮中所达到的辉煌。

除此而外，在清代诗坛，叶燮要求诗歌创作"幽渺以为理，想象以为事，惝恍以为情"[①]；翁方纲融铸王士禛的"神韵"和沈德潜的"格调"而创"肌理"说，既是对明代七子诗法、诗情思想的继承和改造，也是对中国诗学的又一次总结和丰富。刘大櫆倡导"文气"与"文法"，方苞兼顾散文"言有物"与"言有序"之"经纬"，姚鼐从"神理气味"与"格律声色"方面论述文章的内容要求和形式规律，将明代七子尤其是唐宋派对散文审美规律的总结进一步加以丰富完善。至刘熙载《艺概》中的《文概》《赋概》《诗概》《词曲概》及《游艺约言》，既强调散文诗歌表现的心性道德之美，又总结了散文诗歌的形式美创作法则，堪称中国古代诗文美学的集大成之作。

2. 小说美学

在明代以前，中国的小说创作经历了六朝志怪、志人小说、唐代传奇小说、宋代话本小说诸阶段。与后世相比，小说创作的规模、手法、成就均不可同日而语，加之由于鄙薄小说为"小道"的传统观念的影响，此前的小说评点美学尚处于起步阶段。明初诞生了《三国演义》《水浒传》两部具有很高艺术价值的长篇小说，加之明中叶思想界相对比较活跃和解放，于是围绕着《三国演义》《水浒传》的评点，在嘉靖、万历时期出现了小说美学的繁荣局面。明代中期《西游记》《金瓶梅》两部划时代长篇小说的问世，又引发了晚明小说评点的兴盛。在明代后期，《三言》《二拍》的出现，代表着中国古代短篇白话小说的最高成就，而编者冯梦龙亲自操刀对《三言》等小说集的批评，也反映了晚明小说美学的最高水准。明末清初，金圣叹、毛宗岗、张竹坡觉得明人的评论意犹未尽，于是分别评点《水浒传》《三国演义》《金瓶梅》，从而将小说美学的成就推向

---

① 叶燮：《原诗》内篇，二弃草堂本。

最高峰。清代中叶伴随着《红楼梦》的诞生出现的"脂评",可以说曲终奏雅,成为清代小说评点皇冠上的一颗明珠。由此可见,如果说小说代表了明清文学的最高成就,那么明清小说美学则是对这种艺术成就的理论总结。

概括说来,明清小说评点美学是从蒋大器、张尚德的《三国演义》评论开始的。二位的观点基本一致,一方面肯定《三国演义》有裨"风教"的道德美,另一方面又肯定《三国演义》可以通俗的文辞"羽翼信史",成为传播正史的有效辅助手段。这些评点尚未触及历史小说的深层审美规律。稍后继出的李贽和托名李贽的叶昼的《水浒传》评点则深入到小说在奇幻的虚构中"像情像事""逼真传神"的审美特点。于是,小说真幻相即的艺术真实问题被饶有兴味地提出来,成为明代小说评点的中心话题。谢肇淛指出《西游记》"虽极幻妄无当,有至理存焉",袁于令评论《西游记》"极幻之事,乃极真之事",李日华评论《广谐史》时说它"虚者实之,实者虚之",冯梦龙评论话本小说《三言》时说它"事真而理不赝,即事赝而理亦真",凌濛初评论《二拍》时说它"事之真与饰,名之实与赝各参半",标志着艺术真实问题已成为明代小说美学的共识。清人接过明人小说评点的接力棒奋力冲刺,创造了最终的辉煌。金圣叹的《水浒传》评点、毛宗岗的《三国演义》评点、张竹坡的《金瓶梅》评点、脂砚斋的《红楼梦》评点,不仅达到了这四大奇书评点的最高峰,而且深入分析了小说创作的一般规律,完成了对中国小说美学的系统建构。如关于创作发生,金圣叹提出"怨毒著书"说,张竹坡提出"泄愤""寓意"说,脂砚斋提出动"情"说。如关于艺术真实,金圣叹说小说是"因文生事""凭空造谎",然而"任凭提起一个,都是旧时熟识";毛宗岗说小说文字"有虚实相生之法",要"出人意外",又"在人意中";脂砚斋强调"事之所无,理之必有"。关于人物塑造,金圣叹提出"格物""动心",过剧中人生活的思想;张竹坡要求作家"千百化身""现各色人等";脂砚斋反对"恶则无往不恶""美则无一不美"的简单化,强调人物形象的丰富性。关于人物个性的重要性，金圣叹指出《水浒传》令人"看不厌"，"无非为他把一百八个人性格都写出来"，而写个性的方法主要有"背面敷粉""同中见异"；毛宗岗认为《三国演义》最大的成功是塑造了一系列"奇人""奇才"；张竹坡揭示《金瓶梅》之妙在"于一个人心中，讨出一个人的'情理'"，"能为众角色摹神"；脂砚斋认为《红楼梦》"写一人，一种人活像"，"移之第二人万不可"。关于古代小说的情节处理，则要求敢于设计相同相近的情节（犯），并在同中显异（避）。金圣叹谓之"于本不相犯之处特特故自犯之，而后从而避之"；毛宗岗将犯而能避叫作"同树异枝""同枝异叶""同叶异花""同花异果"，并分析其缘由："作文者以善避为能，又以善犯为能。不犯之而求避之，无所见其避也；惟犯之而后避之，乃见其能避也。"张竹坡概括为"特特犯乎，绝不相同"。关于古代小说以情节取胜的美感特征，金圣叹称之为"险绝妙绝""险极快极"；毛宗岗认为"文章之妙，妙在猜不着"，"读书之乐有三，不大惊则不大喜，不大疑则不大快，不大急则不大慰"。[1]

3. 词论美学

关于明清词的发展状况，晚清人陈廷焯、王煜有过精要的概括："词兴于唐，盛于宋，衰于元，亡于明，而再振于我国初，大畅厥旨于乾嘉以还也。"（陈廷焯《白雨斋词话》卷三）"词自两宋而后，衰于元，敝于明，至清而复振。"（王煜《清十一家词抄自序》）词的创作自宋代出现婉约派、豪放派、骚雅派争奇斗艳的辉煌后，元明间则跌入低谷，清代则迎来了词的中兴。清代词人、词作之多，大大超过宋代。根据已出诸总集统计，宋代词人1430余人，词作20860余首，清代顺治、康熙两朝词人达2100余人，词作50000余首。在词人辈出、词作众多的同时，清代词坛出现了云间派、西泠派、广陵派、浙西派、阳羡派、常州派等流派纷呈的繁荣局面。与此相应，清代词学理论也迎来了宋代之后的又一高峰，呈现出

---

① 毛宗岗批点：《第一才子书》第四十二回回评，邹梧岗参订本。

与宋代词论乃至此前词论不同的"尊体"取向。

　　所谓"尊体",即推尊词体的价值、地位。清代词论的"尊体"取向,是相对于五代两宋以来的词论多视词为"诗余""小道"的观念而言的。而这个时期的词所以被视为不登大雅之堂的"小道""诗余",是因为它大多以娱宾遣兴、表达与道德寄托无关的艳情或羁旅之情为主,这恰恰是诗不屑表现的。方智范先生在分析以宋代词论和清代词论为代表的中国词学批评两个高峰阶段的不同特点时指出:"与词的创作历程大致同步,词学理论批评的发展也呈现为'马鞍形'。宋代和清代是两个高峰……我们把词学批评的历史划分为两个大的阶段:前一个阶段自唐代至明末,以欧阳炯《花间集序》的'侧艳论'发端,到北宋末年李清照《词论》提出'别是一家'说,标志着以婉约为宗的传统词学观的正式确立……词学批评的后一个阶段,是由清初至民国初,随着词的创作的再度繁盛,理论批评也进入一个更为辉煌的时期。""纵览清代各家词论,几乎都贯穿着尊体观念,只是或显或隐而已。"①这大抵可作为我们理解古代词论美学走向的参考和依据。

　　明代词作,不出花前樽下的小词范围,词论则以词为"小道""小乘"。清代词风为之一变,所作词以道德为承当,以沉雄阔大为气象,各家各派均笼罩在"尊体"的词学观念中。云间派词人陈子龙认为词"小道可观",沈亿年说"词虽小道",但可"羽翼大雅",报道了清代变"小道"为"大雅"词学观转变的最早信息。西泠派词人丁澎以"德业之余"重新界定"诗余"涵义。广陵派代表王士祯盛赞东坡稼轩词为"天地间至文"。阳羡派继续为苏、辛变体张目,陈维崧认为"诗词经史,语无异辙",任绳隗指出"不得谓词劣于诗",史惟园要求词"入微出厚",有风骚之"志意"。常州派论词主"风雅寄托",张惠言主张"以内言外",周

①　方智范:《中国历代词学论著选·前言》,陈良运主编《中国历代词学论著选》,百花洲文艺出版社1998年版。

济要求"意能尊体"，刘熙载强调"词莫要于有关系"，谭献甚至认为词之"比兴之义、升降之故，视诗较著"，陈廷焯高标"沉郁"，大力推举辛弃疾，况周颐以"重、拙、大"为"词心"。这些都是从儒家道德意蕴方面给词注入厚重内涵。与此同一路经，查礼、郭麐、王昶、吴锡麒等人既否定"小道"观，也排斥学"苏辛"而流于"粗豪"的偏向。而浙西派论词"以雅为尚"，推尊姜夔、张炎，如厉鹗声称词"必企夫雅"，朱彝尊主张以"雅"制"秽"，汪森进而认为"以词为诗之余，殆非通论"，侧重从超俗的道家道德方面使词从艳科之中摆脱出来，从而达到与诗平起平坐的地位。经过清人的努力，词成为与诗并列的一种诗体而为人们广泛接受。

4. 戏曲美学

在经历了元代戏曲的辉煌之后，明清戏曲迎来了传奇的繁荣。其代表作是《牡丹亭》《清忠谱》《长生殿》《桃花扇》。与此同时，杂剧在明清也间有创作，著名者如徐渭的《四声猿》。元代戏剧创作积累了大量实践经验，为明代戏曲理论的总结奠定了坚实的基础。而明代戏曲创作的兴盛也对戏曲理论的研究提出了内在要求，推动着明代曲论的发展。明代戏曲批评呈现出相当繁荣的景象，并诞生了王骥德《曲律》这样的持论公允、剖析系统的曲论巨著，体现了戏曲美学的综合趋向。清代曲论在局部上继续有所深化，并出现了李渔的《闲情偶记》这样集大成的戏曲论著。而金圣叹的《西厢记》评点，则把中国戏曲美学推向了高峰。明清曲论不仅分析了中国古代戏曲的两种最主要的形态北曲杂剧和南曲传奇的不同特点，而且抓住戏曲创作的一般规律，诸如曲词特点、协律入乐、情节结构这三大要素展开探讨，并就戏曲"能感人"、寓教于乐的审美功能以及演员表演等问题提出要求，从而显示出戏曲美学的特殊个性。

明初，太祖之子朱权以皇子之尊从事戏曲创作和研究，其《太和正音谱》对戏剧体裁、杂剧题材、角色塑造、曲调演唱等问题做了较为全面的探讨，并对元代杂剧作家作品做了逐一评点，奠定了后世曲学体系的雏形。明代中叶以后至明末，戏曲领域展开了一系列的论争。论争中出现了三大派。一派是本色派，主张戏曲创作应符合戏曲本来的审美规律，曲词要入乐协律、明白易晓。如沈璟提出"宁协律而词不工"，冯梦龙要求"以调协韵严为主"，李开先主张"明白而不难知"，何良俊声明"填词须用本色语"，徐渭呼吁"贱相色，贵本色"，徐复祚崇尚"本色当行"，贬低"藻丽堆垛"，凌濛初主张"贵当行不贵藻丽"，都可归入这一派。另一派与此针锋相对，可以叫情趣派。不仅唯情，而且重趣。从"情趣"出发，汤显祖提出"因情成梦，因梦成戏"，曲词"为情作使"，趣味所至突破音律制约，宁可"拗折天下人嗓子"。汤显祖的《牡丹亭》问世后，因为情节虚幻、文词典雅、音律未谐，遭到吴江派的批评，有人讥之为"案头之书"，非"场中之剧"。茅元仪、茅暎则竭力维护汤显祖，"事不奇幻不传，辞不奇艳不传"。王思任则不从"音律"，而是从"文义"方面赞赏《牡丹亭》。而张琦作为明末唯情论的代表，其《衡曲麈谭》则把情感至上的观点从戏曲扩展到散曲。在这两派的激烈论争中，也有一些人兼取两派的合理意见加以折中，可称之为折中派。他们主张，戏曲既"可演之台上，亦可置之案头"。王世贞主张戏曲既要"近雅"又应能"动人"，屠隆主张"雅俗并陈，意调双美"，臧懋循主张"雅俗兼收，串合无痕"，吕天成肯定"即不当行，其华可撷；即不本色，其质可风"，孟称舜认为"达情为最，协律次之"，祁彪佳提出"赏音律而兼收词华"，都体现了这种倾向。在折中派中，王骥德从"大雅与当行参间"出发，提出"以调合情"的主张，指出"纯用本色，易觉寂寥；纯用文调，复伤雕镂"这两种应当防止的偏向，在吸收以往各派各家成果的基础上，分四十章，就戏曲的源流、南北曲特点、音律、文辞、宾白、结构、创作方法等问题做了系统的理论分析和总结。清初李渔在此基础上著《闲情偶寄》"词曲部""演习部"和"声容部"，首重"结构"，次论"词采"和"音律"，兼论宾白、科诨、格局和导演、表演，其中特别触及戏曲的人物塑造和审美接受特点，成为古代曲学的集大成者。金圣叹将前人的戏曲美学思想运用于《西厢记》评点并有自己的独特发挥。他从儿女"至情"的表现方面肯定《西厢记》是"妙文"，驳斥"淫书"的诬蔑；围绕《西厢记》之人物塑造、个性特征、情节结构、创作方法做出极为深入细腻的分析；并揭示了"借古之人之事以自传道"的创作发生奥秘和今日之读《西厢记》不同于前日所读之《西厢记》、"世间妙文原是天下万世人人心里公共之宝，决不是此一人自己文集"[1]的审美创造特点。其深度和广度真可谓是登上了中国古代戏曲批评的最高峰。

五、近代至当代：中国现代美学学科的转型期

从1840年鸦片战争爆发之日起到"五四"新文化运动之前，史称"近代"。

以1915年9月15日创刊的《新青年》为起点，1919年五四运动为标志的"五四"新文化运动，标志着中国"现代"历史的开端。

1949年10月1日中华人民共和国的成立，标志着"当代"的开始。

"近代"大部分时间包含在晚清中，严格说来是一个不能与"清代"并列的时间概念。人们之所以习用之，是因为在这个时期中国的国门被迫打开、人们向西方世界学习的重要结果，是产生了以1898年的"戊戌维新"为标志的改良运动和推翻几千年帝制的"辛亥革命"。

"近代"不仅是一个政治概念，也是一个人文概念。在这个时期，西方的各种人文思想蜂拥而至，冲击着传统的学术理念和思维方式，并与之发生化合、转换，促进了现代学术范式的诞生。

近代是中国古代美学向现代美学学科转型的萌芽时期，也是中国现代美学学科的奠基时期。西方的"美学"学科概念开始出现，"美学"课程在大学开设，"美学"作为研究美的哲学的学科定义得到初步界定，人们开始认识到艺术是以美为特征的"美术"；文学作为美的艺术的一个重

---

① 　金圣叹：《读第六才子书西厢记法》，《贯华堂第六才子书西厢记》，清顺治十三年本。

要种类，不再是古代广义的"泛文学""杂文学"，而是"属于美之一部分"的"美术"。最典型的"美文学"莫过于"小说"这种体裁。"美"一方面被界定为超功利的愉快对象，如王国维；另一方面又被视为有价值的愉快对象，当作实现政治功利的有效手段，如康有为、梁启超。随着西方的价值理念进入中国，美的观念开始发生根本性变化。人们崇尚"民权""平等""自由"，给美注入新的价值内涵，为"五四"新文学运动的美学观奠定了思想基础。

现代是美学学科的诞生与演变时期。具体分两个阶段。

从1915年到1927年的"五四"前后这段时期，是中国现代美学学科和文艺学科宣告诞生的阶段。不仅诞生了萧公弼、吕澂、范寿康、陈望道的多种《美学概论》，而且诞生了徐庆誉、黄忏华、徐蔚南的艺术哲学专著和潘梓年、马宗霍、田汉等人的多种《文学概论》。吕澂、范寿康的《美学概论》提出"美是价值""美学是关于价值的学问"，体现了这个时期主观论美学的倾向。"五四"文学革命既是一场文学的审美革新运动，又是一场思想价值的启蒙解放运动。陈独秀、胡适、周作人、鲁迅等"五四"新文学运动主将一方面继续推进文学的审美运动，另一方面又继承近代涌现的新的价值取向，通过美文学样式进行"思想革命"和"道德革命"，使文艺美的形式和内涵都得到进一步发展。

从1928年到1948年新中国成立前是中国现代美学发展的第二个阶段，它是主观论美学与客观论美学交互斗争并最终走向客观论美学的阶段。1928年爆发"无产阶级革命文学"论争之后，"五四"崇尚的价值理念逐渐被无产阶级革命、阶级人性、唯物主义、集体主义、遵命工具等价值范式所取代，主观论美学逐渐让位于客观论美学。承接着"五四"时期价值论美学的主观倾向，30年代初李安宅著《美学》对"五四"时期"美是价值"的学说加以重申，朱光潜以富于创造性的主观经验论美学风靡整个30年代，后来宗白华、傅统先等人的美学学说基本上不外是对朱光潜的发挥与改造。与此同时，以通向"革命"的历史唯物主义美学为特征的客观论美学在与主观论美学的斗争中逐渐崛起。柯仲平的《文艺与革命》最早以专著的形式树起"革命文艺"的大旗，胡秋原的《唯物史观艺术论》是俄国普列汉诺夫唯物论美学在中国的最早传播，金公亮的《美学原论》是对西方客观论美学的移译，毛泽东《在延安文艺座谈会上的讲话》则提出了苏区文艺界唯物论美学纲领。在马克思主义唯物论美学的总原则下，诞生了蔡仪的《新艺术论》和《新美学》，提出了"美即典型"的客观唯物论美学体系。在艺术哲学领域，诞生了钱歌川的《文艺概论》、俞寄凡的《艺术概论》、向培良的《艺术通论》和十多部《文学概论》，继承"五四"时期奠定的美文学概念，同时主张文艺为民族救亡和民主解放服务。

当代是中国美学学科的自我创构、定型与新变时期，具体分三个阶段。

第一个阶段是50、60年代，这是中国化美学学派的产生阶段，也是唯心论美学遭围剿、唯物论美学占主导的阶段。围绕着美本质开展了美学大讨论，诞生了朱光潜的主客观合一派、蔡仪的客观派、吕荧和高尔太的主观派、李泽厚及洪毅然的社会实践派，以及继先和杨黎夫的价值论派。结果，主观论、二元论美学遭到批判，客观实践论美学逐渐成为主流话语。同理，在文学理论领域，钱谷融发表《论"文学是人学"》，弘扬文学的人性原则遭到声讨，以群主编出版全国高校统编教材《文学的基本原理》，形象反映论和阶级论革命论的美学原则得到确立。

第二个阶段是80、90年代，这是中国式的美学学科体系的建设、创新阶段。一方面，学界以极大的热情投身到实践美学原理体系的建设中，诞生了几部实践美学教材，如王朝闻主编的《美学概论》，杨辛、甘霖合写的《美学原理》，刘叔成等人合写的《美学基本原理》，基本观点为"美是人的本质力量的感性显现"。周来祥提出的和谐美学也是实践美学学说的另一种阐释。蒋孔阳的《美学新论》则是实践美学体系的进一步完善。另一方面，伴随着新方法论热，诞生了用新方法探索美的一些新学说，如黄海澄的系统论控制论美学原理、汪济生的一元论三部类三层次美论体系、王明居的模糊美学原理。与此同时，美学与心理学的联姻还催生了一批美感心理的研究成果，如彭立勋从辩证唯物论角度对以往美感研究成果的总结，滕守尧应用格式塔美学成果对审美经验的个性化探索，金开诚提出的"三环论"文艺心理学原理。在文艺理论领域，人们从极"左"理念中解放出来，一方面要求文学摆脱为政治服务的枷锁，还文学自身以超功利的审美自律，另一方面又要求摆脱纯形式实验，承载人道主义的精神内涵。如果说80年代初的三部文论教材——蔡仪主编的《文学概论》、以群主编的《文学的基本原理》（修订本）、十四院校合编的《文学理论基础》——体现了承前启后的过渡，那么，徐中玉在呼唤创作自由的同时主张文济世用，王元化提出继承"五四"、超越"五四"，艺术形象"美在生命"，刘再复重提"五四""人的文学"口号，创构"人物性格的二重组合"原理，钱中文提出文学是"审美意识形态"，则集中体现了艺术哲学中审美与人道交融、形式与内涵并进的新思路。

世纪之交以来是中国当代美学的第三阶段，这是美的解构与美学的重构阶段。美学进入有学无美的反本质主义新阶段。海德格尔的存在论、胡塞尔的现象学在21世纪成为中国美学界追求超越实践美学普遍使用的新的世界观和方法论。学界告别传统美学的本质论、客观论以及主客二分的认识论思路，从主客合一的审美活动来描述不断生成的审美现象，美的本质不再作为美学研究的起点，美的规律、特征、根源等也不再被研究。美的本质论被取消了，美学体系开始了新的重构，产生了杨春时的"存在论超越美学"、朱立元的"实践存在论美学"、叶朗的"意象美学"、陈伯海的"生命体验美学"、曾繁仁的"生态美学"以及笔者的"乐感美学"等系统理论。

第四节　中国现当代美学史的整体走向与时代分期①

作者插白：《中国现当代美学史》是写到"五四"的《中国美学通史》的续篇，

① 本节正文原载《社会科学战线》2018年第6期。

然后与《中国美学通史》整合为《中国美学全史》。《中国现当代美学史》全书70余万字，2018年4月由商务印书馆出版。全书以百年中国的美学概论、文学原理、艺术通论之类的美学本体论著作为抓手，紧扣"价值"与"乐感"两个维度，梳理、评述了中国现当代美学学科史的发生、发展、演变及其呈现的阶段性特征。由于其学术上的开拓意义，若干章节在全国各种名刊发表。专著出版后，北京师范大学文艺学研究中心、商务印书馆上海分馆、《中国图书评论》杂志社、《社会科学报》社联合举办"中国美学的现代转型高端论坛暨《中国现当代美学史》新书恳谈会"。会后《中国图书评论》2018年11期、《学习与探索》2019年第5期、《理论月刊》2018年第10期，发表了曾繁仁、刘俐俐、蔡毅、李键、张灵、张永禄、李亦婷等学者的评论文章。曾繁仁先生肯定该书是"第一部完整的中国现当代美学史"。张灵认为该书为"百年美学"提供了一幅历历可按的"思想地图"。蔡毅认为该书在评述当代美学大家时不虚美、不讳言，体现了秉笔直书、平等对话的可贵精神。刘俐俐品出了该书"论"与"述"的微妙差别。这里选取该书绪论。

　　改革开放以来，中国美学史一类的著作出版了不少，但大多数都是从先秦写到清末民初，完整描述中国现当代美学历史演变的著作并不是很多。在有限的梳理中国现当代美学史的专著中，存在的问题似乎也不少。最主要的问题，是对"美学"学科概念的把握有失允当。有的作者将"美学"理解为存在于理论和艺术中的审美意识，于是把美学史写成了美学理论与艺术发展混合的历史，研究范围显得较为驳杂。有的作者将"美学"理解为研究审美活动的人文学科，而审美活动的含义是游移不定的，因而美学史成为有学无美的历史，选择的评述对象大可推敲。现代历史上明明出现了那么多的美学概论和艺术哲学、文学概论专著，对美和艺术、文学有明确而丰富的看法，但却在这种美学史的叙述中看不见踪影。有的作者将"美学"或仅仅理解为"美的哲学"，或"艺术哲学"，于是美学史或仅仅成为美的哲学的历史，或仅仅成为艺术理论的历史，均不够全面。其次的问题是，这类美学史著作大多是粗线条的，对一流的美学家、美学论著着墨较多，对二、三流的人物和著述关注不周，用力不够，从而使现当代美学史失去了丰满鲜活的血肉。再次，有的现当代美学史直接从"五四"时期写起，忽视了现代美学的学科概念及美与艺术的新思想其实早在近代就萌芽了，对近代这个中国现代美学的奠基状况缺乏研究交代；而已有的现当代美学史几乎都诞生在21世纪之初，对新世纪以来中国美学的发展动向无法加以观照，而新世纪以来的十几年恰恰是美学研究发生质的转变的重要阶段，实践存在论美学、存在论超越美学、生态存在论美学、生命体验论美学、意象美学、乐感美学等标志性新学说都是在新世纪以来完成的。又次，由于现当代美学的评述对象离作者较近，这些研究对象与研究者之间存在着这样那样的学缘关系或情感关系，这就使得作者在取舍、评价时的客观公正性受到挑战和考验。最后，美学史不是材料的简单堆砌和现象的客观罗列，在研究对象的选择、评价中体现着作者的美学见识，尤其是在现当代美学发展中，各种对立的观点此消彼长，各领风骚，研究者如果对美学的基本问题缺乏深入、周全、统一的思考和见识，就很可能被评述对象各执一词的观点牵着鼻子走，使自己的评价出现公说公有理、婆说婆有理的自相矛盾状况，不仅将读者搞糊涂，也将自己搞浑。如此等等，都说明，重写中国现当代美学史，不仅有实实在在的必要，也有很大的提升空间。笔者主持的国家社科基金项目《中国现当代美学史》就是在试图避免上述不足的基础上撰写的一部具有自己独特见识和材料取舍的美学史新著。

从整体走向来看，中国古代美学向现代美学转型的历史，就是从有美无学的传统美学思想到有美有学的美学学科转换的历史。而有美有学的美学学科概念是从西方引进的。西方的"美学"学科概念是由鲍姆嘉通创立的，本义是"美的哲学"。他所说的"美"，就是"感性认识的完善"。"完善"最不会引起歧义的翻译是"圆满"或"极致"。"感性认识的圆满、极致"说得通俗、明白些，也就是"愉快"或"快感"。艺术被创造出来，目的只有一个，就是具有使人愉快的"美"。于是，艺术成为"美"的典型形态。黑格尔则从其特殊的世界观出发，将"美"与"艺术"画上了等号，"美的哲学"到他手中变成了"艺术哲学"。鲍姆嘉通和黑格尔的"美学"学科概念在西方近代美学界影响很大。中国从近代以来一直到现代，从西方引进的"美学"学科就是这两位美学家思想的融合。正如萧公弼在《美学·概论》中所概括：美学者，"美及艺术之哲学"。因此，考察中国现代美学史，就应当紧密围绕"美及艺术之哲学"在中国现代的确立、演变的历史。到了中国当代五六十年代的美学大讨论和八九十年代的美学热中，争论和建设其实都是围绕着"美"和"艺术"的哲学本质展开的。世纪之交以后美学和艺术哲学大体告别"美"和"艺术"的哲学本质论，美学成为有学无美的审美现象学，乃是因为"美"和"艺术"本质探讨无解后的变相选择，说到底不过是"美及艺术之哲学"的特殊表现形态。

美学研究的中心问题是"美"。艺术的目的和特征是"美"。"美"是什么呢？鲍姆嘉通总结说，美是一种"感性认识的圆满"，是一种愉快的"情感"。但是这种"情感"并不等于所有的"快感"，而是渗透着理性精神的。这种渗透着理性精神的快感是一种正当的、对审美的生命主体有价值的情感。用亚里士多德的话说："美是自身就具有价值并同时给人愉快的东西。"[1]20世纪，提出美是"客观化的快感"的桑塔亚纳再次肯定："美是一种积极的、固有的、客观化的价值。"[2]这样，"美"就不仅与快感、形式相连，而且与价值、理性、内涵相关。美实际上是"有价值的乐感对象"[3]。虽然形式美是无功利的快感对象，但内涵美却是有功利的愉悦对象。正如康德在论狭义的"美"（纯形式美、自由美）时强调其快感的超功利，在论"崇高"美（附庸美、内涵美）时肯定其快感的功利性一样。对美的含义的这个认识启发我们在考察中国现当代"美及艺术之哲学"史

---

① 转引自蒋孔阳、朱立元主编：《西方美学通史》（第一卷），第408页。
② 据北京大学哲学系美学教研室编：《西方美学家论美和美感》，第284—285页。
③ 详见祁志祥：《论美是有价值的乐感对象》，《学习与探索》2017年第2期。

时，不能局限于超功利的形式美和艺术自律，而且要密切联系百年政治风云变幻决定的价值观念的起伏变化，它们是主宰不同时代不同的美的观念的幕后之手。

以超功利的形式美和有价值的内涵美双重视角来考察中国现当代美学史，笔者对其在向现代美学学科转型的整体走向下形成的时代分期就形成了如下独特的看法。

一、近代：中国现代美学的奠基时期

近代是中国古代美学向现代美学转型的过渡时期，也是中国现代美学的奠基时期。

这个时期，西方的"美学"学科概念开始出现，"美学"课程在大学开设，"美学"作为研究现实和艺术中的美的哲学的学科定义得到初步界定，人们开始认识到艺术是以美为特征的"美术"；文学作为美的艺术的一个重要种类，不再是古代广义的文字著作，不再是"泛文学""杂文学"的概念，而是"属于美之一部分"（黄人）的"美术"，属于狭义的"美文学"概念。最典型的莫过于"小说"这种文学体裁。如黄人指出："小说者，文学之倾于美的方面之一种。"夏曾佑："小说之所乐，与饮食、男女鼎足而三。"徐念慈从情感性、理想性、形象性三种特征剖析小说之美。狄葆贤认为"小说为文学之最上乘"。[①]"美"一方面被界定为超功利的愉快对象，如在主张美之价值在"无用""独立"，美之本质为"快乐无利害"，文学的审美特征是"情感"与"想象"，词曲的审美特征是在提出情景交融、意象浑融的"意境"的王国维那里；另一方面又被视为有价值的愉快对象，当作实现政治功利的有效手段，如在康有为、梁启超那里。康有为认为"求乐免苦"、求美去丑是人类的天性。当时人们生活

---

① 详见祁志祥：《晚清美文学概念的破茧》，《西北师范大学学报》2017年第6期。

在君主专制的"据乱世"，经受着"无量诸苦"的煎熬，现实世界充满了丑恶，他希望通过"变法"实现乐多苦少的君主立宪的"升平世"，最终实现人人极乐、有愿皆获的"太平世"。显然，康有为的人生美学是为其政治变法服务的价值论美学。他在艺术美学中对"情深肆恣"、"郁积深厚"、激昂奔突的诗美及"意态奇逸"、"点画峻厚"、苍劲雄奇的书法美的推尊，乃是其求乐避苦、人性解放的人生美学追求的直接反映。梁启超亦然。一方面，他探讨美的内涵及规律，指出"美的作用，不外令自己或别人起快感"，"文学的本质和作用，最主要的就是'趣味'"；另一方面，他倡导"三界革命"，推崇悲壮美、崇高美，呼唤以美文学的样式为政治改良服务。价值观决定着情感反应。随着国门的打开，西方人文价值理念大举进入中国，给人们的审美观念带来了根本性变化。人们崇尚"民权"，否定"皇权"，崇尚"平等"，反对"纲常"，崇尚"自由"，批判"专制"，强调"团体"的重要，同时兼顾"个体"的地位，崇尚"心力"的作用。由此给美注入的内涵直接为"五四"新文化运动的美学观奠定了思想基础。

二、"五四"前后：有美有学的美学学科的诞生

中国现代美学是美学学科的登场与演变时期，可分两个阶段。从1915年到1927年的"五四"前后这段时期，是中国现代美学学科和文艺学科宣告诞生的阶段，也是主观的价值论美学占主导地位的阶段，同时还是新的价值追求进一步发展并运用美文学样式加以弘扬的阶段。

近代虽然初步涉及"美学"学科的翻译及美本质、美文学概念的萌芽，但毕竟没有出现美学概论、艺术哲学、文学原理之类的专著。而"五四"前后中国学者写的这些专著都出现了。"五四"不仅是一场新文学运动，也是一场新文化运动。西方近代创立的"美学"学科在"五四"前后在中国学界登场。当时几乎所有的文科刊物都发表过美学论文、译稿，如《新青年》《新中国》《民铎》《学艺》《学林》等，作者有数十人，发表的

美学论文达百余篇。①徐大纯在1915年发表的《述美学》一文是有意识地进行美学学科建构的最早论文。徐大纯指出"美学为中土向所未有",有必要对美学这一西方"最新之科学"进行介绍。他列举了西方美学两千多年中从柏拉图到桑塔亚纳等一系列代表人物,阐释了美的性质、美的分类、美感与快感的关系。②1917年,萧公弼连载发表长篇论文《美学·概论》,揭示美学的学科定义是"情感之哲学""美及艺术之哲学",美的根源、本体问题是"美者何以现于世界","美"的涵义是超利害的精神快感,"美之原理"包括美之主观性、相对性与客观性、公共性,"爱美"是人的天性,其作用是使人具有审美能力,艺术的目的在于实现美感功能,艺术的审美创作方法包括"理想主义"与"写实主义",所有这些,标志着美学学科体系的初步建立。所以笔者认为萧公弼是现代美学学科体系当之无愧的奠基人,而蔡元培只是中国美育的奠基人。在"五四"时期,他在美学学科的译介方面充其量只是扮演了助产士的角色。蔡元培于1920年编写《美学通论》,完成"美学的倾向""美学的对象"两章。因社会活动繁多,此书未能全部完成。不过,他未能完成的事业后来有人完成了。1923年,吕澂借鉴日本学者阿部次郎的《美学》,编写出版了《美学概论》;1927年,范寿康同样借鉴阿部次郎的《美学》,出版了与吕澂的《美学概论》大同小异的《美学概论》;稍后陈望道又出版了另具特色的《美学概论》。这些著作"大都采取了译述的方法,即选择外国美学家的著作作为述作的间架,而后掺入自己的若干见解"③。三部专著都坚持"美学是研究美的哲学"的学科定义,认为美学应当研究"美是什么"和"美的事物怎样才美"。吕著、范著提出"美"是一种关乎主体生命、人格、情感的积极价值,陈著认为美是具象的、直观的、可以给人带来超实用功利快感的对象。在此基础上三书对"美的规范"或"原理"从主观的心理

---

① 胡经之编:《中国现代美学丛编》(1919—1949)前言,北京大学出版社1987年版,第1页。

② 徐大纯:《述美学》,《美与人生》,商务印书馆1923年版,第10页。

③ 邓牛顿:《中国现代美学思想史》,上海文艺出版社1988年版,第33页。

学和客观的社会学方面做出了最初的探索。三部《美学概论》的出现，是美学学科诞生的显著标志。与此同时，美育概论的著作也出现了。李石岑等人的《美育之原理》一书，界定了美育的定义，分析了美的种类，提出以艺术教育为主的美育思想，是美育原理的最早建设。美学不仅是"美之哲学"，而且是"艺术之哲学"。于是这个时期在诞生了多种《美学概论》的同时，还诞生了多种艺术概论的著作，如徐庆誉的《美的哲学》（实即艺术哲学），黄忏华的《美术概论》（即空间艺术概论），徐蔚南的《艺术哲学ABC》，潘梓年、马宗霍、田汉等人的多种《文学概论》。黄忏华《美术概论》认为"艺术"是"美的情感"的"发现"，"美术"是狭义的艺术，即绘画等造型艺术。徐庆誉《美的哲学》甄别了"美学""美术"与"美"之异同，指出美是"精神活动的产物"，文艺表现美有三种方式，分析了"美术"诸形态的审美特征。徐蔚南在此基础上明确提出"艺术哲学"这个概念。该时期的《文学概论》针对近代文学向美文学方向的转化，都集中论析了文学这门艺术样式的审美特征，如刘永济《文学论》论及文学之美，潘梓年《文学概论》指出文学是"间接的艺术，马宗霍《文学概论》、田汉《文学概论》论文学的审美特质等，标志着文学是以美为特征的艺术的一个门类这个狭义的文学观念在这个时期已成定论。

　　"五四"文学革命既是一场文学的审美革新运动，又是一场思想价值的启蒙运动。陈独秀、胡适、周作人、鲁迅等"五四"新文学运动的主将一方面继续推进文学的审美运动，另一方面又继承近代涌现的新的价值取向，通过美文学样式进行"思想革命"和"道德革命"，从而使艺术美的形式和内涵都得到了进一步发展。在"五四"新文学运动中，陈独秀高扬"个人本位主义"的"新道德"对"文学革命"进行声援与补充。胡适作为"五四"新文学运动的旗手，不仅通过白话文运动、"国语的文学"对文学形式加以改良，而且高举"情感""思想""个性"对文学的内容进行"革命"。周作人则以"人的文学"与"个性的文学"与之呼应，这个时期的鲁迅早期一方面进行"文章"的"无用"的"美术本质"的探讨，另一方面又肯定文学的有用之用，主张"尊个性而张精神""非物质而重个人"。从吕澂、范寿康的《美学概论》关于"美是价值"、是"情感移入"与"人格象征"、"美学是关于价值的学问"的论析，到"五四"新文化运动主将对文学审美价值的强调，我们可以看到这个时期主观论美学的主导倾向。

三、1928至1948年：从主观论美学走向客观论美学

如果说"五四"前后是中国现代美学的第一个阶段，那么从1928年"无产阶级革命文学"论争到1948年则是中国现代美学发展的第二个阶段，它是主观论美学与客观论美学交互斗争并最终走向客观论美学的阶段。

1928年爆发的"无产阶级革命文学"论争是一个影响深远的标志性事件，从此，"五四"崇尚的价值理念逐渐被无产阶级革命、阶级人性、唯物主义、集体主义、遵命工具等价值概念所挤压和取代。当然，这个转变不是一朝一夕之间完成的。继承着"五四"时期价值美学的主观论倾向，李安宅著《美学》一书，对"美是价值"的学说加以重申，指出美是相对于人生的"意义""价值"。接着，朱光潜以《谈美》和《文艺心理学》著称的主观经验论美学风靡整个30年代。《谈美》指出"美是心物婚媾后所产生的婴儿"，《文艺心理学》从美感心理分析文艺之美的本质，揭示"'美'是一个形容词"，指心灵创造的具有情趣的精神"快感"。再后来，黎舒里、宗白华、傅统先的美学学说不外是对朱光潜的发挥与改造。如黎舒里认为美是一种"动人力量""表意形式"，是一种超功利的"感受"。宗白华继承与改造朱光潜的"意象"说，阐释了美在"意境"的思想。傅统先的《美学纲要》则是对朱光潜美学思想的重申和发挥。在主观论美学逐渐走向衰落的同时，以客观唯物论美学为标志的新美学学说则在与主观论美学的斗争中逐渐崛起，而这个唯物论是通向"革命"的历史唯物主义。柯仲平的《文艺与革命》最早以专著的形式树起"革命文艺"的大旗，指出"艺术是时代的生命力的表现"，"革命"与美及艺术具有不

可分割的密切联系，创造"革命艺术"须从做革命者入手。后期鲁迅受马克思主义影响，从共同人性论过渡到阶级人性论，从原先对个性文学的倡导演变为对遵命文学、革命文学、"无产文学"的倡导。胡秋原的《唯物史观艺术论》是对"革命美学"学说的完善，同时是普列汉诺夫"唯物史观艺术论"命题的最早译介。金公亮的《美学原论》声称："这是一本讲美的书。"他指出，"美不是主观的而是客观的"，"美的本质"是符合秩序的形式与崇高的精神象征，"美的效果"是"给领略者以愉快的一种东西"。该书是对西方客观论美学的移译，成为客观主义美学的先声。毛泽东《在延安文艺座谈会上的讲话》则提出了文艺界唯物论美学的新纲领。他批判超阶级的"人性论"，标举"无产阶级文艺"主张；批判"个性"论，强调文艺"为工农兵服务"；提出文艺的"政治标准"与"艺术标准"；要求文艺反映生活、作家深入生活，以此深化了唯物主义艺术观。周扬编选的《马克思主义与文艺》是对马克思主义、毛泽东思想唯物论美学思想的推广。该书初步梳理了马克思主义美学的历史线索，重申文艺从群众中来，必须到群众中去，确认了文艺为工农兵大众服务的大方向。在马克思主义唯物论美学的指导下，蔡仪的《新艺术论》与《新美学》应运而生。他提出"美即典型"，美的艺术应当是典型形象的塑造，标志着客观唯物论美学的独特而系统的创构。与此同时，在艺术哲学领域，诞生了钱歌川的《文艺概论》、俞寄凡的《艺术概论》、向培良的《艺术通论》和若干部《文学概论》。钱歌川的《文艺概论》论及文艺的基本特征，标志着对门类艺术特征认识的深化。俞寄凡的《艺术概论》认为美由超功利的快感决定，"艺术品必为内具美的价值之形体"，建立了客观的造型艺术美论及人体美论。向培良的《艺术通论》提出"艺术是情绪之物质底形式"。梁实秋《文学的美》论及美在文学中的地位，指出美是客观性与主观性的统一，"有美，文学才能算是一种艺术"，文学之美的特征是音乐美、图画美，文字的表意性决定了文学在形式美之外有更高的人生追求。这个时期文学概论方面的代表性著作，有王森然的《文学新论》，马仲殊的《文学概论》，郁达夫的《文学概说》，姜亮夫的《文学概论讲述》，胡行之的《文学概论》，曹百川的《文学概论》，孙俍工的《文学概论》，薛祥绥的《文学概论》，赵景深的《文学概论讲话》，许钦文的《文学概论》，谭正璧的《文学概论讲话》，顾仲彝、朱志泰的《文学概论》。它们一方面继承"五四"时期奠定的美文学概念，同时在民族战争与民主斗争的社会风潮下，也兼顾文艺为民族救亡和民主解放的崇高价值目标呐喊、服务。

四、20世纪50年代末：中国化美学学派的诞生和马克思主义美学主导地位的确立

中国当代美学是中国美学的自我创构、定型与新变时期。分三个阶段。第一个阶段是20世纪50、60年代，这是中国化美学学派的诞生和马克思主义美学主导地位确立的阶段。

新中国成立后至1956年5月对朱光潜唯心主义美学的批判，拉开了美学大讨论的前奏。1956年5月至60年代初，是美学大讨论的爆发和具体展开。围绕着美的本质，美学大讨论中产生了美学五派（而不是过去常说的四派），即朱光潜的美在主客观合一派，蔡仪的美在客观典型派，吕荧、高尔太的美在主观意识派，李泽厚的美在社会实践派，继先、杨黎夫的美在价值派。在主观论美学派别中又有差别，不可不辨。吕荧属于唯物论的主观派美学，高尔太则属于唯心论的主观派美学。表面上，讨论中各种观点都可以表达，实际上朱光潜的主客观合一派是被作为唯心论美学的靶子对待的。吕荧虽然从意识由社会存在决定的唯物论角度为自己的主观论美学观辩护，但在唯物论美学占统治地位的时代仍然逃脱不了悲惨的命运。而高尔太赤裸裸的"美在主观"论则注定了他人生的悲剧结局。所以这场讨论最后由比较能够解释复杂的审美现象的马克思主义社会实践派取胜，并成为后来中国美学界的主宰话语。同理，为了显示百家争鸣的学术民主，在文学理论领域，钱谷融曾奉命撰文，发表了一代名文《论"文学是人学"》。由于远离阶级论，倡导人性论，该文发表后不久即遭到批判，

作者险些被打成右派。

　　新中国成立之初，马克思列宁主义成为意识形态领域的唯一指导思想。在"一切向苏联老大哥看齐"的口号下，作为重要意识形态之一的文艺理论基本上唯苏联文艺理论是瞻。60年代初与苏联关系破裂前，大学文艺理论教学基本上采用苏联教材。其中，维诺格拉多夫的《新文学教程》（以群译，新文艺出版社1952年版）、季摩菲耶夫的《文学原理》（查良铮译，平明出版社1953年12月版）、毕达可夫的《文艺学引论》（北京大学中文系文艺理论教研室译，高等教育出版社1958年版）在高校风行一时。这些论著以马、恩、列、斯的经典言论为根据，把文学原理放在意识形态的框架之下，开启了文艺为政治服务的先河。在哲学上，只肯定少数具有唯物主义倾向的文艺理论家，对其他文论家一概持批判态度。在文学本质上，只承认文学是一种意识形态、一种思维或认识[1]，其特点是形象性。其所使用的材料，除革命导师及其所肯定的部分西方学者外，大都来自苏联。60年代初与苏联关系破裂后，中国学者自编一套文学原理的使命摆到议事日程上来。以群奉命主编了全国高校统编教材《文学的基本原理》，于1964年出版。该书既坚持了马克思列宁主义、毛泽东思想，强调了文学的意识形态属性及其与社会生活的联系，认为文学的基本属性是反映现实生活的社会意识形态，也兼顾了文学的审美特征，分析了文学的内部规律，指出文学的特殊属性是形象特征、形象思维和典型化。相对于苏式教材，该书尽量从古今中外——尤其是中国古代、近代、现代乃至当代文艺作品中寻找、补充材料，使之带有浓郁的中国作风和民族气派。全书贯彻唯物论的反映论以及阶级论、革命论的美学原则。这是对1928年"无产阶级革命文学"论争中产生的价值取向在无产阶级当家作主的新形势下的继承与发展，也是马克思主义文艺学原理的系统化建设。较之新中国成立前普遍比较单薄、稚嫩的《文学概论》著作，该书在内容的丰富性和系统

① 季摩菲耶夫著，查良铮译：《文学原理》，上海平明出版社1953年版，第13页。

性、论析的理论性和逻辑性等方面都有突出的进步。由于指导思想、理论体系、基本命题大都取自苏联教材模式，加上"庐山会议""反右"后知识分子心有余悸的社会、心理背景，以及"社教运动"山雨欲来风满楼的形势，这部教材不可避免地带有"左"的时代痕迹。这在今天看来是明显的缺陷，但在极"左"的"文革"时代则被视为"左"得还远远不够。它对文学艺术特征和自身规律的兼顾使它在"文革"时期作为"毒草"被点名批判。该书在出版两年后即停止使用。主编以群因此惨遭迫害，含冤去世。

五、20世纪80、90年代：实践美学原理的定型与突破

中国当代美学史的第二个阶段是20世纪80、90年代，这是中国式的美学学科体系的建设、创新阶段，或者说是实践美学原理的定型与突破阶段。

20世纪50、60年代美学大讨论中逐渐占据主导地位的实践论美学当时未成体系，尚嫌单薄，到了改革开放的新时期，学界同仁便以极大的热情投身到实践美学原理体系的建设中。新时期人性的解放和马克思《1844年经济学哲学手稿》的翻译出版，为人们从人学的角度深化对实践美学的理解提供了经典依据。这个时期诞生的几部实践美学原理的高校教材，以王朝闻主编的《美学概论》，杨辛、甘霖合写的《美学原理》，刘叔成、夏之放、楼昔勇等人合写的《美学基本原理》为标志，其基本观点为"美是人的本质力量的感性显现"，是"实践中的自由创造"。与此同时，李泽厚出版了《美学四讲》，将他在50年代提出的实践美学观加以系统化。[①]周来祥从实践基础上人与世界审美关系的"和谐"角度提出"美是和谐"，对实践美学做了独特阐释。蒋孔阳则在90年代初完成出版了《美学新论》，将实践美学观加以进一步深化和系统化。在整个80年代至90年代初，实践美学原理这个中国式的美学学科体系得以定型并占据学界的主导

---

① 详见祁志祥:《李泽厚实践美学思想的历时评析及反思》,《社会科学研究》2017年第5期。

地位，形成一家独大的学术影响。

不过，在思想解放时代潮流的鼓舞下，伴随着80年代的新方法论热，这个时期又诞生了不少新的美学学说，试图对未尽人意的实践美学及其话语霸权形成挑战，更好地说明审美现象。如黄海澄建构的"系统论、控制论、信息论美学原理"，汪济生建构的一元论三部类三层次美论体系、王明居建构的"模糊美学"原理。黄海澄认为，美学上要取得进展，"研究方法应当有所改变"①。他从六个方面提出"改进美学研究的方法"的问题，对"实践美学"理论的诸多不足提出了尖锐批评。在考察人类审美现象的发生与动物生命自控系统的美感既相联系又相区别的基础上，黄海澄得出结论："审美现象是某些动物系统和人类社会系统自组织、自控制、自调节以实现稳态发展所必然出现的现象。"②动物系统的美是"该动物系统对于自身（群体）的生存与发展具有正价值的生物本质和本质力量的形象显现"③。人类所说的"美"是"人类某种本质、本质力量或理想的形象显现"④。汪济生的《系统进化论美学观》沿着"美是快感"的思路，将人类美感奥秘的探索置于生物进化的大系统中，将美感研究扩展到动物体的一切快感研究中去，打破美感是视听觉快感的传统教条，将探寻的触角扩展到五觉快感中去，运用生理学、心理学成果对快感的本质——生命主体与客观世界双向运动的协调——做了有力揭示，对人类快感结构的三种形态——机体部快感、五官部快感、中枢部快感，以及人类快感的三种心理机制形成的三种层次——无条件反射快感、条件反射快感、智能反射快感——做出了富有新意的剖析，建构起一个以唯物一元论为基础的三部类、三层次美感体系。王明居受耗散结构论和模糊数学的启迪，推出《模糊数学》和《模糊艺术论》，向传统美学关于美和美感的确定性观点提出

① 黄海澄：《系统论控制论信息论美学原理》，湖南人民出版社1986年版，第1页。
② 黄海澄：《系统论控制论信息论美学原理》，第61页。
③ 黄海澄：《系统论控制论信息论美学原理》，第83页。
④ 黄海澄：《系统论控制论信息论美学原理》，第83页。

了挑战，使模糊美学成为开放的、流动的、充满活力的美学。[①]

　　与此同时，美学又与心理学交叉联姻，催生了一批研究美感心理和文艺心理的重要成果，如彭立勋的《美感心理研究》从辩证唯物论角度对以往美感研究成果的总结，指出"美感是对客观美的能动反映"，在这个前提下对美感的性质、特点、活动做了系统、细致的分析；滕守尧的《审美心理描述》应用格式塔美学成果对审美经验的内涵、过程、产生原因及机制作了个性化探索，金开诚的《文艺心理学概论》以对于艺术家创作主体"主观反映和加工"环节的重视，突破传统的文艺创作心理活动从"客观现实"到"艺术形象反映"的机械二环论，提出了"客观现实→主观反映和加工→文艺创作中的艺术形象"的"三环论"文艺心理学原理。

　　在艺术哲学、文艺理论领域，人们从极"左"理念中解放出来，价值取向重新向"五四"回归，并在新的历史起点上加以超越。人们一方面要求文学摆脱为政治服务的枷锁，还文学自身以超功利的审美自律，另一方面又要求摆脱纯形式实验和一己悲欢的呻吟，承载有益天下的社会使命和人道主义的精神内涵。如果说80年代初的三部文论教材——蔡仪主编的《文学概论》、以群主编的《文学的基本原理》修订本、十四院校合编的《文学理论基础》——体现了承前启后的过渡，那么，徐中玉在呼唤创作自由的同时主张文济世用[②]，王元化提出继承"五四"、超越"五四"，艺术形象"美在生命"[③]，刘再复重提"人的文学"口号，并创构了"人物性格的二重组合"原理，钱中文、童庆炳提出文学是以"审美"为特征的"意识形态"，这种"审美"特征不仅在形象，而且在情感，不仅是客观反映，而且是主体反应。[④]如此等等，体现了艺术哲学中审美与人道交融、

---

① 王明居：《模糊美学》，中国文联出版社1992年版，第40页。

② 祁志祥：《徐中玉先生学术谱系的历史巡礼与共时解读》，《文艺理论研究》2015年第1期。

③ 祁志祥：《王元化先生的学术成就》，《学术月刊》2004年第1期。

④ 祁志祥：《新时期钱中文的理论贡献》，《学术月刊》2003年第4期；《文学本体问题的理论反思——以钱中文为个案》，《文艺理论研究》2014年第4期；《"文学审美特征论"：童庆炳文艺美学思想述评》，《清华大学学报》2017年第3期。

形式与内涵并进的新思路。此外，胡经之在80年代初提出了"文艺美学"的学科概念，开设了"文艺美学"的研究生招生方向，在80年代后期出版了《文艺美学》一书，为"文艺美学"的学科建设做出重要贡献。

六、新世纪以来：美学的解构与重构

世纪之交以来是中国当代美学的第三阶段，美学总体上进入有学无美的反本质主义解构与后形而上学视阈下的重构阶段。

20世纪80、90年代学界建构实践美学原理的努力并不令人满意，于是90年代部分学者掀起了"后实践美学"的大讨论。讨论中批判实践美学的哲学本体论武器，是海德格尔为代表的存在论、胡塞尔为代表的现象学。如果说它们在90年代尚处于一个被小众消化吸收的阶段，那么在新世纪则成为中国美学界追求超越实践美学普遍使用的新的世界观和方法论。学界告别传统美学的本质论、客观论以及主客二分的认识论思路，从主客合一的审美活动来描述不断生成的审美现象，于是美就成了审美，美是在审美活动中当下生成的，因而是不确定的、无本质的。美的本质不仅不能成为美学研究的起点，而且美的规律、特征、根源等也不再被研究。美学不再是"美之学"，而是"审美之学"。美的本质论被解构、取消了，美学体系的起点是什么？美学研究还有没有"本体"？美学如何讲？按什么顺序、逻辑讲？于是美学开始了新的重构。美本质取消了，但新的本体作为审美活动的起点被替换进来，如杨春时的"存在"、朱立元的"实践"、曾繁仁的"生态"、陈伯海的"生命"，从而诞生了杨春时的存在论超越美学、朱立元的实践存在论美学、曾繁仁的生态存在论美学、陈伯海的生命体验论美学。它们的共同特点是以海德格尔的存在论现象学哲学为理论根据，立足于后形而上学视野重新展开对美学的形上之思，聚焦"审美"是如何，而很少回答"美"是什么，凸显出这个时期美学研究"有学无美"的特征。杨春时是中国当代后实践美学的代表人物。伴随着理论基础从实践论向生存论、存在论的转变，杨春时走过了"实践"为本体的主体

性超越美学、"生存"为本体的意义论超越美学、"存在"为本体的主体间性超越美学三个阶段。杨春时的美学理论基础及其形态虽然一直在变，但美与审美同一、美和审美的本质在对现实局限的超越这一"超越美学"思想始终如一。朱立元的"实践存在论美学"也是建立在对以李泽厚为代表的传统美学的本质论、实体论、现成论、方法论的全面解构之上的。他用马克思主义的实践论改造海德格尔的存在论，用海德格尔的存在论解读马克思主义的实践论，以人的实践存在方式之一的审美活动为美和美感产生的基础和前提，通过对人与世界的关系和审美实践中人的地位的高扬，建立了独特的生成性美学学说，不仅是对传统的实践美学的突破，也是对从古希腊以来传统的认识论美学的突破。[①]曾繁仁倡导的"生态美学"学说以马克思实践唯物主义的社会存在论为基础，改造、融合海德格尔的存在论与现象学，倡导人与万物的相对平等的生态人文主义美学观，注重在"人—自然—社会"的共生系统中追求生态关系之美，对自然美学、环境美学、城市美学、文艺美学中的生态审美观做了彼此联系又相对独立的剖析与阐释。"生态存在论美学"追求当代美学学科的全方位突破，具有迥异于实践美学及传统美学的革新意义。[②]陈伯海建立的"生命体验美学"以"后形而上学视野中的'形上之思'"为自觉的方法论指导，以马克思的实践论和海德格尔的存在论为主要依据，融合中国古代"天人合一"的文化资源，取消实体论的本原论，从人的审美活动入手探讨美的生成，提出美学研究的主要对象和逻辑起点是"审美活动"，"审美"是人的超越性的生命体验，美是超越性的生命体验在审美活动中的"对象化"或"意象化"，建构了以"生命"为根本、以"体验"为核心、以"超越"为指向的审美学体系。[③]叶朗一方面与他们相似，引入海德格尔的存在论现象学哲学作为自己美学原理重建的理论依据，以"审美活动"为美学研究

---

① 祁志祥：《朱立元的"实践存在论美学"述评》，《人文杂志》2017年第12期。
② 祁志祥：《曾繁仁生态存在论美学观及其创新意义》，《学习与探索》2017年第12期。
③ 祁志祥：《陈伯海"生命体验论美学"的独特创构》，《社会科学》2017年第5期。

的主要对象，另一方面又提出"美在意象"的本质论，并以此为逻辑起点，展开了"意象美学"的理论建构，从而区别于"有学无美"的美学研究，变相承认了美本质论在美学原理研究中无法回避的地位。作者吸收存在论、现象学哲学—美学成果，以否定"主客二分"、坚持"天人合一"、消解逻辑思辨的方法从事新的美学原理的建构，尽管留下了不少遗憾，但作为反映时代学术特色的一种美学创新探索，仍具有不能忽视的历史意义。[①] 与上述诸位迥异其趣，笔者针对现代美学及否定性后现代理论自身的解构主义、虚无主义等缺陷，标举以"重构"为标志的"建设性后现代"方法，即"在解构的基础上建构"，坚持传统与现代并取，反对以今非古；本质与现象并尊，反对"去本质化""去体系化"；感受与思辨并重，反对"去理性化""去思想化"；主体与客体兼顾，在物我交融中坚持主客二分。由此出发，笔者重新辨析与守卫了美学先驱美学是美之哲学的学科定义，聚焦美的统一语义，提出"美是有价值的乐感对象"，探讨了美的范畴、原因、规律、特征，建立了完整、丰富的美本质论系列，并在此基础上分析了美的形态、疆域、风格，以及美感的本质、特征、元素、方法、结构与机制，构建了一个以美的基本功能"乐感"为标志、篇幅庞大、结构完整、逻辑严密的乐感美学原理体系，受到学界关注和肯定。

---

① 详见祁志祥：《叶朗"意象美学"学说的系统述评及得失检讨》，《清华大学学报》2018年第4期。

第七章

学术转向：重写中国思想史

　　作者插白：从事文艺理论、美学研究的时候，接触到的两个著名命题是"文学是人学""美是人的本质力量的对象化"。于是，什么是"人学"，什么是"人的本质"，成为文艺理论、美学研究的元问题，我也因此同时关注和思考"人性""人的本质"等"人学"课题。1988年，我写的《马克思恩格斯"人的本质"定义献疑》在《探索与争鸣》第2期发表后被当年第10期《新华文摘》转摘。2001年，我在加拿大《文化中国》第2期发表《中国人学思想演进的总体把握》一文。2002年，该文又在国内《书屋》杂志上发表，并被读者投票评为2002年度《书屋》十佳论文。这一年，我在上海大学出版社出版写到"五四"的47万字的《中国人学史》。2006年，我在学林出版社出版26万字的《中国现当代人学史》。该书的增补本2014年在台湾出版。随着研究的深化，我对中国古代思想史时代特征有了新的认识。2007年，我将这种新的认识写成《先秦至清末：中国人文思想史上的四次启蒙》，在《学术月刊》第8期发表。2008年，又增补成《中国人文思想史上的六次启蒙》，被《浙江工商大学学报》作为特稿连载于第4、5期，并获得上海市社会科学第六届学术年会优秀征文奖，收入《现代人文：中国思想·中国学术》（上海人民出版社，2008年）。2012年，由"人性论""人生观""人治观""人格观""社会观"五部分、四十多个范畴专题构成的40万字的《人学原理》在商务印书馆出版。2017年，在《中国美学全史》完稿后，笔者投身到以"六次启蒙"为指导重写中国思想史的浩大工程中去，仍然坚持独立作战的风格，发表了一系列重要论文，提出了一系列新观点。比如《周代：中国思想史上的第一个启蒙时期》，发表于《湖北社会科学》2017年第6期；《周代"人"的本性、作用、地位的全面觉醒》，发表于《社会科学研究》2021年第3期；《"重写中国思想史"发凡——中国思想史上若干重大问题的重新反思》，发表于《探索与争鸣》2020年第2期，《新华文摘》2020年第11期全文转载，并作为重点文章推出。2021年夏，笔者独立承担的国家社科基金中国哲学类后期资助项目《先秦思想史：从"神本"到"人本"》顺利通过结项评审，即将由联合申报单位复旦大学出版社出版，同时拿到了国家社科基金中国哲学类后期资助的第二个项目《"人"的觉醒：周代思想的启蒙景观》。

第一节　中国思想史上若干重大问题的重新反思 [①]

中国思想史是历代中国人关于天、地、人、神思考结晶的历史梳理与理论呈现。在学术分工上，它是一门综合学科。这门学科的成果直接由"中国思想史"一类的著作体现。由于哲学属于各门社会科学的基础学科，表达着对自然世界和人生社会的系统思考，所以"中国哲学史"与"中国思想史"存在着较大的交叉面，是我们认识和研究中国思想史不能离开的重要参考。

考察这门学科史的发生、发展历程，胡适的《中国哲学史大纲》（1918年）、冯友兰的《中国哲学史》上下册（1931、1934年）、张岱年的《中国哲学大纲》（1936年）开其先声 [②]；侯外庐主编的四卷本《中国思想通史》（人民出版社1959年版）、任继愈主编的《中国哲学史》四卷本（人民出版社1979年版）、张岂之主编的高等学校统编教材《中国思想史》（西北大学出版社1989年版）[③]、葛兆光独著的两卷本《中国思想史》（复旦大学出版社1998年版）可以说是这个学科的标志性成果。此外，李泽厚的《中国古代思想史论》《中国近代思想史论》《中国现代思想史论》三论，韦政通的《中国思想史》上下卷（吉林出版集团有限责任公司2009年版），钱穆的《中国思想史》（九州出版社2011年版），金观涛、刘青峰的《中国思想史十讲》（法律出版社2015年版），程艾蓝的《中国思想史》（河南大学出版社2018年3月版，冬一、戎恒颖译），沈善洪、王凤贤合著的《中国伦理学说史》上下卷（浙江人民出版社1985、1988年版）也是值

[①]　本节原以《"重写中国思想史"发凡——中国思想史若干重大问题的反思与构想》为正题发表于《探索与争鸣》2020年第2期，《新华文摘》2020年第11期作为重点文章全文转载。

[②]　张岱年后来为《中国大百科全书》撰写了"中国哲学史"条目，并以单行本《中国哲学史》由大百科全书出版社2014年出版。

[③]　张岂之系侯外庐先生弟子，后来又以此书构架和观点为基础，主编了多卷本《中国思想学说史》（广西师范大学出版社2008年版）和单卷本"马工程"重点教材《中国思想史》（高等教育出版社2015年版）。

得关注、参考的成果。

总体看来，这些成果筚路蓝缕，在浩如烟海的古籍史料中披沙拣金，作了大量的材料筛汰，依据各自的理念对这些材料的意义做了不同的分析提炼和阐释分类，为人们认识中国思想史的演变历程，从中吸取思想启示提供了有益门径和多维视角，成就有目共睹，应予充分肯定和合理继承。但同时无法回避的是，由于历史的局限、作者的原因和学科发展史自身规律的制约，中国思想史的研究现状是堪忧的，存在的问题不在少数，与其他学科的研究以及时代提出的要求形成了巨大的反差。在建设中国特色的哲学社会科学话语体系的时代使命面前，反思存在的重大问题，提出较为完善的构想和预案，为重写中国思想史提供指导和参考，就显得意义十分重大。

一、如何认识中国古代"封建社会"及社会形态的分期？

思想的主体是人。人总是处于特定的社会中。人的思想的产生既受制于个体的能动性，也受制于所处社会的制约。中国古代，思想赖以发生、发展的社会形态应当怎样去认识？这是思想史撰写面临的首要问题。现有著述的主流观点，认为中国古代经历了原始公有制社会，夏、商、周奴隶社会，秦以后至清的封建社会三个阶段，或则将周代从奴隶社会中拉出来，合并到秦以后的封建社会中去。研究表明，这种观点不合史实，亟须改正。

从上古到晚清，中国古代社会形态的历史分期应当怎么看才更为合理呢？

从上古到三皇五帝时代，属于天下为公、财富共享，实行禅让制、民选制的原始公有制社会。其时，"大道之行也，天下为公，选贤与能，讲信修睦"，人们"不独亲其亲，不独子其子，使老有所终，壮有所用，幼有所长，矜、寡、孤、独、废疾者皆有所养……盗窃乱贼而不作，故外户而不闭"①。这是一个"天下大同"的原始共产主义社会。在这一点上，我们的认识没有分歧。

分歧出现在对中国古代奴隶社会、封建社会的划分上。一种观点是将夏、商、周都视为"奴隶社会"。还有一种观点稍异，将夏、商视为"奴隶社会"，将周代归入"封建社会"。现在的第一个问题是：中国古代是不是存在过"奴隶社会"？我们的回答是否定的。一是，从史实上说，现存商、周的史料和后世描述夏、商、周的史料均无"奴隶社会"一说，故将夏、商、周或夏、商叫作"奴隶社会"，与史实不合，难以成立。二是，划分社会形态的依据是经济制度和政权制度，"原始社会"与"封建社会"都是这样划分的，而"奴隶社会"则不然，所以于理无据。其实"封建社会"乃至现代社会也有奴隶，但却不能叫作"奴隶社会"。何炳棣撰《商周奴隶社会说纠谬》一文指出："奴隶的通性有三：一、奴隶是属于主人的、可以买卖'物'或'动产'，不具有人的权利和义务。二、奴隶与原来所属的种族、邦国、宗教、家族的关系完全已被根拔。三、奴隶是社会的'外方人'。只有依靠奴隶为生产主力的社会，才能被称为奴隶社会。""以上列奴隶的三个基本特征与商周考古及文献资料相核证的结果是：占商代人口大多数的'众'和占周代人口极大多数的'庶人'都是享有室家的平民，都不是奴隶。即使周代被认为'卑贱'的'皂、隶、圉、牧'也还各有家室，都是下级的职事人员，不是奴隶。在商代只有被掳的'羌'和其他异族的人是奴隶；在周代只有'罪隶'和异族战俘是奴隶。真正的奴隶在全人口中既微不足道而且很少从事生产。"因此，"商周社会决无法被认为是奴隶社会"。②

接下来第二个问题是什么是"封建"？武汉大学冯天瑜曾著《"封建"考论》一书，通过大量史料揭示："封建"的本义是封邦建国。这是一个

---

① 《礼记·礼运篇》。
② 何炳棣：《商周奴隶社会说纠谬》，《人文及社会科学集刊》第七卷第二期，1995年8月18日，第77页。

天子划地而治的分权行政概念，由此建立的政治制度是政治分权制度。这个制度是什么时候开始实行的？夏代。夏禹废除禅让制，将帝位传给儿子启，开"天下为家"的私有制、世袭制之先河。自此以后，父死子继、兄终弟及成为帝位传承制度。由于天下幅员辽阔，天子无法一人直接实施统治管理，同时也出于笼络人心、共同保卫江山社稷的需要，将天下分成若干诸侯国，分封给自己的兄弟、子嗣和部分有功之臣，对天下实行联邦式的管理。这种政治分权管理体制就叫"分封制"或"封建制"。《史记·夏本纪》云："禹为姒姓，其后分封，用国为姓，故有夏后氏、有扈氏、有男氏……"根据《战国策·齐策》的记载，"大禹之时，诸侯万国"。可见，夏朝实行的不是奴隶制，而是封建制；夏朝的社会形态不是奴隶社会，而是封建社会。

商承夏制，商代社会也是封建社会。《史记·殷本纪》云："契为子姓，其后分封，以国为姓，有殷氏、来氏、宋氏……"《战国策·齐策》记载："及汤之时，诸侯三千。"这种封建制一直延续到周代。周王以嫡长子继承的宗法制进一步完备了分封制。据马端临《文献通考》，西周初分封的诸侯国有1773个。后来随着诸侯之间的兼并战争，到春秋战国时期，诸侯国规模愈来愈大，数量愈来愈少。齐宣王时诸侯国只有24个，战国后期只剩7个。柳宗元《封建论》指出商、周不废封建制的"不得已"的历史必然性："盖以诸侯归殷者三千焉，资以黜夏，汤不得而废；归周者八百焉，资以胜殷，武王不得而易。"

封建制的特点，是行政分权。各诸侯国国君在定时朝觐天子、每年向天子缴纳一定的进贡外，平时在自己的诸侯国内拥有至高无上的治权。

封建制的产生本是为了笼络人心，共护朝廷，但由于天子赋予了诸侯国君很大的自主权，却也埋下了天子被架空、朝廷被削弱的隐患。这种隐患在东周时期彻底爆发出来。春秋战国时期，周天子名存实亡，诸侯国君称霸天下的兼并战争愈演愈烈。正是适应诸侯称霸天下的需要，在政治分权、思想宽松的封建时代，诸子学说应运而生，百家争鸣、百花竞放。李慎之在《"封建"一词不可滥用》一文中指出："历览前史，中国的封建时代恰恰是人性之花开得最美的时代，是中国人的个性最为高扬的时代。"冯天瑜在《"封建"考论》一书中指出："从思想文化的自由度、人文精神的昂扬而言，封建的春秋战国自有优胜处，作为诸子百家竞放宏议的时代，创造了堪与古希腊东西辉映的又一个'轴心文明'。"

由此可见，夏商周实行的政治经济制度是封建制，夏商周的社会形态是"封建社会"，而不是什么"奴隶社会"。

那么，秦以后至清是不是"封建社会"呢？不是，而是皇权专制社会。因为分权的封建制最终会削弱、破坏最高统治者的统治，所以秦始皇"废分封，立郡县"。汉承秦制，虽然为了团结人心，辅以分封，但以实行官员由朝廷任命、垂直向皇帝负责的郡县制为主。此后，"寓封建之意于郡县之中"（顾炎武），成为历朝历代共有的制度。所以宋代史学家范祖禹有一个精辟概括："三代封国，后世郡县。"① 与政治分权的封建制相比，由皇帝直接任命长官、不主爵位世袭的郡县制（后世或易名为行省制）是皇帝集权制，或者叫皇权专制。由秦至清的社会就不是封建社会，而是皇权专制社会。

上古至三皇五帝，是原始公有社会；夏、商、周三代，是封建分权社会；秦至晚清，是皇权专制社会。② 这就是我们对辛亥革命前中国古代社会分期的基本看法。我们将在这一宏观把握的指导下去重新理解代表人物或论著思想发生的社会动因。

二、如何以"启蒙"为视角概括中国思想史的演变规律？

几千年中国思想史的演进如同一条长江大河，它在流走的过程中总

---

① 范祖禹：《唐鉴》，三秦出版社2003年版。
② 详见祁志祥：《试论中国古代社会形态的重新分期》，《云南大学学报》（社会科学版）2018年第5期。

是呈现出一些规律性的特征。这种规律性的特征，有人曾总结为是唯物与唯心的斗争、进步与反动的斗争，历史证明这是著述者戴着有色眼镜的产物，并不符合思想史的实际。思想史是人们对神灵、自然、社会的本质、规律的认识史。这种认识有真实与荒谬、科学与反科学、蒙昧与启蒙之分。中国几千年的思想史实际上就是由一系列的蒙昧与反蒙昧的启蒙构成的一波又一波的浪潮朝前推进的。曾经流行一种观点，认为"启蒙"乃是"五四"新文化运动的专利，"五四"之前不存在"启蒙"。这实际上是一种似是而非的一隅之见。早在东汉应劭的《风俗通》中，"启蒙"一词就出现了，其意是去除遮蔽、开发蒙昧。因此，《辞海》解释为"开发蒙昧"，亦即清除荒谬、发现真理之意。可见，"启蒙"决非"五四"的专利。中国古代思想发展史上，分明存在着"启蒙"。而"启蒙"思潮又是在面对蒙昧思潮的历史语境下展开的。上古至夏商流行经不起事实检验的神本主义思潮，于是有了周代贵人轻神、以人为本的启蒙思潮；汉代出现了天人感应、阳善阴恶、性善情恶、性分三品的蒙昧思潮，于是有了六朝人性平等、自然适性、解放情欲的启蒙思潮；隋唐宋元形成了天理、人欲势不两立的蒙昧思潮，于是产生了明清求真务实、回归常识的启蒙思潮；接着在近代又出现了第四波启蒙思潮，标志是崇尚"平等""自由""民主""人权"等西方价值理念，对秦以后整个中国古代皇权专制下束缚个性、扼杀民权的纲常伦理蒙昧思潮加以启蒙。[①]近代启蒙思潮报导了"五四"启蒙运动的先声。在此基础上展开的"五四"启蒙运动是中国思想史上的第五波启蒙思潮。而改革开放以来的思想解放运动乃是中国思想史上的第六波启蒙思潮。[②]上述古今六波启蒙思潮说，是笔者长期潜浸涵濡、否定之否定得出的对中国古今思想史时代特征和演变规律的抽象认识和逻

---

① 详见祁志祥：《先秦至清末：中国古代人文思想史上的四次启蒙》，《学术月刊》2007年第8期。
② 详见祁志祥：《中国人文思想史上的六次启蒙》（上、下），《浙江工商大学学报》2008年第4、5期连载。

辑概括。①整个中国思想史将在这个逻辑抽象的指导下重新加以书写。

三、为什么说周代是中国思想史上"人的觉醒"时代？

鲁迅曾将魏晋称作"文学自觉"的时代，李泽厚在《美的历程》中则将魏晋称为"人的觉醒"时代。这个观点影响很大。人们据此将大把的溢美之词献给"魏晋风度"，献给"竹林七贤"。殊不知"魏晋风度"并不能视为真正意义上的"人的觉醒"，这个风度的代表"竹林七贤"恰恰有兽性放纵的教训值得反省和镜鉴。

什么叫"人的觉醒"？"人的觉醒"是不是像人们在评价"魏晋风度"的积极意义时所肯定的那样，就是指"情欲的解放"？显然不是。人既有自然情欲，又有理性意识。人的理性意识使人不仅可以客观地认知外物属性，也可以返观自身，认清自我本性。"人的觉醒"就是人类对人自身的理、欲二重本性以及人的作用、地位的认识与自觉。魏晋玄学追求"从欲为欢"，主张"逍遥适性"，一方面推翻了汉代思想界压在人的自然情欲身上的理性磐石，具有解放人欲、彰显人性的积极意义，另一方面"越名教而任自然"，主张超越一切礼教规范，无拘无束地满足情欲，又存在背离理性、放纵兽性的偏颇与迷妄值得反思与戒备。因此，将魏晋说成"人的觉醒"时代是很不准确的。如果以"竹林七贤"的放浪形骸、醉生梦死为"人的觉醒"，在现实生活中仿效克隆，轻则受到道德指责，成为千夫所指，重则触犯刑律，沦为阶下囚。

作为对人自身的理、欲二重本性以及人的作用、地位的认识与自觉，"人的觉醒"早在魏晋之前的周代就实实在在地出现过，并积累了大量的思维成果。周代"人的觉醒"，突出表现在以下几个方面。一是对人性真谛的清醒认识。1.人性是平等的："君子之与小人，其性一也。""尧、舜

① 前期成果参祁志祥：《中国古今人文思想历史演变的总体把握》，《文化中国》2001年6月号；祁志祥：《中国人文思想的历史演进》，《书屋》2002年第6期；祁志祥：《中国人学史》，上海大学出版社2002年版。

之与桀、纣，其性一也。"(《荀子》) 2. 人性是双重的：人同时具有危险的"人欲"与高妙的"道心"二重天性(《尚书》)，是恶性与善性二者的对立统一(世硕)。只有情欲没有道心，那是禽兽；只讲道心不讲情欲，那是神灵。人既不是神灵也不是禽兽，所以既有情欲又有道心，在道心的指导、约束下从事情欲满足的活动。二是对因人性而治人的政治文明的通达认识。"凡治天下，必因人情。"(《韩非》)"明于情性而后可论为政。"(《吕氏春秋》) 根据人性二重性来治人，要求：1. 要保障民生，以富民为本，以满足人民的物质生活欲求；2. 要允许民言，开放言路，以满足"心之官则思"的心灵活动追求；3. 人欲虽恶，道心虽善，但不可以理灭欲，必须因势利导，让人欲在理性的范围内发挥更大的能动作用。"人之欲多者，其可得用也亦多。……善为上者，能令人得欲无穷，故人之可得用亦无穷也。"(《吕氏春秋》) 三是对人民作用与地位的深刻认识。夏商一直崇拜"上帝"，认为神灵的作用最大、地位最高。但周人认识到，"上帝"并不绝对公正，神灵不一定靠得住，人的所作所为在社会生活的吉凶祸福中起着决定作用，"天地之性人为贵"(《孝经》)，"惟人万物之灵"(《尚书·周书》)，"人者，天地之心也，五行之端也"(《礼记·礼运》)。在人的力量中，不是高高在上的君主，而是芸芸众生的臣民地位最重要、最高贵："民者，君之本也。"[1] "民为贵，君为轻。"[2] "士贵耳，王者不贵。"[3] 当君主残暴无道导致民不聊生时，臣民就有"革命"权，用暴力手段诛杀、推翻他(孟子、里革)。不难看出，周代作为中国思想史上第一个启蒙时代，其标志正是"人的觉醒"。说周代是"人的觉醒"时代，名副其实，当之无愧。遗憾的是，现有论著对整个周代(而不只是)在中国思想史乃至世界思想史上的这一重要意义尚缺乏足够的认识。[4]

---

[1] 《谷梁传·桓公十四年》。

[2] 《孟子·尽心下》。

[3] 《战国策·齐策》，颜斶语。

[4] 详见祁志祥：《周代："神"的祛魅与"人"的觉醒——论中国思想史上的第一个启蒙时期》，《湖北社会科学》2017年第6期。

四、叙述先秦思想史可否将"五经"遗漏于专章评析之外？

国学的核心即五经之学。《诗》《书》《易》《礼》《春秋》在周代诞生后，当时就影响很大。赋《诗》明志，托《书》《易》立论，是周代盛行的风气。这五部经典在汉代被钦定为"五经"后，对中国古代思想界的影响极为巨大深远。可是遗憾的是，现有的思想史著作在论述先秦时，几乎都将"五经"遗漏于专章评析之外，只是在概述中引述一些片言只语。其实这是很大的缺失。五经中，《周易》虽然是卜筮之书，《尚书》虽然是君主诰命，《诗三百》虽然是诗歌总集，但均有完整的思想史意义。如果说《易经》是周人万物有灵、神灵概念存在的证明，那么，《易传》作为对占卜之辞和鬼神观念所做的解释，则反映了周人"近人而忠"的思想特征。①《尚书》作为由周人编订的上古诰命构成的王道之书，它的最大价值在于提出了系统的"民主"学说。②可惜这个奥秘不为学界发现。对于《诗经》，学界只看到它朗朗上口、可以吟唱的文学意义，而忽略了它早先其实是作为政治歌谣集收集产生的。周朝采诗官采集《诗三百》的目的，是给王室认识政治得失、调整政治方针提供反映民情的晴雨表。《诗经》的思想史价值在于，反映了周人对至上神的怀疑甚至诅咒，以及对现实人事、道德修养的重视，是周代以人为本、道德为尊思想的重要表征。

五经中的《礼》，一般认为周代指《仪礼》，后代指《礼记》。由于《仪礼》只有礼仪说明，不阐述礼教思想，所以思想史上没有什么价值，可阙而勿论。《礼记》虽然编辑在汉代，但极大多数篇章是周代礼教论文，典型反映了周代"尊礼""近人"的思想特征。这突出表现为对"人"作为"天地之心""五行之秀"的崇高地位的确认，对"礼"作为"人道"在沟通鬼神、修身齐家、治国安邦中关键作用的肯定。③

---

① 详见祁志祥：《从"神道设教"走向"人文"之道——〈周易〉的思想史意义研究》，《理论月刊》2018年第3期。

② 详见祁志祥：《〈尚书〉"民主"学说新探》，《贵州师范大学学报》（社会科学版）2019年第1期。

③ 详见祁志祥：《〈礼记〉"尊礼""敬人"的思想取向及系统构成》，《澳门理工学报》（人文社会科学版）2019年第4期。

周有"三礼"。《仪礼》《礼记》之外是《周礼》。关于《周礼》的作者，从汉代到清代，权威注家的主流观点都认为是周公。现代学者则表示怀疑，放弃了它的思想史意义的挖掘，殊为失策。即便是现代学者，大多认为是战国时期归纳创作而成。因此，它作为研究周代思想史的资料是可以的，不应忽略。遗憾的是几乎所有的思想史著作都对《周礼》未置一词。《周礼》虽然是一部解说朝廷机构设置、职官分工的法规总集，但在职官结构、功能的描述中，却穿插着许多思想阐释，因而具有不可忽略的思想史意义。一方面，《周礼》的六官设置体现了"以人法天"的思路和神学观念的遗留；另一方面，《周礼》反复强调"设官分职"是"以为民极"，安邦治国必须以"得民"为本，各处论析汇合为保障民生、兼顾教化、德主刑辅、以德司法的仁政学说，是周代思想界重人轻神时代特征的又一证明。[①]

至于《春秋》，它是经孔子编订的鲁国编年体国史，重在记事，但在记事中寓含褒贬大义。由于其义毕竟隐微难求，后来出现了"春秋三传"。所以独立成章评述《春秋》思想取向是困难的，可阙而不论。

五、重写中国思想史，为什么必须将二十五史的思想论析补上专章？

现有的思想史论著在叙述先秦思想史时还有一大缺失，就是将先秦极为重要的史书都排除在专章论析之外。也许著者认为，史书主要是记事的，不直接表达思想，所以不足为道。其实这是不求甚解的偷懒的表现。行动是思想的间接表征。透过历史事件，可以看到那个时代的思想倾向。当然这不如通过直接表述了解思想那么容易，所以研究者要多费些力。另外，史书不仅记事，也记言，而人物的言论是思想的直接说明。同时，史书作者在记事记言之后，往往都有一段议论，如"左丘明曰"等，这是作

① 详见祁志祥：《〈周礼〉的人文价值：设官分职、得民为本》，《宝鸡文理学院学报》（社会科学版）2018年第1期。

者思想倾向的直接表白。综此而论，不只叙写先秦思想史必须补上史书专章论析，重写汉代至清的中国思想史，都必须补上二十五史（"二十四史"外加《清史稿》）专章评述之缺。

兹举先秦三部史书的思想论析为例。按照反映史实的时间顺序，我们分别看《国语》《左传》《战国策》。

《国语》记录了西周至战国初期五百多年的周代事迹。一方面，在神灵受到亵渎的周代，周人主张"民神异业""绝地天通"，重新恢复"神"的权威和神职人员的神圣性；另一方面，周人又将"人"提高到与"神"同等的地位，要求"事神保民"，达到"民神无怨"，将决定神意的根本归结到民意及道德上，提出"道而得神，是谓逢福"，"君子之行，唯道是从"，体现出尚贤尚信、谏失德诛无道的人道取向。[①]

《左传》是春秋末期左丘明根据《春秋》编成的一部编年体史书。其通过周王室和诸侯国君臣之间的对话，反映了春秋时期周人贵人轻神、礼德为重的思想倾向。这种倾向具体表现为这个时期人们认识到"吉凶由人""唯人所召"，因而主张"先民后神"；认为"礼"为"政之舆""民之行"，只要"德礼不易"，就"无人不怀"；体现为从保障民利与尊重民意两方面对民本思想的强调和对无视民本的无良之君的革命实践的肯定。[②]

《战国策》是一部反映战国时代诸侯争霸、游士朝秦暮楚的"乱世之文"，但也是一部反映战国思想界特征、"有英伟气"的史书。这个时期虽然礼崩乐坏，但人们依然守护着西周以来崇尚的仁、忠、孝、义等道德信念，赞美了以"尽忠直言"为业、以独处乡野为"全"、以机智勇敢为素质的"良士"形象，表现出对虚心纳谏的仁君的向往和对讳疾忌医的暴君的否定。[③]

---

① 详见祁志祥:《〈国语〉的思想取向："君子之行，唯道是从"》，《湖北社会科学》2019年第10期。

② 详见祁志祥:《〈左传〉的思想取向研究："吉凶由人""先民后神"》，《理论月刊》2019年第3期。

③ 详见祁志祥:《"乱世之文，有英伟气"：〈战国策〉人文思想研究》，《湖北社会科学》2018年第11期。

六、汉代思想界的根本特征是儒道分裂还是儒道合一？

关于汉代思想界的根本特征，一种流行的观点认为，汉武帝之前是道家学说为主，汉武帝"罢黜百家，独尊儒术"之后是儒家思想的一统天下。好像儒家学说与黄老之学是对立的，不能并存的。其实这是似是而非的莫大误解。"独尊儒术"乃矫枉过正之语，事实上并不是那样。从汉武帝前的《新书》《新语》《淮南子》与汉武帝之后的《春秋繁露》《白虎通义》《太玄》《法言》《潜夫论》等代表性的论著中可以看出，以汉武帝为分水岭，汉代前后两个思想界，道家学说与儒家学说二者虽然此消彼长，但从未有所偏废，而是一直融合在一起的。其中，儒家的仁政爱民思想是本体论，道家的清虚无为主张是方法论。儒道合一，成为汉代思想界的根本特征。比如汉初的思想家既进言"道莫大于无为"，主张统治者以秦王纵欲而亡为鉴，清虚无为以自守，同时又主张"治以道德为上，行以仁义为本"，以此获得臣民的拥戴。汉武帝以后的思想家既强调实行"民之所往，不失其群"的仁政，又肯定道家的无为自守、清心寡欲的主张。君主清心寡欲了，老百姓受到的侵扰就少，就有好日子过了。当然，儒道合一在克制统治者穷奢极欲方面具有积极意义的同时，也产生的另一负面后果，即将情欲等同于恶，所谓"性善情恶"，提倡"圣人无情"，以至于将人的基本生存欲望都加以扼杀，这就滑向了另一极端，形成了另一种的蒙昧。而清除这种蒙昧的启蒙思潮，就是魏晋玄学掀起的"逍遥适性"思潮。

七、如何准确理解"魏晋风度"的内涵及其积极意义与消极意义？

在汉代"儒道合一"对情欲的长期遏制下，魏晋产生了要求打破这种束缚、挣脱这种压制的玄学思潮，形成了"魏晋风度"。魏晋风度的根本特征是"逍遥适性"。"逍遥"是《庄子》的首篇篇名，意即生命的自由放飞。"适性"是庄子的用语，意即适应、随顺生命的本性。由对人的生命本性的不同理解，魏晋风度分蘖出两种"适性"形态。一种是庄学形态。庄子认为人性无情无欲，所以"适性"的结果是"志无所尚，心无所欲"（嵇康），口不臧否人物，喜怒不形于色，泰山崩于前而色不变，《世说新语》谓之"雅量"。另一种是现实形态。事实上，人性是有情有欲的。"人性以从欲为欢。"（嵇康）于是，后期玄学提倡"适性"的另一种实际形态，是钟情纵欲，《世说新语》谓之"任诞"。"雅量"是对情欲的克制，"任诞"是对情欲的放任。二者源于"适性"，同为"魏晋风度"，但内涵大不相同，截然对立。"魏晋风度"后来的发展，以放纵情欲为人生追求，声称"情之所钟，正在我辈"（王戎）。于是"情"不再像在汉代那样被认为是"恶"的了，而成为一种大家普遍认可的善。于是诞生了"缘情"的山水诗、宫体诗和格律诗，催生了情感美学和形式美学两大美学潮流。[①]人生而具有情欲，给情欲松绑，毫无疑问，具有解放人性的积极意义，也推动了文学艺术创作和理论的繁荣。但魏晋玄学在给情欲解禁的同时，又矫枉过正地提出"越名教而任自然"，要求否定一切理性规范，将人性仅仅等同于情欲，就走向了另一个极端。于是，人成了任诞而为、醉生梦死的酒囊饭袋、两脚动物。"竹林七贤"就是这方面的代表人物。显然，这种对人性的理解是片面的，是对人性认识的新的遮蔽，会带来兽性放纵、道德失范的严重社会问题。正是在这个消极意义上，我们说"魏晋风度"有违背人性的反面教训值得总结和防范。

八、如何认识隋唐至清代思想史的时代分期？

现有的思想史、哲学史习惯把隋唐与宋明区分开来，将清代独立出来，用"隋唐佛学"概括隋唐思想界的整体特征，用"宋明理学"概括宋元明思想界的整体特征，用"清代实学"或"朴学""考据学"界定清代思想界的特征。这种时代分期的依据、标准是不统一的，有的缘于出现的新变（隋唐佛学），有的缘于存在的现象（宋明理学），有的缘于治学方

① 详见祁志祥：《中国美学全史》（第二卷）"魏晋南北朝"编。

法（清代实学），而思想界的实际情况，比如儒、道、佛思想在这几个时代的彼此消长和真实地位到底怎样，却被遮掩不见了。

必须指出：这种分期和概括是很不稳妥、值得商榷的。

1. 对"隋唐佛学""宋明理学"概括的质疑和"隋唐宋元儒学"概括的提出

自冯友兰《中国哲学史》谈论隋唐哲学只说佛学不及其他，几乎所有的中国思想史、哲学史都将佛学作为隋唐思想界的主要特征加以浓墨重彩的论述，儒学与道教则处于配角位置，有的则干脆不予论述。这样做给读者造成的直接印象，是儒家思想在这个时期湮没不彰，佛学占这个时期中国思想界的主导地位。事实并非如此。

隋唐虽然是中国佛教宗派纷纷创立的时期，佛学继魏晋南北朝后达到又一个历史高潮，但它并不占隋唐思想界的主导地位。由隋至唐，思想界占统治地位的不是佛学，而是儒家道德学说。它的产生，直接源于扭转六朝情欲横流、道德失范的社会风气的现实需要。隋初，文帝即位后便开始重树儒家道德理性大旗。治书侍御史李谔上书文帝，以"五教六行为训民之本，《诗》《书》《礼》《易》为道义之门"，"褒德序贤"，"正俗调风"，从而"塞其邪放之心，示以淳和之路"，使"家复孝慈，人知礼让"。民间鸿儒王通与朝廷呼应，以孔子继承人自命，弘扬儒家道德之旨，批判六朝以来唯情是求的种种乱象。隋文帝时期恢复儒家道德理性的努力虽然遭遇隋炀帝的阻击，而隋炀帝抛弃儒家道德、纵欲招致覆亡的沉痛教训，给唐初政治家又上了一课，更加坚定了唐太宗强化儒家道德教化的努力。唐太宗在重树儒家学说方面做了两件影响深远的大事。一是命孔颖达编纂《五经正义》，重新注疏儒家五经，作为唐代士子习经和科举考试的教科书，保证了儒家学说在唐代文人士大夫思想中的地位。二是开设史馆，令宰相监修，先后修撰"八史"①，总结历代兴亡之道，证明儒家的

---

① 即官修《晋书》《梁书》《陈书》《北齐书》《周书》《隋书》六部以及李延寿私人编修但获得朝廷批准而列为正史的《南史》和《北史》。

仁政德治是天下长治久安之道。唐太宗的这两大举措，彻底奠定了儒家道德思想在唐朝社会的主宰地位。有唐一代，古文家如萧颖士、李华、独孤及、梁肃、柳冕、权德舆、吕温、韩愈、柳宗元、李翱，强调以秦汉古文的散行单句承载孔孟古道，诗人从"唐初四杰"、陈子昂、杜甫到白居易、元稹为代表的新乐府运动成员，追求"穷年忧黎元""惟歌生民病"，就是唐朝儒家学说占主宰地位的证明。

隋唐政治家在高举儒家道德大旗规范人们情欲活动的同时，也借助佛教、道教的力量，但它们只是儒家的辅助力量，所谓"三教合归儒"。它们所以能在隋唐受到崇奉，是因为在克制情欲、整顿社会风气这个大方向上，与统治者的需要和儒家道德学说的大方向是一致的。

佛教视情欲为"三毒"，要求断情灭欲；道教主张虚静无为、去情去欲。二者在对待情欲的问题上较儒家走得更远，但矫枉必须过正。

由此可见，如果概括隋唐思想界一以贯之的整体特征，那就应该是"儒学"，而不该是"佛学"。道教虽然在隋唐达到了又一次繁荣，但它的影响范围是有限的，也不可能用"道学"概括隋唐思想界的特征。

宋太祖建立宋朝后，吸取唐代藩镇兵权过大导致天下割据的教训，建立了皇权更加集中的专制体制。与此相应，在思想领域进一步确立了儒家道德学说的统治地位。隋唐时期比较温和的儒家之"道"逐渐演变为声色狞厉的"理"，隋唐儒家道学一变而为远离人情，甚至与基本人欲对立的"理学"。整个宋代，这种力量非常强大，周敦颐、"二程"、邵雍、朱熹、陆九渊是宋代著名的理学家，而柳开、王禹偁、石介、孙复、欧阳修、真德秀等人虽然以古文家著称，其实也是要求"文以载道""文以名理"的理学家或道学家。元朝统治者继承宋代理学为其大一统的政治服务，进一步促进了理学的传播。诚如《元史》指出："元兴百年，上自朝廷内外名宦之臣，下及山林布衣之士，以通经能文显著当世者，彬彬焉众矣。"至于明代前期的王守仁虽以理学著称，但正是他种下了反叛理学的种子。经过他弟子及李贽等人的努力，明中叶以后，情欲挣脱理学的枷锁汹涌而来，改变了隋唐宋元以来一以贯之的儒家之道占思想领域主宰地位的格局，整个明代的社会风气为之一变。

综上所述，笔者不赞成将隋唐与宋元分开，也不赞成将明代与宋元合并，力主将隋唐宋元视为一个整体，它的特征是儒家道德学说占主导地位。隋、元的时间都不长，如果在隋唐宋元中选取两个代表，那自然是唐、宋。如果我们要选一个核心概念概括这个时期占主导地位的儒家道德学说，那就是"道学"。值得指出的是，宋代以"程朱"为代表的理学家，《宋史》并未以"理学"列传，而是以"道学"列传的。要之，我们主张用"唐宋道学"取代"隋唐佛学"和"宋明理学"，作为对隋唐宋元思想整体性的概括。

隋唐重新树立起来的儒家道德学说在宋代获得了进一步发展。宋代儒学家为了强调遵守儒家道德理性的重要性，将儒家的人伦之道提升为"天理"，从客观和主观两方面加以论证倡导，于是"理学"应运而生。"理学"是宋代诞生的打着宋代烙印的儒家道德学说，是对人性中理性作用和地位的进一步肯定。

元代的存在不满百年。这是一个短暂的朝代，在思想史上也是一个过渡的时代、守成的时代。它守着宋代程朱理学之成，并把发展理学的接力棒交给了明代的王阳明。

王阳明是明代理学的代表人物。他从主观方面上接陆九渊，发展了宋代理学，提出"良知"说。但王阳明的"天理良知"说在明代只是昙花一现，而且暗含着反叛理学的种子，并且很快就被主张随顺、放纵自然情欲的新一波启蒙浪潮所淹没。可见，明代思想界的特征不能用"理学"去概括。而"宋明理学"的提法恰恰容易造成这样的误导，好像从宋代到明代，理学在整个思想界占主导地位。明代的事实恰恰不是这样，所以"宋明理学"的传统说法是有问题的，应该被改变的。

从隋唐到宋元，适应整顿纵欲的社会风气、维护社会稳定的需要，儒家道德学说经历了一个从恢复、奠基，到发展、守成的过程，一脉相承，是一个整体，无法分割。所以，笔者主张以"隋唐宋元儒家道德学说"或简称"唐宋儒学"来取代"隋唐佛学"与"宋明理学"的不当分割。至于"宋明理学"所包含的明代，因为出现了情欲挣脱理性的新气象，则宜另外命名概括了。

2. 为什么要用"明清启蒙"概括取代"宋明理学"和"清代实学"的分割与提法

如上所述，明代思想界出现了新气象，这就是"自然即当然"，"人欲即天理"，所以自然情欲逐渐突破隋唐宋元愈演愈烈的唯理主义磐石的压迫，要求得到解放和实现。这方面理论上的标志性人物，前期有陈献章为代表的"白沙学派"，中后期有王畿为代表的王学左派，王艮、罗汝芳为代表的泰州学派，以及徐渭、李贽、罗钦顺、王廷相、袁宏道、钟惺、冯梦龙、邹元标、张潮等。在实践上带来的巨大变化，给压抑了近千年的人性和社会风气带来了巨大解放。史料记载："嘉靖中年以前，犹循礼法，见尊长多执年幼礼；近来荡然，或与先辈抗衡，甚至有遇尊长乘骑不下者。""嘉靖十年前，富厚之家多谨礼法，居室不敢淫，饮食不敢过；后遂肆然无忌。"正德、嘉靖以前，"妇女以深居不露面、治酒浆、工织纴为常"；后来就渐渐"拟饰倡妓"，交接权贵，出入自由，"无异男女"。"城中妇女多相率步行，往闹处看灯；否则大家小户杂座门前，吃瓜子糖豆，看往来士女，午夜方散。乡村夫妇多在白日进城，瞧瞧画画，东穿西走，曰'钻灯棚'，曰'走灯桥'，天晴无日无之。"放诞不羁，"出名教外"，"好精舍、好美婢、好娈童、好鲜衣、好美食、好骏马、好华灯、好烟火、好梨园、好鼓吹、好古董、好花鸟"，成为晚明社会的独特景观。

明代反叛理学的启蒙浪潮，在具有解放基本人欲积极意义的同时也出现了走向极端的偏颇。于是，清代前期统治者又将程朱理学请回来统一全民行动。而这又产生了扼杀基本人欲的新的荒谬悖理。于是清代思想家运用"征实求真"的实学方法，倡导"经世致用"的启蒙之学。于是，黄宗羲、王夫之、顾炎武、陈确、唐甄、颜元、戴震、龚自珍等人密切联系社会实际，以对常识的还原，反对和批判理学对人情物理的阉割和异化。其基本的启蒙主张是：理不离欲、义不离利、公不离私，凡圣平等、男女平等，为伸张人的基本情欲、谋求个人的正当利益、争取每个人的平等权利提供理论依据，将明代掀起的启蒙浪潮进一步推向高潮。

由此可见，在反叛理学对人的情欲的基本权利的扼杀、要求回归人情物理，从而切实可行地经世致用这点上，明清两代是方向一致、逐渐发展壮大的。"宋明理学"的概括不符合明代实际情况，从方法论角度提"清代实学"概括清代思想界特征，不如从经世致用的启蒙角度概括清代思想界特征更合适。综合明清两代求真务实、回归常理的思想启蒙一贯性特点，提出"明清启蒙"作为界定更为准确、更符合实际。

九、思想史的叙述重点是"物"还是"人"？

思想不外是对于天、地、人、神的思想。其中，天地万物指自然、宇宙，人指人生、社会，神指宗教、信仰。宗教、信仰不外是抚慰人的，是人的精神的延伸。所以人类思想的对象其实只有两块，一是客观的物，一是主观的人。现有的思想史或哲学史，不少诞生于唯物论与唯心论两条路线斗争的年代。由于必须坚持唯物论的立场、观点，因而关注的焦点、叙述的重点是"物"而不是"人"。于是，游离于"人"之外的关于自然本体、阴阳五行等客观事物本质规律思想的评述不在少数。后来虽然时代变化了，但见物不见人或重物轻人的现象还残留着。现代哲学发生了从传统的客观唯物论向主体的存在论的转向，普遍认为没有纯客观的世界，人与自然不是主客二分的，而是浑然一体的。"我与世界之间的关系是一种互相交往、互相理解和同情的关系。""我与世界的共在是真正的同一性。""我与世界之间的关系不是主客关系，而是主体与主体的关系"，或者叫"主体间性"的关系。[①]笔者不是完全赞同这个观点，但从中获得的

---

① 杨春时：《作为第一哲学的美学——存在、现象与审美》，人民出版社2015年版，第244—245页。

某种有益启示是，今天重写中国思想史，其叙述重点应当从"物"转向"人"，聚焦古往今来关于"人"的思考，包括人的本性、人的作用、人的地位、人生的意义、人生的矛盾、人生的智慧、人生的信仰、人生的幸福、人格的修养、人群的治理、人类的理想等。的确，思想史的写作和阅读是为了让今天的人活得更聪明。如果与人无关，我们读它作甚？写它作甚？

十、以什么样的叙述方式进入中国思想史叙述？

中国思想史的叙写一般均已不同时代是代表性人物或著作为切入历史的坐标。但葛兆光的《中国思想史》打破了这种写法。他以他所理解的思潮为坐标叙说中国思想史，不仅在一级目上取消了在逻辑概括下的政治朝代捏合的分期法，而代之以"公元几世纪至几世纪的思想史"门径，而且在最基本的叙说单元二级目的设计中仍然以思潮为抓手，取消了这个时期标志性思想家或经典著作的系统评述。葛著出版时，出版社从营销出发，组织名家推荐叫好，然而在它避免了传统写法只见树木、不见思潮的森林走向的不足的同时，产生的不足比原有著作更大，这就是对于一个陌生的读者来说，他无法通过这样的写法认知什么朝代有什么代表性的思想家或思想论著，他们的思想观点、主要倾向、逻辑结构是什么；同时，葛著对古代思想史的"思潮"的理解也许未必正确，他沉迷于对组成思想史的一个个"思潮"的细碎划分，常显得牵强附会，而对古代思想史上客观存在的四波启蒙思潮则大大失察；同时，"思潮"是某一时期众多人物或著作体现出来的整体倾向，并不是出于自觉的组织行为，用"思潮"去叙述思想史的整体，必然力不从心、难合实情。金观涛、刘青峰的《中国思想史十讲》也存在着同样的不足。有鉴于此，笔者根据对中国思想史上六波启蒙的认识，认为比较合理的叙述方式是：一级目，依据对六波思潮的正、反、合的划分合并政治朝代，揭示时代特征；二级目中，以代表性的人物或著作为基本的叙说单元或历史坐标反映这个时期的思潮，同时彰显出人物或著作的思想的系统性与整体性，而这个整体性中的某些思想可能游离于"思潮"之外，但却是思想史存在的真实面目。

十一、如何防止先入为主，努力还原中国思想史的真相？

曾经在一本思想史书上读到这样的评述：孟子有"民本"思想而无"民主"思想。这是一个用今天的"民主"概念分析孟子、无视中国古代"民主"思想特殊存在的一个典型案例。现代"民主"概念源自西方，本义是公民自主，不仅孟子，整个中国古代的思想家（不包括近代）确实都没有这样的思想。但从《尚书》《左传》开始，出现了中国特色的"民主"思想。"民"指臣民，"主"指主宰者。这种思想认为，臣民百姓"唯惠是怀"，目光短浅，如果没有英明的君主给他们做主，就会发生动乱乃至暴乱，所以"天降下民，作之君，作之师。惟曰其助上帝，宠绥四方"[①]。因此诞生了万民之主的"民主"——君主。他的责任是为臣民做出对他们更加有利的决定，为民父母，养民教民；他的条件是德能超群，既有为臣民做出英明决策的智慧，又有愿意为臣民服务的德行，所谓"恺悌君子，民之父母"。而这样的民主思想，在《孟子》中恰恰是存在的。比如《梁惠王上》中孟子对梁惠王说："庖有肥肉，厩有肥马，民有饥色，野有饿莩。此率兽而食人也！兽相食，且人恶之；为民父母，行政，不免于率兽而食人，恶在其为民父母也？……如之何其使斯民饥而死也？"可见，说孟子不存在民主思想就是一个似是而非的妄断。古代民主思想要求君主及各层级的官吏以民之父母的情怀待民，把老百姓当作自己的孩子一样爱护，养育他们，教化他们，于是出现"子民""父母官"概念，这常常遭到现代民主学者从公民、宪政理想角度的批判和否定。这在中国思想史著作中也是经常可以看见的。事实上，"子民""父母官"的概念虽然不同于今天的"公民"等概念，但它属于古代民主、仁政思想的精华，

---

① 《尚书·周书·泰誓》，《孟子·梁惠王上》引。

是具有积极的进步意义的，值得肯定和深入挖掘，而不应戴着现代人的有色眼镜轻易地加以否定和无视。我们举这样的例子，旨在说明，中国思想史须防止先入为主，应以实事求是的客观公正态度，努力还原古代思想史的真相。

重写更加符合历史真相的中国思想史是时代赋予当下中国学者的崇高使命。让我们脚踏实地，为刷新和完善这门学科体系的现有格局而努力。

第二节　周代对"人"的本性、作用、地位的全面觉醒[①]

周代的宗法封建、分权自治带来了政治宽松与思想自由，催生了周代"人的觉醒"，带来了中国思想史上的"第一次启蒙"[②]。周代"人的觉醒"的思想启蒙是从对"人"的本性、作用、地位的自我意识开始的。周代所以能够成为中国历史上寿命最长的一个朝代，源于敬德保民的英明政治之道；这个政治之道所以英明，是源于建立在符合实际的人性学说基础之上。

政治的对象是人。政治之道，周人叫作"治人"之道、"牧民"之道。周人清楚地意识到："凡治天下，必因人情。"（《韩非子·八经》）"圣人之牧民也，使各便其性。"（《文子·自然》）周初政治家制定"敬德保民"的大政方针，源于对人性同时具有"人心"与"道心"的理解。春秋战国诸子提出不同的政治学说，源于对人性的不同理解和制度设计。正是基于对人的本性及其作用的认识，才产生了周代对人的崇高地位的确认。那么，人性是什么？它是怎么产生的？它是永恒存在的吗？它是有差等的还是共同的？人性的具体内涵有哪些？从价值属性方面评价有哪些不

---

① 本节原载《社会科学研究》2021年第3期。

② 详见祁志祥：《周代："神"的祛魅与"人"的觉醒——论中国思想史上的第一个启蒙时期》，《湖北社会科学》2017年第6期。

同形态？人的情欲属性和智慧属性有哪些作用？为什么说"天地之性人为贵"？这些就构成了周代关于"人性"的整体性思考。

一、人的生死论："精气"生人，人死为"鬼"

人的本性是由人的出生赋予的，其特质与人的来源密切相连。而且，人性不是永恒存在的。人人都必有一死，死亡会终结、异化人性，使人性在另一个世界里有不同表现。所以周代的人性学说首先表现为人的生死论。

人的生死，包括个体的生死和物种的生死。只有人的物种产生了，才有个体的人的诞生。周人思考的人性不是个体的人性，而是人类的本性。所以，周代"人"的发生思想，集中表现为人类发生论。周代的人类发生论，是周人宇宙发生论的一部分。宇宙万物是怎么发生的？《周易》、道家学派及管仲学派等表达了自然万物的本源之思。老子明确表示，宇宙万物的总根源是"道"："道……万物之宗。"（《老子》第四章）道生万物的过程是由"无"生元气之"有"，由元一之气生阴阳二气，再生天地人三才，进而生宇宙万物的过程。文子是老子的学生，对道生万物的过程又加入了四时、五行的环节。万物由道化生，都是平等的。人的本性与万物没有什么不同。"道"的特点是自然无意志，所以万物包括人的秉性也是"块然"、"木然"、无情无欲、无思无虑的。不过同时，又有一部分人认识到，人由元气中的"精气"所生，具有不同于其他物种的特殊属性。文子指出："天地未形，窈窈冥冥，浑而为一，寂然清澄，重浊为地，精微为天，离而为四时，分而为阴阳。精气为人，粗气为虫，刚柔相成，万物乃生。"人由于为气之精者所生，不仅有形体，而且有精神："夫精神者所受于天也，骨骸者所禀于地也。"（《文子·九守》）作为个体，人是天地间暂时的存在。当精气散去，"精神入其门，骨骸反其根"时，人就不存在了。列子也认为，人由天地之精气所生，是精神与骨骸的统一体，"精神者，天之分；骨骸者，地之分"（《列子·天瑞》）。与此相似，《管子》也认为，"道"通过"气"化生万物，人类由元气中的"精气"化生："凡人之生也，天出其精，地出其形，合此以为人。和乃生，不和不生。"
（《管子·内业》）阴阳生人，体现为"男女精气合"的结果。"人，水也。
男女精气合，而水流形。"（《管子·水地》）儒家著作因此认为，人为
"五行之瑞也"（《礼记·礼运》）。

　　人可以长生吗？不可以。为什么人必定会死呢？因为生死为一气之
聚散。根据对人活着时有气之呼吸、死亡后就停止呼吸的朴素唯物主义
观察，周人认识到："人之生，气之聚也。聚则为生，散则为死。"（《庄
子·知北游》）人死之后，骨骸入土，最终与大地融为一体；"精神"离
开形体上升归天，变成"鬼"。"鬼"者，因"归"取名，指生命的返乡。
相对于活人叫"行人"，死人又叫"归人"。"精神离形，各归其真，故谓
之鬼。鬼，归也，归其真宅。"（《列子·天瑞》）墨子曾大力肯定过"鬼"
的真实存在。与老子同时、与老子有过交往的道家代表人物关尹子则留下
了对"鬼"的具体描述。

　　好生恶死是人的天性，但生死是一个自然过程，不是人力能够改变
的。好生未必长生，恶死未必不死。"生生死死，非物非我，皆命也，智
之所无奈何。""生非贵之所能存，身非爱之所能厚；生亦非贱之所能夭，
身亦非轻之所能薄。"所以，好生恶死是徒劳的，也是不智的，甚至是有
害的。"怨夭折者，不知命者也。""可以生而不生，天罚也；可以死而
不死，天罚也。"（《列子·力命》）当死而死、当生而生，不悦生、不恶
死，才是应该采取的明智态度。"不知悦生，不知恶死；其出不䜣，其入
不距。翛然而往，翛然而来而已矣。"（《庄子·大宗师》）"可以生，可以
死，得生得死有矣。"（《列子·力命》）一般人只看到死亡的坏处，没有
看到死亡的好处。死亡的好处是什么呢？是活着时谋生的劳累、辛苦的解
脱。"人胥知生之乐，未知生之苦；知老之惫，未知老之佚；知死之恶，
未知死之息也。"（《列子·天瑞》）从这个意义上来说，"可以生而生，天
福也；可以死而死，天福也"（《列子·力命》），"死之与生，一往一反。
故死于是者，安知不生于彼？……安知吾今之死不愈昔之生乎"（《列

子·天瑞》），"夫大块载我以形，劳我以生，佚我以老，息我以死。故善吾生者，乃所以善吾死也"（《庄子·大宗师》）。

至此，周人完成了对人类及其个体的来源与发生、人生的过程、人的死亡及其死后状况以及对于生死应取的态度的完整的思考。这些思考虽然囿于当时的科学技术水平存有认知的局限性，但总体上是建立在朴素唯物主义实际考察与玄思之上的，同时具有相当的合理性，为正确认识人的天性提供了良好基础。

二、共同人性观与平等人性观："君子之与小人，其性一也"

"人"由"道"通过元气中的"精气"化生后，具有什么属性呢？在这个问题上，周人探讨人性，无论指什么，都是把它当作人区别于"禽兽"的物种属性来对待的。它超越个体或阶层的差别，直指共同人性、平等人性。

"性"者，从"生"得义，指天生之资质、属性。"人"作为一个特殊的物种，其物种属性在不同的个体那里有无不同呢？没有。它是"人"这个特殊物种的普遍天性、共同天性。由于后天的修养程度不同，人类虽有"上智"与"下愚"、"君子"与"小人"、"尧舜"与"桀纣"的等级差别，但在天赋本性上，"上智"与"下愚"、"君子"与"小人"、"尧舜"与"桀纣"是大体相同、没有质的区别的。所以荀子概括说："尧、舜之与桀、纣，其性一也；君子之与小人，其性一也。"（《荀子·性恶》）人同此身，身同此心。人的感官天性和心灵天性都是相同的。孟子说："口之于味也，有同耆焉；耳之于声也，有同听焉；目之于色也，有同美焉……心之所同然者何也？谓理也、义也。"（《孟子·告子上》）自私自利、趋利避害、好逸恶劳、好生恶死，是人人都具有的感官情欲。如慎到说："莫不自为也。"（《慎子·因循》）韩非说，人"皆挟自为心"（《韩非子·外储说左上》）。自私心主要表现为自利心。所以管子肯定："凡人之情，见利莫能勿就，见害莫能勿避。"（《管子·禁藏》）韩非强调："夫

安利者就之，危害者去之，此人之情也。"(《韩非子·奸劫弑臣》)荀子
指出："饥而欲食，寒而欲暖，劳而欲息，好利而恶害，是人之所生而有
也，是无待而然者也。"(《荀子·荣辱》)人不仅有相同的肉体欲求，而
且有相同的情感追求、精神追求。"趋乐避苦""好荣恶辱""喜贵恶贱"
即然。管子指出："凡人之情，得所欲则乐，逢所恶则忧，此贵贱之所同
也。"(《管子·禁藏》)荀子强调："好荣恶辱，好利恶害，是君子、小人
之所同也。"(《荀子·荣辱》)"名声若日月，功绩如天地，天下之人应之
景向，是又人情所同欲也。"(《荀子·王霸》)

　　周人还对人的情欲本性、精神本性做出价值评判，提出了"性善"
论、"性恶"论、人性"有善有恶"论、人性"无善无恶"论等说法。无
论哪一种说法，所说的"性"都指普遍人性、共同人性。

　　周人在阐述共同人性思想时，始终强调"贵贱之所同""君子、小人
之所同""愚智若一""贤不肖若一"，并举例说"尧舜之与桀纣，其性一
也"，"尧舜之与盗跖，其性一也"，"虽神农黄帝，其与桀纣同"，这当中
显然包含着人性平等的思想。它没有拔高、神化圣王，认为他们身上原来
也有桀纣、盗跖一样的恶劣的情欲，他们所以成为圣王是不断扬善去恶的
修养结果，他们仍然有继续修养的使命。也没有丑化、贬低暴君或盗跖、
小人这样的被统治者，认为他们身上原来也有尧舜、君子一样的道心、理
性，他们所以成为暴君或小人，是放弃扬善去恶、听凭情欲主宰的结果。
只要不断进行道德修养，人人都可以成为尧舜那样的圣人。较之汉代出现
的"性三品"论，周代的共同人性论不仅是更符合实际的人性论，也是最
富有平等价值的人性论。于是，"王侯将相宁有种乎"，有德者上，无德
者下，以"有道"之民取代"无道"之君，成为春秋战国时期常见的一种
君权变革思想。

三、人性内涵论："无智无欲"说与"有智有欲"说

　　人性平等，凡圣差别只是后天道德修养不同形成的结果。那么，这

共同的人性到底有哪些内涵呢？周人对此做了深入思考，形成了人性"无情无智"与"有情有智"两种不同学说。

"无情无智"说主要是道家的意见，认为无情无欲、无思无虑是人的自然本性。为什么呢？其思路或论证过程是这样的：人由"道"派生，因而禀有"道"的特质。"道"的特质是清虚寂寞、自然无意志，所以人的天性也是清虚寂寞、自然无意志的。老子认为，美好的"圣人之治"，就是使人们回归"无智无欲"的本性："虚其心，实其腹，弱其志，强其骨，常使民无知（智）无欲。"（《老子》第三章）文子对此做了进一步的分析："虚者中无载也，平者心无累也，嗜欲不载，虚之至也；无所好憎，平之至也；一而不变，静之至也；不与物杂，粹之至也；不忧不乐，德之至也。"（《文子·道原》）庄子揭示人的道德天性表现为"无情""无欲""无智"。"恶、欲、喜、怒、哀、乐，六者累德也。"（《庄子·庚桑楚》）"心不忧乐，德之至也。"（《庄子·刻意》）此为"无情"。"其嗜欲深者，其天机浅。"（《庄子·大宗师》）"同乎无欲，是谓素朴。素朴而民性得矣。"（《庄子·马蹄》）此为"无欲"。"全汝形，抱汝生（通性），无使汝思虑营营。"（《庄子·庚桑楚》）此为"无智"。人的心灵天性本来是平静虚空的。情感、欲望、思虑的活动使人的心灵失去了平静虚空的本性，是对人的道德本性的背离。管子也这么看。"凡人之生也，必以平正。所以失之，必以喜怒忧患。""凡人之生也，必以其欢。忧则失纪，怒则失端。忧悲喜怒，道乃无处。""彼道不离，民因以知。"（《管子·内业》）"虚其欲，神将入舍；扫除不洁，神乃留处。"（《管子·心术上》）所以必须以清虚平淡、不动好恶、不计是非的道德本性来控制、制约蠢蠢欲动的情欲、心计活动。"凡心之形，过知失生（通性）。""形不正，德不来；中不静，心不治。""能正能静，然后能定。"（《管子·内业》）情欲、思虑怎么会产生的呢？究其来源，是心灵感受外物、被外物牵引的产物。以内制外，以心御物，以静制动，应物无伤，是保持心灵虚静本性的重要手段。所以，管子告诫人们："不以物乱官，不以官乱心。"（《管

子·内业》）

　　另一种意见以儒家、法家为代表，认为人性有情有欲、有思有虑。这种人性论认为，情欲、思虑不是人的心性中后起的东西，而是先天赋有、与生俱来的。"情者，性之质也；欲者，情之应也。"（《荀子·正名》）"喜、怒、哀、乐、爱、恶、欲，七者弗学而能。"（《礼记·礼运》）"夫人之情，目欲綦色、耳欲綦声、口欲綦味、鼻欲綦臭、心欲綦佚。此五綦者，人情之所必不免也。"（《荀子·王霸》）人是有情欲、有思虑的生物。什么原因呢？因为人为"精气""秀气"所生，为万物之中有"智慧"者。人又由阴阳二气化生，"夫精神者，所受于天也；骨骸者，所禀于地也"（《文子·九守》），所以，人既有物质属性，又有精神属性；既有肉体欲求，又有思维特质；既有"人心"，又有"道心"。于是二重人性，成为这派人性学说的主要内涵。

　　人的情欲之心有哪些表现呢？主要表现为对饮食、男女的两大欲求。《孟子·告子》记载告子的话说："食、色，性也。"《礼记·礼运》说："饮食男女，人之大欲存焉。"人的情欲本性，有如下多种表现形态。

　　一是"好生恶死"。《管子·形势解》说："民之情莫不欲生而恶死。"《荀子·正名》说："人之所欲生甚矣，人之所恶死甚矣。"《礼记·礼运》强调："死亡贫苦，人之大恶存焉。""生"是人生的最大财富，"死"是人生利益的彻底毁灭。所以"生"是最大的快乐和幸福，"死"是最大的不幸与痛苦。

　　二是"自私自利"。人是一种生物，谋取私利以维持自己的生命存在，是生物的基本追求。所以管子指出："人情非不爱其身也。"（《管子·小称》）慎到肯定："人莫不自为也。化而使之为我，则莫可得而用矣。"（《慎子·因循》）他举例说明人的"自为"天性："家富则疏族聚，家贫则兄弟离，非不相爱，利不足相容也。""匠人成棺，不憎人死，利之所在，忘其丑也。"（《慎子·逸文》）韩非承此而来，对人的"自为心"及人与人之间的利害关系做了更为犀利的剖析。比如医生与患者、雇主与雇工、卖轿者或卖棺者与顾客的关系就是相互利用的利害关系。表面亲如一家的父子、夫妻关系也是如此："夫妻者，非有骨肉之恩也，爱则亲，不爱则疏。"（《韩非子·备内》）"父母之于子也，产男则相贺，产女则杀之。此俱出父母之怀衽，然男子受贺，女子杀之者，虑其后便，计之长利也。故父母之于子也，犹用计算之心以相待也，而况无父子之泽乎?"（《韩非子·六反》）"人为婴儿也，父母养之简（马虎），子长而怨。子盛壮成人，其供养薄，父母怒而诮之。子父至亲也，而或谯或怨者，皆挟相为（要求别人为自己作想）而不周于为己也。"（《韩非子·外储说左上》）君臣关系实质上也是一种利益买卖、交换、计算关系。"主卖官爵，臣卖智力。"（《韩非子·外储说右下》）"臣尽死力与君市，君垂爵禄以与臣市。"（《韩非子·难一》）"主利在有能而任官，臣利在无能而得事；主利在有劳而爵禄，臣利在无功而富贵；主利在豪杰使能，臣利在朋党用私。"（《韩非子·孤愤》）"君以计畜臣，臣以计事君，君臣之交，计也。"（《韩非子·饰邪》）总之，利益关系是人与人之间最本质的关系。

三是"好逸恶劳"。人生的利益不仅包括"饥而欲食，寒而欲暖"，而且包括"劳而欲息"，"骨体肤理好愉佚"。所以"好逸恶劳"是人的又一天然追求。商鞅指出："民之性：饥而求食，劳而求佚。"（《商君书·算地》）。荀子指出，"骨体肤理好愉佚"，"此人之情性也"（《荀子·性恶》）"劳而欲息……是人之所生而有也"（《荀子·荣辱》）。韩非子明确概括："夫民之性，恶劳而乐佚。"（《韩非子·心度》）

四是"欲富恶贫""喜贵恶贱"。"富"是利益、财富的积聚，"欲富恶贫"是"好利恶害"的自然结果与情感反应。经济地位决定社会地位。富人往往是贵族，"贵"是被人尊重的社会地位的象征。嫌贫爱富，必然喜贵恶贱。所以孔子指出："富与贵，是人之所欲也……贫与贱，是人之所恶也……"（《论语·里仁》）《管子》指出，民有"四欲""四恶"，其中之一即"欲贵"（《管子·枢言》）"恶贱"（《管子·牧民》）。韩非指出："人情皆喜贵而恶贱。"（《韩非子·难三》）

五是"好荣恶辱"。"荣"是荣誉，可以获得别人尊重。"辱"是侮辱，那是被人鄙视的。人不仅有吃饱穿暖的物质追求，还有被人尊重的精神追求，所以，"好荣恶辱"是人的又一天性。商鞅指出："辱则求荣，民之情也。""羞辱劳苦者，民之所恶也；显荣佚乐者，民之所务也。"（《商君书·算地》）荀子指出："好荣恶辱……是君子、小人之所同也。"（《荀子·荣辱》）《吕氏春秋》指出，"人之情"，"欲荣而恶辱"（《吕氏春秋·适音》）。被人尊重的显荣，不仅可由崇高的社会地位带来，也可由巨大的名声带来，所以"荣誉"又叫"名誉"。商鞅说："民生则计利，死则虑名。""名与利交至，民之性。"（《商君书·算地》）韩非说："名之所彰，士死之。"（《韩非子·外储说左上》）荀子总结："名声若日月……天下之人应之景向，是又人情所同欲也。"（《荀子·王霸》）

六是趋乐避苦。"欲"是与"情"联系在一起的。利欲的实现，自然会引起情感的快乐。与趋利避害紧密相连的是趋乐避苦。商鞅指出："苦则索乐……此民之情也。"（《商君书·算地》）管子总结得好："凡人之情，得所欲则乐，逢所恶则忧，此贵贱之所同有也。"（《管子·禁藏》）

人除了有生物属性之外，还有不同于禽兽的非生物特性。这个特性是什么呢？就是"智虑""思维"。既然人由元气中的"精气""秀气"所生，所以人心与生俱来地具有不同于其他生物，特别是"禽兽"的智慧机能，它使得人类能够清楚地认识到放纵情欲带来的恶果，从而以理节欲，更好地维护人类的生存。春秋时期郑国思想家子产说："人之所以贵于禽兽者，智虑。"（《列子·杨朱》）。孔子指出："哀莫大于心死。"[1]人最大的悲哀是心灵停止思维活动。"饱食终日，无所用心，难矣哉！不有博弈者乎？"（《论语·阳货》）。由于人心具有思维的天性，所以"无所用心"对于一个人来说是很难受的。解闷的"博弈"游戏就是适应"用心"的天性产生的。孟子明确揭示，心灵这个器官与耳目感官的最大区别就是"心

---

[1] 《庄子·田子方》引孔子语。

之官则思"，而"耳目之官不思"。(《孟子·告子上》)人心的这种智慧、思维机能，又被视为"灵智"或"灵性"。孔子指出，人"受才乎大本，复灵以生"①，生来具有灵智。杨朱说："人肖天地之类，怀五常之性，有生之最灵者也。"(《列子·杨朱》)人的思维、智虑的最大功能，就是能够认识外物的本质、特征和规律。《管子》指出："心之所虑，非特知于粗粗也，察于微妙。"(《管子·水地》)孟子指出，耳目之官不会思考，故"蔽于物"；心之官能思考，所以能够认识外物。这就叫"思则得之，不思则不得也"(《孟子·告子上》)。鹖冠子指出："精神者，物之贵大者也。"(《鹖冠子·泰录》)"圣人之道与神明相得。"(《鹖冠子·度万》)在"思维""神明"的基础上，产生了辨别是非善恶的道德之心。"恻隐之心，仁也；羞恶之心，义也；恭敬之心，礼也；是非之心，智也。仁义礼智，非由外铄我也，我固有之也。"(《孟子·告子上》)这种道德天性是人区别于"禽兽"的根本特性。列子指出："人而无义，唯食而已，是鸡狗也；强食靡角，胜者为制，是禽兽也。"(《列子·说符》)

　　周人不仅深刻认识到人性的二重内涵，而且对感官天性与心灵天性各自的特点及其关系做了深入论析。周人认为，人的理性、智慧的特点是安静的、平正的，所以能够获得对事物的清明、正确认识。"定心在中，耳目聪明。"(《管子·内业》)"人能正静……耳目聪明……乃能……鉴于大清，视于大明。"(《管子·内业》)人的情欲恰恰是躁动的。它感物而生，应物起舞，打破了心智的平静清明，背离对事物的真切认识。"心感物，不生心生情；物交心，不生物生识。""情生于心，心生于性。情，波也；心，流也；性，水也。"(《关尹子·鉴篇》)"凡人之生也，必以平正。所以失之，必以喜怒忧患。"(《管子·内业》)"夫心有欲者，物过而目不见，声至而耳不闻也。"(《管子·心术》)"心忆者犹忘饥，心忿者犹忘寒，心养者犹忘病，心激者犹忘痛。"(《关尹子·七篇》)因此，要确

---

① 转引自《庄子·寓言》。

保对天地万物有清明、正确的认识，就必须以理性控制情欲和引起情欲的外物。"能去忧乐喜怒欲利，心乃反济。""节其五欲，去其二凶（指喜怒），不喜不怒，平正擅（据）胸。"（《管子·内业》）因此，人的情欲与理性二重属性不是互不关联的两股道上跑的车，而是相互联系的一个整体，处理二者关系的方法是相互兼顾，以理性为主。管子指出，"心"为"君主"，"九窍"为"百官"，君安则臣治，心静则情和："心之在体，君之位也；九窍之有职，官之分也。心处其道，九窍循理；嗜欲充益，目不见色，耳不闻声。"（《管子·心术上》）"我心治，官乃治；我心安，官乃安。"（《管子·内业》）孟子指出，"心之官"为人之"大体"，"耳目之官"为人之"小体"，"从其大体为大人，从其小体为小人"。"先立乎其大者"，在心性这个大方面把好关，则"为大人而已矣"。（《孟子·告子上》）

比较一下道家"无智无欲"的人性论与儒家、法家"有智有欲"的人性论，显然，前者更多地体现为一种拯救乱世的人性理想，后者则是面对实际提出的人性分析，更具有现实的指导意义。当然，二者也不是截然对立的。道家所说的人的道德本性的"虚极静笃"，与儒家所要求的道德理性的"静而后能安，安而后能虑"（《大学·经文》），就有显著的通约之处。在要求以道德心性控制自然情欲的过度追求这一点上，二者目标一致，殊途同归。从当时及后代的实际情况看，"有智有欲"的人性论显然比"无智无欲"的人性论影响更为广泛和深远。

四、人性价值论："性善""性恶""有善有恶""无善无恶"

春秋战国时期"有智有欲"的人性内涵论影响巨大。对人的天性中的情欲和理智内涵做出价值评判，就形成了"性善"论、"性恶"论和"有善有恶"论、"无善无恶"论四种学说。

"性善"论的代表是孟子。他认为人天然地具有"仁""义""理""智"这些"良知""良能"，因而是"性善"的动物。他论证说："人之所不学而能者，其良能也；所不虑而知者，其良知也。孩提之童无不知爱其亲者，及其长也，无不知敬其兄也。亲亲，仁也；敬长，义也。"(《孟子·尽心上》)"理义之悦我心，犹刍豢之悦我口。"(《孟子·告子上》)"人皆有不忍人之心……恻隐之心，仁之端也；羞恶之心，义之端也；辞让之心，礼之端也；是非之心，智之端也。人之有四端也，犹其有四体也。"(《孟子·公孙丑上》)既然道德善性是天生的，为什么有小人、恶人呢？这是放弃对天赋善性的追求、丢失天赋善性的结果，所谓"求则得之，舍则失之"(《孟子·尽心上》)。之所以会发生这种情况，根源在于善心被感官欲望主宰和遮蔽。所以他强调加强后天的道德修养，永葆"仁义礼智"的善心。

"性恶"论的代表是荀子。他的观点与孟子的"性善"论针锋相对。荀子认为，天生的资质叫"性"。"仁义礼智"等道德意识恰恰不是人的天性，而是后天教化修养的结果，所以人不是"性善"的动物。人的天性不是道德意识，而是情感欲望。人的自然情欲要求无限满足自己，具有作恶的天然倾向，是产生社会祸乱的根源："今人之性，生而有好利焉，顺是，故争夺生而辞让亡焉；生而有疾恶焉，顺是，故残贼生而忠信亡焉；生而有耳目之欲，有好声色焉，顺是，故淫乱生而礼义文理亡焉。然则从人之性，顺人之情，必出于争夺，合于犯分乱理，而归于暴。"(《荀子·性恶》)因而，荀子得出结论说：人是"性恶"的动物。统治者用礼义道德对人的情欲加以教化和规范，恰恰是人性本恶的证明。"今人之性，固无礼义，故强学而求有之也；性不知礼义，故思虑而求知之也。""凡人之欲为善者，为性恶也。"(《荀子·性恶》)

人性"有善有恶"，同时具有善恶二重性，这种观点的代表是春秋时期陈国的世硕。世硕是孔子弟子。他曾著《养书》一篇阐述这个观点，遗憾的是没能留传下来。他的这一观点保留在东汉王充的《论衡·本性》中："周人世硕，以为人性有善有恶。举人之善性，养而致之则善长；恶性，养而致之则恶长。如此，则性各有阴阳，善恶在所养焉。故世子作

《养书》一篇。"接着王充还补充说："密（一作虑）子贱、漆雕开、公孙尼子之徒，亦论情性，与世子相出入，皆言性有善有恶。"密子贱、漆雕开也是孔子弟子，公孙尼子是孔子再传弟子，他们的观点与世硕差不多，都坚持"有善有恶"的二重人性论。看来这种人性论在春秋战国时期影响不小。其论证思路有二。一是人性中既有恶的情欲，也有善的理性，关键在于往哪个方向引导。"性可以为善，可以为不善。是故文武兴则民好善，幽厉兴则民好暴。"①人性可以使它善良，也可以使它不善良。所以善良的周文王、周武王当朝，老百姓就喜欢做好事；暴虐的周幽王、周厉王当朝，老百姓就热衷争斗。二是认为应说有的人"性善"，有的人"性恶"，不能一概而论地说人"性善"或"性恶"。"有性善，有性不善。是故以尧为君而有象，以瞽瞍为父而有舜；以纣为兄之子且以为君，而有微子启、王子比干。"②有的人本性善良，有的人本性不善良。比如虽然有尧这样的圣人做天子，却有这样不善良的臣民；虽然有瞽瞍这样不善良的父亲，却有舜这样善良的儿子；虽然有殷纣王这样不善良的侄儿，并且做了天子，却也有微子启、王子比干这样善良的长辈和贤臣。这就埋下了差等人性论的种子，是对共同人性思想的否定。

值得说明的是，人性同时兼有善与不善二重性，这种观点早在周人编订的《尚书·虞书·大禹谟》中就有反映。舜说："人心惟危，道心惟微；惟精惟一，允执厥中。""人心惟危，道心惟微"是舜对夏禹的政治告诫。他告诉政治家，人身上同时具有"人心"与"道心"。"人心"是人欲之心、人情之心，是情欲之性。"道心"是理义之心、智慧之心，是道德理性。"人心"有作恶的危险，所以叫"人心惟危"；"道心"有为善的微妙，所以叫"道心惟微"。统治者必须平衡、折中二者的关系，不走极端，不落一偏。这个说法，其实是世硕等人"有善有恶"二重人性论的

---

① 《孟子·告子上》引。
② 《孟子·告子上》引。

最初依据。

　　"无善无恶"人性论的代表是战国时代的告子。告子没有留下著作。他的观点见于《孟子》记载："告子曰：'性无善、无不善也。'"告子的论证很少，只是做了个比喻论证："性犹湍水也，决诸东方则东流，决诸西方则西流。人性之无分于善、不善也，犹水之无分于东西也。"（《孟子·告子上》）这意思是说：既然人性如流水，在外力的作用、疏导下可以往东流，也可往西流，可以作恶，也可为善，所以人性就无法说是善的或恶的。告子的人性论是"有善有恶""可善可恶"人性论的反向推演。

　　值得注意的是，道家学派没有明确给人性贴上善恶的标签，但事实上埋下了"性善情恶"二重人性论的基础。"性"指人的天性，道家用来指人从"道"那儿秉持的清虚寂寞的本性，表现形态是"无情无欲""无思无虑"。因最符合道家的"道德"观，因而被认为是善的。而情欲、思虑都是对虚静的道德本性的偏离，因而被认为是恶的。老子说："大道废，有仁义；智慧出，有大伪。"（《老子》第十八章）"失道而后德，失德而后仁，失仁而后义，失义而后礼。夫礼者，忠信之薄，而乱之首。"（《老子》第三十八章）庄子说："道德不废，安取仁义？性情不离，安用礼乐？"（《庄子·马蹄》）不仅儒家的仁义礼智是对人的"道德性情"的背离，常见的情感好恶也是如此，具有恶性，所以庄子主张"无情"，"不以好恶内伤其身"（《庄子·德充符》），"喜怒哀乐不入胸次"（《庄子·田子方》）。值得注意的是关尹子对情的批判态度。"一情冥为圣人，一情善为贤人，一情恶为小人。一情冥者，自有之无，不可得而示；一情善恶者，自无起有，不可得而秘。"（《关尹子·宇篇》）。人的最完美的境界是"情冥"，即无情。只要有情，哪怕是有善情，也等而下之。心为情所蔽，就会乱象丛生，好比被各种各样的鬼所迷住一样。要之，道家认为人的本性"无欲无智"，有情欲是恶的，有智虑也是恶的，只有虚静无为的道德本性是善的。道家对于人性善恶的实际价值判断，是"性善情恶"，因而道家主张以虚静的道德本性清除情欲活动和意识活动。道家的

"情恶"观，与荀子是相似的；其"性善"论，与孟子却不一样。孟子的"性善"论所说的"仁义礼智"的"善"，在道家眼里恰恰是恶。

五、人性作用论和因应论："欲多用亦多""智慧知万物"

周人的总体观点，是认为人性具有恶的情欲与善的心性二重性。周人探讨人性问题，主要是为"牧民"之道提供"因应"依据的。那么，政治家应当如何因应这二重人性呢？人的二重属性，究竟有什么作用呢？

人欲自私自利，有作恶的天性，政治家是不是应该彻底铲除它呢？不。周人明确意识到"欲不可去"（《荀子·正名》），必须公开承认情欲存在的权利。"欲与恶，所受于天也，人不得与焉，不可变，不可易。"（《吕氏春秋·大乐》）其次，周人认识到，自私自利的情欲既有作恶的消极作用，也有可以被因势利导的积极作用。仅仅看到它恶的一面，对它加以扼杀或压制是极为浅薄的。"凡语治而待去欲者，无以道欲而困于有欲者也；凡语治而待寡欲者，无以节欲而困于多欲者也。"（《荀子·正名》）"使民无欲，上虽贤，犹不能用。夫无欲者，其视为天子也，与为舆隶同；其视有天下也，与无立锥之地同；其视为彭祖也，与为殇子同。天子至贵也，天下至富也，彭祖至寿也，诚无欲，则是三者不足以劝。舆隶至贱也，无立锥之地至贫也，殇子至夭也，诚无欲，则是三者不足以禁。"（《吕氏春秋·为欲》）再次，既然自私自利是人的一切活动的原动力，只要因民之性，顺应人欲，欲利者利之，合理加以引导，就能极大调动人的劳作的主动性，产生排山倒海的积极力量。"因也者，因人之情也。""故用人之自为，不用人之为我，则莫不可得而用矣。"（《慎子·因循》）"以道治天下，非易人性也，因其所有而条畅之。故因即大，作即小……能因，则无敌于天下矣。"（《文子·自然》）圣人治民，"因民之欲，乘民之力"（《文子·自然》）。反之，如果一个人什么利益都不考虑，君主也就失去了有效让他为自己效力的指挥棒。对于那些口口声声无私尽忠的人，政治家必须加以警惕防范。"人不得其所以自为也，则上不取用焉。"

（《慎子·因循》）对于自私反而好利用、无私反而不可利用的相反相成之道，《吕氏春秋》有极为深刻的揭示："人之欲多者，其可得用亦多；人之欲少者，其得用亦少；无欲者，不可得用也。""善为上者，能令人得欲无穷，故人之得用亦无穷也。"（《吕氏春秋·为欲》）复次，顺应、满足人的私利欲望可以产生能动的效用，但也必须注意到情欲追求的恶性，如果"无度量分界，则不能不争"（《荀子·礼论》），"形而不为道，则不能无乱"（《荀子·乐论》），所以因势利导、以理导欲，在"因民之性"的同时加以节制至关重要。只有这样才能化恶为善，将人们追求私利的活动引导到国家、社会需要的合理范围内，产生既利民又利国的积极效果。"故先王之制法，因民之性而为之节文……因其性即天下听从，拂其性即法度张而不用。"（《文子·自然》）这个"为之节文"的理性规范，在周代主要就是"礼乐"。

关于人的"智虑"特性的作用，周人也有相当深刻的认识。首先认为人的"智虑"具有照物之明，能够认识事物的外部特征，洞悉事物的内在奥秘。"彼道不离，民因以知。"（《管子·内业》）"至神明之极，照乎知万物"，乃能"鉴于大清，视于大明"。（《管子·内业》）这又分两个层次。一是有智（思虑）之智，即以儒家为代表的智慧，由常见的理性思维构成。二是无智（思虑）之智，即以道家为代表的智慧，由超验的神秘理性构成，具有"大智若愚""不见而明"的特征。前者好理解，不需多说。后者值得细看一下。老子说："涤除玄鉴。"（《老子》第十章）"玄鉴"的前提是"涤除"一切欲念。"常无，欲以观其妙。"（《老子》第一章）只有心中无所有，才能玄观万物之妙。"不出户，知天下；不窥牖，见天道。""圣人不行而知，不见而明。"（《老子》第四十七章）这是一种"不智"之"大智"。"以不智治国，国之福。"（《老子》第六十五章）"古之善为道者，非以明民，将以愚之。"（《老子》第六十五章）"不尚贤，使民不争；不贵难得之货，使民不为盗；不见可欲，使民心不乱……使夫智者不敢为也。"（《老子》第三章）而这种"大智"所否定的世俗之智，斥斤计较于是非善恶、仁义礼智，其实是"小智"。"民之难治，以其智多。故以智治国，国之贼。"（《老子》第六十五章）这里说的"智"都指"小智"。因此，老子说："绝圣弃智，民利百倍。"（《老子》第十九章）遗憾的是，"人皆欲智而莫索其所以智乎"（《管子·心术上》）。所以芸芸众生都在这种自以为是的"小智"中徘徊挣扎。人类社会从古至今的发展史，就是一部从"大智"向"小智"的退化史。"失道而后有德，失德而后有仁，失仁而后有义，失义而后有礼。"（《老子》第三十八章）然而不管道家怎样看，正是在人所独有的智慧的指导下，人们可以"后天地而生而知天地之始，先天地而亡而知天地之终"（《鹖冠子·能天》），也就是可以认识天地之理；可以"小大曲制，无所遗失，远近邪直，无所不及"；"不若万物多，而能为之正；不若众美丽，而能举善指过焉；不若道德富，而能为之崇；不若神明照，而能为之主；不若鬼神潜，而能著其灵；不若金石固，而能烧其劲；不若方圆治，而能陈其形"。（《鹖冠子·能天》）广而言之，周代所以能够对"天""地""人""神"有深切的认识，都源于"智慧"具有的"聪明"功能。

以"智慧"机能认识人与人交往的社会准则，便产生"仁""义""礼"为代表的道德规范。"仁""义""礼"之类的道德概念并非儒家的发明，而是周初的统治者就倡导、践行的，只是到儒家手中集其大成而已。孔子说："仁义，真人之性也。"①孟子说："人之有道也，饱食暖衣、逸居而无教，则近于禽兽。"（《孟子·滕文公上》）《礼记》指出："鹦鹉能言，不离飞鸟；猩猩能言，不离禽兽。今人而无礼，虽能言，不亦禽兽之心乎！……是故圣人作为礼以教人，使人以有礼，知自别于禽兽。"（《礼记·曲礼上》）礼义，是人与禽兽的根本区别。因此，荀子总结说："礼者，人道之极也。"（《荀子·礼论》）"人之所以为人者，非特以其二足而无毛也，以其有辨也。夫禽兽有父子而无父子之亲，有牝牡而无男女之

---

① 转引自《庄子·天道》。

别。故人道莫不有辨，辨莫大于分，分莫大于礼。"(《荀子·非相》)而"礼"正是引导人的情欲在合理范围内活动的人道规范。

以人的特性智慧正确认识自然本性和规律，就可以处理好人与自然的关系，从自然中谋取生活资料，为人类自身服务。动物只是被动地等待自然恩赐，其生命活动是本能的、无意识的。而人类则能够在意识的指导之下驾驭自然、改造自然，通过有计划、合规律的劳动创造生活财富。这是马克思主义的"人的本质"观。而墨子早有触及："今人固与禽兽……蜚（通飞）鸟……异者也。今之禽兽……蜚鸟……因其羽毛以为衣裘，因其蹄蚤以为绔屦，因其水草以为饮食……衣食之财故已具者矣。今人与此异者也，赖其力者生，不赖其力者不生。"(《墨子·非乐上》)这里的"力"指的是人的能动、积极的劳动。

人凭借智慧机能，不仅懂得认识和掌握自然规律，向自然界谋取生活财富，而且懂得在劳动中联合起来，共同对付自然挑战，提高族类的生存能力。《吕氏春秋》指出："凡人之性，爪牙不足以自守卫，肌肤不足以捍寒暑，筋骨不足以从利避害，勇敢不足以却猛禁悍，然且犹裁万物、制禽兽、服狡虫，寒暑燥湿弗能害，不唯先有其备而以群居邪？群之可聚也，相与利之也。利之出于群也。"(《吕氏春秋·恃君》)荀子指出，人"力不若牛，走不若马，而牛马为用，何也？曰：人能群，彼不能群也"(《荀子·王制》)。个体的人的能力比不上许多动物，但在智慧的指导之下，人懂得团结起来组成社会群体，形成巨大的合力，所以能够驾驭万物。在社会财富消费环节，周人还意识到"百工之事固不可耕且为"，"一人之身而百工之所为备"(《孟子·滕文公上》)，这就从生产到消费的全过程触及马克思所讲的人的"社会性"特征。

周代对人的智慧特性的认知功能及其产生的道德特性、劳动特性、社会特性的认识，与西方古典哲学人性论的"意识"特性说和马克思的"劳动"特性说、"社会特性"说多有交叉链接，是这个时代"人的觉醒"的又一标志。

六、人的地位论："天地之性人为贵"

周人认为，人具有情欲与理智二重天性，人的自然情欲可以在理智确认的道德规范指导下发挥伟大的积极作用，造福社会与个人，告别弱肉强食、相互厮杀、生死无常的禽兽状态；可以在理智的指导下组成社会团体，团结起来共同对付自然，可以凭借理智认识自然规律，驾驭、改造自然，发挥主观能动性，谋取和创造生活财富，成为万物的主宰。因此，周人对"人"在宇宙万物中的地位得出了一个迥异于殷商的结论：人是"万物之灵""天地之心"，万物之中，人最高贵。

周代的这个人的地位结论，是建立在一系列的比较、推演基础上的。

第一，"人之所以贵于禽兽者，智虑"①，"神明者，以人为本者也"（《鹖冠子·博选》）。心灵能够认识对象和自我的本质、规律的"智虑"或"神明"，是人类与"禽兽"区分开来，并凌驾于"禽兽"之上，成为万物之"本"的根源。

第二，人的高贵之处，突出表现为人类在谋取私利时有道义规范，而不像"禽兽"那样仅仅听凭本能行动。荀子概括得很精辟："水火有气（元气）而无生（生命），草木有生而无知（知觉），禽兽有知而无义（道义）；人有气、有生、有知、有义，故最为天下贵也。"（《荀子·王制》）世界上的物质有的是无机物，有的是有机物；有机物中有的无生命，有的有生命；有生命的物种中有的有知觉，有的无知觉；有知觉的动物中有的有道德意识，有的无道德意识。人就是万物中处在最高序列的有道德意识的物种，所以最为高贵。

第三，禽兽只是被动地等待自然，"因其羽毛以为衣裘，因其蹄蚤以为绔屦，因其水草以为饮食"，而人类则懂得"赖其力"而"生"。（《墨子·非乐上》）依靠自己有计划、有组织、有协作的劳动去谋求更好的生存，"制禽兽、服狡虫"（《吕氏春秋·恃君》），"用牛马"（《荀子·王

---

① 《列子·杨朱》，子产语。

制》），乃至"裁万物"（《吕氏春秋·恃君》），成为万物的主宰。所以说："天生万物，唯人为贵。"（《列子·天瑞》）

第四，老子曾经认为，"道"派生了"天""地"及万物，万物中"人"最高贵，所以将"人"与"天""地"并列，提出"域中有四大"，即"道大、天大、地大、人亦大"。（《老子》第二十五章）到了战国后期，人们愈来愈认识到，人类可以凭借智慧掌握和利用"天时""地利"等自然规律为人类服务，对人的吉凶祸福而言，"天时""地利"都不如"人和"重要。所以在"天""地""人"三者中，鹖冠子提出"法天则戾""法地则辱"的"先人"主张："天高而难知，有福不可请，有祸不可避，法天则戾；地广大深厚，多利而鲜威，法地则辱……故圣人弗法……是故先人。"（《鹖冠子·近迭》）荀子则响亮地提出："大天而思之，孰与物畜而制之？从天而颂之，孰与制天命而用之？"（《荀子·天论》），所以周人得出的最终结论是："人"的地位比"天""地"还高。正如《孝经》所揭示："天地之性人为贵。"《礼记·礼运》也如此赞美："人者，天地之心也。"

第五，在"神""人"的地位比较上，殷商留下来的传统观念认为人的祸福由"神"决定，"神"的地位至高无上。但到了西周，人们已开始认识到"天命靡常"，"神"不可信。到了春秋战国时代，人们进一步认识到，"天命""神意"是飘忽不定、"安知其所"（《吕氏春秋·有始览·应同》）的；"吉凶由人"①，"祸福无门，唯人所召"②。"尧为善而众善至，桀为非而众非来"（《吕氏春秋·有始览·应同》），只要多做善事，就一定有幸福降临。于是，在周人的心目中，"人"的地位比"神"还高贵。周武王说，"惟人"为"万物之灵"（《尚书·周书·泰誓上》）。孔安国注解说："灵，神也。"这个命题的意思是说，只有"人"才是万物中的神

---

① 《左传·僖公二十六年》，周内史叔兴语。
② 《左传·襄公二十三年》，鲁国大夫闵子马语。

灵！至为神圣，不可亵渎。于是，"人"取代了"神"，在周人心目中拥有至高无上的地位。周代思想界的一切，都围绕着"人道"的核心运行。

周代关于"人性"的思考，涉及人的生死、平等人性、人性内涵、人性价值、人性作用、人的地位，体现了人对自我的全面觉醒。它运用朴素的唯物主义方法直击人性实际，探究人性奥秘，渗透着求真务实的科学精神，系统而深刻，至今仍有强大的生命活力和参考意义。

第三节 周代"以人为本"的天人之辩 [①]

周代是中国思想史上第一个启蒙时代。周代思想启蒙的标志是周人对"人"自身的本性、作用、地位的觉醒。同时，周人仍然保留着上古至夏商的神灵概念，"神""人"关系成为周代思想界思考论辩的重要问题。至上神在殷商多称"帝""上帝"，周人则多称"天""昊天"。于是，周代的"神人关系"又表述为"天人关系"。"天"在周代的话语体系中，还指与"地"相对的上天和包括天地万物在内的大自然，所以，周代的"天人关系"又包括"人与天时""人与自然"的关系。周代的"天人之辨"，一方面贵人轻神，另一方面又要求"以人法天"，各种观点都有，往往使人有失轩轾、不辨伯仲。比如葛兆光着眼于周代"以人法天"的论述，忽视了周代思想界由殷商的"神本"向此时的"人本"的重心转化，认为周代与殷商思想界整体上是一致的、无分别的。他说："西周的思想世界与殷商的思想世界，实际上同多而异少。"[②] 另有学者虽然注意到周人对人道的重视，但却得出周代"天民平衡""神人并重"的结论。比如中国社会科学院赵法生最近著文指出："西周宗教是中华伦理宗教的典范形态。就宗教信仰和人文精神而言，二者保持着十分精微而难得的平

---

① 本节原载《东南学术》2022年第1期。

② 葛兆光：《中国思想史》（第一卷），复旦大学出版社2001年版，第34页。

衡。一方面，宗教的深化并没有完全压倒和否定人之价值，而是进一步将人本身的主动力量激发了出来；另一方面，人文价值的彰显并没有否定至上神的作用与意义，反倒成为实现天命的手段与形式，崇德与民本正是要遵从天命以求永命的手段。西周宗教……是一种内外平衡的中道超越。"①给宗教祭拜的"天命"注入"民本"道德内涵，本来是周人"由人定天""以人为本"的证明，但在赵法生看来则成了"敬天"与"尊民"的"中道"式"平衡"，甚至说这是西周初期周公发动的"宗教革命"的成果。"伦理宗教"概念是否成立，周公是不是发动过"宗教革命"，这本身就大可商榷，这里姑且不论。赵氏所说的"天民平衡"，虽然给了"人道"较多的关注，但没有透过"平衡"的表象洞悉"天"向"民"的偏重和"民本""先人"的实质。这仍然是笔者难以认同的。由商到周，周人一方面保留着商人的万物有灵、神灵至上思想，认为天、人之间会发生感应，获取人间的幸福必须"尊神""法天"；另一方面，周人又清醒地意识到，祭神拜天并不灵验，天、人之间存在着分别，人间的幸福必须靠自己创造，吉凶由"人"不由"天"，拜神不如敬人，仰视"天"不如驾驭"天"。与此同时，周人利用商人留下的"尊神""贵天"观念，将"民意""人道"说成"天志""天命"，助推"民意""人道"的贯彻实行。

总体看来，周代的"天人之辨"从"尊天敬神""以人法天"出发，发展到神人并尊、天人并尊，主张"神民俱顺""循天顺人"，最终否认鬼神的作用，降低"天时地利"的地位，肯定"吉凶由人""祸福人招"，主张"贵人先人"。在"天人感应"与"天人相分"、"以人法天"与"以人定天"的互动建构中，周代思想界完成了"以人为本"的转变。周代倡导的"天人合一"，不是赵法生新论的什么"天民平衡"，而是由"应人""利人"决定着"顺天""利天"的"天人合一"。其中体现的强烈的"人本"倾向，奠定了周代文化与殷商"神本"文化的根本差异，使得葛

① 赵法生:《殷周之际的宗教革命与人文精神》,《文史哲》2020年第3期。

兆光先生的殷周文化无差别的一体论不攻自破。

一、神灵概念在周代的存在形态及其祭祀方式

殷人"尊神""先鬼"。周代"近人""尊礼"，出现了"无神"论。《墨子·明鬼下》就记载了春秋时期大量"无鬼"论者对鬼神的否定："鬼神者，固无有。"不过就普遍情况来看，神灵在周人的心目中依然是普遍存在的。老子否定至上神的概念，但并不否定神灵的存在。孔子虽然"敬鬼神而远之"，但从未否定"鬼神"，而是尊敬有加。《左传》中记载"鬼神"的地方多达64处。《墨子·明鬼》举了史书记载的许多例子，说明神鬼通过奖善罚恶显示、证明它的存在："以若书之说观之，则鬼神之有，岂可疑哉！"

周代的"神灵"观念表现为"天神""地神""人神"。"天神"包括日神、月神、星神、云神、风神。东方青龙、北方玄武、西方白虎、南方朱雀属于四方星宿之神。屈原《九歌》中的"东君"（日神）、"东皇太一"、"云中君"等都属于天神。天神中的"帝""上帝"或"天""昊天"是诸神中占主宰地位的至上神。

地神又叫"地示"或"地祇"，包括土神和谷神，通常称"社稷"。包括"五岳"之神，即东岳岱宗、南岳衡山、西岳华山、北岳恒山、中岳嵩山的山神；"五官之神"，即春神句芒、夏神祝融、中央神后土、秋神蓐收、冬神玄冥；以及"百物"之神。《九歌》中的"山鬼""河伯""湘君"就属于"地祇"。

人死后的神灵，叫"鬼"。为什么叫作"鬼"呢？因为人来到世界，不过是短暂的寄存，死亡是对生命来处的回归，所以死人叫"归人"，死后的神灵叫"鬼"。"众生必死，死必归土，此之谓鬼。"（《礼记·祭义》）。《九歌》中的"湘夫人""大司命"（掌管人的寿夭之神）以及"少司命"（主管人间子嗣的神）是"人鬼"的代表。

既然神灵能够奖善惩恶、降福垂祸，所以必须祭神。东周惠王时期

内史过指出："古者，先王既有天下，又崇立上帝、明神而敬事之。"（《内史过论晋惠公必无后》，《国语·周语上》）祭祀鬼神，是周代早已有之的祖制。周代从天子诸侯，到卿大夫、士庶人，对天地山川、日月星辰、宗庙祖先"群神"的祭祀都非常虔诚。周代有吉、凶、宾、军、嘉五礼，其中"吉礼"是祭祀鬼神、祈求吉祥的神圣仪式。《周礼·春官·大宗伯》说："以吉礼事邦国之（人）鬼、（天）神、（地）示。"

对神灵的祭礼有不同称谓。祭祀天神叫"祀"，祭祀地示叫"祭"，祭祀人鬼叫"享"。它们之下，又有不同的专名。

祭天仪式往往在郊区进行，所以称"郊祀"。《礼记·郊特牲》称之为"郊之祭……大报天而主日也"。祭天神的仪式是"燔柴"。祭天神的方式有"禋祀""槱祀""实柴"。"槱祀""实柴"以祭品牲体置于柴堆上焚烧，以光焰和烟气上达天神。"禋祀"以祭祀昊天上帝为主，是最为隆重的祭天仪式，投放牲体焚烧之外，还需加玉帛于柴中焚烧。

祭地仪式以祭祀土地神为主，称"社祭"。《礼记·郊特牲》称为"社祭土而主阴气也"。祭地神的仪式是"瘗埋"，方式有"血祭""埋沉"。"血祭"即用牲血祭祀，"埋沉"指将牲体、玉帛埋在山里、沉于河中。

人鬼多指祖先神。对祖先神的祭享在宗庙进行。祭享方式有"肆""献""祼""馈食"，指进献剔解过的牲体、血腥、香酒、饭食。一年四季祭祀先王之灵使之受享，《周礼·春官·大宗伯》叫"祠""禴""尝""烝"，《礼记·祭统》叫"礿""禘""尝""烝"。

"禘祭""郊祭""祖祭""宗祭""报祭"是国家重要的祭祖典礼。其中，"祖祭""宗祭"是祭祀祖先的不同称谓。"报祭"有报答祖先恩德的意思，亦称"告祭"，又写作答谢神灵的"祰"。祭祀的祖先如果是始祖，叫"禘祭"。"郊祭"是周代最为隆重的祭典，本来，"郊所以明天道也"，与此同时，这种祭天典礼在祖庙、祢宫中进行，表达"尊祖亲考之义"，又有祭祖功能。所以"郊祭"是祭天与祭祖的统一。它将始祖当作天神、上帝一样祭拜，用祭天的盛大典礼来祭祖，是对祖先的最高祭礼。

在各种祭品中，玉是最高级的。周人按照天苍地黄及四方之神的颜色，要求进献不同色彩、质地、形状的玉器作为祭品。具体说来是：用苍璧进献天神，用黄琮进献地神，用青圭进献东方之神青龙，用赤璋进献南方之神朱雀，用白琥进献西方之神白虎，用玄璜进献北方之神玄武。为了表示对神灵的虔诚，重大的祭祀活动日期要求提前三天占卜确定，做好充分的准备活动。

周代从事祭祀的神职人员形成了庞大的队伍和丰富的分工。根据《周礼》记载，周代祭祀神灵活动的主祭是"大宗伯"，辅祭是"小宗伯"，此外有"大卜""卜师""龟人""菙氏""占人""筮人""占梦""视祲"及"大祝""小祝""丧祝""甸祝""诅祝""司巫""男巫""女巫"等十六种神职人员。他们密切合作，从事沟通人神的工作。由于他们能够理解"神"意，代"神"立言，所以成为"神"的化身。

周代神职人员与普通民众本来是各司其职、不相混淆的。到了西周末年，出现了幽王之乱；平王东迁后，出现了"民、神杂糅""莫之能御"的乱象，人们把祸乱的频发归咎于此，于是春秋末期楚大夫观射父提出重回颛顼时期的重、黎之道，严神、民之别，强化神职人员的专业性，恢复"神"的权威和神职人员的神圣性。

综上可见，由于原始思维方式的残留、传统"神本"观念的影响，缘于奖善惩恶、维护天下安宁的现实政治需要，周代仍然普遍存在着万物有灵的观念。这些神灵呈现为天神、地祇、人鬼三类，通过赏善罚恶、降福禳灾显示着自身的存在。为了祈福禳灾，周人分别以燔柴的方式祭拜天神、以沉埋的方式祭拜地祇、以报享的方式祭拜人鬼。其中，祭天与祭祖合一的"郊祭"和祭拜始祖的"禘祭"最受重视。神灵虽然通过"为善者福之，为暴者祸之"（《墨子·公孟》）与人类发生着因果感应，但沟通民神、天人的联系必须靠专业的神职人员。如果天人不分、民神混杂，就会导致人们对神灵失去敬畏，对自身行为失去约束，最后造成天下大乱。当周人承认奖善罚恶的神灵存在的时候，神灵是有意志的，能够感应、明辨人间的是非善恶的。周人上自朝廷下至百姓，虔诚地举行各种祭神活动，周代从事人神沟通的神职队伍不断壮大，分工日益细化，都说明了天人感应、神人互通观念的存在。

二、"天人同构""以人法天"与"神道设教""以天统君"

发展到东周时期，周人在道家"道生万物"的宇宙发生论和阴阳五行学说的宇宙结构论的视野下，认识到天人关系的同源本质和类比结构，提出了"天人合一"的宇宙观和"以人法天"的人道主张。另一方面，儒家则提出"神道设教"的学说，希望"以天统君"，用"天"约束君主的行为，保证仁政德治的推行。

天人感应、神人相通，这是自上古有神论诞生以来人们的普遍认识，西周人也这么认为。那么，天人何以互感、神人何以相通呢？这个问题，直到东周以后才逐步形成明确的答案。春秋后期，老子提出"道生一，一生二，二生三，三生万物"的宇宙生成模式。这个"三"即天、地、人"三才"。神灵不外是天神、地祇、人鬼三类，依附于天、地、人，也由"道"所生。于是，天、地、人、神，本质上是同源的，也是同构的。《吕氏春秋·有始览·有始》指出："天地万物，一人之身也。此之谓大同。"这样，"人"与"天""地"以及天神、地祇也就可以相通、互感了。

春秋战国时期，伴随着阴阳五行学说，形成了五五对应重叠的宇宙结构论。《吕氏春秋》综合这种宇宙结构论和道家的宇宙发生论，将天下万物编织成一个庞大而整饬的同源同构系统。在这个系统中，太一出两仪，两仪出阴阳，天有四时，地有五行，四时加上一个长夏与五行相配，于是诞生了五五对应、连绵重叠、趋于无尽的宇宙万物。五方、五帝、五神、五祀、五虫、五脏、五音、五味、五臭、五色、五谷、五畜等，五五重叠，一一对应。

在这种框架中，万物与人是同构的："六合之内，一人之形也。"（《文子·下德》）"万物之形虽异，其情一体也。"（《吕氏春秋·仲春纪·情欲》）周人普遍认为，事物类同，可以产生相互感应、共鸣的结果。"类固相召，气同则合，声比则应。"（《吕氏春秋·有始览·应同》）"同声相应，同气相求。"（《周易·乾卦·文言》）"山"与"草莽"为伍，"水"与"鱼鳞"相聚，"旱"与"烟火"相伴，"雨"与"水波"共生。万物无不皆类其所生以示人。《吕氏春秋》称之为"类召""应同"。

在这种系统中，天地与人也是同构的。"天地之间，一人之身也。"（《文子·下德》）"人与天、地相类。"（《文子·九守》）由于天人相类，所以"天之与人，有以相通"（《文子·精诚》），可以相互感应。如文子指出："人受天地变化而生……头圆法天，足方象地；天有四时、五行、九解、三百六十日，人有四支、五藏、九窍、三百六十节；天有风雨寒暑，人有取与喜怒；胆为云，肺为气，脾为风，肾为雨，肝为雷。"（《文子·九守》）"天气下，地气上，阴阳交通，万物齐同，君子用事，小人消亡，天地之道也。天气不下，地气不上，阴阳不通，万物不昌，小人得势，君子消亡。"（《文子·上德》）

天人类同是天人感应的原因，而天是奖善罚恶、代表正义的，所以处理天人关系的原则就是尊天敬神、"以人法天"，做"天"会降福的善事，进而达到"天人合一"。

"天人感应"的首要涵义指"神人感应"。这种情况下，"天人合一"指"以人法天"，人与主持正义的神意保持一致。周代以德治国，恰恰可以借助"神意""天志"的正义品格来约束统治者为所欲为。这样，"以人法天"就与"以天统君"达成了某种统一。周人深信："天"与"人"同类相感，"天"可以干预人事。天子不仁不义，"天"就会出现灾异给予谴责；如果实行德治，"天"就会降下祥瑞给予鼓励。《周书·泰誓》指出："天矜于民，民之所欲，天必从之。"《诗经·小明》告诫统治者要"正直"："嗟尔君子，无恒安处。靖共尔位，正直是与。神之听之，介

（助）尔景（大）福。"管子治国崇尚"天道"。这个"天道"与"人道"是统一的。"信明圣者，皆受天赏……惛而忘也者，皆受天祸。"（《管子·四时》）"人与天调，然后天地之美生。"（《管子·五行》）晏子辅佐齐景公，多次借彗星、火星之象的出现告诫景公要及时检讨自己的失德行为。"此天教也。……彗星之出，天为民之乱见之，故诏之妖祥，以戒不敬。"（《晏子春秋·内篇谏上》之十八）"君居处无节，衣服无度，不听正谏，兴事无已，赋敛无厌，使民如将不胜，万民恝怨。茀星又将见梦，奚独彗星乎！"（《晏子春秋·外篇第七》之三）孔子编《春秋》，重视对各种自然灾异的记载，用意在于警醒君主从天象灾异中体会到神灵的谴告，反省改过。"孔子《春秋》所书日食、星变，岂无意乎？""当时儒者以为人主至尊，无所畏惮，借天象以示儆，庶使其君有失德者犹知恐惧修省。此《春秋》以元统天、以天统君之义。"[①]于是，"以人法天"就走向了"以人定天"，"以天统君"就演变为"以民统君"。《周易·观卦·象辞》云："观天之神道，而四时不忒。圣人以神道设教，而天下服矣。"这"神道"所设的道德之"教"，有以"天"的名义注入民意人道来"统君"的用心。

周人所说的"天"，更多的不是指高高在上的神灵，而是指天地自然。所以，周人强调的"天人合一"，有遵循自然规律从而造福人类之义。这是周人"以人法天"主张的主要涵义。这种涵义的表述，以《周礼》《文子》《管子》《吕氏春秋》《易传》最为突出。

《周礼》以天官、地官、春官、夏官、秋官、冬官等六篇为全书框架。天、地、春、夏、秋、冬即天地四方六合，是古人所说的宇宙。人间六官的设置乃是宇宙结构框架的仿效，因而符合天理，具有万世不易的权威性。《周礼》六官，每官下设六十官职。六官职官的总数为三百六十，这正是周天的度数。在"天官"系统中，"大宰"是天官之长、六官

---

① 皮锡瑞：《经学历史》卷四《经学极盛时代》，朝华出版社2019年影印本，第45页。

之首，既"掌建邦之六典"，作为天、地、春、夏、秋、冬六个系统官吏的典则，又掌理王国的"八法""八则""八柄""八统"和"九职""九赋""九式""九贡""九两"等，权力最大，体现了"天"的无上地位。《周礼》还将阴阳、五行概念运用到政治机制的层面。政令分"阳令""阴令"，礼仪有"阳礼""阴礼"，德行分"阴德""阳德"，祭祀有"阳祀""阴祀"。南为阳，故天子南面听朝；北为阴，故王后北面治市。左为阳，是人道所向，故祖庙在左；右为阴，是地道所尊，故社稷在右。在五行系统中，牛为土畜，鸡为木畜，羊为火畜，犬为金畜，豕为水畜。在《周礼》记载的国家重大祭祀中，地官奉牛牲，春官奉鸡牲，夏官奉羊牲，秋官奉犬牲，冬官奉豕牲。地官有"牛人"一职，春官有"鸡人"一职，夏官有"羊人"一职，秋官有"犬人"一职，冬官有"豕人"一职。五官所设五职、所奉五牲，与五行思想中五畜、五方完全对应。如此等等，不一而足。

《文子》认为，既然天人同构，可以相互感应，所以人主必须效法天地阴阳之德，这样才能保证天下安康。"圣人法天顺地……以天为父，以地为母，阴阳为纲，四时为纪。天静以清，地定以宁，万物逆之者死，顺之者生。"（《文子·九守》）"古之得道者，静而法天地，动而顺日月，喜怒合四时，号令比雷霆，音气不戾八风，诎伸不获五度。"（《文子·自然》）"高莫高于天也，下莫下于泽也。天高泽下，圣人法之，尊卑有叙，天下定矣。""地势深厚，水泉入聚；地道方广，故能久长。圣人法之，德无不容。""阳灭阴，万物肥，阴灭阳，万物衰，故王公尚阳道则万物昌，尚阴道则天下亡。"（《文子·上德》）"帝者体太一，王者法阴阳，霸者则四时，君者用六律。"（《文子·下德》）

《管子》主张"尊天"。这个"天"，包括阴阳、天地、四时、五行。其中重要的是阴阳、五行。因为天地是由阴阳派生的，四时属天时，是阴阳的衍生物。"阳"生"天"，"阴"生"地"，取法阴阳，体现为"法天地之位"："通乎阳气，所以事天也"，"通乎阴气，所以事地也"。（《管子·五行》）天尊地卑，故有君臣之礼。"天有常象，地有常形，人有常礼。……君失其道，无以有其国；臣失其事，无以有其位。然则上之畜下不妄，而下之事上不虚矣。"（《管子·君臣上》）"天……无私覆也；……地……无私载也"（《管子·心术下》），圣人法之，若天地然，"亦行其所行，而百姓被其利"（《管子·白心》）。"日掌阳，月掌阴"，圣人法之，故"阳为德，阴为刑。"（《管子·四时》）"四时之行，有寒有暑，圣人法之，故有文有武。"（《管子·版法解》）春主耕，夏主芸，秋主获，冬主藏，圣人法之，"德始于春，长于夏；刑始于秋，流于冬"（《管子·四时》）。"天有四时，地有五行。""权也，衡也，规也，矩也，准也，此谓'正名五'。其在色者，青黄白黑赤也；其在声者，宫商羽徵角也；其在味者，酸辛咸苦甘也。"（《管子·揆度》）天地相生，故"春夏秋冬将何行"必须融入五行要求。以春为例："东方曰星，其时曰春，其气曰风，风生木与骨。其德喜嬴，而发出节时。其事：号令修除神位，谨祷弊梗，宗正阳，治堤防，耕芸树艺，正津梁，修沟渎，甃屋行水，解怨赦罪，通四方。然则柔风甘雨乃至，百姓乃寿，百虫乃蕃，此谓星德。……是故春三月以甲乙之日发五政。一政曰论幼孤，舍有罪；二政曰赋爵列，授禄位；三政曰冻解修沟渎，复亡人（土地解冻就修筑沟渠，深埋死者）；四政曰端险阻，修封疆，正千伯；五政曰无杀麑夭（幼鹿），毋蹇华绝芋（掐摘花萼）。"（《管子·四时》）管子所说的"以人法天"，不仅要尊重天时地宜，而且要尊重阴阳五行，这是"国之至机"："二五者……人君以数制之人。""人君失二五者亡其国，大夫失二五者亡其势，民失二五者亡其家。"（《管子·揆度》）

《吕氏春秋》要求人类"法天地"，按照"天之道""地之理"制定"人之纪"，对此做了至为丰富的阐述。"天道圜，地道方。圣王法之，所以立上下。"（《吕氏春秋·季春纪·圜道》）"生"为"天之道"，"宁"为"地之理"。（《吕氏春秋·季冬纪·序意》）人法天地，必须以万物化育、人民安宁为"人纪"依据。春主生、夏主长、秋主杀、冬主藏。一年四季的人事应按照这个自然规律去安排。每季分为孟、仲、季三月，于是一年分十二纪。每纪的时节有细微差别，从"天子"到"三公、九卿、诸侯、大夫"以至"兆民"所做的事情也有不同的要求。《吕氏春秋》还将四时与五行中的木、火、金、水，五方中的东、南、西、北，五帝中的太皞、炎帝、少皞、颛顼，五神中的句芒、祝融、蓐收、玄冥，五虫中的鳞虫、羽虫、毛虫、介（甲）虫，五音中的角、徵、商、羽，五味中的酸、苦、辛、咸，五臭中的膻、焦、腥、朽，五祀中的祀户神、祀灶神、祀门神、祀行神，五脏中的脾、肺、肝、肾，五色中的青、赤、白、黑，五谷中的麦、菽、麻、黍，五畜中的羊、鸡、狗、猪对应在一起。比如孟春的主宰之帝是太皞，它以木德统治天下；辅佐他的神祇为句芒，是木神，又是司春之神，主管春天树木的发芽生长，并主管太阳每天早上升起的那片地方——东方，所以太皞又称东方上帝。春天草木发青，故色为青；与时相应的动物是鱼龙之类；这个月的味道是酸味，气味是膻气，举行的祭祀是户祭，祭品是脾脏。天子应住在东向明堂的左侧室，乘坐饰有青凤图案的车，驾着青色的马，车上插着青色的旗帜，穿着青色的衣服，佩戴着青色的佩玉，食用的五谷是麦子，五畜为羊。在承认阴阳五行天人感应的前提下，强调以人法天，遵循天地之道和自然规律以便更好地为营造人事的福利服务。可以说，以天地、四时、五行解释的"天人感应""以人法天"的"天人合一"学说，在《吕氏春秋》"十二纪"的论述中得到了最为精细、绵密的表述。在这里，"天人合一"的涵义是要求人事与天地自然的特征与规律保持同一，认为只有这样才会给人类带来幸福。

　　到了战国时期，《易传》由博返约，对"人法天地"的"天人合一"要义做了精辟总结："天地变化，圣人效之。"（《周易·系辞上》）"有天地，然后有万物；有万物，然后有男女；有男女，然后有夫妇；有夫妇，然后有父子；有父子，然后有君臣；有君臣，然后有上下；有上下，然后礼义有所错。"（《周易·序卦》）

　　于是我们看到，周代从职官体制到制度安排，从政治之道到经济之道，从君臣之道到家庭之道，所有的"人道"设计都与"天道"的效法密切相关。

三、"昊天不平""天难忱斯"与"天人之分""吉凶由人"

"天"本来是明辨是非、主持公道、扬善罚恶的正义的化身。然而事实上，神灵是不存在的、无法显灵的。当为善屡屡不见神灵赐福，作恶屡屡不见神灵降殃，就会对神灵是否正义、可信发生怀疑，从而动摇对神灵的崇拜。这种现象，恰恰在周代发生了。周人凭借人类特有的聪明的智慧，基于朴素的唯物主义考察，清醒地认识到"昊天不平"、神不可信，从而走向了对"天"神的质疑甚至否定。

《诗经》作为一部西周初年至春秋中叶诗歌的汇编，对此留下了许多记载。《云汉》描写西周末年发生大旱，尽管"靡神不举""靡神不宗"，但"昊天上帝，则不我虞"，导致"周余黎民，靡有孑遗"。《黄鸟》描写春秋初期秦穆公死时以大量的活人殉葬，发出呼唤："彼苍者天，歼我良人！"《板》讥刺周厉王作恶多端却受到天佑："上帝板板（反常）""天之方难""天之方虐"。《桑柔》讥刺上天不怜悯在厉王恶政之下痛苦挣扎的百姓："倬彼昊天，宁不我矜？"另有些诗将幽王时期的黑暗归咎到了天命的不公上："昊天不平，我王不宁。不惩其心，覆怨其正。"（《诗·小雅·节南山》）"浩浩昊天，不骏其德。降丧饥馑，斩伐四国。"（《诗·小雅·雨无正》）周人发现"天命靡常"（《诗·大雅·文王》），"天难忱斯"（《诗·大雅·大明》）。上天喜怒无常，不值得信赖。他们向昊天上帝发出诅咒："昊天不佣，降此鞠讻。昊天不惠，降此大戾。"（《诗·小雅·节南山》）"荡荡上帝，下民之辟。疾威上帝，其命多辟。"（《诗·大雅·荡》）

同样的思想我们在周代其他典籍中也可以看到。《国语》记载："或见神以兴，亦或以亡。"（《内史过论神》，《国语·周语上》）神灵并不一定降福。《尸子》卷下记载："莒君好鬼巫而国亡。"由于鬼神并不一定英明、灵验，所以，儒家"以天为不明，以鬼为不神"（《墨子·公孟》）。兵家也主张打仗取胜"不可取于鬼神"（《孙子·用间篇》），"合龟兆，视吉凶"（《尉缭子·武议》）很愚蠢，应当坚持"不卜筮而事吉"（《尉缭子·战威》），"不祷祠而得福"（《尉缭子·武议》）。

上古原始思维的特征是万物有灵、天人不分。周代思想界取得的伟大历史进步之一，是认识到天人相分、两不相干。晏子认为自然界许多异常现象都是客观的自然现象，与神灵并无关系。鲁昭公二十六年，彗星在齐国出现，齐景公以为不祥，派祝史举行祈祷消灾的祭神仪式。晏子认为："无益也，只取诬焉。天道不暗，不贰其命，若之何禳之？且天之有彗也，以除秽也。君无秽德，又何禳焉？若德之秽，禳之何益？"（《左传·昭公二十六年》）景公出猎，一次上山见到虎，下水见到蛇，以为"不祥"，惊慌不已，晏子告诉他：山是"虎之室"，泽是"蛇之穴"。来到虎之室、蛇之穴见到虎与蛇，"曷为不祥也？"（《晏子春秋·内篇谏下》之十）他还指出地震是神灵无法改变的自然现象，揭露太卜自称"臣能动地"是明显的欺骗伎俩。鲁僖公十六年，宋国发生了陨石坠落、鸟儿倒飞的天象。周朝内史叔兴认为，此为"阴阳之事"，"非吉凶所出也"（《左传·僖公十六年》）。鲁昭公十七年冬，彗星出现。鲁国、郑国的朝臣认为不祥，纷纷请求子产祭天消灾。但子产偏偏不信："天道远，人道迩。非所及也，何以知之？"（《左传·昭公十八年》）《墨子·明鬼下》记载了当时人们对"鬼神"存在的大量质疑和"鬼神者固无有"的无神论思想。在大量无神论思想的基础上，荀子提出了"天人之分"的概念，要求"至人""明于天人之分"（《荀子·天论》）。他明确指出，"天"不是神，而是自然物。"天""地""四时"等自然物是无意志的，与人世间的治乱吉凶无关。"治乱天邪？曰：日月、星辰、瑞历，是禹、桀之所同也，禹以治，桀以乱，治乱非天也。时邪？曰：繁启蕃长于春夏，畜积收臧于秋冬，是又禹、桀之所同也，禹以治，桀以乱，治乱非时也。地邪？曰：得地则生，失地则死，是又禹、桀之所同也，禹以治，桀以乱，治乱，非地也。"（《荀子·天论》）怪异的天象并不是神意的体现，而是"物之罕至"的反常现象，不必害怕。韩非继承荀子的思想，明确否认鬼神的存在，指出"龟策鬼神"属于不可"参验"、没有用处的"弗能"之举，如果信以为真，就愚不可及。"龟策鬼神不足举胜……然而持之，愚莫大焉。"（《韩非子·饰邪》）"无参验而必之者，愚也。"（《韩非子·显学》）对不可验证的东西置信不疑，简直就是欺骗："弗能必而据之者，诬也。"（《韩非子·显学》）君主如果把主要精力放在鬼神祭祀上，就会导致亡国的最终恶果："事鬼神、信卜筮而好祭祀者，可亡也。"（《韩非子·亡征》）他进一步分析说："有祸则畏鬼。""鬼神"实际上是担心灾祸、心理恐惧产生的幻觉。如果"内无痤疽瘅痔之害，而外无刑罚法诛之祸"，就会"轻恬鬼也甚"。尽到人事努力后，鬼神就不会伤害到人。（《韩非子·解老》）

人间的祸福不取决于神灵，那取决于什么呢？周人发现，取决于"人"自己的所作所为。周内史叔兴指出："吉凶由人。"（《左传·僖公十六年》）鲁国大夫闵子马提出："祸福无门，唯人所召。"（《左传·襄公二十三年》）另一位鲁国大夫申繻分析道："妖由人兴也。人无衅焉，妖不自作。人弃常，则妖兴，故有妖。"（《左传·庄公十四年》）由于吉凶祸福是由"人"决定的，依道德行事就可把握吉凶，所以管子提出："能无卜筮而知吉凶乎？"（《管子·内业》）"不卜不筮，而谨知吉凶。"（《管子·白心》）春秋后期，晋国发生日食，晋君咨询吉凶，文伯回答："不善政之谓也。国无政，不用善，则自取谪（谴）于日月之灾。"为政之务，重在"择人""因民"。（《左传·昭公七年》）在上述思想的基础上，荀子总结说：天象的反常只是自然现象，实际上并不可怕，人间的反常才是最"可畏"的。人世间的反常怪事，荀子称之为"人祅"。"田薉（荒）稼恶，籴贵民饥，道路有死人，夫是之谓人祅。政令不明，举错不时，本事不理，勉力不时，则牛马相生，六畜作祅，夫是之谓人祅。礼义不修，内外无别，男女淫乱，则父子相疑，上下乖离，寇难并至，夫是之谓人袄。"(《荀子·天论》)"人祅"是政治昏乱导致的结果，它才是祸国殃民、国无宁日的根源。防止或去除"人祅"，才是国泰民安、人间幸福的根本途径。

不难看出，周代虽然保留着传统的"尊神"思想和大量的祭神仪式，但同时，涌现了大量"疑神""无神""尊人"的新思想。这确是殷商没有出现过的新气象。

四、从"事神保民""循天顺人"到"以人为本""以人为先"

在"尊神"与"尊人"新旧两种思想交互斗争、此消彼长的过程中，部分周人提出了"神人并尊"的思想。他们既不否定神灵力量的存在，也不否定"人"的作用和地位。晋大夫胥臣指出，周文王所以成为万世圣王，在于"亿（安）宁百神，柔和万民"(《胥臣论教诲之力》，《国语·晋语四》)。周穆王卿士祭公谋父指出，"事神保民"(《祭公谏穆王征犬戎》，《国语·周语上》)乃是周武王的政治方针，值得遵守。周厉王大臣芮良夫主张，治理天下须"使神人百物无不得其极"(《芮良夫论荣夷公专利》，《国语·周语上》)。周宣王时虢文公要求"媚于神而和于民"(《虢文公谏宣王不籍千亩》，《国语·周语上》)。周惠王大臣内史过提出"神飨民听，民神无怨"的要求，批评"离民怒神而求利焉"。(《内史过论神》，《国语·周语上》)周景王伶官州鸠提出"德音不愆，以合神人"的主张，也反对"离民怒神"。(《单穆公谏景王铸大钟》，《国语·周语下》)齐相管子尊神与敬人并提："祥于鬼者义于人。"(《管子·白心》)晏子继承管子思想，也主张"顺神合民"，使"神民俱顺"。(《晏子春秋·内篇问上》之十)这些思想从原来神灵至上的"唯神论"论走向了"神人二元论"，"人"具有了与"神"平起平坐的地位。

由于周人习惯称"上帝"为"天"，所以"神人并尊"的思想又体现为"天人并尊"的表述。如管子说："上之随天，其次随人。人不倡不和，天不始不随。"(《管子·白心》)周人所说的"天"，还指整个自然界或自然界中与"地"相对、并立的那个"天"。周人强调的"天人并尊"，还有尊重自然规律、兼顾人事努力的含义。如文子说："知天之所为，知人之所行，即有以经于世矣。"（《文子·微明》）韩非子说，霸王之道即"循天顺人"（《韩非子·用人》）。作为与"地"并列的"天"，周代出于对"人"的地位的尊重，将"人"与"天""地"并列视为"三才"，从"天人并尊"的二元论中发展出"天地人并尊"的三元论。这种思想最早萌芽于《易经》经卦的设计。经卦共分八卦，每卦由三爻构成。这三爻即是"天地人""三才"的象征。后来两两经卦组合，演绎为由六爻构成的六十四卦，仍然包含着对"三才"的并尊。老子提出："域中有四大：道大、天大、地大、人亦大。"在"道"所派生的万物中，"人"顶天立地，与"天""地"并列。文子提出，治理天下必须"仰取象于天，俯取度于地，中取法于人"（《文子·上礼》），充分发挥"三才"的力量，实现天时、地利、人力的和谐发展。孙膑指出："天时、地利、人和，三者不得，虽胜有央（殃）。"（《孙膑兵法·上编·月战》）战争胜利的条件在于"上知天之道，下知地之理，内得其民之心"（《孙膑兵法·上编·八阵》）。越国谋臣范蠡指出："人事必与天地相参，然后乃可以成功。"（《范蠡谓人事与天地相参乃可以成功》，《国语·越语下》）荀子总结说："上不失天时，下不失地利，中得人和，而百事不废。"（《荀子·王霸》）在"天地人并尊"之外，墨子提出"天鬼人并利"的三元论："上利乎天，中利乎鬼，下利乎人。"（《墨子·天志中》）"凡言凡动，利于天、鬼、百姓者为之。"（《墨子·贵义》）

无论"神人并尊""天人并尊"，还是"天地人并尊""天鬼人并尊"，这些观点都体现了"人"的地位在周代的提升。就是说，到了周代，"人"的地位提高了，与"神""天"的地位平起平坐。

然而，周人并未就此停下脚步。我们看到周代另有一部分思想家彻底抛弃了对"天""神"的迷信，将祸福吉凶的原因完全归结为"人"的作为，于是"天""神"的地位进一步下降，"人"的地位提升到至高无上，出现了"以人为本""舍天先人""以人为贵""以人代神"等更为清醒的思想。

"以人为本"是管子最早提出来的："霸王所始，以人为本。本安则国固，本乱则国危。"(《管子·霸言》)这个"本"是国家基础之意，是对夏禹"民为邦本"古训的吸收和强调。战国后期的鹖冠子同样这样忠告君主："君也者，端（正）神明者也。神明者，以人为本者也。"(《鹖冠子·博选》)君主必须端正自己的思想，统一到"以人为本"的理念上来。

"以人为先"的思想早在春秋时期就为随国大夫季梁涉及："圣王先成民而后致力于神。"(《左传·桓公六年》)后来，鹖冠子在比较了"法天则戾""法地则辱""法时则贰"后，提出"先人"的"圣人之道"。《鹖冠子·近迭》记录了提出这个观点的过程与思路："庞子问鹖冠子曰：'圣人之道何先？'鹖冠子曰：'先人。'……庞子曰：'何以舍天而先人乎？'鹖冠子曰：'天高而难知，有福不可请，有祸不可避，法天则戾；地广大深厚，多利而鲜威，法地则辱；时举错代更无一，法时则贰。三者不可以立化树俗，故圣人弗法……是故先人。'"《鹖冠子·泰鸿》还记录了一段对话。问："天、地、人事，三者孰急？"答："爱精养神内端者，所以希天。""希天"即"轻天""后天"之意，与《近迭》讲的"舍天"而"先人"是相通的。

关于"以人为贵"，周武王说："惟人，万物之灵。"按汉儒孔安国的解释，此语通过将"人"视为万物中至高无上的"神灵"，说明"天地所生，惟人为贵"(《尚书·泰誓上正义》孔安国传)。发展到战国后期，"以人为贵"的思想成为周人普遍的共识。《孝经》明确声称："天地之性人为贵。"孙武论兵道，不取鬼神，"必取于人"(《孙子·用间》)。《孙膑兵法》通篇没有提一个神灵的"神"字。在孙膑看来："兵不能胜大患，不能合民心者也。"(《孙膑兵法·下编·兵失》)"天地之间，莫贵于人。"(《孙膑兵法·上编·月战》)尉缭子论兵，与此一脉相承："圣人所贵，人事而已。"(《尉缭子·战威》)"先神先鬼",不如"先稽我智"。(《尉缭子·天官》)尽管"天时""地利""人和"都重要,但比较而言,"人和"更重要。所以不断有人重申:"天官……不若人事。"(《尉缭子·天官》)"天时不如地利,地利不如人和。"(《孟子·公孙丑下》)因此,荀子深情地礼赞"人":"大天而思之,孰与物畜而制之?从天而颂之,孰与制天命而用之?望时而待之,孰与应时而使之?因物而多之,孰与骋能而化之?"(《荀子·天论》)

关于"以人为神"的思想。周武王在讨伐殷纣王的誓词中说:"惟人"为"万物之灵"。这个"灵"依孔安国的解释,指神圣的至上神,不可亵渎、践踏。《礼记》热情赞美:"人"为"鬼神之会"(《礼记·礼运》)。为什么说人是鬼神的交会呢?因为自古以来,人可以通神,代神立言,所以存在着大量的巫觋队伍。更重要的是周人发现,"夫民,神之主也"(《左传·桓公六年》),"神""聪明正直""依人而行"。(《左传·庄公三十二年》)民心主宰着神意,神实际上是人的化身。周武王说:"天视自我民视,天听自我民听。"(《尚书·周书·泰誓中》)周成王指出:"皇天无亲,惟德是辅。"(《尚书·周书·蔡仲之命》)虞国大夫宫之奇提醒国君:"神所冯依,将在德矣。"(《左传·僖公五年》)齐景公也认识到:"人行善者天赏之,行不善者天殃之。"(《晏子春秋·内篇谏上》之二十一)天意就是民德。墨子也认为,"天欲义而恶不义"(《墨子·法仪》),"天志"就是民意。顺乎人心,就合符天意,这就是《易传》所谓的"顺乎天而应乎人"之意。所以,虚幻的神灵不存在,"人"就是现实中决定人间祸福的至上之"神"。

于是,周人就从"以人为神"走到了"以人代神"。既然神灵决定不了人间吉凶,"祸福人或召之"(《吕氏春秋·有始览·应同》),所以出现了反对过分迷信卜筮、祭祀鬼神的声音,强调尽人力,将命运的缰绳掌握在自己的手里。虢国史嚚警告说:"国将兴,听于民;将亡,听于神。"(《左传·庄公三十二年》)管子反对"上恃龟筮,好用巫医"(《管子·权修》），指出"神筮不灵"，主张"神龟不卜"（《管子·五行》），主张"思之思之，又重思之"（《管子·内业》），做出最大的人事努力。晏子反对君主"轻身而恃巫"，"慢行而繁祭"，主张王者"德厚足以安世，行广足以容众"，指出这才是"天地四时和而不失，星辰日月顺而不乱"，成为"帝王之君、明神之主"的根本之道。（《晏子春秋·内篇谏上》之十四）荀子在尊重自然规律的同时，主张"天人相参"，"敬其在己者"，发挥主观能动性，"制天命而用之"（《荀子·天论》），积极介入自然、改造自然。《吕氏春秋》设《必己》篇，讲命运由自己的努力决定；设《慎人》篇，讲慎重对待人事努力。按照类同相报的规律，主张多做善事，多修德行。"成齐类同皆有合。""尧为善而众善至，桀为非而众非来。"（《吕氏春秋·有始览·应同》）《尸子》卷下指出："从道必吉，反道必凶，如影如响。"内史过指出，君主有德，"故明神降之，观其政德而均布福焉"；君主失德，"故神亦往焉，观其苛慝而降之祸"。"国之将兴"，君主"齐明衷正、精洁惠和，其德足以昭其馨香，其惠足以同其民人"，结果"神飨"福临。"国之将亡"，君主"贪冒辟邪、淫佚荒怠、粗秽暴虐"，结果"馨香不登"。（《内史过论神》，《国语·周语上》）国家的命运是吉是凶，取决于君主是否有德。

　　至此，"人"被提升到远高于神灵的至高无上的位置，周代思想界完成了从"神本"到"人本"的转变。周代思想界的时代特征，不是赵法生所说的"天民平衡"，而是"重人轻天""贵民贱神"。正如王国维指出："殷周之兴亡，乃有德与无德之兴亡。故克殷之后，尤兢兢以德治为务。"[①]

　　于是，从承认鬼神存在和至上神权威，主张"尊天敬神""以人法天"，到认识到"人"的作用，主张"神民俱顺""循天顺人"，再到认识到"吉凶由人""祸福人召"，进而否认鬼神的决定作用，主张"贵人""先人""以人为本""以人定天"，周代思想界在"天"与"人"、

――――――――
① 王国维：《殷周制度论》，周锡山编校《王国维集》（第四册），第136页。

"神"与"人"的双向互动中，完成了原先的"神灵至上"向本时期"唯人为贵"的转变。这时的"人本"，虽然在承认神灵存在的论者那里仍然披着"天人合一"的传统外衣，但已经不是由"神"定"人"、"以人法天"构成的"天人合一"，而是由"应乎人"决定"顺乎天"，由"利乎人"决定"利乎鬼""利乎天"的"天人合一"。

附录

美学人生，从家乡起航①

从1987年到上海打拼，离开家乡迄今已经30多个年头了。但每年我都要回来，看看老妈老爸，看看亲人故友，看看白驹的老街、刘庄的老屋、新丰的纱厂和中学，重温大丰新居的温暖，呼吸海滨小城清新的空气，感受家乡日新月异的变化。

人天然地求乐避苦。美就产生于能给人带来快乐的事物中。爱美之心，人皆有之。然而与美结缘，以研究美为一生的工作和使命，却是我始料未及的。美学是给我带来莫大荣誉的事业。我的人生大体可叫作美学人生。而这人生的风帆就是从家乡大丰起航的。

一、生在白驹：得地之灵、得祖之荫

我于1958年农历四月出生于盐阜平原串场河边的白驹镇。串场河从小镇的西边流过。它的前身叫"复堆河"，据说是唐代修筑海堤时形成的。北宋范仲淹新修捍海堤，世称"范公堤"，从南到北沿线有富安、安丰、梁垛、东台、何垛、丁溪、草堰、白驹、刘庄等十大盐场。因"复堆河"将这十大盐场串联起来，所以流行称"串场河"。串场河是盐城人民的母

---

① 本文原载《大丰日报》2019年10月17日"家乡书"专栏。

亲河。它承载着若干枢纽城镇的交通往来，浇灌着两岸的田野庄稼，维系着沿途乡镇居民的养育生息。忘不了儿时留下的动人影像：水中绿藻氤氲，水体清澈无染，少妇老妪在河边的码头洗菜淘米、捶衣汰衣，乌篷船星星点点，鱼鹰落下翻上，头戴毡帽的艄公摇着橹，身后在河面上留下道道波纹。当时我的爸妈在供销社工作。供销社的货就是由乌篷船负责运输的。还记得一条乌篷船上的艄公叫"阿三"，母亲说他人很好。几年后我们举家从白驹搬到刘庄，那些家当就是由"阿三"的乌篷船承担的。

白驹镇虽然很小，但因为是《水浒传》作者施耐庵出生的地方，所以很为有名。我出生后在白驹镇生活没有几年。那时还不识字，所以对施耐庵的大作并不知晓。等到识字开文能读书的时候，《水浒传》作为"四旧"之一、封建文化的代表，又成为被批判的禁书，也无缘认识施耐庵。一直到"文革"结束后换了人间，《水浒传》及其作者重回学界研究的视野，下辖白驹的大丰县与原辖白驹的兴化县争夺施耐庵的归属权，才充分认识到施耐庵的伟大。这个时候找来《水浒传》看过，确实吸引人，文笔煞是了得。白驹的归属或兴化或大丰，但施耐庵是白驹人，《水浒传》中若干方言是白驹话，是不争的事实。所以"中华水浒园"最终落成于白驹古镇与兴化相望的串场河畔。今年夏天我冒着酷暑陪老爸去寻访、参观过。我常想，鄙人与生俱来的对文学的敏感和喜好，是不是沾了出生地有个文曲星的灵气呢？

我的母亲叫祁慧中，出生于城市贫民家庭。父亲叫杨荫生（后改名杨应生），出身于书香门第。新中国带来了天翻地覆的变化。母亲有点新潮，也有点霸道。她认为生孩子女人最辛苦，所以生的孩子都随他姓"祁"。其实她是三代单传，也有为祁门延续香火的意思，但父亲开明，并不计较。如果我的祖父在，可能我的姓氏就不一样了。因为我是家中的长子。在我的前头有两个姐姐。祖父是私塾先生，饱学之士，写得一手很好的书法，培养弟子无数，在白驹镇上很受人尊敬。他一直盼望着孙子的诞生，但在我出生前就因病离世。他曾留下过许多古书，可是在"文革"

后排从左至右：妹妹祁婉娣、弟弟杨小川、作者（祁志祥）、二姐祁婉珍、大姐祁婉玲；前排从左至右：母亲祁慧中、父亲杨应生

开始后都毁于一旦。他明明教书为生，可因为祖上留下的60亩地，所以新中国划成分时定为"破落地主"，于是我的父亲的出身以及我的出身就成了"破落地主"。这个阴影一直伴随着"文革"结束前我的人生发展，使我入党、参军、提干都断绝了可能。但时过境迁，我还得感谢我的祖父。我的父母都算不上是文化人。母亲只读了小学二年级，是基层供销社营业员。父亲只是跟祖父读了几年私塾，新中国成立后一直在基层供销社做会计。我常想，出生于普通职工家庭的我一生与文墨结缘，若追根寻源，大概只有从祖父留下的文化基因中去寻找解释了。

二、长在刘庄：与艺术邂逅、与文学结缘

出生后不久，母亲就随父亲调到刘庄镇供销社，我们全家也搬到了白驹以北8公里的刘庄。

那时候食品站归属于供销社。我们先住在镇南的食品站。食品站主

要是收购、饲养、宰杀生猪的。农家自养的生猪收购入圈时都要过磅，按毛重用剪刀在猪毛上剪几刀印记，那模样，活像今天青年男子见头皮的发型。食品站有头白色的大公猪，大概要有七八百斤，长得像头小牛，用来给母猪配种。小猪在这里喂养，收购的猪在这里过渡，长大的猪在这里屠宰。屠宰一般在凌晨。猪在被宰前会发出绝望的叫喊，把熟睡的我们从梦中叫醒。由于习以为常，并不觉得有什么奇怪。

过了几年，我们搬到了盐仓库附近的一座瓦房居住。在这里，妹妹、弟弟也来到人世。姊妹五人、父母，加上外婆、老太，一家九张嘴，都得吃饭。60年代初，正值全国闹饥荒，饿死的人不计其数。我在少年的成长期经历了最艰难的考验。由于爸爸妈妈在掌管着食物供应的供销社工作，我们一家的吃饭没有出现断档，但看不见米的胡萝卜缨子饭、味道苦涩的麻萝卜饭、令人恶心的豆饼渣饭，还是给我留下了刻骨铭心的回忆。那个时候在屋后的泥土上种南瓜，多么盼望长出丰硕的果实，以解燃眉之急。但是由于靠近盐库，土中盐分高，所以长什么都难，南瓜很少结籽。

住在这个地方，我开始读书识字、努力好好完成小学作业。记得汉语拼音字母的作业就是在房屋对面山墙的阴凉处写的。因为a字始终写得不像课本上的印刷体那么好看，曾经哭个不行，向天抗议。学习是认真的，成绩是要强的，所以得到老师的喜欢。但小学三年级时爆发了"文化大革命"，父亲因为出身问题，在小学操场召开的全镇批斗大会上被揪斗，挂着"阶级异己分子"的牌子绕场示众，使我在同学中狼狈不已，深受打击。记得当时的班主任施克勤老师为保护我在全班说：一个人的家庭出身是不可以选择的，但人生道路是可以选择的。希望大家把这两者区分开来。当然，在家庭里，我并不知道，也没有想过与父亲"划清界限"，但跟着时代潮流追求进步，却是我可以做而且应该做的。我曾经拜镇文化站站长季四为师，学写美术字，学画毛主席像；我也曾每天早起，临摹用柳公权体写成的《为人民服务》字帖，后来广及褚遂良体、欧阳询体和隶书字帖。因为会写字、会画画，那时班级的黑板报由我来负责。读初中时，学校大幅的宣传标语都由我直接用刷子在贴好的红纸上书写。因为年纪不大就能写得一手漂亮的美术字，所以赢来了老师、同学和外来串联者的啧啧称赞。作为占领旧文化阵地的戏曲实验，京剧改革是标志性事件。京剧改革催生了"革命样板戏"的诞生。最早诞生的几个样板戏是《红灯记》《沙家浜》《智取威虎山》。那时记忆力、模仿力挺好。样板戏中的唱段，不分男女老少的，听几遍就会唱。学演革命样板戏也成为一时热潮。我在读小学五年级的时候，所在的班级排演了《红灯记》全场。我饰演反派人物日本关东军宪兵队长鸠山。和服是用尼龙化肥袋染成咖啡色后制成的。鸠山的光头是用猪尿泡打气晒干后做成的。因为揣度角色很到位，演出的时候张牙舞爪，气势甚至压过了李玉和的扮演者，不仅给整个戏带来了很好的反响，也给我带来了不小的名声。现在想来，写字、演戏那些活动，大概算得上是我与艺术、与美的最初邂逅。

"文革"中大批判、小评论、决心书、思想总结是写得最多的应用文体。我争先恐后，不甘示弱，成为驾驭得很娴熟的行家里手。小学五年级期末，作为学习班委，班主任唐琳老师让我写一份班务总结，十一岁的我居然交出了5000多字的宏文，令唐老师喜出望外、赞不绝口。1971年至1973年我读初中时，坚持每天写日记，向毛主席汇报一天的思想动态，表达对他老人家的忠诚。虽然没有什么真情实感，但却锻炼了文学表达能力（见《且行且珍惜——祁志祥自传体诗文集》第四章《激情燃烧的少年日记》，汕头大学出版社2018年2月版）。

从初中读到高中，随着阅读能力的提高，我找来大量课外的文学名著来读。鲁迅的《呐喊》《彷徨》，浩然的《艳阳天》《金光大道》《西沙儿女》，贺敬之的《放声歌唱》，奥斯特洛夫斯基的《钢铁是怎样炼成的》，高尔基的《母亲》等，是那个时代最火的文学名著。偶尔，也能看到《艺海拾贝》这样的饱含辞彩和学问的散文佳作。尽管这些文学著作表现的主题打着"革命"的时代烙印，但艺术感染力还是很强的。我曾被贺敬之的诗篇感动得夜不能寐，也曾被秦牧的文化散文感动得浮想联翩，同时对浩然又快又好的写作才能佩服不已，渴望成为贺敬之、秦牧、浩然这样妙笔生花的诗人、散文家、小说家。我摘录和记诵其中的绝妙好辞，它们锻炼了我日后遣词造句的书面表达能力和口头表达能力。我模仿着用诗文形式记录所见所感，表达思想感情，但总感到志大才疏，心有余而力不足。然而，这可以说是我与文学的最早结缘。

在刘庄镇，我读完了小学、初中、高中，养成了对于文学艺术之美的爱好。这当中我的家又搬了两次，后来父母利用下放农村获得的安家款和白驹老屋拆下来的木料造了一套自己的红砖瓦房，从此结束了经常搬家的困扰，并在这里谈天说地，放飞梦想。1977年8月27日，曾有感而发，赋诗一首，题为《我的家》：

三间正屋朝南，
两间厨房朝西，
前面水井后面葵花，
这就是我的家。

红墙青瓦身高大，
一砖一瓦都记录着斗争与冲杀。
曾几何时，迷信的邻居不断捣蛋，
老天也挥动冰雹的拳头，
妄想把运石灰的船儿砸。

迎风冒雨，房屋的栋梁终于立起来啦！
艳阳高照，青瓦生辉，
红色的砖墙放光华。
路人每每赞不绝口，
它实在是宽宽大大。

时间包含着多大的变化，
一年前什么房屋是我家？
出门见山墙，进门低头跨，
秦砖汉瓦的蜘蛛网到处悬挂。

如今，姊妹兄弟聚首窗口读书画画，
在这里认识了牛顿和莎士比亚；
宽阔的白墙能把世界地图容纳，
从这里可看到浩瀚的密西西比、
高耸的喜马拉雅。

多少个月色皎洁的夜晚，
朋友们围着圆桌坐下，
兴奋地谈论古今、天上地下，
有时，为一个问题争论到深更半夜，
有时，与明月相邀，共尝西瓜。

家，可爱的家，
常住其中便觉罢。
在外工作的游子多么想念你，
常用遐想亲吻你温暖的面颊。

三、工作在新丰：从美的创作转向美的研究

与家乡的缘分，始终绕不开新丰。我曾在那儿工作过八年。诗在那里声名鹊起，美工在那里找到了用武之地，命运在那里孕育着改变。新丰在我的家乡记忆中占有很大的比重。

　　其实在分配到新丰工作前，我曾经在父亲供职的国营新丰轧花机械厂凭借美术的一技之长打过零工。父亲下放农村返城后，安排到新丰轧花厂做会计。这是一班规模较大的工厂，厂工会有不少宣传工作要做。1975年高中毕业后，我在家待业一年。父亲跟工会主席打了招呼，于是我便在工会干些美工的零活。印象最深的是冬天在工厂的围墙上用红漆书写巨幅宣传标语，什么"为实现四个现代化而奋斗"之类。天气本身就冷，加上墙面背光，太阳照不到，手生出了冻疮，写字的排刷都拿不稳，油漆写字更不容易。工会主席认为我很辛苦，提出按字结算工钱，这样可多给点。父亲身为财务，觉得不妥，仍然坚持按天结算。而那时一天的工钱只有一元二角。

　　待业一年后，我分配到了坐落在新丰的地方国营淮南纱厂。这是全县最大的一班厂。我们那一年一下子就进去了200多名全县的高中毕业生。我开始分在织布车间，三班倒。但是因为我写了两首词，引起了全厂的轰动和厂长的赏识，一下子被提拔到厂部机关从事秘书工作。1976年9月9日毛泽东逝世后，我写了一首《满江红》，悼念毛主席：

　　（之一）
　　长空霹雳，
　　惊天哀号穿心肺。
　　万户泣，
　　江天气寒，
　　山河声喧。
　　巨星陨落环宇黯，
　　浩气冲天日月明。
　　任千里江水都是泪，
　　不胜悲。

锤和镰，

您树起；

刀和枪，

开天地。

迎东方日出，

处处朝晖。

雄伟气魄贯长虹，

丰功伟绩载史页。

痛江山如画人却逝，

心潮急。

（之二）

六条遗志，

鼓舞了万千豪杰。

狠抓纲，

道路不改，

方向不变。

马列红灯今犹在，

岂容妖雾再重茬。

接革命红旗扬征帆，

飞如矢。

北极熊，

吼弗歇；

台湾岛，

未收义。

须加强国防，

团结一切。
反修反霸筑长城，
备战备荒聚物力。
敢叫二零零零年，
宏图立。

　　1977年2月9日周恩来总理逝世一周年之际，我又写了一首《满江红》，悼念周总理：

痛失良佐，
群情鼎沸泪成河。
怎容那，
四害跋扈
毒箭滂沱。
民心八亿不可奸，
总理一生岂堪没！
看黑纱白花汇洪流，
势毋阻。

满腔血，
洒九州。
赤心胆，
报领袖。
英魂冲宵九，
嫦娥为舞。
赫赫才略羞诸葛，
巍巍功绩惊山岫。

忠骨笑催万里疆土，

展宏图。

诗张贴在全厂的巨幅宣传栏上，一时为人传诵，名声大噪。

在机关科室，我开始在人秘科做秘书，后来到工会从事宣传工作，不仅写美术字、画宣传画的才艺得到发挥，而且负责全厂新闻广播，深入车间采写事迹，用文学、诗歌的形式加以报道，使文学素养得到锤炼。

尽管比较风光，但在1977年下半年高考制度出台后，我还是选择了复习迎考。1978年我考了362.5分。这个分数可以进重点大学，但却取到了盐城师专。当时中学教师社会地位很低，远不及我在国营大厂的办公室办公。但我还是决然走上了求学之路，因为我一直有个作家梦要去圆。

盐城师专是座新建的高校，许多师资是从中学教师中选拔而来，但这些教师大多比较优秀。樊德三的文艺理论、朱祖模的外国文学、沈凯雄的现代文学、王文龙的古代文学，还有一位姓孙的老师的现代汉语等，当时就吸引了我，使我受教良多，给我留下了难以磨灭的印象。不过大学读书三年，我的心思主要花在读小说、写小说上。巴尔扎克、托尔斯泰、狄更斯、梅里美、叶圣陶、许地山、茅盾、峻青、蒋子龙、卢新华等人的中外文学名著读了一大批；《人民文学》《小说选刊》《雨花》《青春》《芒种》等刊物成为我及时跟踪的对象。每到周末，我就开始动笔，写小说，写文艺评论，写人生杂谈。一切都是为了能成为一名作家。不过付出得多、收获得少。除了第三年发表过一篇《天云山传奇》的小评论，其余投稿均有去无回。

就这样带着遗憾，我在师专毕业后来到大丰南阳中学工作一年。上学期教学之余继续写诗写小说，仍然一无所获。这学期末，因为投稿请教的关系，认识了中国社会科学院文学研究所的钱中文先生。在他的感召、鼓舞和引导之下，从下学期开始，我告别作家梦，开始转向文艺理论研究（参《钱中文祁志祥八十年代文艺美学通信》，上海教育出版社2018年3月版;《且行且珍惜——祁志祥自传体诗文集》第七章《中学教师六年:转向文艺美学研究》)。在与钱先生的通信中我领悟到,文艺理论与美学处于交叉状态,是不分家的。文艺理论即关于艺术美的哲学解释,所以是美学的一部分。于是从《西方文论选》到《西方美学史》,从亚里士多德的《诗学》到黑格尔的《美学》,从《马恩列斯论艺术》到《中国文学批评史》《中国历代文论选》,逐渐进入我的阅读视野。

南阳中学工作一年后,我因为妹妹在新丰纱厂工作,相互可以有个照顾,主动请调到新丰中学工作。当时的教工宿舍是纱厂东侧的一排平房,虽然条件不太好,但一人一间,读书写作不受干扰。在这里,我不仅读了好多文论、美学著作,而且写了不少读书心得或论文。

新丰中学是大丰县北片的重点完中。每年有许多高考落榜生来此读高复班。1983年,正是曲啸、李燕杰宣讲"五讲四美"风头正盛的时候,"心灵美"很有可能成为高考语文的作文题材。于是我主动向校长刘泰隆请缨,给两个高复班的学生做了一场关于"心灵美"的作文辅导讲座。我调动所有的美学积累,联系大学中搜集的艺术、人生实例娓娓道来,讲座获得了巨大成功。每节课下课时,学生都会情不自禁地站起来,报以长时间热烈的掌声,我也因此在学生中获得了"美先生"的称号。这场讲座,可以说是我与美学的第一次正式结缘。

认识钱中文先生之初,我开始的想法是发表文章。后来发现仅发表文章不能改变中学教师的职业、从事专职的学术研究,于是决定报考研究生。根据自己外语底子薄的特点,我选择了中国古代文论专业作为考研的方向。英语、政治、中国文学批评史、中国文学史、文艺评论五门课程,一切从头学起。英语从初二课本开始自学,一直学到《新概念》。文学概论学了以群的、陈荒煤的,决定考华东师大后,又学了黄世瑜的。文学史以游国恩等人编写的四册本为主,兼看中国社科院编的三卷本。中国文学批评史从敏泽的《中国文学批评理论史》上下卷入门,看了郭绍虞的一卷本、罗根泽三册的未完本,最后以复旦大学王运熙、顾易生主编的三册本和郭绍虞主编的《中国历代文论选》四册本为主。政治则包括马克思主义哲学原理、政治经济学原理、中共党史、中国近代史、时事政治五门。我一方面教书，一方面复习备考，当时将走路、如厕的时间都利用起来了。淮南纱厂东侧的简易平房住了几年后，新丰中学新校区建成了，我搬到了崭新的教工宿舍楼房。至今还清晰地记得在学校公厕蹲坑时由于默看英语单词太久，出来时身上都带有一股异味。

1985年我参加了第一次研究生考试。五门成绩都过线了，但得分不高，没取。那一年录取的三位分别毕业于华东师大、上海师大。我隐隐感到，我的第一学历不高，可能是一个潜在的不利因素。

那个时候高考刚恢复不久。各行各业大学生都很紧俏。正当我总结利弊准备再战时，1986年，县教育局拒绝了我的报考机会，我一下子跌入绝望的低谷。好在天无绝人之路。这一年我在教书、复习之余写的一篇论文《平淡——中国古代诗苑中的一种风格美》被中国艺术研究院的院刊《文艺研究》录用发表，给我的人生发展带来了重要机遇。凭借这篇文章，华东师大中文系齐森华主任向我发出来"欢迎报考"的橄榄枝。

其实在此文之外，我在考上研究生之前还写过不少文章，如《论审美主体对艺术的双重审美关系》《中国古代诗歌中的线条美》《古代文论中"辞达而已"审美标准的形成》《对比法则在文学创作中的运用》《马克思恩格斯悲喜剧理论新探》《刘勰论情感》等。写作时神思自由飞扬，而考研必须收敛心思记忆。尽管我深知论文写作是复习记忆的大忌，但还是克制不住发现新大陆的学术冲动，以最快的速度将文章写完。由于中学作为学术平台比较低，这些文章当时都没能发表，但考上研究生之后都陆续发表了，有两篇还被中国人民大学《文艺理论》《马列文论》全文转载了。应当说，备考是打基础最扎实的时候。备考的过程越曲折、漫长，基础打得就越扎实。我的文学理论和美学的底子，是我在新丰中学这块家乡的土地上打下的。《马克思恩格斯选集》的详细笔记，《中国历代文论选》的大量眉批，《拉奥孔》《歌德谈话录》《罗丹艺术论》《别林斯基选集》

等美学名著的若干摘记卡片，都是在那片土地上完成的。

经过多方奔走，1987年，我获得了一次最后的考研机会。结果天道酬勤，我如愿以偿。比两年前的那场考试更幸运的是，这次我考上的第一导师是古代文论大师级的学者徐中玉教授，这为我后来的美学人生奠定了坚实的基础，提供了很高的平台。

而在我考上研究生的前一年，我带的一届高三班的语文高考平均成绩不仅名列全校六个高考班第一，也位居全县第一。

四、事业在上海：谱写美学人生

因为考上了研究生，1987年9月初，我离开家乡大丰，负笈上海求学。

因为有家乡考研时的厚实积累，读研三年，我发表论文十多篇，荣获华东师大研究生优秀论文奖，成为中文系发表成果最多的研究生。

毕业后我留在了上海，先在新闻系统做了七年记者，而后就到了大学做教师。

读研期间，我运用美学的维度重审中国古代文论，从若干个范畴入手编织中国古代文学概论之网。毕业后我利用新闻工作之余，花了一年多的时间写出《中国古代文学原理》，1993年由学林出版社在"青年学者丛书"中出版，完成了"一个表现主义民族文论体系"的创新性建构。十多年后，该成果在教育部组织的专家评审中击败各路名校的竞争者，入选"十一五"国家级指南类规划教材《中国古代文学理论》，一版再版（山西教育出版社2008年再版，华东师大出版社2018年三版）。

那时流行文化学的方法热。我用文化学的视野挖掘中国古代文论的民族性格，完成了《中国美学的文化精神》，上海文艺出版社1996年出版。

缘于中国古代美学的文化剖析，用美学的眼光审视佛教的世界观、人生观、艺术观，不久我完成了《佛教美学》，上海人民出版社1997年出版。

上述三书之外，有关美学和文艺学的其它论文，1998年以《美学关怀》为题由复旦大学出版社出版，其中提出了"美是普遍愉快的对象"这个有影响的命题。而开篇所声明的"道不可言又道不离言"的方法论，贯穿了本人一生的学术研究。

撰写上述诸书时，我还在上海市宝山区广播电视台从事新闻工作。所有的论著都是新闻主业之外起早睡晚完成的。一个机缘，经人举荐，我来到上海大学文学院，后又辗转上海财经大学、上海政法学院，专职从事大学教学与学术研究。研究触角曾经涉及哲学、佛学、国学等领域，而美学占据其中最大的比重。

2001年9月至2002年12月，我来到复旦大学中文系读古代文论博士学位，完成博士论文《中国古代美学精神》。2003年，该论文以《中国美学原理》为题由山西教育出版社出版，后又再版。2018年，以此为基础，增补、改订为《中华传统美学精神》由上海人民出版社出版。

从2002年到2007年，我调动以往的积累，以哲学美学和文艺美学为抓手，以儒、道、佛、玄、法、墨与诗、文、书、画、音乐、园林多线并进的复调思路，重写中国古代美学史。这是一个国家社科基金项目，2008年12月以《中国美学通史》为名由人民出版社出版，150多万字。后获上海市哲学社会科学优秀成果奖和教育部人文社会科学优秀成果奖。

美学通史中佛教美学有一条线。适应读者的不同需要，我把它抽出来加以增补，出版了学界第一部《中国佛教美学史》（北京大学出版社2010年版）。

古今中外的美学资料读多了、想深了，发现仅用"普遍"来限定"快感的对象"作为"美"的本质的规定是不够准确的。海洛因可以给人带来普遍的快感，但并不是美，因为它会给生命同时带来死亡，对审美主体来说是无价值的。另外，说美是"快感对象"也容易引起误解，以为快感仅与感官欲望相连，与精神满足无关，而中国古代文化中的"乐感"一词恰好可以弥补这个缺陷，因为在中国文化语境中，"乐感"是包括精神性的"孔颜乐处"和感性的"曾点之乐"的。所以"美"应当界定为"有价值的乐感对象"。为了论证、阐释这个命题，我花了14章、60万字的篇幅，建构了一个"乐感美学"学说体系。2016年，这个国家社科基金后期资助项目《乐感美学》由北京大学出版社出版。这是新美学原理的重构著作，在综合甄别历史上各种"美"的定义的基础上提出了一家之言，被誉为"一本关于'美'的百科全书"（复旦大学陆扬语），引发了中国美学界的"地震"效应（辽宁大学高楠语），必将在中国学术史上"独领风骚"（哈尔滨师大冯毓云语）。

这个工程做完后，我又返论于史，接着中国古代美学史朝下做，研究、撰写《中国现当代美学史》。接近完成时申报国家社科基金后期资助项目，又获得立项资助。2018年3月，这部近80万字的著作由商务印书馆出版。

在《中国古代美学精神》、叙写古代的《中国美学通史》和《中国现当代美学史》的基础上，我加以整合，以《中国美学全史》为题申报了2016年上海市高校服务国家重大战略出版工程项目，获得立项。2018年8月，这部五卷、精装、257万字的大书由上海人民出版社隆重推出。这被视为"中国美学界具有里程碑意义的事件"（上海社科院资深教授陈伯海语），被誉为中国美学史研究领域的"石破天惊、前无古人"之作（中国文艺评论家协会副主席毛时安语），"尽显中国风格、中国气派的鸿篇巨制"（中华全国美学学会副会长杨春时语）。

上述所有的著作有一个特点，即都是我一人所为，连核对材料也不用学生。有人把这种现象称作"一个人的战争"（北京师大文艺学中心主任赵勇语），有人将这种拒绝人海战术、兵团作战的做法直接称之为"祁志祥现象"（《上海文化》理论版主编夏锦乾语）。

在潜心美学研究、创造一系列成果的同时，2017年，继蒋孔阳、蒋冰海、朱立元之后，我荣任上海市美学学会第四任会长。为盘活和调动上海各高校美学研究的力量，每年学会都会举行若干次活动，在上海乃至全国学界风生水起，影响日隆。同时，与全国大型慕课平台智慧树网合作，拍摄《中国审美》教学视频，将"美是有价值的乐感对象"这一"美"的真谛传播到全国大学生中，帮助他们正确分辨美丑，树立健康的审美趣味。受邀奔赴复旦大学、南京大学、南开大学、北京师大、首都师大、厦门大学、西南大学、中国艺术研究院等高等学府，分享自己"乐感美学"原理和"中国美学全史"的研究成果，为推进中国的美学事业做贡献。

路行千里有源头。我在上海谱写的美学人生，都要追溯到我在家乡点燃的艺术兴趣、打下的美学根基。怀旧感恩，乃人之常情。离乡32年，我从未在上海过过一次年，基本上都回大丰品尝家乡的年味；甚至在暑期、在平时的法定节假日也常回去看看。白驹、刘庄的老街是看不够的；换了新颜的刘庄中学、新丰中学也是看不够的；而大丰新居前卯酉河绚丽的灯光及其在波光中的倒影，以及周边银杏湖公园的黄金叶、荷兰花海的郁金香、东郊公园的荷花塘、大丰梅园的梅花、恒北村的梨花以及麋鹿园、知青馆等新景点、新气象，更是让人流连忘返、百看不厌。

家乡的美如陈年老酒，历久弥厚；家乡的美又日新月异，光景常新。

我为家乡喝彩，我对家乡永怀感恩。

补记：本文完成于2019年9月22日。从那时至今，发生了几个重要变化。1. 在2017年3月母亲过世后，父亲于2021年4月过世。从此，吾等将在这个世界上独立前行。2. 美学史完成后，转战一人重写中国思想史的工程，拿了两个国家社科基金中国哲学学科的后期资助项目，一个是《先秦思想史：从神本到人本》，一个是《人的觉醒：周代思想的启蒙景观》。前者已经完成，将于2022年8月复旦大学出版社出版，70万字。后者也已完成，45万字，准备送审。3. 与王宁教授不期而遇，深蒙信任，于2021年4月受聘上海交大人文艺术研究院教授并任副院长，开始一段新的学术旅程。4. 2021年6月19日顺利完成换届，担任第十届上海市美学学会会长。

祁志祥

2022年4月25日

祁志祥著作一览

1.《中国古代文学原理》，学林出版社，1993年

2.《中国美学的文化精神》，上海文艺出版社，1996年

3.《佛教美学》，上海人民出版社，1997年

4.《美学关怀》，复旦大学出版社，1998年

5.《佛学与中国文化》，学林出版社，2000年

6.《中国人学史》，上海大学出版社，2002年

7.《中国美学原理》，山西教育出版社，2003年

8.《似花非花——佛教美学观》，宗教文化出版社，2003年

9.《中国现当代人学史》，学林出版社，2006年

10.《中国古代文学理论》，山西教育出版社，2008年

11.《中国美学通史》，人民出版社，2008年

12.《国学人文读本》（主编），上海文化出版社，2008年

13.《人学视阈下的文艺美学探究》，上海财经大学出版社，2010年

14.《中国佛教美学史》，北京大学出版社，2010年

15.《人学原理》，商务印书馆，2012年

16.《历代文学观照的经济维度》，河南人民出版社，2012年

17.《社会理想与社会稳定》，社会科学文献出版社，2013年

18.《国学人文导论》，商务印书馆，2013年

19.《中国文学美学史》，山西教育出版社，2014年

20.《中国现当代人学史》（修订版），台湾独立作家，2016年

21.《乐感美学》，北京大学出版社，2016年

22.《佛教美学新编》，上海人民出版社，2017年

23.《国学与人生》，商务印书馆，2017年

24.《美学与远方》（双主编），上海人民出版社，2017年

25.《中国美学全史》，上海人民出版社，2018年

26.《中国现当代美学史》，商务印书馆，2018年

27.《中华传统美学精神》，商务印书馆，2018年

28.《钱中文、祁志祥八十年代文艺美学通信》，上海教育出版社，2018年

29.《中国古代文学理论》（修订本），华东师范大学出版社，2018年

30.《且行且珍惜：祁志祥自传体诗文集》，汕头大学出版社，2018年

31.《徐中玉先生传略、轶事及研究》，百花洲文艺出版社，2020年

32.《美学拼图》（主编），复旦大学出版社，2021年

33.《佘山学人的美学建树》（主编），中国政法大学出版社，2022年

34.《先秦思想史：从"神本"到"人本"》，复旦大学出版社，2022年

35.《中国当代美学文选，2022》（主编），人民文学出版社，2022年

36.《中国美学的史论建构及思想史转向》，商务印书馆，2022年

图书在版编目（CIP）数据

中国美学的史论建构及思想史转向 / 祁志祥著. —北京：
商务印书馆, 2022
（上海交大·全球人文学术前沿丛书）
ISBN 978 - 7 - 100 - 21753 - 8

Ⅰ.①中…　Ⅱ.①祁…　Ⅲ.①美学史 — 研究 — 中国
Ⅳ.①B83-092

中国版本图书馆 CIP 数据核字（2022）第179096号

中国美学的史论建构及思想史转向
祁志祥　著

商　务　印　书　馆　出　版
（北京王府井大街36号　邮政编码 100710）
商　务　印　书　馆　发　行
上海盛通时代印刷有限公司印刷
ISBN　978 - 7 - 100 - 21753 - 8

2022年11月第1版　　　开本 670×970　1/16
2022年11月第1次印刷　　印张 31 插页 2
定价：146.00元